普通高等教育数据科学与大数据技术系列教材

大数据分析技术与实践教程

王宇新　齐　恒　张　霞　编著

科学出版社
北　京

内 容 简 介

随着人工智能和大数据时代的来临，国家和社会对相关领域人才的需求持续增长，很多学校创办了新的大数据专业。本书的编写是一种尝试，期望能从理论、方法到实践对大数据领域技术进行全方位的覆盖。本书分为三篇：大数据基础篇对大数据的存储与管理、计算模式、处理平台等进行介绍；大数据分析篇按照分析流程介绍特征工程、机器学习和数据可视化的理论和方法；大数据实践篇通过在 SaCa RealRec 数据科学平台上完成的标准实验和两个开放性实验指导学生完成真实数据集的分析与处理。

本书适合作为计算机科学与技术、软件工程等计算机类专业的本科生教材和实验教程，也可供相关工程技术从员参考。

图书在版编目(CIP)数据

大数据分析技术与实践教程 / 王宇新，齐恒，张霞编著. —北京：科学出版社，2019.11

普通高等教育数据科学与大数据技术系列教材

ISBN 978-7-03-063165-7

Ⅰ. ①大…　Ⅱ. ①王…　②齐…　③张…　Ⅲ. ①数据处理－高等学校－教材　Ⅳ. ①TP274

中国版本图书馆 CIP 数据核字(2019)第 249454 号

责任编辑：于海云　董素芹 / 责任校对：王萌萌
责任印制：赵　博 / 封面设计：迷底书装

科学出版社出版
北京东黄城根北街 16 号
邮政编码：100717
http://www.sciencep.com

北京中石油彩色印刷有限责任公司印刷
科学出版社发行　各地新华书店经销

*

2019 年 11 月第　一　版　开本：787×1092　1/16
2025 年　1 月第五次印刷　印张：19 1/4
字数：460 000

定价：69.00 元

(如有印装质量问题，我社负责调换)

前　　言

工程教育认证的核心理念是以学生为中心的人才培养、产出导向的教学设计和持续改进的质量保障机制。实践类课程的教学是有效践行该理念、提升大学生实践创新能力、培养工程型人才的不可或缺的重要载体。随着信息技术产业的迅猛发展，目前大数据、物联网、人工智能等新兴领域都出现人才供给不足现象，并且未来新兴产业和新经济需要的是工程实践能力强、创新能力强、具备国际竞争力的高素质复合型“新工科”人才。我们深切认识到作为信息技术人才培养者肩上的重担。

2015 年国务院印发《促进大数据发展行动纲要》，越来越多的社会需求也需要我们在课程体系中增加大数据方向的内容。我们在培养过程中做了各种改革和尝试，首先在计算机专业的课程体系中增加了“大数据分析技术”课程，在实训课程中扩充了实验教学内容“大数据分析与处理”，将企业专家和大数据产品引入课堂，让学生在实训课程中接触到学科最前沿的技术，掌握解决大数据分析与处理方面的复杂工程问题的能力，受到了学生的普遍欢迎。但我们也发现教学过程中缺少一本能从理论、技术到实践实现全方位覆盖的大数据领域的教材，这是我们编写本书的初衷。

本书依托于大连理工大学与东软集团股份有限公司(简称东软集团)联合创建的“数据科学实验室”以及教育部产学合作协同育人项目“大数据与数据科学实训课程体系与认证体系构建与实践”，在大连理工大学教材建设出版基金项目的支持下，由大连理工大学计算机科学与技术学院的王宇新、齐恒和东软集团的张霞老师共同编写。本书中的实验案例均来源于脱密后的企业商业项目，基于东软集团的 SaCa RealRec 数据科学平台产品验证加工编写完成，并在大连理工大学计算机专业的学生实训课程中进行了应用，具有理论与实践相结合、产业与课堂相融合的特点。

由于编者水平有限，书中难免存在不足之处，恳请读者和同行批评指正。

编　者

2019 年 3 月于大连理工大学

目　　录

第一篇　大数据基础

第三篇 大数据实践

第一篇　大数据基础

第 1 章　大数据技术概述

我们生活在一个充满“数据”的时代，打电话、聊 QQ、发微信、购物、旅游、看医生，都在不断产生新数据。大数据已经与所有人的工作生活息息相关、须臾难离。中国工程院院士高文说：“不管你是否认同，大数据时代已经来临，并将深刻地改变着我们的工作和生活。”世界已经进入了一个由数据主导的“大时代”。

1.1　理解大数据

1.1.1　大数据概念的提出

早在 20 世纪 80 年代，《第三次浪潮》的作者托夫勒预言，对整个人类而言，所谓第三次浪潮，就是在农业文明、工业文明之后的信息社会。他在书中首次提出了大数据(Big Data)这一词汇，并将其盛赞为“第三次浪潮的华彩乐章”。

研究机构 Gartner 对大数据给出了这样的定义：大数据是需要新处理模式才能具有更强的决策力、洞察发现力和流程优化能力来适应海量、高增长率和多样化的信息资产。

麦肯锡(世界上最著名的咨询公司)全球研究所在报告 *Big data: The next frontier for innovation, competition, and productivity* 中给出的定义是：一种规模大到在获取、存储、管理、分析方面大大超出传统数据库软件工具能力范围的数据集合，具有海量的数据规模、快速的数据流转、多样的数据类型和价值密度低四大特征。

大数据来了，世界都在行动。早在 2012 年 3 月，美国颁布了《大数据的研究和发展计划》。世界其他国家也制定了相应的战略和规划，英国发布了《英国数据能力发展战略规划》，日本发布了《创建最尖端 IT 国家宣言》。我国政府于 2015 年 8 月 19 日通过了《关于促进大数据发展的行动纲要》。

我国工业和信息化部 2014 年发布了《大数据白皮书》，追溯了大数据的起源，从新资源、新工具和新理念等角度探讨了大数据的概念；提出认识大数据，要把握资源、技术、应用三个层次。大数据是具有体量大、结构多样、时效强等特征的数据；处理大数据需采用新型计算架构和智能算法等新技术；大数据的应用强调以新的理念应用于辅助决策、发现新的知识，更强调在线闭环的业务流程优化。因此，大数据不仅“大”，而且“新”，是新资源、新工具和新应用的综合体。《大数据白皮书》对大数据关键技术、应用、产业和政策环境等核心要素进行了分析，梳理提出了大数据技术体系和创新特点，简要描述了大数据应用及产业生态发展状况，分析了各国大数据政策实践及我国大数据发展的政策环境；最后针对我国大数据发展存在的问题，提出推动大数据应用、促进前沿技术创新与扩散、开放政府和公共数据资源、保护数据安全与个人隐私等方面的策略建议。

2016年再次发布的《大数据白皮书》首先回顾和阐述了大数据的内涵及产业界定，并以大数据产业几个关键要素为核心，重点从大数据技术发展、数据资源开放共享、大数据在重点行业的应用、大数据相关政策法规等四个方面分析了最新进展，力求反映我国大数据产业发展状况的概貌。最后结合我国大数据发展最新状况及问题，提出了进一步促进大数据发展的相关策略建议。

1.1.2　大数据概念的内涵

大数据这个概念现在经常被人提起，然而，其语义十分模糊，简单来说，这个包罗万象的词条一般包含以下一些含义：首先，它是一种区别于传统上描述数据规模的新的定义；其次，它是一组包含了新的计算方式和存储办法的新技术；最后，它为人们未来进行各种决策提供了一个新视角，一种新理念。

2016年《大数据白皮书》中对大数据的内涵做了完整的阐述，提出“大数据是新资源、新技术和新理念的混合体”。其核心思想为以下三点。

(1)大数据是新资源。1990年以来，在摩尔定律的推动下，计算存储和传输数据的能力在以指数速度增长。2000年以来，以Hadoop为代表的分布式存储和计算技术迅猛发展，极大地提升了互联网企业的数据管理能力，互联网企业对“数据废气”(Data Exhaust)的挖掘利用大获成功，引发全社会开始重新审视数据的价值，开始把数据当作一种独特的战略资源对待。

(2)大数据代表了新一代数据管理与分析技术。传统的数据管理与分析技术以结构化数据为管理对象，在小数据集上进行分析，以集中式架构为主，成本高昂。而源于互联网的、面向多源异构数据的超大规模数据集、以分布式架构为主的新一代数据管理技术，进一步与开源软件结合，在大幅提高处理效率的同时，成百倍地降低了数据应用成本。

(3)大数据呈现出一种全新的思维角度。新理念之一是“数据驱动”，即经营管理决策可以自下而上地由数据来驱动；其二则是“数据闭环”，如互联网行业往往能够构造包括数据采集、建模分析、效果评估到反馈修正各个环节在内的完整“数据闭环”，从而能够不断地自我升级。

数据是现实世界运转留下的痕迹，从某种程度上说，掌握数据就掌握了世界的运作规律，这种从现实世界到数据，再从数据到现实世界的流程，传统上是统计学和统计推断学科研究的领域。统计推断是从总体中抽取部分样本，通过对抽取部分所得到的带有随机性的数据进行合理的分析，进而对总体做出科学的判断，其特点是它总是伴随着一定概率的推测。在大数据时代，我们有能力记录用户的所有行为，可以观察一切，获取的是数据的总体，而不再是样本，因此大数据的应用，赋予了“实事求是”新的内涵。

1.1.3　大数据的特征

大数据的大是相对的，没有办法人为地为大数据设定一个阈值，如1PB或者1TB。只有当数据的规模大到对现有技术(存储容量、处理速度、复杂程度、数据表示方法等)构成挑战时，才配称为大，因此，大数据的大是一个相对的概念。

这里我们回顾一下数据的容量单位。

$1B = 8\ bit$

$1KB = 1024\ B = 2^{10}B \approx 10^3B$

$1MB = 1024\ KB = 2^{20}B \approx 10^6B$

$1GB = 1024\ MB = 2^{30}B \approx 10^9B$

$1TB = 1024\ GB = 2^{40}B \approx 10^{12}B$

$1PB = 1024\ TB = 2^{50}B \approx 10^{15}B$

$1EB = 1024\ PB = 2^{60}B \approx 10^{18}B$

$1ZB = 1024\ EB = 2^{70}B \approx 10^{21}B$

$1YB = 1024\ ZB = 2^{80}B \approx 10^{24}B$

可以看到，此时的数据已经非常庞大，可以称为海量了，但大数据的特点与海量数据还是有所区别，其基本特征可以用 4 个 V 来总结(Volume、Variety、Value 和 Velocity)。

(1)数据体量巨大(Volume)。大数据相较于传统数据最大的区别就是海量的数据规模，这种规模大到“在获取、存储、管理、分析方面大大超出了传统数据库软件工具能力范围的数据集合”。截至目前，人类生产的所有印刷材料的数据量约是 200PB，而历史上全人类说过的所有的话的数据量大约是 5EB。当前，典型个人计算机硬盘的容量为 TB 量级，而一些大企业的数据量已经达到 EB 量级。同时，数据的增长速度也是巨大的，即数据不但存量大而且增量大。

(2)数据类型繁多(Variety)。这种类型的多样性也让数据被分为结构化数据和非结构化数据。相对于以往便于存储的以文本为主的结构化数据，非结构化数据越来越多，包括网络日志、音频、视频、图片、地理位置信息等，这些多类型的数据对数据的处理能力提出了更高的要求。

(3)价值(Value)。大数据的商业价值非常高。在大数据时代，我们更强调的是数据的潜在价值。数据就像一座神奇的矿山，当它的首要价值被发掘后仍能不断地给予。它的真实价值就像漂浮在海洋中的冰山，第一时间看到的只是冰山一角，而绝大部分都隐藏在其表面之下。但大数据价值密度较低，虽然拥有海量的信息，但是真正可用的数据可能只有很小一部分，其价值密度的高低与数据总量的大小成反比。以视频为例，一部几百兆字节的视频，在连续不间断的监控中，有用数据可能仅有几十帧甚至更少。如何通过强大的算法迅速地完成数据的价值提取成为目前大数据背景下亟待解决的难题。

(4)处理速度快(Velocity)。这是大数据区分于传统数据挖掘的最显著特征，因为数据化存在时效性，需要快速处理，并得到结果。根据 IDC 的“数字宇宙”的报告，预计到 2020 年，全球数据使用量将达到 35.2ZB。在如此海量的数据面前，处理数据的效率就是企业的生命。

在大数据的 4 个 V 中，最显著的特征应该是 Value(价值)。不管数据多大、是什么结构、来源如何，能给使用者带来价值的数据才是最重要的数据。

1.1.4 大数据的数据类型

按照数据类型，大数据可分为三类。

(1)结构化数据：能够用数据或统一的结构加以表示的数据，也称作行数据，能用二维表结构来逻辑表达和实现，严格地遵循数据格式与长度规范，主要通过关系型数据库进行存储和管理。

(2) 非结构化数据：是指数据结构不规则或不完整，没有预定义的数据模型，不方便用数据库二维逻辑表来表现的数据。包括各种格式的办公文档、图像、音频、视频信息等。

(3) 半结构化数据：是介于完全结构化数据和完全无结构的数据之间的一类数据，XML、HTML 文档就属于半结构化数据。它一般是自描述的，数据的结构和内容混在一起，没有明显的区分。

人们日常工作中接触的文件、照片、视频，都包含大量的数据，蕴含大量的信息。这一类数据有一个共同的特点，大小、内容、格式、用途可能都完全不一样。以最常见的 Word 文档为例，最简单的 Word 文档可能只有寥寥几行文字，但也可以混合编辑图片、音乐等内容，成为一份多媒体的文件。这类数据就属于非结构化数据。与之相对应的另一类数据就是结构化数据，可以简单地理解成表格里的数据，每一条都和另外一条的结构相同。利用计算机处理结构化数据的技术比较成熟，利用 Excel 等工具很容易对结构化的商业数据进行加、减、乘、除、汇总、统计。如果进行大量的复杂运算，一些商业数据库软件就派上用场了，它们专门用于存储和处理这些结构化的数据。但人们日常接触到的数据绝大多数都是非结构化的。如何像处理结构化数据那样，方便、快捷地处理非结构化数据，是信息产业一直以来的努力方向之一。起初人们借助结构化数据处理的成果，把非结构化数据也用传统的关系型数据库来处理，但由于非结构化数据本身差别很大，硬要套到一个模子里，结果往往是费力不讨好。

按照来源，大数据大致可分为以下五类。

(1) 传统企业数据 (Traditional Enterprise Data)。包括传统的企业信息系统中的数据，如企业资源计划 (ERP) 数据、库存数据、账目数据、客户关系管理 (CRM) 系统中的用户数据等。

(2) 机器和传感器数据 (Machine-Generated/Sensor Data)。可以由物联网或传感器网络中大量设备所产生，也可以由功能设备创建或生成，如智能电表、智能温控器、工厂机器和连接互联网的智能家电等。这些设备可以与互联网中的其他节点通信，还可以自动向中央服务器传输数据。

(3) 交易数据 (Transaction Data)。大数据平台能够获取时间跨度更大、更海量的结构化交易数据，这样就可以对更广泛的交易数据类型进行分析，不仅包括 POS 或电子商务购物数据，还包括行为交易数据，如 Web 服务器记录的互联网单击流数据日志。

(4) 社交数据 (Social Data)。包括用户行为记录、反馈数据等，如 Facebook、QQ、微信、微博这样的社交媒体平台产生的数据。同时，非结构数据广泛存在于这类数据中，如电子邮件、文档、图片、音频、视频等，以及其他通过社交媒体产生的数据流。这些数据为使用文本分析功能进行分析提供了丰富的数据源泉。

(5) 移动数据 (Mobile Data)。能够上网的智能手机和平板电脑越来越普遍，这些移动设备上的 App 都能够追踪和沟通无数事件，如从 App 内的交易数据到个人信息资料或状态报告事件。

1.2 大数据处理流程

各个专业公司层出不穷，各种处理平台百花齐放，处理流程大致相同，主要流程大致可分为四个阶段：数据采集、特征工程、数据挖掘，以及可视化分析。

数据采集是指从多种数据源如各种应用、网络爬虫、第三方提供等获取数据的过程。特征工程则最大限度地从所收集到的原始数据中提取特征，供后续算法使用。数据挖掘是利用机器学习等算法揭示大数据内部隐藏的信息的过程。可视化分析则通过视觉表现来展示数据挖掘所抽取出来的信息及其各种属性和分析结果。

大数据来源于互联网、企业系统和物联网等信息系统，经过大数据处理系统的分析挖掘，产生新的知识用以支撑决策或业务的自动智能化运转。从数据在信息系统中的生命周期看，大数据从数据源经过分析挖掘到最终获得价值一般需要经过五个主要环节，包括数据准备、数据存储与管理、计算处理、数据分析和知识展现，每个环节都面临不同程度的技术上的挑战。

1.2.1 数据的采集与预处理

经过多年来的信息化建设，医疗、交通、金融等领域已经积累了许多内部数据，构成大数据资源的“存量”；而移动互联网和物联网的发展，大大丰富了大数据的采集渠道，来自外部社交网络、可穿戴设备、车联网、物联网及政府公开信息平台的数据将成为大数据增量数据资源的主体。

数据采集是所有数据系统必不可少的，随着大数据越来越被重视，数据采集面临的挑战也变得尤为突出。这其中包括数据源多种多样、数据量大、变化快，如何保证数据采集的可靠性、如何避免重复数据、如何保证数据的质量等。

传统的数据采集来源单一，且存储、管理和分析数据量也相对较小，大多采用关系型数据库和并行数据仓库即可处理。对依靠并行计算提升数据处理速度方面而言，传统的并行数据库技术追求高度一致性和容错性，根据 CAP 理论，难以保证其可用性和扩展性。

大数据采集的方法包括以下几种。

(1) 系统日志采集方法。很多互联网企业都有自己的海量数据采集工具，多用于系统日志采集，如 Hadoop 的 Chukwa、Cloudera 的 Flume、Facebook 的 Scribe 等，这些工具均采用分布式架构，能满足每秒数百 MB 的日志数据采集和传输需求。

(2) 网络数据采集方法。网络数据采集是指通过网络爬虫或网站公开 API 等方式从网站上获取数据信息。该方法可以将非结构化数据从网页中抽取出来，将其存储为统一的本地数据文件，并以结构化的方式存储。它支持图片、音频、视频等文件或附件的采集，附件与正文可以自动关联。除了网络中包含的内容之外，对于网络流量的采集可以使用 DPI 或 DFI 等带宽管理技术进行处理。

(3) 其他数据采集方法。对于企业生产经营数据或学科研究数据等保密性要求较高的数据，可以通过与企业或研究机构合作，使用特定系统接口等相关方式采集数据。

下面是几种应用广泛的大数据采集平台。

(1) Apache Flume。Flume 是 Apache 旗下的一款开源、高可靠、高扩展、容易管理、支持客户扩展的数据采集系统。Flume 使用 JRuby 来构建，所以依赖 Java 运行环境。

(2) Fluentd。Fluentd 也是开源的数据收集框架，使用 C/Ruby 开发，使用 JSON 文件来统一日志数据。它的可插拔架构支持各种不同种类和格式的数据源和数据输出，也提供了高可靠性和很好的扩展性。

(3) Logstash。Logstash 是著名的开源数据栈 ELK (ElasticSearch Logstash Kibana) 中的 L。Logstash 用 JRuby 开发，所以运行时依赖 JVM。

(4) Splunk。Splunk 是一个分布式的商业化机器数据平台，主要有三个角色：Search Head 负责数据的搜索和处理，提供搜索时的信息抽取；Indexer 负责数据的存储和索引；Forwarder

负责数据的收集、清洗、变形，并发送给 Indexer。

在进行存储和处理之前，需要对数据进行清洗、整理，传统数据处理体系中称为 ETL (Extracting Transforming Loading) 过程。与以往的数据分析相比，大数据的来源多种多样，包括企业内部数据库、互联网数据和物联网数据，不仅数量庞大、格式不一，质量也良莠不齐。这就要求数据准备环节一方面要规范格式，便于后续存储管理，另一方面要在尽可能保留原有语义的情况下去粗取精、消除噪声。

ETL 的设计分三部分：数据的抽取、数据的清洗转换、数据的加载。

(1) 数据的抽取。数据的抽取需要在调研阶段做大量工作，首先要搞清楚以下几个问题：数据从哪些业务系统中来？各个业务系统的数据库服务器运行什么 DBMS？是否存在手工数据，手工数据量有多大？是否存在非结构化的数据等类似问题，当收集完这些信息之后才可以进行数据抽取的设计。

① 与当前数据库系统相同的数据源处理方法。这一类数据源设计比较容易，一般情况下，DBMS (包括 SQL Server、Oracle) 都会提供数据库连接功能，在数据库服务器和原业务系统之间建立直接的连接关系就可以写 Select 语句直接访问。

② 与当前数据库系统不同的数据源的处理方法。这一类数据源一般情况下也可以通过 ODBC 的方式建立数据库连接，如 SQL Server 和 Oracle 之间。如果不能建立数据库连接，可以由两种方式完成，一种是通过工具将源数据导出成.txt 或者是.xls 文件，然后将这些源系统文件导入；另一种方法是通过程序接口来完成。

③ 对于文件类型数据源 (.txt、.xls)，可以利用数据库工具将这些数据导入指定的数据库，然后从指定的数据库抽取。或者可以借助工具实现，如 SQL Server 的 SSIS 服务的平面数据源和平面目标等组件导入此类数据。

④ 增量更新问题。对于数据量大的系统，必须考虑增量抽取。一般情况下，业务系统会记录业务发生的时间，可以用作增量的标志，每次抽取之前首先判断系统中记录最大的时间，然后根据这个时间去业务系统取大于这个时间的所有记录。

(2) 数据的清洗转换。数据清洗的任务是过滤那些不符合要求的数据，将过滤的结果交给业务主管部门，确认是否过滤掉还是由业务单位修正之后再进行抽取。不符合要求的数据主要有不完整的数据、错误的数据和重复的数据三大类。

不完整的数据，其特征是一些应该有的信息缺失，如供应商的名称、分公司的名称、客户的区域信息缺失，业务系统中主表与明细表不能匹配等。需要将这一类数据过滤出来，按缺失的内容分别写入文件向客户提交，要求在规定的时间内补全，补全后才写入数据仓库。错误的数据产生的原因是业务系统不够健全，在接收输入后没有进行判断直接写入后台数据库，如数值数据输成全角数字字符、字符串数据后面有一个回车、日期格式不正确、日期越界等。这一类数据也要分类，对于类似于全角字符、数据前后有不可见字符的问题只能通过写 SQL 语句的方式找出来，然后要求客户在业务系统修正之后抽取；日期格式不正确的或者日期越界的这一类错误会导致 ETL 运行失败，这一类错误需要去业务系统数据库用 SQL 的方式挑出来，修正之后再抽取。对于重复的数据，需要将所有重复记录的所有字段导出来，让客户确认并整理。

数据清洗是一个反复的过程，不可能在几天内完成，只能不断地发现问题，解决问题。对于是否过滤、是否修正一般要求客户确认。

数据转换的任务主要是进行不一致的数据转换、数据粒度的转换和一些商务规则的计算。针对不一致数据的转换是一个整合的过程，将不同业务系统的相同类型的数据进行统一，如同一个供应商在结算系统中的编码是 X01，而在 CRM 中编码是 Y01，这样在抽取过来之后统一转换成一个编码。业务系统一般存储非常详细的数据，而数据仓库中的数据是用来分析的，不需要非常详细的数据，一般情况下，会将业务系统数据按照数据仓库粒度进行聚合，这称为数据粒度的转换。而商务规则的计算是因为不同的企业有不同的业务规则、不同的数据指标，这些指标有的时候不是简单的加减运算就能完成的，需要在 ETL 中将这些数据指标计算好之后存储在数据仓库中，供分析使用。

(3) 数据的加载。相比清洗和转换部分，数据加载所占据的工作量就很小了，一般在数据清洗完成后直接写入数据库或者数据仓库即可。

1.2.2 数据的存储与管理

当前全球数据量正以每年超过 50%的速度增长，存储技术的成本和性能面临非常大的压力。分布式架构策略非常适用于海量数据，因此许多海量数据系统选择将数据放在多个机器中，同时用键-值对(Key/Value)代替关系表。

关系数据库的一个基本原则是让数据按某种模式存放在具有关系型数据结构的表中。虽然关系模型具有大量形式化的属性，但是许多当前的应用所处理的数据类型并不太适合这个模型。文本、图片和 XML 文件是最典型的例子。此外，大型数据集往往是非结构化或半结构化的。Hadoop 使用键-值对作为基本数据单元，可足够灵活地处理较少结构化的数据类型。在 Hadoop 中，数据的来源可以有任何形式，但最终会转化为键-值对以供处理。

用函数式编程(MapReduce)代替声明式查询(SQL)也是一种有效手段。SQL 从根本上说是一个高级声明式语言。查询数据的手段是，声明想要的查询结果并让数据库引擎判定如何获取数据。在 MapReduce 中，实际的数据处理步骤是由用户指定的，它类似于 SQL 引擎的一个执行计划。SQL 使用查询语句，而 MapReduce 则使用脚本和代码。利用 MapReduce 可以用比 SQL 查询更为一般化的数据处理方式。例如，可以建立复杂的数据统计模型，或者改变图像数据的格式。而 SQL 就不能很好地适应这些任务。

同时，分布式文件系统和分布式数据库都支持存入、取出和删除。但是分布式文件系统比较暴力，可以当作键-值对的存取。分布式数据库涉及精练的数据，传统的分布式关系型数据库会定义数据元组的模式(Schema)，存入、取出、删除的粒度较小。大数据存储系统不仅需要以极低的成本存储海量数据，还要适应多样化的非结构化数据管理需求，具备数据格式上的可扩展性。2000 年左右谷歌等提出的文件系统(GFS)及随后的 Hadoop 的分布式文件系统(HDFS)奠定了大数据存储技术的基础。与传统系统相比，GFS/HDFS 将计算和存储节点在物理上结合在一起，从而避免在数据密集计算中易形成的 I/O 吞吐量的制约，同时这类分布式存储系统的文件系统也采用了分布式架构，能达到较高的并发访问能力。分布式数据库常见的有 HBase、OceanBase 等。其中 HBase 是基于 HDFS 的，而 OceanBase 是自己内部实现的分布式文件系统，在此也可以说分布式数据库以分布式文件系统做基础存储。

1.2.3 数据的处理与分析

从专业角度来看，大数据分析一般是用适当的统计分析等方法对大数据进行处理与计算分析，从而更好地理解并消化数据，发挥数据的作用。从应用实质而言，大数据分析的目的就是从看似杂乱无章的数据中，将隐藏在数据内部的信息提炼出来，通过数据分析总结出研究对象的内在规律。

需要根据处理的数据类型和分析目标，采用适当的算法模型，快速处理数据。海量数据处理要消耗大量的计算资源，对于传统单机或并行计算技术来说，速度、可扩展性和成本方面都难以适应大数据计算分析的新需求。分而治之的分布式计算成为大数据的主流计算架构，但在一些特定场景下的实时性还需要大幅提升。

数据分析环节需要从纷繁复杂的数据中发现规律，提取新的知识，是大数据价值挖掘的关键。传统数据挖掘对象多是结构化、单一对象的小数据集，挖掘更侧重于根据先验知识预先人工建立模型，然后依据既定模型进行分析。对于非结构化、多源异构的大数据集的分析，往往缺乏先验知识，很难建立显式的数学模型，这就需要发展更加智能的数据挖掘和机器学习技术。

在大数据服务于决策支撑场景下，以直观的方式将分析结果呈现给用户，是大数据分析的重要环节。如何让复杂的分析结果易于理解是主要挑战。

1.3 大数据关键技术

大数据的应用和技术是在互联网快速发展中诞生的，进入 21 世纪以来互联网网页爆发式增长，每天新增约 700 万个，截至 2015 年底全球网页总数超过 60 万亿，用户检索信息越来越困难。谷歌公司率先建立了覆盖数十亿网页的索引库，开始提供较为精确的搜索服务，大大提升了人们使用互联网的效率，这是大数据应用的起点。

但由于搜索引擎要存储和处理的数据，不仅数量之大前所未有，而且以非结构化数据为主，传统技术无法应对。为此，谷歌提出了一套以分布式为特征的全新技术体系，即后来陆续公开的分布式文件系统（Google File System，GFS）、分布式并行计算（MapReduce）和分布式数据库（BigTable）等技术，以较低的成本实现了之前技术无法达到的规模。这些技术奠定了当前大数据技术的基础，可以认为是大数据技术的源头。MapReduce 允许跨服务器集群，运行超大规模并行计算，同时让以往的高端服务器计算变为廉价的 x86 集群计算，也让许多互联网公司能够从 IOE（IBM 小型机、Oracle 数据库以及 EMC 存储）中解脱出来。

独享技术不如共享技术，Google 在 2002～2004 年间以三大论文的发布向世界推送了其云计算的核心组成部分 GFS、MapReduce 以及 BigTable。谷歌虽然没有将其核心技术开源，但是这三篇论文已经向开源社区的高手指明了方向，之后 Doug Cutting 使用 Java 语言对 GFS 和 MapReduce 做了开源的实现。后来，Apache 基金会整合 Doug Cutting 以及其他 IT 公司（如 Facebook 等）的贡献成果，开发并推出了 Hadoop 生态系统。Hadoop 是一个搭建在廉价 PC 上的分布式集群系统架构，它具有高可用性、高容错性和高可扩展性等优点。由于它提供了一个开放式的平台，用户可以在完全不了解底层实现细节的情形下，开发适合自身应用的分布式程序。

1.3.1 大数据的存储和管理

随着数据中心数据信息的增加和互联网应用的多样化，大量半结构化和非结构化数据涌现，给大数据时代的海量数据存储带来很多新的要求，基于键-值对的分布式存储系统查询速度快、存放数据量大、支持高并发，非常适合通过主键进行查询，也产生了 NFS 和 HDFS 等网络文件系统和分布式文件系统。

传统的关系型数据库中的事务（Transaction）必须遵循 ACID 规则，即原子性（Atomicity）、一致性（Consistency）、隔离性（Isolation）、持久性（Durability），这对于管理海量数据而言往往无法实现，因此出现了 NoSQL、NewSQL 等新的数据库类型，实现对各种类型海量数据的存储和管理。

1.3.2 大数据的计算模式

大数据的计算模式，是指根据大数据的不同数据特征和计算特征，从多样化的大数据计算问题和需求中提炼并建立的各种高层抽象(Abstraction)和模型(Model)。传统的并行计算方法主要从体系结构和编程语言的层面定义了一些较为底层的抽象和模型，但由于大数据处理问题具有很多高层的数据特征和计算特征，因此大数据处理需要更多地结合其数据特征和计算特征考虑更高层的计算模式。

MapReduce 计算模式的出现有力推动了大数据技术和应用的发展，使其成为目前大数据处理最成功的主流大数据计算模式。然而，现实世界中的大数据处理问题复杂多样，难以有一种单一的计算模式能涵盖所有不同的大数据计算需求。研究和实际应用中发现，由于 MapReduce 主要适合于进行大数据线下批处理，在面向低延迟和具有复杂数据关系及复杂计算的大数据问题时有很大的不适应性。因此，近几年来学术界和业界在不断研究并推出多种不同的大数据计算模式。

根据大数据处理多样性的需求，目前出现了多种典型和重要的大数据计算模式。与这些计算模式相适应，出现了很多对应的大数据计算系统和工具，如表 1.1 所示。

表 1.1 大数据计算模式及其对应的典型系统和工具

大数据计算模式	典型系统和工具
大数据查询分析计算	HBase、Hive、Cassandra、Impala、Hana、Redis 等
批处理计算	MapReduce、Spark 等
流式计算	Scribe、Flume、Storm、S4、Spark Steaming 等
迭代计算	HaLoop、iMapReduce、Spark、Twister 等
图计算	Pregel、Goraph、Trinity、PowerGraph、GraphX 等
内存计算	Dremel、Hana、Redis 等

注：引自《中国大数据技术与产业发展白皮书(2013)》。

1.3.3 大数据的分析方法

不管对数据分析专家还是普通用户，数据可视化是数据分析工具最基本的要求。可视化可以直观地展示数据，让数据自己说话，让观众看到结果。可视化是给人看的，而大数据分析真正的理论核心是数据挖掘算法，各种数据挖掘算法基于不同的数据类型和格式才能更加科学地呈现出数据自身的特征，挖掘其真正的价值。大数据分析重要的应用领域之一是预测性分析，从大数据中挖掘出特点，建立模型，之后便可以通过模型代入新的数据，从而预测未来的数据。而机器学习就是一种利用数据训练出模型，然后使用模型预测的普遍方法。

第 2 章　大数据存储与管理

在信息时代，数据量急剧增长。互联网和物联网技术飞速发展，海量的数据源源不断地从各个领域奔涌而出，特别是云计算、大数据技术的发展，使海量数据的增长进一步加速，给计算机存储技术带来了前所未有的挑战。

2.1　分布式文件系统

2.1.1　分布式文件系统概述

随着数据中心数据信息的增加和互联网应用的多样化，大量半结构化和非结构化数据涌现，给大数据时代的海量数据存储带来很多新的特点。

(1) 数据规模不断扩大，文件数量急剧增长，一些大型的互联网公司如谷歌、腾讯等的数据规模已突破 PB 量级，需要管理的文件数达到亿级。

(2) 访问并发度高。互联网信息服务通常面对大量的用户，同时在线人数甚至达到数千万。大量的用户并发访问造成大量的随机读写，对存储系统的元数据性能和文件访问延迟带来很大的挑战。

(3) 数据结构和处理需求呈现多样化，包括离线数据分析类应用和在线并发访问类应用，经常需要不间断服务，对系统的可靠性要求越来越高。

传统计算机通过文件系统管理、存储数据。随着计算机技术、网络技术、分布式技术的发展，存储规模的扩大，出现了分布式文件系统，用于管理分布在网络上的文件。分布式文件系统所管理的物理存储资源既可以在本地节点上，也可以在通过计算机网络相连的远地节点上，是解决海量存储问题的有效途径之一。

在信息爆炸时代，人们可以获取的数据呈指数倍增长，单纯通过增加硬盘个数来扩展计算机文件系统的存储容量，在容量大小、容量增长速度、数据备份、数据安全等方面的表现都不太令人满意。分布式文件系统将固定于某个地点的某个文件系统，扩展到任意多个地点的存储节点上，每个节点可以分布在不同的地点，通过网络进行节点间的通信和数据传输。众多的节点构成一个文件系统网络的方式可以有效解决海量数据的存储和管理难题。人们在使用分布式文件系统时，无须关心数据存储在哪个节点上或者是从哪个节点获取的，只需要像使用本地文件系统一样管理和存储文件系统中的数据。

分布式文件系统并不是一个全新的技术，早在 20 世纪 80 年代就已经出现了第一代分布式文件系统而且对当前的技术起到基础性的作用。早期的分布式文件系统一般以提供标准接口的远程文件访问为目的，更多地关注访问的性能和数据的可靠性，以 NFS 和 AFS (Andrew File System) 最具代表性，它们对以后的文件系统设计也具有十分重要的影响。NFS 从 1985 年出现至今，已经经历了四个版本的更新，被移植到了几乎所有主流的操作系统中，成为分布式文件系统事实上的标准。

20 世纪 90 年代初，出现了第二代分布式文件系统，解决了广域网和大容量存储应用的需求。90 年代后期，网络技术的发展和普及应用极大地推动了网络存储技术的发展，基于光纤通道的 SAN、NAS 得到了广泛应用。这也推动了第三代分布式文件系统的出现。在这个阶段，计算机技术和网络技术有了突飞猛进的发展，单位存储的成本大幅降低。数据容量、性能和共享的需求使这一时期的分布式文件系统管理的系统规模更大、系统更复杂。

2000 年以后出现的分布式文件系统属于第四代。网格的研究成果等也推动了分布式文件系统体系结构的发展。这一时期，各种应用对存储系统提出了更多的需求。

大容量：现在的数据量比以前任何时期更多，生成的速度更快。

高性能：数据访问需要更高的带宽。

高可用性：不仅要保证数据的高可用性，还要保证服务的高可用性。

可扩展性：应用在不断变化，系统规模也在不断变化，这就要求系统提供很好的扩展性，并在容量、性能、管理等方面都能适应应用的变化。

可管理性：随着数据量的飞速增长，存储的规模越来越庞大，存储系统本身也越来越复杂，这给系统的管理、运行带来了很高的维护成本。

按需服务：能够按照应用需求的不同提供不同的服务，如不同的应用、不同的客户端环境、不同的性能等。

2.1.2 几种比较流行的分布式文件系统

大数据时代下的海量存储系统要满足数据分析和处理的需求，支持数据中心和互联网应用的不同服务，需要满足以下几点。

(1) 由于文件数量庞大，元数据操作不断增加，需要存储系统有较好的可扩展性和并发处理能力。

(2) 提供多种访问方式以支持不同应用，对元数据操作的一致性要求较高。

(3) 数据共享与数据安全的保障越来越重要，需要存储系统提供高可用的文件系统服务。

当前比较流行的几种分布式文件系统包括 Lustre、FastDFS、OpenAFS、NFS、MooseFS、pNFS、GoogleFS 等，下面介绍其中几种。

(1) Lustre (www.lustre.org)。Lustre 是一个大规模的、安全可靠的、具备高可用性的集群文件系统。Lustre 是开放源代码的，采取 GPL 许可协议。Lustre 是面向集群的存储架构，它是基于 Linux 平台的开源集群(并行)文件系统，提供与 POSIX 兼容的文件系统接口。Lustre 的两个最大特征是高扩展性和高性能，能够支持数万客户端系统、PB 级存储容量、数百 GB 的聚合 I/O 吞吐量。Lustre 是 Scale-Out 存储架构，借助强大的横向扩展能力，通过增加服务器即可方便地扩展系统总存储容量和性能。Lustre 的集群和并行架构，非常适合众多客户端并发进行大文件读写的场合。Lustre 广泛应用于各种环境，目前部署最多的为高性能计算(HPC)。另外，Lustre 在石油、天然气、制造、富媒体、金融等行业领域也被大量部署应用。

(2) FastDFS (code.google.com/p/fastdfs)。FastDFS 是一个开源的轻量级分布式文件系统，管理功能包括文件存储、文件同步、文件访问等，同时充分考虑了冗余备份、负载均衡、线性扩容等机制，并注重高可用、高性能等指标，非常适合于互联网应用。FastDFS 解决了大容量存储和负载均衡的问题，特别适合以文件为载体的在线服务，如相册网站、视频网站等。

FastDFS 服务端有两个角色：跟踪器(Tracker)和存储节点(Storage)。跟踪器主要做调度的工作，在访问上起负载均衡的作用。存储节点存储文件，完成文件管理的所有功能。使用 FastDFS 可以很容易地搭建一套高性能的文件服务器集群提供文件上传、下载等服务。

(3) OpenAFS (www.openafs.org)。OpenAFS 是一套开放源代码的分布式文件系统，支持从 Windows 到 BSD 到 Linux 和 Mac OS 的所有主要操作系统，允许系统之间通过局域网和广域网来分享档案和资源。

OpenAFS 围绕一组名为 cell 的文件服务器进行组织，对用户隐藏文件位置。文件系统内容通常都是跨 cell 复制，以保证一个硬盘的失效不会损害 OpenAFS 客户机的运行。因为可能所有的源文件都以读写副本的形式保存在不同的文件服务器位置上，必须保持复制的副本同步，OpenAFS 使用 Ubik 技术实现这一点，使文件系统上的文件、目录和卷(Volume)保持同步。

(4) NFS (linux-nfs.org)。网络文件系统(Network File System，NFS)是一种 FreeBSD 支持的文件系统中的，它允许网络中的计算机之间通过 TCP/IP 网络共享资源。在 NFS 的应用中，本地 NFS 的客户端应用可以透明地读写位于远端 NFS 服务器上的文件，就像访问本地文件一样。

NFS 体系至少有两个主要部分：一台 NFS 服务器和若干台客户机。客户机通过 TCP/IP 网络远程访问存放在 NFS 服务器上的数据。NFS 客户端(一般为应用服务器，如 Web)可以通过挂载(Mount)的方式将 NFS 服务端共享的数据目录挂载到 NFS 客户端本地系统中(就是某一个挂载点下)，其实现的核心是远程过程调用(RPC)机制。从 NFS 客户端的机器本地看，NFS 服务端共享的目录就好像是客户自己的磁盘分区或者目录一样，而实际上却是远端的 NFS 服务端的目录。

2.2 HDFS 与 Alluxio

2.2.1 HDFS

HDFS(Hadoop Distributed File System)是 Apache 基金项目 Hadoop 提供的分布式存储系统，提供了高效的海量数据存储解决方案。HDFS 借鉴了谷歌的 GFS，是设计运行在通用硬件上的分布式文件系统，适合于大数据的读写，且在设计上考虑了系统的容错性。HDFS 不仅是一个分布式存储系统，它同时结合了 Hadoop 的 MapReduce 编程框架，为大数据分析提供了存储支持，满足互联网的访问需求和分布式计算等应用。

对于分布式系统而言，硬件故障是常态，而不是异常。整个 HDFS 由数百或数千个存储着文件数据片断的服务器组成，内部的每一个组成部分都有可能出现故障，这就意味着 HDFS 中总是有一些部件是失效的，因此，故障的检测和自动快速恢复是 HDFS 一个核心的设计目标。HDFS 提供对应用数据的高吞吐量访问，非常适合大规模数据集上的应用。HDFS 目前支持的接口包括 Java、Thrift、C、FUSE、WebDAV、HTTP、Python 等。

HDFS 是高度容错的，被设计部署在低成本的硬件上，其特点如下。

(1) 流式数据访问。运行在 HDFS 之上的应用程序必须流式地访问它们的数据集，它不是运行在普通文件系统之上的普通程序。HDFS 被设计成适合批量处理的，而不是用户交互式的。重点在于数据吞吐量，而不是数据访问的反应时间。

(2) 大数据集。HDFS 是为以流的方式存取大文件而设计的，运行在 HDFS 上的程序一般都有很大量的数据集。它能够提供很高的聚合数据带宽，一个集群中可以支持数百个节点和千万级别的文件。典型的 HDFS 文件大小是 GB 到 TB 甚至 PB 的级别。

(3) 简单一致性模型。大部分 HDFS 文件操作需要的是一次写入，多次读取。一个文件一旦创建、写入、关闭之后就不需要再修改了。这个假定简化了数据一致性问题，从而提供高吞吐量的数据访问。

(4) 通信协议。所有的通信协议都建立在 TCP/IP 协议之上。一个客户端和明确的配置端口的名字节点建立连接之后，它和名字节点的协议是 ClientProtocal。数据节点和名字节点之间用 DatanodeProtocal。

从系统架构的角度看，HDFS 是主从(Master/Worker)结构，分布式存储。一个 HDFS 集群由一个名字节点 NameNode 和若干个数据节点 DataNode 构成，两种节点分别承担 Master 和 Worker 的职责。名字节点又称元数据节点，元数据被定义为：描述数据的数据，对数据及信息资源的描述性信息。NameNode 作为主服务器负责管理文件系统的元数据，管理文件系统空间，控制客户对文件的访问。而 DataNode 负责管理对应节点上实际的数据存储。HDFS 对外开放文件命名空间并允许用户数据以文件形式存储。HDFS 内部机制是将一个文件分割成一个或多个块，并将它们存储在一组数据节点中。HDFS 结构图如图 2.1 所示。

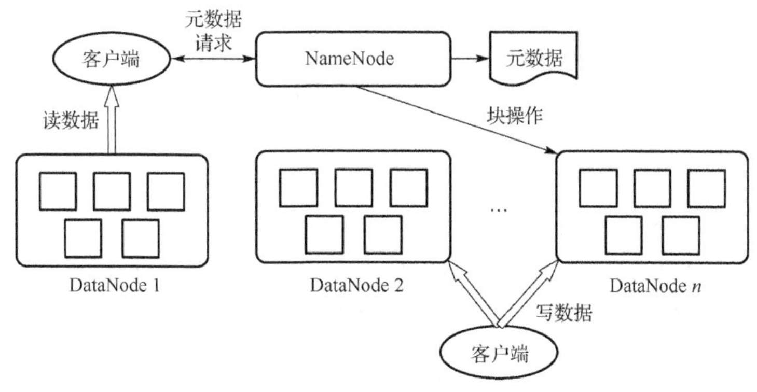

图 2.1　HDFS 结构图

(1) NameNode。NameNode 用来管理文件命名空间的文件或目录操作，如打开、关闭、重命名等。它同时确定块与数据节点的映射。NameNode 在 Hadoop 分布式文件系统中只有一个实例，却是最复杂的一个实例，维护着 HDFS 中两个最重要的关系。

① HDFS 的文件目录树，以及文件树中所有的文件和文件夹的元数据，包括文件的数据块索引，即每个文件对应的数据块列表。

② 数据块和数据节点的对应关系，即某一个数据块保存着哪些数据及节点的信息。

其中，HDFS 的目录树、元信息和数据块索引等信息会持久到磁盘上，保存在命名空间镜像和编辑日志中。数据块和数据节点的对应关系则在 NameNode 启动后，由 DataNode 上报，动态建立。在上述关系的基础上，NameNode 管理 DataNode，接收其注册、心跳、数据块提交等信息上报，发送数据块复制、删除、恢复等指令；同时，NameNode 还为客户端对文件系统目录树的操作和对文件数据读写、对 HDFS 进行管理提供支持。操作日志文件中记录了所有针对文件的创建、删除、重命名等操作日志。

(2) DataNode。DataNode 是 HDFS 的工作节点，负责执行来自文件系统客户的读写请求。

DataNode 将数据库存储在本地文件系统中，保存数据块的元数据，并负责数据的存储和读取或根据客户端、NameNode 的调度来进行数据的存储和检索，并且周期性地向 NameNode 发送自己所存储的数据块信息。

HDFS 典型的部署是在一个专门的机器上运行 NameNode，集群中的其他机器各运行一个 DataNode，这种只有一个 NameNode 的设计大大简化了系统架构。当然也可以在运行 NameNode 的机器上同时运行 DataNode，或者一台机器上运行多个 DataNode。

一般地，客户端(Client)通过与 NameNode 和 DataNode 的交互访问文件系统，首先客户端联系 NameNode 获取文件的元数据，而真正的文件 I/O 操作则直接与 DataNode 进行交互。客户端就是需要获取分布式文件系统文件的应用程序。当客户端向 NameNode 发起文件写入请求时，NameNode 根据文件大小和文件块配置情况，返回给客户端它所管理部分 DataNode 的信息。客户端将文件划分为多个块(Block)，根据 DataNode 的地址信息，按顺序写入每一个 DataNode 块中。客户端向 NameNode 发起文件读取请求时，NameNode 返回文件存储的 DataNode 的信息，客户端从 DataNode 读取文件信息。

HDFS 为文件提供存储服务，数据块是存储文件的最小单位。根据系统设定，文件被划分成一系列大小相等的数据块(最后一个块除外)，分配到 DataNode 上进行存储。

HDFS 可以以许多不同的方式访问。HDFS 天然提供了一个 Java API，供应用程序使用。此 Java API 的 C 语言包装器也可用。另外，还可以使用 HTTP 浏览器来浏览 HDFS 实例的文件，也可以通过 WebDAV 协议访问 HDFS。

(1) 网络接口(Web Interface)。NameNode 和 DataNode 各自运行一个内部的 Web 服务器，可以显示集群的基本状态信息。使用默认配置，NameNode 的网络接口位置在 http://节点名称:50070/。它列出了数据节点和集群的基本情况。网络接口还可以用来浏览文件系统(使用“浏览文件系统”在 NameNode 首页链接)。

(2) Shell 命令(Shell Commands)。Hadoop 包括与 Hadoop 支持的 HDFS 和其他文件系统直接交互的各种 Shell 命令。命令 bin/hdfs dfs-help 列出了 Hadoop Shell 支持的命令。这些命令支持大多数正常的文件系统操作，如复制文件、更改文件权限等。它还支持几种 HDFS 特定操作，如 copyFromLocal、copyToLocal 等。

2.2.2 Alluxio

Alluxio(http://www.alluxio.org)起源于 UC Berkeley AMPLab 实验室的一个研究项目，那时候同样起源于 AMPLab 的 Spark 和 Mesos 正在快速发展，Alluxio 公司创始人李浩源意识到了它们在存储方面的不足，于是开始探索如何使高速内存数据能够跨应用共享。2012 年圣诞节期间第一个 Alluxio(原名 Tachyon)版本发布，并于 2013 年开源，但这时它还仅仅是李浩源的博士研究课题。其后两年中 Alluxio 日益成为大数据领域和横向扩展应用环境的统一存储层的事实标准，于是 Alluxio 公司成立了。

Alluxio 是世界上第一个基于内存的分布式虚拟存储系统，它是架构在底层分布式文件系统和上层分布式计算框架之间的一个中间件，统一了数据访问并充当了计算框架和底层存储系统的桥梁，主要职责是以文件形式在内存或其他存储设施中提供数据的存取服务。应用程序只需要连接 Alluxio 就可以访问任何底层存储系统的数据。基于内存的 Alluxio 存储架构实现了数据访问速度的显著提升。

Alluxio 居于传统大数据存储和大数据计算框架之间，如图 2.2 所示。

图 2.2　Alluxio 系统的位置

在大数据领域，最底层的是分布式文件系统，如 Amazon S3、Google Cloud Storage、OpenStack Swift、GlusterFS、HDFS、MaprFS、Ceph、NFS 等，而较高层的应用则是一些分布式计算框架，如 Spark、Apache MapReduce、HBase、Hive、Apache Flink 等。这些分布式框架往往都是直接从分布式文件系统中读写数据，效率比较低，性能消耗比较大。而 Alluxio 架构于底层分布式文件系统与上层分布式计算框架之间，以文件的形式在内存中对外提供读写访问服务，因此可以将大数据应用的数据存取加速一个数量级，例如，百度使用 Alluxio 将数据分析管道的吞吐量提升 30 倍。Barclays 银行使用 Alluxio 把计算从小时级加快到秒级。去哪儿网在 Alluxio 上进行实时的数据分析。而且它只要提供通用的数据访问接口，就能很方便地切换底层分布式文件系统。

Alluxio 作为一个内存级的虚拟分布式存储系统，有几个常见的使用场景。

(1) 计算层需要反复访问远程(如在云端或跨机房)的数据。

(2) 计算层需要同时访问多个独立的持久化数据源(如同时访问 Amazon S3 和 HDFS 中的数据)。

(3) 多个独立的大数据应用(如不同的 Spark Job)需要高速有效的共享数据。

(4) 当计算层有着较为严重的内存资源以及 JVM 的垃圾收集压力或者较高的任务失败率时，Alluxio 可以极大地缓解这一压力，并使计算消耗的时间和资源更可控、可预测。

Alluxio 独特的优势直接体现在设计和架构理念上。如图 2.3 所示，通过解耦计算端和存储端，Alluxio 支持各种应用灵活地选择包括云平台在内的各种存储方式，而没有任何性能损失。设计之初 Alluxio 就以将现有的大数据产品更简单、更有效地整合在一起为目标，让未来大数据项目的开发和维护变得更简单，让上层和下层技术都更快地发展，让所有其他大数据项目可以更快地迭代。

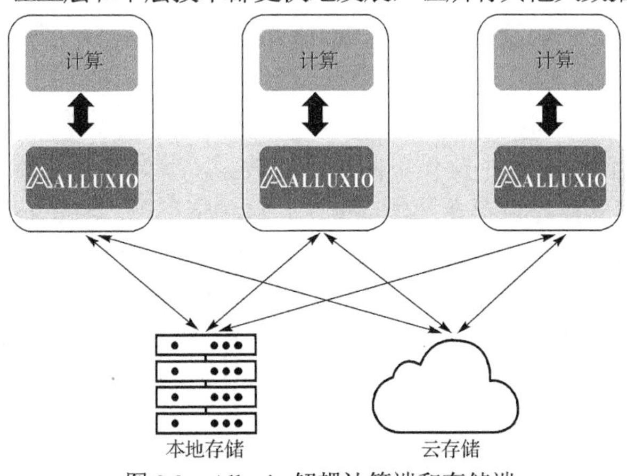

图 2.3　Alluxio 解耦计算端和存储端

与其他如 HDFS、HBase、Spark 等大数据相关框架一样，Alluxio 也是一个主从结构的系统。它的主节点为 Master，负责管理全局的文件系统元数据，从节点为 Worker，负责管理本节点数据的存储服务。另一个组件为 Client，为用户提供统一的文件存取服务接口。

当应用程序需要访问 Alluxio 时，通过 Client 端先与主节点 Master 通信，获取对应文件的元数据，再和对应 Worker 节点通信，进行实际的文件存取操作。所有的 Worker 会周期性地发送心跳数据给 Master，维护文件系统元数据信息和确保自己被 Master 感知仍在集群中正常提供服务，而 Master 不会主动发起与其他组件的通信，它只是以回复请求的方式与其他组件进行通信。这与 HDFS、HBase 等分布式系统设计模式是一致的。Alluxio 的设计使用了单个主 Master 和多 Worker 的架构，它们一起组成了 Alluxio 的服务端，是系统管理员维护和管理的组件。Client 通常是应用程序，如 Spark 或 MapReduce 作业，以及 Alluxio 的命令行用户。

Alluxio Master 有主、从两种模式。一个 Alluxio 集群只有一个主 Master，主要负责处理全局的系统元数据，如文件系统树。Client 可以通过与 Master 的交互来读取或修改元数据。从 Master 不断地读取并处理主 Master 写的日志。同时从 Master 会周期性地把所有的状态写入日志。从 Master 不处理任何请求。

Alluxio 的 Worker 负责管理分配给 Alluxio 的本地资源。这些资源可以是本地内存、SDD 或者硬盘，由用户配置。Worker 以块的形式存储数据，并通过读或创建数据块的方式处理来自 Client 读写数据的请求。但 Worker 只负责这些数据块上的数据，文件到块的实际映射只会存储在 Master 上。

Alluxio 的 Client 为用户提供了一个与 Alluxio 服务端交互的入口。它为用户暴露了一组文件系统 API。Client 通过发起与 Master 的通信来执行元数据操作，并且通过与 Worker 通信来读取 Alluxio 上的数据或者向 Alluxio 上写数据。存储在底层存储系统上而不是 Alluxio 上的数据可以直接通过底层存储客户端访问。

Spark 在大数据处理领域正获得快速增长，其核心的 RDD 极大地提升了处理性能并且支持迭代运算。作为普通文件存储方案的 Alluxio 在成熟度和性能上都得到了进一步的提升，方便非结构化的文件处理，如影像、视频文件等。Alluxio 可将 RDD 以文件形式存储，使 Spark 应用以可预测的、高效的方式读取数据。二者的结合好处很多，如数据可以长期存储在内存中，多个应用可以共享缓存数据；数据缓存在 JVM 外部可以减少程序的垃圾收集时间；缓存的数据不会因为程序的意外崩溃而消失；Alluxio 本身与 Hadoop 兼容，无须修改 Spark 代码，可直接运行等。

Spark 与 Alluxio 交互最基本的方法是将二者结合运行从本地存储读取数据，开启 spark-shell，可以在交互的 Shell 中操作不同来源的数据，就像本地文件系统一样。很多时候，数据并不在本地计算机上而是保存在共享存储上。这种情况下，Alluxio 可以透明地连接到远程存储的优势立刻体现出来。这意味着使用另一个客户端或者改变文件路径的时候，可以接着使用 Alluxio 路径，就像保存在同一个命名空间下一样。另外，一个数据集可能被一个数据团队的多个成员访问，使用 Alluxio 能够均摊从云存储平台获取数据的昂贵成本，将其保存在 Alluxio 的存储空间中，可以同时减少内存消耗。采用这种方法，只要一个人访问了数据，后续的调用都会在 Alluxio 的内存中进行。

2.3 分布式数据库

2.3.1 分布式数据库系统概述

分布式数据库系统(Distributed DataBase System，DDBS)是指利用高速计算机网络将物理上分散的多个数据存储单元连接起来组成一个逻辑上统一的数据库系统。分布式数据库的基本思想是将原来集中式数据库中的数据分散存储到多个通过网络连接的数据存储节点上，以获取更大的存储容量和更高的并发访问量，是数据库技术、计算机网络技术、分布式计算技术等相结合的产物。近年来，随着数据量的高速增长，分布式数据库技术得到了快速的发展。

一方面，传统的关系型数据库开始从集中式模型向分布式架构发展，基于关系型的分布式数据库在保留传统数据库的数据模型和基本特征情况下，从集中式存储走向分布式存储，从集中式计算走向分布式计算。

另一方面，随着数据量越来越大，关系型数据库开始暴露出一些难以克服的缺点，以NoSQL为代表的非关系型数据库，其高可扩展性、高并发性等优势出现了快速发展，一时间市场上出现了大量的基于键-值对的存储系统、文档型数据库等NoSQL数据库产品。NoSQL类型数据库正日渐成为大数据时代下分布式数据库领域的主力。

2.3.2 分布式数据库系统的特点

分布式数据库系统的特点主要包括数据透明性和场地自治性。

(1)数据透明性：应用程序与系统实际数据组织相分离，即数据具有独立性或透明性。具体体现为分布透明性、复制透明性和分片透明性。分布透明性是指全局用户看到的是全局数据模型的描述，用户像使用集中数据库一样，不需考虑数据的存储场地和操作的执行场地。复制透明性是指分布数据库支持有控制的数据冗余，即数据可重复存储在不同的场地上。分片透明性是指关系如何分片对用户也是透明的。

(2)场地自治性：在分布式数据库系统中，为保证局部场地的独立自主能力，分布场地具有自治性。多个场地或节点的局部数据库在逻辑上集成为一个整体，并为分布式数据库系统的所有用户使用，这种应用称为全局应用，其用户称为全局用户。分布式数据库系统也允许用户只使用本地的局部数据库，该应用称为局部应用，其用户为局部用户。这种局部用户独立于全局用户的特性称为局部数据库的自治性。具体体现为设计自治性、通信自治性、执行自治性。局部数据库管理系统(DBMS)能独立决定它自己局部库的设计称为设计自治性，能独立决定是否和如何与其他场地的DBMS通信称为通信自治性，能独立决定以何种方式执行局部操作称为执行自治性。

大数据时代，面对海量数据量的井喷式增长和不断增长的用户需求，分布式数据库还应具有如下特性，才能应对不断增长的海量数据。

(1)高可扩展性：分布式数据库必须具有高可扩展性，能够动态地增添存储节点以实现存储容量的线性扩展。

(2)高并发性：分布式数据库必须及时响应大规模用户的读/写请求，能对海量数据进行随机读/写。

(3) 高可用性：分布式数据库必须提供容错机制，能够实现对数据的冗余备份，保证数据和服务的高度可靠性。

大数据时代，面对日益增长的海量数据，传统的集中式数据库的弊端日益显现，分布式数据库相对传统的集中式数据库有如下优点。

(1) 更高的数据访问速度：分布式数据库为了保证数据的高可靠性，往往采用备份的策略实现容错，所以，在读取数据的时候，客户端可以并发地从多个备份服务器同时读取，从而提高了数据访问速度。

(2) 更强的可扩展性：分布式数据库可以通过增添存储节点来实现存储容量的线性扩展，而集中式数据库的可扩展性十分有限。

(3) 更高的并发访问量：分布式数据库由于采用多台主机组成存储集群，所以相对集中式数据库，它可以提供更高的用户并发访问量。

2.3.3 分布式数据库系统的结构

根据定义，分布式数据库是一个数据集合，这些数据在逻辑上属于同一个系统，物理上分散在网络的不同节点上，每个节点的数据在支持本地访问的同时还至少能参与一个全局应用任务的执行。这个定义体现出分布式数据库的两个重要特点：分布性和逻辑相关性，因此形成了如图 2.4 所示的物理结构和逻辑结构。

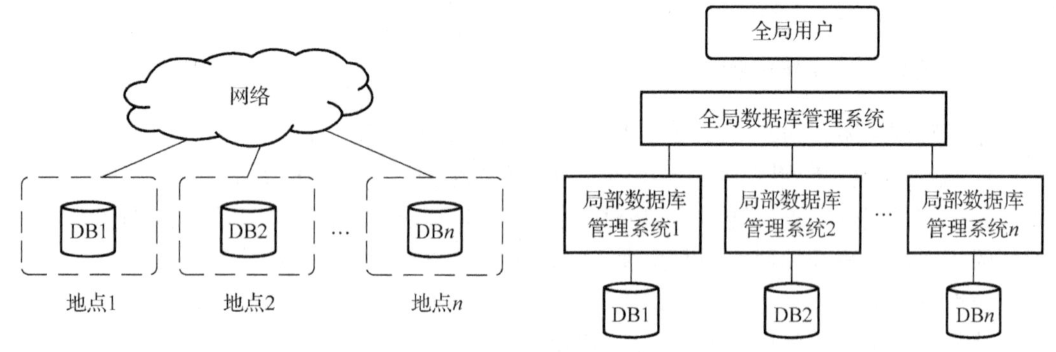

图 2.4　分布式数据库的物理结构与逻辑结构

模式结构是基于数据的描述方法。根据我国制定的《分布式数据库系统标准》草案，分布式数据库系统抽象为 4 层的结构模式：全局外层、全局概念层、局部概念层和局部内层，在各层间还有相应的层间映射。这种 4 层模式适用于同构型分布式数据库系统，也适用于异构型分布式数据库系统。

全局模式或外模式 (ES)：全局模式即全局用户视图，是分布式数据库的全局用户对分布式数据库的最高层抽象。全局用户使用视图时，不必关心数据的分片和具体的物理分配细节。

全局概念模式 (GCS)：全局概念模式即全局概念视图，是分布式数据库的整体抽象，包含了全部数据特性和逻辑结构。像集中式数据库中的概念模式一样，是对数据库全体的描述。全局概念模式再经过分片模式和分配模式映射到局部模式。

分片模式是描述全局数据的逻辑划分视图。即根据某种条件的划分，将全局数据逻辑结构划分为局部数据逻辑结构。每一个逻辑划分成一个分片。在关系型数据库中，一个关系中的一个子关系称该关系的一个片段。

分配模式是描述局部数据逻辑的局部物理结构，即划分后的分片的物理分配视图。

2.3.4 典型的分布式数据库系统

20 世纪 70 年代后期到 80 年代初出现了一些分布式数据库原型系统，如 SDD-1 系统、R*系统、Distributed Ingres 等。20 世纪 80 年代之后相继推出了扩充的分布式 DBMS，如 Sybase SQL Server、Informix-Online 等，标志着分布式数据库系统步入实用阶段。

现代主要的分布式数据库产品包括 Oracle 分布式数据库、DB2 分布式数据库、Sybase 数据库、SQL Server 数据库等。Oracle 支持异构的分布式数据库系统，即在系统中存在非 Oracle 数据库。Oracle 数据库服务器通过连接于一个代理的异构服务来访问非 Oracle 数据库。DB2 实现了数据分区特性，用于将数据库分成多个数据库分区。每个数据库分区有它自己的一组计算资源，包括 CPU 和存储。Sybase 数据库采用基于组件的中间件为分布异构环境提供全局数据访问和事务管理控制。SQL Server 采用 Microsoft 分布式事务处理协调器(MS DTC)管理和协调相应的分布式事务。

2.4 NoSQL

NoSQL 泛指非关系型的数据库，随着互联网 Web 2.0 网站的兴起，传统的关系型数据库在应付 Web 2.0 网站，特别是超大规模和高并发的社交网络系统时已经显得力不从心，暴露了很多难以克服的问题，而非关系型的数据库则由于其本身的特点得到了非常迅速的发展。NoSQL 数据库的产生就是为了解决大规模数据集合多重数据种类带来的挑战，尤其是大数据应用难题。

2.4.1 NoSQL 概述

NoSQL(Not Only SQL)，即“不仅仅是 SQL”，是一项全新的数据库革命性运动。NoSQL 一词最早出现于 1998 年，它是 Carlo Strozzi 开发的一个轻量、开源、不提供 SQL 功能的关系型数据库。他认为，由于 NoSQL 有悖于传统关系数据库模型，因此，它应该有一个全新的名字。

NoSQL 的拥护者提倡运用非关系型的数据存储，相对于铺天盖地的关系型数据库运用，这一概念无疑是一种全新的思维的注入。

NoSQL 数据库大致分为以下几类。

(1)键-值存储数据库。这一类数据库主要使用哈希表实现，表中有一个特定的键和一个指针指向特定的数据值。可以通过键快速查询到其值。一般来说，数据值无论是什么格式都可以被接受。键-值模型对于应用系统来说，优势在于简单、易部署。但是在某些场景下，如只对部分值进行查询或更新的时候，此类数据库效率不高。

常见的键-值存储数据库有 Tokyo Cabinet、Tyran、Redis、Berkeley DB、Voldemort、Oracle BDB 等。

(2)列存储数据库。顾名思义，这类数据库是按列存储数据的。最大的特点是方便存储结构化和半结构化数据，方便进行数据压缩，对针对某一列或者某几列的查询有非常大的 I/O 优势，特别适合于分布式存储的海量数据。键仍然存在，但是它们的特点是指向了按列家族来组织的多个列。常见的列存储数据库如 Cassandra、HBase、HyperTable、Riak 等。

(3) 文档型数据库。文档型数据库存储的内容是文档型的，数据模型是版本化的文档，半结构化的文档则以特定的格式存储，如 JSON。与键值存储相类似，通过对某些字段建立索引，实现关系型数据库的某些功能。文档型数据库可以看作键值数据库的升级版，允许之间嵌套键值，而且比键值数据库的查询效率更高。常见的文档型数据库如 MongoDB、CouchDB、SequoiaDB 等。

(4) 图形数据库。图形数据库应用图形理论存储实体之间的关系信息。与其他行列以及刚性结构的 SQL 数据库不同，图形模型使用灵活，并且能够扩展到多个服务器上。在一个图形数据库中，最主要的组成有两种：节点集和连接节点的关系。最常见的例子就是社会网络中人与人之间的关系。常见的图形数据库有 Neo4j、FlockDB、InfoGrid、Infinite Graph 等。

此外还有如 db4o、Versant 等的对象存储数据库，通过类似面向对象语言的语法操作数据库，通过对象的方式存取数据。还有如 Berkeley DB XML、BaseX 等的 XML 数据库，能够高效地存储 XML 数据，并支持 XQuery、XPath 等 XML 的内部查询语法。

2.4.2 NoSQL 的设计原则

在现代的计算系统上，每天网络上都会产生庞大的数据量。这些数据有很大一部分由关系数据库管理系统(RDMBS)来处理。1970 年 E. F. Codd 提出的关系模型的论文 *A relational model of data for large shared data banks*，使数据建模和应用程序编程更加简单。通过应用实践证明，关系模型非常适合于客户服务器编程，远远超出预期的利益，今天它是结构化数据存储在网络和商务应用的主导技术。

但是传统的关系型数据库并不能很好地解决海量数据带来的问题，单机的统计和可视化工具也变得力不从心，主要表现在灵活性差、扩展性差、性能差等方面。最近出现的一些存储系统摒弃了传统关系型数据库管理系统的设计思想，转而采用不同的解决方案来满足扩展性方面的需求。这些没有固定数据模式并且可以水平扩展的系统现在统称为 NoSQL。有些人认为称为 NoREL(Not only Relational)更为合理，即对关系型 SQL 数据系统的补充。

关系型数据库中的事务必须遵循 ACID 规则，即原子性、一致性、隔离性、持久性。

(1) 原子性。原子性是指事务中的所有操作要么全部做完，要么都不做，事务成功的条件是事务中的所有操作都成功。事务在执行过程中发生错误，会被回滚(Rollback)到事务开始前的状态，就像这个事务从来没有执行过一样。

(2) 一致性。一致性是指数据库中的数据必须处于一致的状态，即使多个事务同时并发执行，也不会改变数据库原本的一致性约束，保持数据库的完整性。

(3) 隔离性。隔离性是指并发的事务之间不会互相影响，如果一个事务要访问的数据正在被另外一个事务修改，只要另外一个事务未提交，它所访问的数据就不受未提交事务的影响。

(4) 持久性。持久性是指一旦事务提交后，它所做的修改将会永久地保存在数据库中，并且是完全的，即使关机也不会丢失。

关系数据库系统通过采纳 ACID 原则，获得高可靠性和强一致性。而大多数 NoSQL 系统则无法达到如此高的要求，普遍采纳 BASE 原则。BASE 就是为了解决关系型数据库强一致性而引起的可用性降低等问题而提出的解决方案。BASE 原则是由 Eric Brewer 定义的，是 NoSQL 数据库通常对可用性及一致性的弱要求原则，具体包括：基本可用（Basically Availble）、软状态/柔性事务（Soft-State）和最终一致性（Eventual Consistency）。最终一致性，也是 ACID 的最终目的。ACID 比较严谨，在每个操作结束时都强制保持一致性，而 BASE 相对宽松，只要最终一致即可。

（1）基本可用：指分布式系统在出现故障的时候，允许损失部分可用性，保证核心可用。但不等价于不可用。例如，搜索引擎 0.5s 返回查询结果，但由于故障，2s 响应查询结果；网页访问过大时，部分用户提供降级服务等。

（2）软状态：是指允许系统存在中间状态，并且该中间状态不会影响系统整体可用性。即允许系统在不同节点间副本同步的时候存在延时。

（3）最终一致性：系统中的所有数据副本经过一定时间后，最终能够达到一致的状态，不需要实时保证系统数据的强一致性。最终一致性是弱一致性的一种特殊情况。

CAP、BASE 和最终一致性是 NoSQL 数据库存在的三大基石。BASE 理论是基于 CAP 定理演化而来的，是对 CAP 中一致性和可用性权衡的结果。其核心思想为：即使无法做到强一致性，但每个业务根据自身的特点，采用适当的方式来使系统达到最终一致性。

CAP 理论也是由 Eric Brewer 提出的，并由 Seth Gilbert 和 Nancy Lynch 两人证明了 CAP 理论的正确性。CAP 理论告诉我们，一个分布式系统不可能满足一致性、可用性（Availability）、分区容错性（Partition Tolerance）这三个需求，最多只能同时满足两个。系统的关注点不同，相应采用的策略也不一样，只有真正地理解了系统的需求，才有可能利用好 CAP 理论。

（1）一致性：指数据在多个副本之间是否能够保持一致的特性。当执行数据更新操作后，仍然可保证系统数据处于一致的状态。

（2）可用性：系统提供的服务必须一直处于可用的状态。对于用户的每一个操作请求总是能够在设定好的“有限时间内”返回正常响应结果。

（3）分区容错性：分布式系统在遇到任何网络分区故障的时候，仍然需要能够保证对外提供满足一致性和可用性的服务，除非整个网络环境都发生了故障。组成分布式系统的每个节点的加入与退出都可以看成一个特殊的网络分区。

一个分布式系统无法同时满足这三个条件，只能满足两个，意味着我们要抛弃其中的一项。

（1）CA，放弃 P：将所有数据都放在一个分布式节点上。这同时放弃了系统的可扩展性。

（2）CP，放弃 A：一旦系统遇到故障，受影响的服务器需要等待一段时间，在恢复期间无法对外提供正常的服务。

（3）AP，放弃 C：这里的放弃一致性是指放弃数据强一致性，而保留数据的最终一致性。系统无法实时保持数据的一致，但承诺在一个限定的时间窗口内，数据最终能够达到一致的状态。

对于分布式系统而言，分区容错性是一个最基本的要求，因为分布式系统中的组件必然需要部署到不同的节点，必然会出现子网络，在分布式系统中，网络问题是必定会出现的异常。因此分布式系统只能在一致性和可用性之间进行权衡。BASE 模型则通过牺牲高一致性，获得可用性或可靠性，最终数据是一致的就可以了，而不是时时一致。

2.4.3 NoSQL 系统的技术特点

(1)简单数据模型。不同于分布式数据库，大多数 NoSQL 系统采用更加简单的数据模型，这种数据模型中，每个记录拥有唯一的键，而且系统只需支持单记录级别的原子性，不支持外键和跨记录的关系。这种一次操作获取单个记录的约束极大地增强了系统的可扩展性，而且数据操作可以在单台机器中执行，没有分布式事务的开销。

(2)元数据和应用数据的分离。NoSQL 数据管理系统需要维护两种数据：元数据和应用数据。元数据是用于系统管理的，如数据分区到集群中节点和副本的映射数据。应用数据就是用户存储在系统中的商业数据。系统之所以将这两类数据分开是因为它们有着不同的一致性要求。若要系统正常运转，元数据必须是一致且实时的，而应用数据的一致性需求则因应用场合而异。因此，为了达到可扩展性，NoSQL 系统在管理两类数据时采用不同的策略。也有一些 NoSQL 系统没有元数据，而是通过其他方式解决数据和节点的映射问题。

(3)弱一致性。NoSQL 系统通过复制应用数据来达到一致性。这种设计使得更新数据时副本同步的开销很大，为了减少这种同步开销，弱一致性模型如最终一致性和时间轴一致性得到广泛应用。

通过这些技术，NoSQL 能够很好地应对海量数据的挑战。相对于关系型数据库，NoSQL 数据存储管理系统的主要优势如下。

(1)避免不必要的复杂性。关系型数据库提供各种各样的特性和强一致性，但是许多特性只能在某些特定的应用中使用，大部分功能很少被使用。NoSQL 系统则提供较少的功能来提高性能。

(2)高吞吐量。一些 NoSQL 数据系统的吞吐量比传统关系数据管理系统要高很多，如谷歌使用 MapReduce 每天可处理 20PB 存储在 BigTable 中的数据。

(3)高水平扩展能力和低端硬件集群。NoSQL 数据系统能够很好地进行水平扩展，与关系型数据库集群方法不同，这种扩展不需要很大的代价。而基于低端硬件的设计理念为采用 NoSQL 数据系统的用户节省了很多硬件上的开销。

(4)避免了昂贵的对象-关系映射。许多 NoSQL 系统能够存储数据对象，这就避免了数据库中关系模型和程序中对象模型相互转化的代价。

虽然 NoSQL 数据库提供了高扩展性和灵活性，但是它也有自己的缺点，主要有以下几点。

(1)数据模型和查询语言没有经过数学验证。SQL 这种基于关系代数和关系演算的查询结构有着坚实的数学保证，即使一个结构化的查询本身很复杂，但是它能够获取满足条件的所有数据。NoSQL 系统都没有使用 SQL，而使用的一些模型还没有完善的数学基础。这也是 NoSQL 系统较为混乱的主要原因之一。

(2)不支持 ACID 特性。这为 NoSQL 带来优势的同时也是其缺点，毕竟事务在很多场景下还是需要的，ACID 特性使系统在中断的情况下也能够保证在线事务能够准确执行。

(3)功能简单。大多数 NoSQL 系统提供的功能都比较简单，这就增加了应用层的负担。例如，要求在应用层实现 ACID 特性则是非常困难的。

(4)没有统一的查询模型。NoSQL 系统一般提供不同的查询模型，这在一定程度上增加了开发者的负担。

计算机体系结构在数据存储方面要求具备庞大的水平扩展性，而 NoSQL 致力于改变这一现状。水平扩展性(Horizontal Scalability)指能够连接多个软硬件的特性，这样可以将多个服务器从逻辑上看成一个实体。

NoSQL 数据库在以下这几种情况下比较适用。

(1)数据模型比较简单。

(2)需要灵活性更强的 IT 系统。

(3)对数据库性能要求较高。

(4)不需要高度的数据一致性。

(5)需要用键来映射比较复杂的值。

尽管大多数 NoSQL 数据存储系统都已被部署于实际应用中，但归纳其研究现状，还有许多挑战性问题。

已有键-值数据库产品大多是面向特定应用自治构建的，缺乏通用性；已有产品支持的功能有限(不支持事务特性)，导致其应用具有一定的局限性；已有一些研究成果和改进的 NoSQL 数据存储系统，但它们都是针对不同应用需求而提出的相应解决方案，如支持组内事务特性、弹性事务等，很少从全局考虑系统的通用性，也没有形成系列化的研究成果；缺乏类似关系型数据库所具有的强有力的理论(如 Armstrong 公理系统)、技术(如成熟的基于启发式的优化策略、两段封锁协议等)、标准规范(如 SQL)的支持。

目前，HBase 数据库是安全特性最完善的 NoSQL 数据库产品之一，而其他的 NoSQL 数据库多数没有提供内建的安全机制，但随着 NoSQL 的发展，越来越多的人开始意识到安全的重要，部分 NoSQL 产品逐渐开始提供一些安全方面的支持。

随着云计算、互联网等技术的发展，大数据广泛存在，同时呈现出了许多云环境下的新型应用，如社交网络、移动服务、协作编辑等。这些新型应用对海量数据管理或称云数据管理系统也提出了新的需求，如事务的支持、系统的弹性等。同时云计算时代海量数据管理系统的设计目标为可扩展性、弹性、容错性、自管理性和强一致性。目前，已有系统通过支持可随意增减节点来满足可扩展性；通过副本策略保证系统的容错性；基于监测的状态消息协调实现系统的自管理性。弹性的目标是满足按用量付费(Pay-per-use)模型，以提高系统资源的利用率。该特性是已有典型 NoSQL 数据库系统所不完善的，但却是云系统应具有的典型特点；强一致性主要是新应用的需求。

2.4.4 NoSQL 与 NewSQL 的比较

2012 年市场研究机构 451 Research 公司发布了一张关于数据库技术产品的生态图，如图 2.5 所示，其中对各种数据库技术和产品进行了分类，包括传统关系型数据库、NoSQL 数据库以及 NewSQL 数据库，展示了数据库产品生态环境的繁杂，典型内容如下。

MySQL/PostgreSQL 是传统关系型数据库的代表。

HBase 是 BigTable 技术的代表(行索引，列存储)。

Neo4j 是图数据库代表，用来存储复杂、多维度的图结构数据。

Redis 是基于键-值模型的 NoSQL 代表。

MongoDB/CouchDB 是基于文档的 NoSQL 代表，Couchbase 是文档和键-值模型技术的融合。

VoltDB 是 NewSQL 的代表，具备数据一致性和良好的扩展性，性能宣称是 MySQL 的数十倍以上。

近几年来数据库的发展可以说是日新月异，而人们对结构化、非结构化、SQL、NoSQL以及 NewSQL 的理解也远甚于过往。NoSQL 对海量数据的存储管理能力强大，但是对 ACID 和 SQL 支持不佳。而 RDBMS 虽然有着 ACID 和 SQL，但是对海量数据比较乏力。这种情况下，NewSQL 就应运而生了。NewSQL 是对各种新的可扩展/高性能数据库的简称，这类数据库不仅具有 NoSQL 对海量数据的存储管理能力，还保持了传统数据库支持 ACID 和 SQL 等的特性。

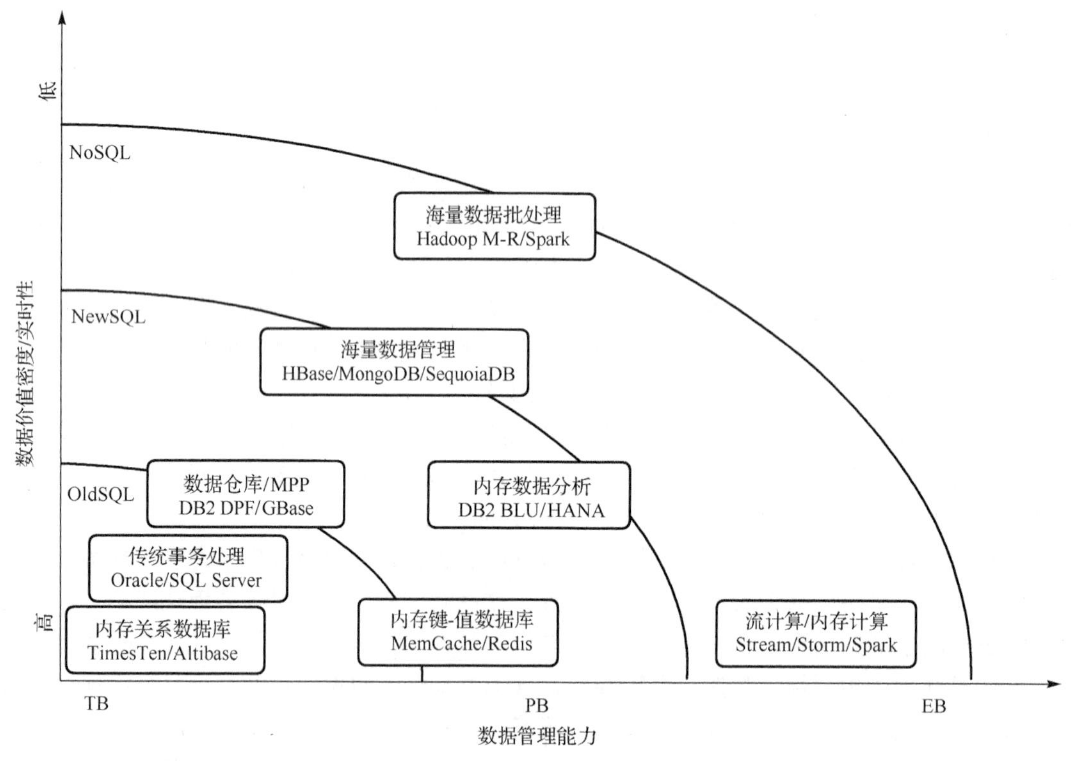

图 2.5　各种数据库类型的使用场景

NewSQL 系统虽然在内部结构上变化很大，但是它们有两个显著的共同特点：都支持关系数据模型、都使用 SQL 作为其主要的接口。NewSQL 系统包括 Clustrix、GenieDB、ScalArc、Schooner、VoltDB、RethinkDB、ScaleDB、Akiban、CodeFutures、ScaleBase、Translattice 和 NimbusDB，以及 Drizzle、带有 NDB 的 MySQL 集群和带有 Handler Socket 的 MySQL。此外还包括将“NewSQL 作为一种服务”的亚马逊关系数据库服务、微软的 SQL Azure 等。

但是没有任何一款产品可以应对所有的应用场景，应该根据应用场景选择合适的技术。

在使用 Hadoop/Spark 作为大数据计算平台的解决方案中，有两种主流的编程模型，一种是基于 Hadoop/Spark API 或者衍生出来的语言，另一种是基于 SQL。SQL 作为数据库领域的事实标准语言，相比于用 API(如 MapReduce API、Spark API 等)来构建大数据分析的解决方案有着先天的优势：一是产业链完善，各种报表工具、ETL 工具等可以很好地对接；二是用 SQL 开发有更低的技术门槛；三是能够降低原有系统的迁移成本等。因此，SQL 渐渐成为大数据分析的主流技术标准之一。

有了 Hive 之后，人们发现 SQL 相比 Java 有巨大的优势，主要是因为它太容易写了。很多需求用 SQL 描述只有一两行，MapReduce 写起来则需要几十上百行。更重要的是，非计算机背景的用户更容易接受 SQL。

自从数据分析人员开始用 Hive 分析数据之后，发现 Hive 在 MapReduce 上运行的速度实在太慢。对于数据分析，人们总是希望能更快一些。例如，希望看过去一个小时内多少人在某一页面停留，分别停留了多久，对于一个巨型网站海量数据下，这个处理过程也许要花几十分钟甚至很多小时。于是 Impala、Presto、Drill 等诞生了。这三个系统的核心理念是 MapReduce 引擎太慢，因为它太通用、太健壮，也太保守，而 SQL 需要更轻量、更激进地获取资源，更专门地对 SQL 进行优化，而且不需要那么多容错性保证。这些系统让用户更快速地处理 SQL 任务，但会牺牲一定的通用性和稳定性。

Spark SQL 和 Hive on Spark 都是在 Spark 上实现 SQL 的解决方案，同样能解决 Map Reduce 过慢的问题。

2.5　HBase 与 Hive

2.5.1　HBase

Apache HBase 是一个开源的、分布式的、可扩展的、版本化的非关系型数据库，是 Hadoop 项目的数据库系统。HBase 是 Google BigTable 的开源实现，利用 Hadoop HDFS 作为其文件存储系统，可以使用 Hadoop MapReduce 来处理 HBase 中的海量数据，利用 ZooKeeper 协同服务，具有可靠性高、高性能、列式存储、可伸缩、支持实时读写等特点。当用户需要随机、实时读写访问大规模数据集时，Apache HBase 是最好的选择之一，因为该项目的目标正是在商品硬件集群上容纳非常大的数据表——数十亿行，上百万列。

传统的数据存储和访问策略与实现方法，特别是那些关系类型的数据库系统，在构建时往往不会考虑超大规模和分布式的特点。虽然很多产品可以通过复制和分区的方法来扩充数据库，使其能够突破单个节点的限制，但这些功能通常都是后来补充的，安装和维护也都比较复杂，而且一些常见的关系操作如连接、复杂查询、触发器、视图和外键约束等在这种大型关系数据库上实现的困难很大。相比传统的关系型数据库，HBase 区别较大，它是一个典型的 NoSQL 数据库，一种分布式、面向列的非关系存储系统，更适合于存储非结构化数据。具有如下特点。

(1) 规模大：一张表可以有上亿行，上百万列。

(2) 面向列、无模式：面向列表(族)的存储和权限控制，支持列(族)的独立检索。每一行都有一个可以排序的主键和任意多的列，列可以根据需要动态增加，同一张表中不同的行可以有截然不同的列。

(3) 无类型、稀疏：HBase 中的数据都是字符串，没有类型。对于为空(NULL)的列，并不占用存储空间，因此，表可以设计得非常稀疏。

(4) 版本化：每个单元中的数据可以有多个版本，默认情况下版本号就是数据插入时的时间戳，由系统自动分配。

(5) 实时性与高吞吐量：HBase 能够实现快速存取的原因既在于其列式存储与键-值对的查询方式，更在于其借助 MemStore 实现的内存级缓存，同时分区机制也是 HBase 能够实现高吞吐量并行存取的主要原因。

(6) 线性和模块可扩展性：HBase 通过线性方式从下到上增加节点来进行扩展，从而将大而稀疏的表放在服务器集群上。

HBase 提供多种访问接口，其中 HBase Shell 即 HBase 的命令行工具是最基本的接口。

1. HBase 的系统架构

HBase 采用 Master/Slave 架构搭建集群，包含以下组成部分：HMaster 节点、HRegionServer 节点、ZooKeeper 集群。HBase 在底层将数据存储于 HDFS 中，因此架构中也涉及 HDFS 的 DataNode 等，总体架构如图 2.6 所示。

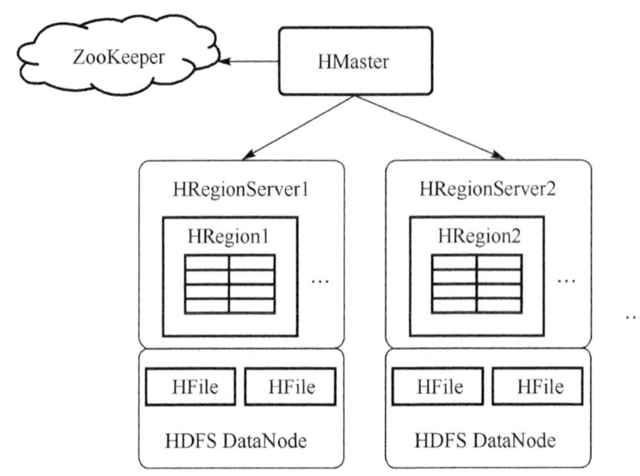

图 2.6 HBase 的系统架构

HMaster 节点的作用如下。

(1) 管理 HRegionServer，实现其负载均衡。

(2) 管理和分配 HRegion，如在 HRegion 切分时分配新的 HRegion；在 HRegionServer 退出时迁移其中的 HRegion 到其他 HRegionServer 上。

(3) 实现 DDL (Data Definition Language) 操作，包括命名空间和表的增、删、改，列族的增、删、改等。

(4) 管理命名空间和表的元数据 (实际存储在 HDFS 上)。

(5) 实现库级别、表级别、列族级别和列级别等的权限控制。

HRegionServer 节点的作用如下。

(1) 存放和管理本地 HRegion。

(2) 读写 HDFS，管理表中的数据。

(3) 用户直接通过 HRegionServer 读写数据 (从 HMaster 中获取元数据，找到 RowKey 所在的 HRegion/HRegionServer 后进行读写操作)。

ZooKeeper 集群是协调系统，其作用如下。

(1) 存放整个 HBase 集群的元数据以及集群的状态信息。

(2) 实现 HMaster 主、从节点的故障切换。

HBase 用户通过 RPC 方式和 HMaster、HRegionServer 通信；一个 HRegionServer 可以存放 1000 个 HRegion；底层表数据存储于 HDFS 中，而 HRegion 所处理的数据尽量和数据所在

的 DataNode 在一起，实现数据的本地化；数据本地化并不总能实现，如在 HRegion 移动时，需要等下一次 Compact 操作才能继续回到本地化。

2. HBase 的数据模型

HBase 以表的形式存储数据，表由行和列组成。行里面包含一个键和一个或者多个包含值的列。列划分为若干个列族(ColumnFamily)。一个列族中的所有列成员都使用相同的前缀。例如，列 courses:history 和 cources:math 是 cources 列族的成员。HBase 中的一个单元(Cell)由{行,列,版本}指定。理论上，行和列相同的单元的数量是无限的，因此单元的地址是通过版本维度来区分的。版本是通过长整型来指定的，一般使用时间戳。一个常用的行键的格式是网站域名，此时应该将域名进行反转(org.apache.www, org.apache.mail)再存储。这样所有相同后缀的域名将会存储在一起。

下面是源自 BigTable 的经典实例，一个名为 webtable 的表，稍作改动。表格中有两行(com.cnn.www 和 com.example.www)和三个列族(contents、anchor 和 people)。在这个例子当中，第一行(com.cnn.www)中 anchor 包含两列(anchor:cssnsi.com、anchor:my.look.ca)和 contents 包含一列(contents:html)。这个例子中 com.cnn.www 拥有 5 个版本，而 com.example.www 有一个版本。contents:html 列中包含给定网页的整个 HTML。anchor 限定符包含能够表示行的站点及链接中文本。people 列族表示与站点有关的人。

其逻辑数据结构如表 2.1 所示。

表 2.1 webtable 表的逻辑数据结构

行键	时间戳	列族 contents	列族 anchor	列族 people
"com.cnn.www"	t9		anchor:cnnsi.com= "CNN"	
"com.cnn.www"	t8		anchor:my.look.ca= "CNN.com"	
"com.cnn.www"	t6	contents:html= "<html>…"		
"com.cnn.www"	t5	contents:html= "<html>…"		
"com.cnn.www"	t3	contents:html= "<html>…"		
"com.example.www"	t5	contents:html: "<html>..."		people:author: "John Doe"

在 HBase 中，表格中的单元如果是空，将不占用空间或者事实上不存在。这就使 HBase 看起来“稀疏”。表格视图不是查看 HBase 中数据的唯一方式，甚至不是最精确的。下面的方式以多维度映射来表达相同的信息。

```
{
  "com.cnn.www": {
    contents: {
      t6: contents:html: "<html>..."
      t5: contents:html: "<html>..."
      t3: contents:html: "<html>..."
    }
    anchor: {
```

```
        t9: anchor:cnnsi.com = "CNN"
        t8: anchor:my.look.ca = "CNN.com"
      }
      people: {}
    }
    "com.example.www": {
      contents: {
        t5: contents:html: "<html>..."
      }
      anchor: {}
      people: {
        t5: people:author: "John Doe"
      }
    }
  }
```

两个不同列族的物理数据结构如表 2.2 和表 2.3 所示。

表 2.2　列族 anchor 的物理数据结构

行键	时间戳	列族 anchor
"com.cnn.www"	t9	anchor:cnnsi.com = "CNN"
"com.cnn.www"	t8	anchor:my.look.ca = "CNN.com"

表 2.3　列族 contents 的物理数据结构

行键	时间戳	列族 contents
"com.cnn.www"	t6	contents:html = "<html>…"
"com.cnn.www"	t5	contents:html = "<html>…"
"com.cnn.www"	t3	contents:html = "<html>…"

概念视图中的空单元实际上是没有进行存储的。因此对于返回时间戳为 t8 的 contents:html 的值的请求，结果为空。同样地，一个返回时间戳为 t9 的 anchor:my.look.ca 的值的请求，结果也为空。然而，如果没有指定时间戳，那么会返回特定列的最新值。对于有多个版本的列，优先返回最新的值，因为时间戳是按照递减顺序存储的。因此对于一个返回 com.cnn.www 里面所有的列的值并且没有指定时间戳的请求，返回的结果会是时间戳为 t6 的 contents:html 的值、时间戳 t9 的 anchor:cnnsi.com 的值和时间戳 t8 的 anchor:my.look.ca 的值。

数据模型的四个主要操作是 Get、Put、Scan 和 Delete。可以通过表实例进行操作。

3. HBase 的物理存储

(1) 表中所有行都按照行键的字典序排列。

(2) 表在行的方向上分割为多个分区。

(3) 分区按大小分割，每个表开始只有一个分区，随着数据增多，分区不断增大，当增大到一个阈值的时候，分区就会等分为两个新的分区，之后会有越来越多的分区。

(4) 分区是 HBase 中分布式存储和负载均衡的最小单元，不同分区分布到不同 RegionServer 上。

(5) 分区虽然是分布式存储的最小单元，但并不是存储的最小单元。分区由一个或者多个存储体组成，每个存储体保存一个列族；每个存储体又由一个 MemStore 和 0 或多个 StoreFile 组成，StoreFile 包含 HFile；MemStore 存储在内存中，StoreFile 存储在 HDFS 上。

HBase 设置 MemStore 最主要的原因是：存储在 HDFS 上的数据需要按照行键排序。而 HDFS 本身是顺序读写的，这样 HBase 就不能高效地写数据，因为要写入 HBase 的数据不会被排序，这也就意味着没有为将来的检索优化。为了解决这个问题，HBase 将最近接收到的数据缓存在内存 MemStore 中，在持久化到 HDFS 之前完成排序，然后快速地顺序写入 HDFS。而且 MemStore 作为一个内存级缓存，缓存最近增加的数据，在读写方面都有着速度上的优势，这一点和计算机存储系统中的内存相对硬盘的作用类似。

HBase 常用的接口包括以下几种。

(1) Native Java API：最常规和高效的访问方式，适合 Hadoop MapReduce 作业并行批处理 HBase 表数据。

(2) HBase Shell：HBase 的命令行工具，最简单的接口，适合 HBase 管理使用。

(3) Thrift Gateway：利用 Thrift 序列化技术，支持 C++、PHP、Python 等多种语言，适合其他异构系统在线访问 HBase 表数据。

(4) REST Gateway：支持 REST 风格的 HTTP API 访问 HBase，解除了语言限制。

(5) Pig：可以使用 Pig Latin 流式编程语言来操作 HBase 中的数据，和 Hive 类似，本质最终也是编译成 MapReduce 行业来处理 HBase 表数据，适合进行数据统计。

2.5.2 Hive

Hive 是基于 Apache Hadoop 的数据仓库基础构架，提供一系列的工具以支持查询、汇总和分析存储在 Hadoop 中的大规模数据。Hive 定义了简单的类 SQL 查询语言 HiveQL，它允许熟悉 SQL 的用户查询数据。

设计 Hive 的根本目标是将 HiveQL 查询翻译成 MapReduce 任务和 HDFS 操作，让不熟悉 Hadoop 底层的用户能用传统的 SQL 查询方式进行大数据的统计分析。

Hive 并非为联机事务处理而设计，它构建在基于静态批处理的 Hadoop 上，Hadoop 通常都有较高的延迟并且在作业提交和调度的时候需要大量的开销，因此不能够在大规模数据集上实现低延迟、快速的查询。不适合联机事务处理(OLTP)之类的应用。Hive 查询操作过程严格遵守 Hadoop MapReduce 的作业执行模型，Hive 将用户的 HiveQL 语句通过解释器转换为 MapReduce 作业提交到 Hadoop 集群上，Hadoop 监控作业执行过程，然后返回作业执行结果给用户。Hive 并不提供实时的查询和基于行级的数据更新操作，最佳使用场合是大数据集的批处理作业，如网络日志分析。

1. Hive 架构

Hive 是典型 C/S 模式，其核心服务包括以下几种。

(1) Hive Server。最初基于 Thrift 软件框架开发，提供 Hive 的 RPC 通信接口。目前的 Hive Server 2 (HS2) 增加了多客户端并发支持和认证功能，极大地提升了 Hive 的工作效率和安全系数。Apache Thrift 软件框架用于可扩展的跨语言服务开发，简单来说就是 RPC 远程调用，它是一个完整的 RPC 框架体系。Thrift 的主要功能是：通过自定义的 IDL (Interface Definition Language)，可以创建基于 RPC 的客户端和服务端的服务代码。数据和服务代码的生成是通过 Thrift 内置的代码生成器来实现的。Thrift 的跨语言性体现在，它可以生成 C++、Java、Python、

PHP、Ruby、Erlang、Perl、Haskell、C#、Cocoa、JavaScript、Node.js、Smalltalk、OCaml 等语言的代码，且它们之间可以进行透明的通信。

(2) Driver。包含解释器、编译器、优化器等，完成 HQL 查询语句的词法分析、语法分析、编译、优化以及查询计划的生成。生成的查询计划存储在 HDFS 中，随后由 MapReduce 调用执行。

客户端接口根据不同的场景有以下几种。

(1) CLI (Command Line Interface) 命令行。CLI 是开发过程中常用的接口，在 Hive Server 2 中提供新的命令 beeline，使用 SQLLine 语法。CLI 是和 Hive 交互最简单和最常用的方式，只需要在一个具备完整 Hive 环境下的 Shell 终端中键入 Hive 即可启动服务。

(2) 客户端。客户端是指远程访问 Hive 的应用客户端，一般含 Thrift 客户端和 JDBC/ODBC 客户端两类。Thrift 客户端采用 Hive Thrift Server 提供的接口来访问 Hive。如果希望通过 Java 访问 Hive，官方已经实现了 JDBC Driver (hive-jdbc-*.jar)。Hive Server 2 暂没有提供 ODBC Driver 支持。

(3) Web UI。Web UI 是 B/S 模式的服务进程，用户使用浏览器对 Hive Server 进行 Web 访问。目前熟知的有 Karmasphere、Hue、Qubole 等项目。

Hive 架构如图 2.7 所示。

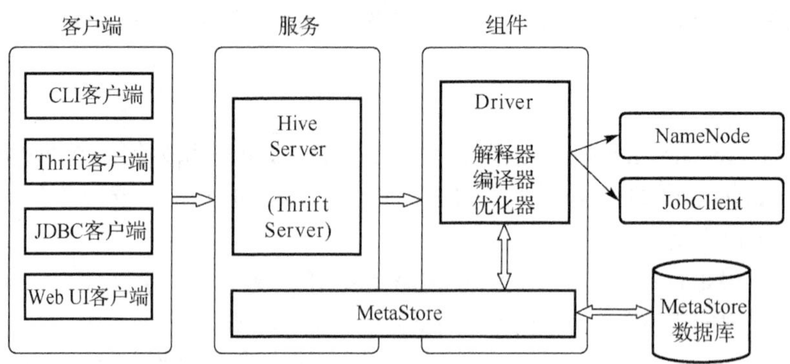

图 2.7　Hive 系统架构

MetaStore 是 Hive 元数据的结构描述信息库，可选用不同的关系型数据库来存储，通过配置文件修改、查看数据库配置信息。在功能上 MetaStore 分为两个部分：服务和存储，也就是架构图中提到的 MetaStore 及其数据库。Hive 的服务和存储有三种部署模式：内嵌模式、本地模式和远程模式。内嵌模式是最简单的部署模式，一般用于自测。本地模式是 MetaStore 的默认模式，支持单 Hive 会话 (一个 Hive 服务 JVM) 以组件方式调用 MetaStore 和 Driver。远程模式将 MetaStore 分离出来，成为一个独立的 Hive 服务，这样可以将数据库层完全置于防火墙后，客户就不再需要用户名和密码登录数据库，避免了认证信息的泄露。

Hive 的数据存储在 HDFS 中，大部分的查询、计算由 MapReduce 完成。每一个 Hive 服务都需要调用 Driver 来完成 HQL 语句的翻译和执行。通俗地说，Driver 就是 HiveQL 编译器，它解析和优化 HiveQL 语句，将其转换成一个 Hive 作业 (可以是 MapReduce，也可以是 Spark 等其他任务) 并提交给 Hadoop 集群。

2. Hive 的数据模型

对于数据存储，Hive 没有专门的数据存储格式，也没有为数据建立索引，用户可以非常自由地组织 Hive 中的表，只需要在创建表的时候告诉 Hive 数据中的列分隔符和行分隔符，Hive 就可以解析数据。

Hive 中所有的数据都存储在 HDFS 中，存储结构主要包括数据库、文件、表和视图。Hive 中包含以下数据模型：内部表(Table)、外部表(External Table)、分区(Partition)、桶(Bucket)。Hive 默认可以直接加载文本文件，还支持 Sequence File、RCFile。

Hive 数据库类似于传统数据库的 DataBase。内部表与数据库中的表在概念上是类似的。每一个内部表在 Hive 中都有一个相应的目录存储数据，所有的表数据，都保存在这个目录中。外部表指向已经在 HDFS 中存在的数据，可以创建分区。它和内部表在元数据的组织上是相同的，而实际数据的存储则有较大的差异。内部表的创建过程和数据加载过程可以分别独立完成，也可以在同一个语句中完成，在加载数据的过程中，实际数据会被移动到数据仓库目录中；之后对数据的访问将会直接在数据仓库目录中完成。删除表时，表中的数据和元数据将会被同时删除。而外部表只有一个过程，加载数据和创建表同时完成(CREATE EXTERNAL TABLE…LOCATION)，实际数据存储在 LOCATION 后面指定的 HDFS 路径中，并不会移动到数据仓库目录中。当删除一个外部表时，仅删除该链接。

表中的数据可以分区，即按照某个字段将文件划分为不同的标准，分区表的创建是通过在创建表时启用 partitioned by 子句来实现的。在 Hive 中，表中的一个分区对应于表下的一个目录，所有的分区的数据都存储在对应的目录中。

桶是将表的列通过 Hash 算法进一步分解成不同的文件存储。它对指定列计算 Hash，根据 Hash 值切分数据，目的是并行，每一个桶对应一个文件。

Hive 的视图与传统数据库的视图类似。视图是只读的，它基于的基本表如果改变，数据增加不会影响视图的呈现；如果删除，会出现问题。

在 Hive 中创建完表之后，要向表中导入数据。Hive 不支持一条一条地用 insert 语句进行插入操作，也不支持 update 的操作。Hive 表中的数据是以 load 的方式，从 HDFS 中加载到建立好的 Hive 表中。数据一旦导入，则不可修改。要么 drop 掉整个表，要么建立新的表，导入新的数据。load 操作只是单纯的复制/移动操作，将数据文件复制/移动到 Hive 表对应的位置，即 Hive 在加载数据的过程中不会对数据本身进行任何修改。

2.5.3 Hive 与 HBase 的比较

Apache Hive 是一个构建于 Hadoop 顶层的数据仓库。Hive 可以看作用户编程接口，它本身不存储和计算数据；它依赖于 HDFS 和 MapReduce。其对 HDFS 的操作使用 HiveQL，它提供了丰富的 SQL 查询方式来分析存储在 HDFS 中的数据；HiveQL 经过编译转为 MapReduce 作业后通过自己的 SQL 去查询分析需要的内容；这样一来，即使不熟悉 MapReduce 的用户也可以很方便地利用 SQL 查询、汇总、分析数据。而 MapReduce 开发人员可以把写好的 mapper 和 reducer 作为插件来支持 Hive 进行更复杂的数据分析。虽然 Hive 提供了 SQL 查询功能，但是 Hive 不能够进行交互查询，因为它只能够在 Haoop 上批量地执行 SQL 语句。

Apache HBase 是运行于 HDFS 之上的 NoSQL 数据库系统。区别于 Hive，HBase 具备随

即读写功能，是一种面向列的数据库，HBase 能够在它的数据库上实时运行，而不是运行 MapReduce 任务。HBase 以表的形式存储数据，表由行和列组成，列划分为若干个列族。在 HBase 中，行是键-值映射的集合，这个映射通过行键来唯一标识。HBase 利用 Hadoop 的基础设施，可以利用通用的设备进行水平的扩展。

Hive 帮助熟悉 SQL 的人运行 MapReduce 任务。因为它是 JDBC 兼容的，同时，它也能够和现存的 SQL 工具整合在一起。运行 Hive 查询会花费很长时间，因为它会默认遍历表中所有的数据。

HBase 通过存储键-值对来工作。它支持四种主要的操作：增加或者更新行；查看一个范围内的 cell；获取指定的行；删除指定的行、列或者列的版本。版本信息用来获取历史数据(每一行的历史数据可以被删除，然后通过 HBase compactions 就可以释放出空间)。虽然 HBase 包括表格，但是模式仅仅被表格和列族所要求，列不需要模式。HBase 的表格包括增加/计数功能。

Hive 目前不支持更新操作。另外，由于 Hive 在 Hadoop 上运行批量操作，它需要花费很长的时间，通常是几分钟到几个小时才可以获取到查询的结果。Hive 必须提供预先定义好的模式将文件和目录映射到列，并且 Hive 与 ACID 不兼容。

HBase 查询是通过特定的语言来编写的，这种语言需要重新学习。类 SQL 的功能可以通过 Apache Phonenix 实现，但这是以必须提供模式为代价的。另外，HBase 也并不是兼容所有的 ACID 特性，虽然它支持某些特性。最后但不是最重要的——为了运行 HBase，ZooKeeper 是必需的，ZooKeeper 是一个用来进行分布式协调的服务，这些服务包括配置服务、维护元信息和命名空间服务。

Hive 适合用来对一段时间内的数据进行分析查询，例如，用来计算趋势或者网站的日志。Hive 不应该用来进行实时的查询。因为它需要很长时间才可以返回结果。

HBase 非常适合用来进行大数据的实时查询。Facebook 用 HBase 进行消息和实时的分析。它也可以用来统计 Facebook 的连接数。

总之，Hive 和 HBase 是两种基于 Hadoop 的不同技术：Hive 是一种类 SQL 的引擎，并且运行 MapReduce 任务，HBase 是一种在 Hadoop 之上的 NoSQL 的键-值数据库。当然，这两种工具是可以同时使用的，Hive 可以用来进行统计查询，HBase 可以用来进行实时查询，数据也可以从 Hive 写到 HBase，设置再从 HBase 写回 Hive。

第 3 章　大数据计算模式

大数据计算模式，是指根据大数据的不同数据特征和计算特征，从多样性的大数据计算问题和需求中提炼并建立的各种高层抽象和模型。传统的并行计算方法主要从体系结构和编程语言的层面定义了一些较为底层的抽象和模型，但由于大数据处理问题具有很多高层的数据特征和计算特征，因此大数据处理需要更多地结合其数据特征和计算特征考虑更为高层的计算模式。

MapReduce 计算模式的出现有力推动了大数据技术和应用的发展，使其成为目前大数据处理最成功的主流大数据计算模式。然而，现实世界中的大数据处理问题复杂多样，难以有一种单一的计算模式能涵盖所有不同的大数据计算需求。研究和实际应用发现，由于 MapReduce 主要适合进行大数据线下批处理，在面向低延迟和具有复杂数据关系及复杂计算的大数据问题时有很大的不适应性。因此，近几年来学术界和业界在不断研究并推出多种不同的大数据计算模式。

3.1　MapReduce 计算

3.1.1　MapReduce 概述

MapReduce 是 Google 最早提出用来进行创建和更新索引的一种分布计算模式，该模式提供了一个简单分布式计算框架来降低分布式计算编程的难度，从而很好地解决了一般商用机及服务器面对海量数据计算响应过慢甚至不能完成作业的问题。海量数据对于单机而言，由于硬件资源限制，肯定是无法胜任的，而一旦将单机版程序扩展到集群来分布式运行，将极大地增加程序的复杂度和开发难度。引入 MapReduce 框架后，开发人员可以将绝大部分工作集中在业务逻辑的开发上，而将分布式计算中的复杂性交由框架来处理。

MapReduce 主要用于海量数据的分布式计算，Map(映射)的操作原理是把一组数据映射为一个键-值对，Reduce(规约)的工作原理是对 Map 的输出结果进行合并处理。

用户只需编写 map()和 reduce()两个函数，即可完成简单的分布式程序的设计。map()函数以键-值对作为输入，产生另外一系列键-值对作为中间输出写入本地磁盘。MapReduce 框架会自动将这些中间数据按照键值进行聚集，且键值相同(用户可设定聚集策略，默认情况下是对键值进行哈希取模)的数据被统一交给 reduce()函数处理。reduce()函数以键及对应的值列表作为输入，经合并键相同的值后，产生另外一系列键-值对作为最终输出。

Map 阶段能够在一堆混杂的数据中按照开发者的意向抽取需要的数据特征，交给 reduce()函数来归纳输出最终的结果。

3.1.2 MapReduce 模型

要想真正理解 MapReduce，最好读一下论文 *MapReduce: Simplified Data Processing on Large Clusters*。MapReduce 的核心思想是分而治之，把大的任务分成若干个小任务，并行执行小任务，最后把所有的结果汇总，因此整个作业的过程被分成两个阶段：Map 阶段和 Reduce 阶段。Map 阶段主要负责“分”，即把复杂的任务分解为若干个简单的任务来处理。这里简单的任务不但指数据或计算的规模相对原任务要大大缩小，同时这些小任务彼此间几乎没有依赖关系，可以并行计算。最后要注意就近计算原则，即任务应该分配到存放着所需数据的节点上进行计算；Reduce 阶段负责对 Map 阶段的结果进行汇总。

例如，输入信息为“Whether the weather be fine or whether the weather be not.Whether the weather be cold or whether the weather be hot.We will weather the weather whether we like it or not. ”在此信息上运行 Map 和 Reduce 操作输出的结果如图 3.1 所示。

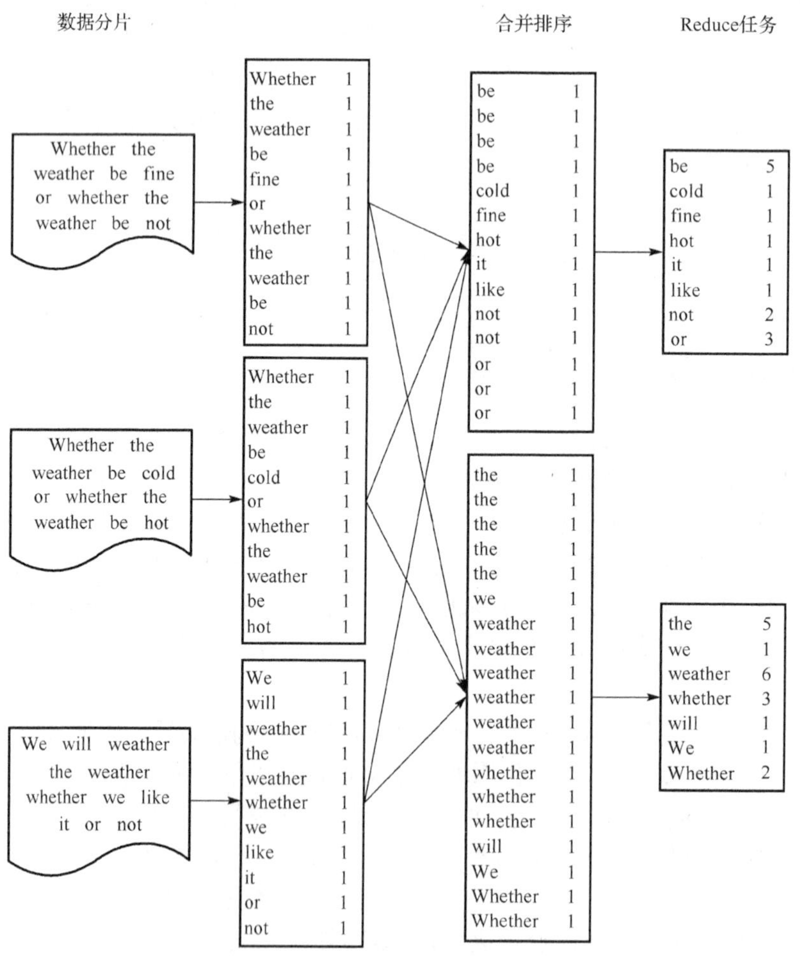

图 3.1 MapReduce 的数据处理过程实例

3.1.3 Hadoop 中的 MapReduce

MapReduce 作为一个分布式运算程序的编程框架，是 Hadoop 的四大组件之一，是用户开发基于 Hadoop 的数据分析应用的核心框架，其核心功能是将用户编写的业务逻辑代码和自带默认组件整合成一个完整的分布式运算程序，并发运行在一个 Hadoop 集群上。

图 3.2 为 Hadoop 中 MapReduce 的数据处理和传输过程。

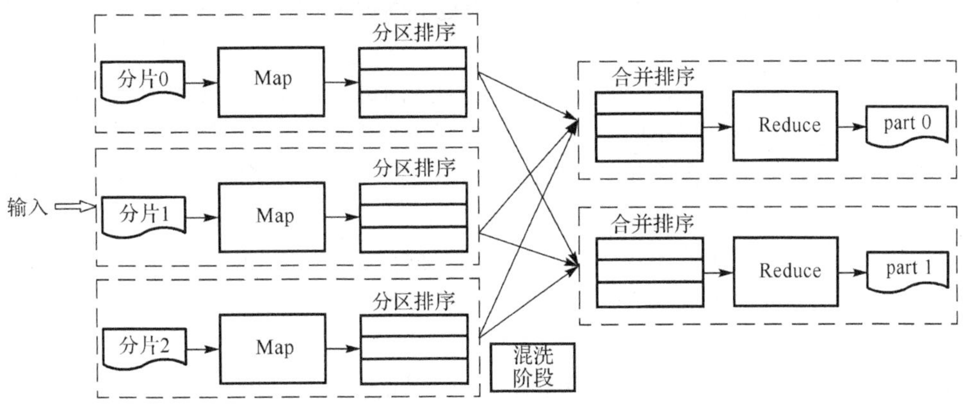

图 3.2　Hadoop 中 MapReduce 的数据处理和传输过程

(1) 输入数据被切割成数据分片，每一个分片会复制多份到 HDFS 中。

(2) 在存储有输入数据分片的节点上运行 Map 任务。

(3) Map 任务的输出结果在本地进行分区、排序。分区时通常将键相同的数据放在同一个分区，Reduce 阶段同一个分区的数据会被安排到同一个 Reduce 任务中。

(4) 混洗(Shuffle)过程把键相同的值合并成列表作为 Reduce 阶段的输入。

(5) 每一个 Reduce 任务将所有 Map 对应分区的数据复制过来，进行合并和排序，将相同的键对应的数据统一处理。

(6) Reduce 处理后的输出结果可以存储到 HDFS 中。这些输出结果可以进一步作为另一个 MapReduce 任务的输入，进行下阶段的任务计算。

在 Hadoop 框架中，MapReduce 以组件的模式工作，主要包括 JobTracker 和 TaskTracker 两个组成部分。JobTracker 是一个 Master 服务，负责 JobTracker 接收及分配作业，并调度作业对应的子任务运行在 TaskTracker 上，MapReduce 框架图如图 3.3 所示。

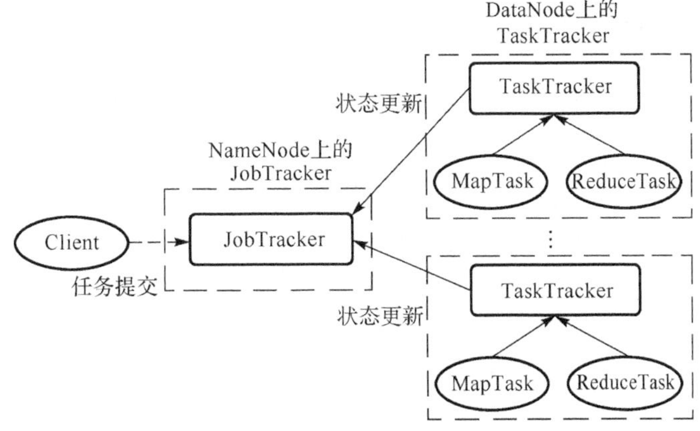

图 3.3　MapReduce 组件框架图

如图 3.3 所示，MapReduce 的工作流程如下。

(1)用户提交一个作业，该作业被发送到 JobTracker 服务器上，JobTracker 是 MapReduce 的核心，它通过心跳机制管理所有的作业。

(2) TaskTracker 为 MapReduce 集群中的一个工作单元，主要完成 JobTracker 分配的任务。

(3) TaskTracker 监控主机任务运行情况，通过心跳机制向 JobTracker 反馈自己的工作状态。

此过程中，使用者只需要在 MapReduce 模型上面进行开发，只用将数据以键-值形式表示、合并结果，而不用管集群中的计算机之间的任务调度、容错处理、各节点之间的通信等细节问题。MapReduce 编程模型将借助 Hadoop 分布式文件系统，自动将数据计算分布到集群上调度作业运行。其中涉及的类或进程功能如下。

(1) JobTracker：一般应该部署在单独机器上的 Master 服务，功能是接收作业，负责调度作业的每一个子任务运行在 TaskTracker 上，并且对它们进行监控，如果发现有失败的任务就重启。

(2) TaskTracker：运行于多节点的 Slaver 服务，功能是主动通过心跳与 JobTracker 进行通信接收作业，并且负责执行每一个任务。

(3) MapTask 和 ReduceTask：Mapper 根据 Job Jar 中定义的输入数据<key1, value1>读入，生成临时的<key2, value2>，如果定义了 Combiner，MapTask 会在 Mapper 完成后调用该 Combiner 将相同键的值进行合并处理，目的是减少输出结果。MapTask 全部完成后交给 ReduceTask 进程调用 Reducer 处理，生成最终结果<key3, value3>。

3.2 流 计 算

3.2.1 流计算概述

大数据流式计算主要用于对动态产生的数据进行实时计算并及时反馈结果，但往往不要求结果绝对精确的应用场景。在数据的有效时间内获取其价值，是大数据流式计算系统的首要设计目标，因此当数据到来后将立即对其进行计算，而不再对其进行缓存等待后续全部数据到来。

大数据流式计算的应用场景很多。例如，在金融银行领域的日常运营过程中，每时每刻都有大量的、结构化的数据在各个系统间流动，并需要实时计算。同时，金融银行系统与其他系统也有着大量的数据流动，这些数据不仅有结构化数据，也会有半结构化和非结构化数据。通过对这些大数据的流式计算，发现隐含于其中的内在特征，实现对全局状态的监控和优化，有利于规避风险、发现漏洞，帮助金融银行系统进行实时决策。例如，通过流式计算进行风险管理与发现，包括信用卡诈骗、保险诈骗、证券交易诈骗等的实时跟踪发现；另外，可以根据客户实时的金融产品查询记录、信用卡消费记录等，预测客户的消费习惯和偏好，为其推荐个性化的金融产品和服务。

随着互联网技术的不断发展，用户可以实时分享和提供各类数据，各种半结构化和非结构化的数据形态如井喷式呈现，需要实时分析和计算这些大量、动态的数据。例如，在访问网页时我们经常会发现最近关心的商品广告出现在当前页面中，这就是网站内容提供商进行了实时流式计算的结果，他们往往会对每时每刻涌入的大量客户搜索请求在极短的响应时间内进行分析和计算，根据客户的查询偏好、浏览历史、消费记录、地理位置等综合语义，加入单击付费的广告信息。同样，社交网站能够实时分析用户的状态信息，及时提供最新的用户分享信息到相关的朋友，准确地推荐朋友，推荐主题，提升用户体验，并尽量及时发现和屏蔽各种欺骗造谣行为。

从数据的产生方式看，金融银行领域的数据往往是在系统中被动产生的，互联网领域的数据往往是人为主动产生的，这两个领域的流式大数据分析技术已基本成熟。在不远的未来，一定会看到这些技术在智慧城市、智能交通、环境监控等物联网领域的发展与应用。但物联网环境中大量多样化的传感器以及环境的差异化所产生的大量数据往往具有鲜明的异构性、多样性、非结构化、有噪声、高增长率等特征，而且其数据量之密集、实时性之强、价值密度之低是前所未有的，对计算系统的实时性、吞吐量、可靠性等方面都会提出更高的要求和挑战。

3.2.2 流式大数据特征

与大数据批量计算不同，大数据流式计算中的数据流主要体现了如下 4 个特征。

(1) 实时性。流式大数据是实时产生、实时计算的，结果反馈往往也需要保证及时性。流式大数据价值的有效时间往往较短，要求处理系统有足够的低延迟计算能力，在有效的时间内尽可能全面、准确、有效地挖掘出数据的价值。

(2) 突发性。在大数据流式计算环境中，数据的产生完全由数据源决定。不同的数据源在不同时空范围内的状态不一致且可能动态变化，导致数据流呈现出突发性的特征。这种数据速率的不均衡性要求系统具有很好的可伸缩性，能够动态适应不确定的数据流，在突发高数据流速时，不忽略重要数据；在低数据流速时，不过多占用系统资源。

(3) 无序性。在大数据流式计算环境中，各数据流之间、同一数据流内部的各数据元素之间是无序的：一方面，各个数据源之间是相互独立的，因此无法保证数据流间的各个数据元素的相对顺序；另一方面，即使是同一个数据流，由于时间和环境的动态变化，也无法保证重放数据流和之前数据流中数据元素顺序的一致性。这就要求系统在数据计算过程中具有较强的数据分析和规律发现的能力，不能过多地依赖数据流间或者数据流内部的内在逻辑。

(4) 无限性。在大数据流式计算中，数据是实时产生、动态增加的，只要数据源处于活动状态，数据就会一直产生和持续增加下去。因此可以说数据具有无限性，要求系统具有很好的稳定性，保证能够长期而稳定地运行。

关于流数据的旧式思维是“用完即废”，绝大多数数据计算完后就被抛弃了。其理念是，流式大数据只对实时分析有价值，或者说，不容易或者不值得保存这些数据，因为它们是不断变化的。但是数据流的持久化是有实在好处的，其回报是多种多样的。“用完即废”的思维应该被摒弃。

3.2.3 流式计算系统关键技术

针对具有实时性、突发性、无序性、无限性等特征的流式大数据，理想的大数据流式计算系统应该表现出低延迟、高吞吐、弹性可伸缩和持续稳定运行等特性，需要在系统架构、数据传输方式、编程接口、高可用性保障等关键技术上进行合理规划和良好的设计。

1. 系统架构

系统架构是系统中各子系统间的组合方式，属于大数据计算所共有的关键技术，大数据流式计算需要选择特定的系统架构进行流式计算任务的部署。当前，大数据流式计算系统采用的系统架构可以分为无中心节点的对称式结构(如 S4、Puma 等系统)以及有中心节点的主/从式结构(如 Storm 系统)。

对称式结构的系统中各个节点的功能是相同的，具有良好的可伸缩性；但由于不存在中心节点，在资源调度、系统容错、负载均衡等方面需要通过分布式协议实现。而主从式结构的系统存在一个主节点和多个从节点，主节点负责系统资源的管理和任务的协调，并完成系统容错、负载均衡等方面的工作；从节点负责接收来自于主节点的任务，并在计算完成后进行反馈。各个从节点间没有数据往来，整个系统的运行完全依赖于主节点控制。

2. 数据传输方式

数据传输是指完成有向任务图到物理计算节点的部署之后，各个计算节点之间的数据传输方式。在大数据流式计算环境中，为了实现高吞吐和低延迟，需要更加系统地优化有向任务图以及有向任务图到物理计算节点的映射方式。目前的流式计算环境中，数据的传输方式分为主动推送和被动拉取两种方式。前者在上游节点产生或计算完数据后，主动将数据发送到相应的下游节点，其优势在于数据计算的主动性和及时性，但往往由于不会过多地考虑下游节点的负载状态、工作状态等因素，可能导致下游部分节点负载不够均衡。而后者只有在下游节点进行数据请求时，上游节点才进行数据传输，其优势在于下游节点可以根据自身的负载状态、工作状态适时地进行数据请求。

大数据流式计算的实时性要求较高，数据需要得到及时处理，往往采用主动推送的数据传输方式。

3. 编程接口

编程接口可以方便用户根据流式计算的任务特征，通过有向任务图来描述任务内在逻辑和依赖关系，并编程实现任务图中各节点的处理功能。用户策略的定制、业务流程的描述和具体应用，都需要通过流式计算系统提供的应用编程接口来实现。良好的应用编程接口可以方便用户实现业务逻辑，减少用户的编程工作量，并降低用户系统功能的实现门槛。

当前，大多数开源大数据流式计算系统均提供了类似于 MapReduce 的 map() 和 reduce() 函数的用户编程接口。例如，Storm 提供 Spout 和 Bolt 应用编程接口，用户只需要定制 Spout 和 Bolt 的功能，并规定数据流在各个 Bolt 间的内在流向，明确数据流的有向无环图，即可满足对流式大数据的高效、实时计算；也有部分大数据流式计算系统为用户提供了类 SQL 的应用编程接口，并给出了相应的组件，便于应用功能的实现。

4. 高可用性保障

大数据批量计算将数据事先存储到持久设备上，而大数据流式计算可以不进行数据持久化存储。因此，批量计算中的高可用技术不完全适用于流式计算环境，需要根据流式计算新特征提出新的高可用要求，并有针对性地研究更加轻量、高效的技术和方法。

流式计算系统中的高可用一般通过状态备份和故障恢复策略实现。当故障发生后，系统根据预先定义的策略进行数据的重放和恢复。按照实现策略，可以细分为被动等待、主动等待和上游备份三种策略。

此外，对于大数据流式计算系统，系统故障恢复、系统资源调度、负载均衡策略以及数据在任务拓扑中的路由策略等技术也很关键。

3.2.4 流式计算系统实例

现有的大数据流式计算系统实例有 Apache 的 Storm 和 Samza 系统、Yahoo 的 S4(Simple Scalable Streaming System)系统、Facebook 的 Data Freeway and Puma 系统、Apache 的 Kafka、IBM 的商业流式计算系统 StreamBase、交互式实时计算框架 Spark Streaming 等。本节选择当前比较典型的、应用较为广泛的、具有代表性的几款大数据流式计算系统进行介绍。

1. Storm 系统

Storm 是一款分布式的、开源的、实时的、具备高容错性的主从式大数据流式计算系统，对比适于海量数据批处理的 Hadoop，不仅简化了数据流上相关处理的并行编程复杂度，也提供了数据处理实时性、可靠性和集群节点动态伸缩的特性。

1) 任务拓扑

任务拓扑 Topology 是 Storm 的逻辑单元，一个实时应用的计算任务将被打包为任务拓扑后发布，任务拓扑一旦提交后将会一直运行，除非显式中止。一个任务拓扑是由一系列 Spout 和 Bolt 构成的有向无环图，通过数据流 Stream 实现 Spout 和 Bolt 之间的关联。Stream 是对数据进行的抽象，它是时间上无穷的 Tuple 元组序列，数据流通过流分组(Stream Grouping)所提供的不同策略实现在任务拓扑中流动。Spout 负责从外部数据源不间断地读取数据，并以 Tuple 元组的形式发送给相应的 Bolt；Bolt 负责对接收到的数据流进行计算，实现过滤、聚合、查询等具体功能，可以级联，也可以向外发送数据流。

2) 作业级容错机制

用户可以为一个或多个数据流作业进行编号，分配一个唯一的 ID。Storm 保障每个编号的数据流在任务拓扑中被完全执行，即由该 ID 绑定的源数据流以及由它后续生成的新数据流经过任务拓扑中每一个应该到达的 Bolt，并被完全执行。Storm 通过系统级组件 Acker 实现对数据流的全局计算路径的跟踪，并保证数据流的完全执行。

3) 总体架构

Storm 采用主从系统架构，系统中有两类节点(一个主节点 Nimbus 和多个从节点 Supervisor)和三种运行环境(Master、Cluster 和 Slaves)，如图 3.4 所示。

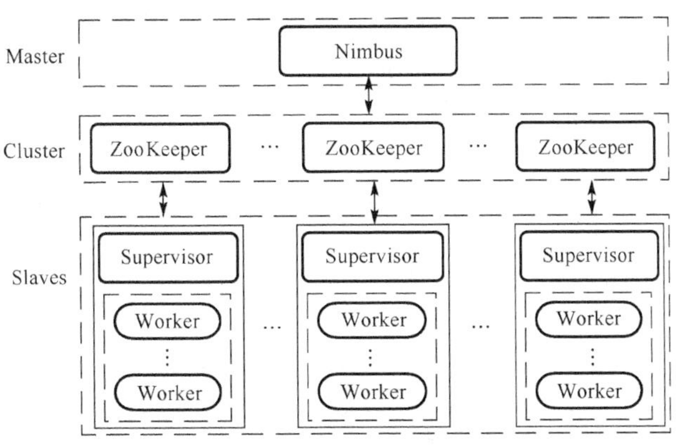

图 3.4 Storm 系统架构

主节点 Nimbus 运行在 Master 环境中，是无状态的，负责全局的资源分配、任务调度、状态监控和故障检测。首先 Nimbus 接收客户端提交来的任务，验证后分配任务到从节点

Supervisor 上，同时把该任务的元信息写入 ZooKeeper 目录。Nimbus 通过 ZooKeeper 实时监控任务的执行情况，当出现故障时进行故障检测，并重启失败的 Supervisor 和 Worker。

从节点 Supervisor 运行在 Slaves 环境中，同样无状态。负责监听并接收主节点 Nimbus 分配的任务，启动或停止自己所管理的工作进程 Worker。工作进程 Worker 负责具体任务的执行，一个完整的任务拓扑往往由分布在多个从节点 Supervisor 上的 Worker 进程来协同执行，每个 Worker 都执行且仅执行任务拓扑中的一个子集。每个 Worker 内部有多个 Executor，每个 Executor 对应一个或多个任务。任务负责具体数据的计算，即用户所实现的 Spout/Blot 实例。

ZooKeeper 是一个针对大型分布式系统的元数据存储和可靠协调服务系统，在 Storm 系统中实现以下功能：存储客户端提交的任务拓扑信息、任务分配信息、任务的执行状态信息等，便于主节点 Nimbus 监控任务的执行情况；存储从节点 Supervisor、工作进程 Worker 的状态和心跳信息，便于主节点 Nimbus 监控系统各节点运行状态；存储整个集群的所有状态信息和配置信息，便于主节点 Nimbus 监控 ZooKeeper 集群的状态。当主 ZooKeeper 节点失效后可以重新选取一个节点作为主 ZooKeeper 节点，并进行恢复。

Storm 系统通过引入 ZooKeeper，大大简化了 Nimbus、Supervisor 和 Worker 之间的关系，保障了系统的稳定性和可靠性。

2. Kafka 系统

Apache Kafka 最初是 LinkedIn 开发的一款开源的、分布式的、高吞吐量的发布订阅消息系统，开发语言是 Scala，之后成为 Apache 项目的一部分。Kafka 可以有效地处理互联网中活跃的流式数据，目标是为处理实时数据提供一个统一、高通量、低等待的平台。

Kafka 系统在磁盘中实现消息持久化的时间复杂度很低，同时数据规模可以达到 TB 级别；实现了数据的高吞吐量，满足每秒数十万条消息的处理需求；实现了在服务器集群中进行消息的分片和序列管理；实现了对 Hadoop 系统的兼容，可以将数据并行地加载到 Hadoop 集群中。

1) 系统架构

Kafka 消息系统通过将发布者(Producer)、代理(Broker)和订阅者(Consumer)分布在不同的节点上，构成显式分布式架构。各部分构成一个完整的逻辑组，对外界提供服务，各部分间通过消息(Message)进行数据传输。主题(Topic)是 Kafka 提供的高层抽象，一个主题就是一个类别或者一个可订阅的条目名称。发布者可以向一个主题推送相关消息，订阅者以组为单位，可以关注并拉取自己感兴趣的消息，通过 ZooKeeper 实现对订阅者和代理的全局状态信息的管理及其负载均衡，如图 3.5 所示。

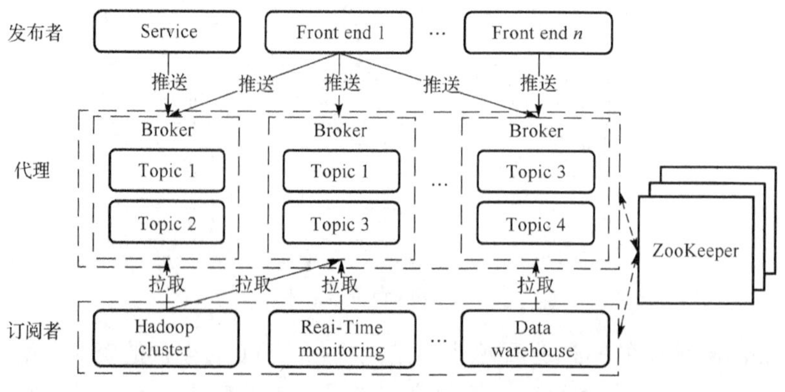

图 3.5　Kafka 系统架构

2) 数据存储

Kafka 消息系统通过数据追加的方式实现对磁盘数据的持久化保存，实现了对大数据的稳定存储，并有效地提高了系统的计算能力。通过采用 Sendfile 系统调用方式优化了网络传输，提高了系统的吞吐量。即使对于普通的硬件，Kafka 消息系统也可以支持每秒数十万条的消息处理能力。

3) 消息传输

Kafka 消息系统采用了推送和拉取相结合的方式进行消息的传输。当发布者需要传输消息时，会主动推送该消息到相关的代理节点；当订阅者需要访问数据时，会从代理节点中进行拉取。

4) 负载均衡

在 Kafka 消息系统中，发布者和代理节点之间没有负载均衡机制，订阅者和代理节点之间的负载均衡是通过 ZooKeeper 实现的。ZooKeeper 中管理了全部活动的订阅者和代理节点信息，当有订阅者和代理节点的状态发生变化时，才实时进行系统的负载均衡调整，保障系统处于一个良好的状态。

相比于大多数的消息系统，Kafka 有更好的吞吐量、内置的分区、冗余及容错性，这让 Kafka 成为一个很好的大规模消息处理应用的解决方案。

3. Spark Streaming 系统

Spark Streaming 是 Spark 核心 API 的一个扩展，可以实现高吞吐量的、具备容错机制的实时流数据的处理。支持从多种数据源获取数据，包括 Kafka、Flume、Twitter、ZeroMQ、Kinesis 以及 TCP Sockets 等。获取数据后，可以使用 map()、reduce()、join() 和 window() 等高级函数进行复杂算法的处理。最后可以将处理结果存储到文件系统或数据库，如图 3.6 所示。

图 3.6　Spark Streaming 所处位置

1) 工作原理

Spark Streaming 程序与普通的 Spark 程序区别不大，只不过 Spark Streaming 程序需要基于时间维度不断循环，其任务最后都会转化为 Spark 任务，由 Spark 引擎来执行。Spark Streaming 提出 DStream 的概念，它是连续的数据流的基本抽象，包括输入、转换和输出等操作。DStream 在 RDD 基础之上加上了时间维度，而 RDD DAG 依赖又称空间维度，所以说整个 Spark Streaming 运行时是基于时空维度的。如图 3.7 所示，Spark Streaming 工作时根据时间把不断流入的数据划分成不同批次的作业，每个作业都有对应的 RDD 依赖，而每个 RDD 依赖都有输入的数据，所以这里可以看作由不同 RDD 依赖构成的批量作业；然后由 Spark 引擎运行短任务得出各批次作业相应的结果。

图 3.7 Spark Streaming 工作过程

DStream 表示连续的数据流，即从源接收的输入数据流或通过转换输入流生成的已处理数据流。在内部，DStream 由连续的 RDD 系列表示，这是 Spark 对不可变的分布式数据集的抽象。在 DStream 上应用的任何操作都会转化为对基础 RDD 的操作。DStream 中的每个 RDD 都包含来自特定时间间隔的数据。操作的时候基于 RDD 的空间维度和时间维度。具体 RDD 的产生是完全以时间为依据的，和其他的一切逻辑及架构解耦合。

从原理上看，把传统的 Spark 批处理程序变成 Streaming 程序，Spark 需要构建一个静态的 RDD DAG 的模板来表示处理逻辑；一个动态的工作控制器，将连续的流数据切分成数据片段，并按照模板复制出新的 RDD；之后构建接收器进行原始数据的产生和导入；接收器将接收到的数据合并为数据块并存到内存或硬盘中，供后续批次 RDD 进行消费。

此外，Spark Streaming 还提供窗口化计算，支持数据滑动窗口。每当窗口在源 DStream 上滑动时，落入该窗口内的源 RDD 被组合并操作以产生窗口 DStream 的 RDD。窗口操作需要指定两个参数：窗口长度(窗口的持续时间)和滑动间隔(执行窗口操作的时间间隔)。这两个参数必须是源 DStream 的批间隔的整数倍。

2)应用场景

Spark Streaming 正在成为实现从物联网和传感器接收到的实时数据的数据处理和分析解决方案的首选平台，可以用于很多种用例和业务应用程序，如供应链分析、实时安全情报分析、广告拍卖平台、为观众提供个性化的互动体验的实时视频分析等。例如，Uber 公司在其连续的 Streaming ETL 管道中使用 Spark Streaming，每天从移动用户那里收集 TB 级的事件数据以进行实时分析。Netflix 使用 Kafka 和 Spark Streaming 来构建实时在线电影推荐和数据监控解决方案，每天处理来自不同数据源的数十亿次事件。

3)监控 Spark Streaming

与 Spark 一样，Spark Streaming 也提供了 Jobs、Stages、Storage、Enviorment、Executors 以及 Streaming 的监控。当使用 StreamingContext 时，Spark Web UI 会显示一个额外的 Streaming 选项卡，其中显示有关正在运行的接收器的统计信息和已完成的批次，可以用来监视流应用程序的进度、接收器的活动状态、接收到的记录数量、接收器错误，以及批处理时间和排队延迟等。需要重要关注的指标包括：处理时间，表示处理每批数据的时间；计划延迟，表示批次在队列中等待处理以前批次完成的时间。如果批处理时间一直超过批处理间隔或排队延迟持续增加，则表明系统无法满足目前的批处理速度要求。在这种情况下，考虑减少批处理时间。

除了 Spark 内置的监控能力，还可以通过 StreamingListener 接口来获取接收器状态和处理时间等信息。

4)Spark Streaming 的特点

Spark Streaming 并非是 Storm 那样真正意义的流式处理框架，而是一次处理一个批次数据的粗粒度的准实时处理框架。也正是这种方式，能够较好地集成 Spark 其他计算模块，包括 MLlib、GraphX 以及 Spark SQL。这实际上是以牺牲一定实时性性能为代价的，给实时计算带来很大的便利。

Spark Streaming 基于 Spark Core API，因此能够与 Spark 中的其他模块保持良好的兼容性，为编程提供良好的可扩展性；Spark Streaming 一次读取完或异步读完之后处理数据，且其计算可基于大内存进行，因而具有较高的吞吐量；Spark Streaming 采用统一的 DAG 调度以及 RDD，对实时计算有很好的容错支持；Spark Streaming DStream 是基于 RDD 的在流式数据处理方面的抽象，与 RDD 有较大的相似性，这在一定程度上降低了用户的使用门槛，在熟悉 Spark 之后，能够快速上手 Spark Streaming。

Spark Streaming 是准实时的数据处理框架，采用粗粒度的处理方式，不可避免地会出现相应的计算延迟。目前来看，Spark Streaming 在稳定性方面还是存在一些问题。有时会因一些莫名的异常导致退出，这种情况下需要自己来保证数据一致性以及失败重启功能等。

3.3 图 计 算

3.3.1 图计算概述

从社交网络到语言建模，不断增长的规模以及图形数据的重要性已经推动了许多新的分布式图系统的发展。通过限制计算类型以及引入新的技术来切分和分配图，这些系统可以高效地执行复杂的图形算法，比一般的分布式数据计算(如 Spark、MapReduce)快很多。

“图计算”是以“图论”为基础的对现实世界的一种“图”结构的抽象表达，以及在这种数据结构上的计算模式。图计算中，基本的数据结构表达是 $G = (V, E, D)$，其中 V = vertex (顶点或者节点)，E = edge(边)，D = data(权重)。例如，针对一个消费者的原始购买行为，可以构造两类节点：用户和产品，而边就是购买行为，权重则是边上的一个数据属性，可以是购买次数或最后购买时间。

图数据结构能够很好地表达数据之间的关联性，关联性计算是大数据分析的核心——通过获得数据的关联性，可以从噪声很多的海量数据中抽取有用的信息。例如，通过为购物者之间的关系建模，就能很快找到兴趣相似的用户，并为之推荐商品；或者在社交网络中，通过传播关系发现意见领袖。因此现实世界中许多应用场景都可以用图结构表示，如最优运输路线的确定、科技文献的引用关系等；再如，互联网和社交网络世界中的社交网络分析、网页链接关系、用户传播网络、语义 Web 分析、生物信息网络分析等。虽然图的应用和处理技术已经发展了很长时间，理论也日趋完善，但是随着信息化时代的到来，各种信息以爆炸模式增长，导致图的规模日益增大，如何对大规模图进行高效处理，成为一个新的挑战。以搜索引擎中非常重要的图算法 PageRank 为例，一个网页的 PageRank 得分根据网页之间相互的超链接关系计算得到。将网页用图顶点表示，网页之间的链接关系用有向边表示，按邻接表形式存储 100 亿个图顶点和 600 亿条边计算，假设每个顶点及出度边的存储空间占 100B，那么整个图的存储空间将超过 1TB。如此大规模的图，对其存储、索引、更新、查找等处理的时间开销和空间开销远远超出了传统集中式图数据管理的承受能力。

目前有许多基于图的计算平台和引擎出现，主要包括两种：一种是基于遍历算法的、实时的图数据库，如 Neo4j、OrientDB、Infinite Graph；另一种则是以图顶点为中心的、基于消息传递批处理 BSP 模型实现的并行图处理引擎，如 Apache 的 Giraph、Google 的 Pregel 和 Spark GraphX。

3.3.2 分布式图计算

分布式图计算框架就是将大型图的各种操作封装成接口，让分布式存储、并行计算等复杂问题对上层透明，从而使工程师将焦点放在图相关的模型设计和使用上，而不用关心底层的实现细节。分布式图框架的实现需要考虑两个问题：怎样切分图和采用何种图计算模型。

1. 图切分方式

图的切分总体上说有点切分和边切分两种方式。

点切分：通过点切分之后，每条边只保存一次，并且出现在同一台机器上。邻居多的点会被分发到不同的节点上，增加了存储空间，并且有可能产生同步问题。但是，它的优点是减少了网络通信。

边切分：通过边切分之后，顶点只保存一次，切断的边会打断保存在两台机器上。在基于边的操作时，对于两台顶点分到两台不同的机器的边来说，需要通过网络传输数据。这增加了网络传输的数据量，但好处是节约了存储空间。

以上两种切分方式虽然各有优缺点，但是点切分还是占优势。GraphX 以及 Pregel、GraphLab 都使用到了点切分。

2. 图计算框架

图计算框架基本上都遵循整体同步并行(Bulk Synchronous Parallel，BSP)计算模式。BSP 字面的含义是“大”同步模型，它最早由 Leslie 和 Valiant 在 1990 年提出。作为计算机语言和体系结构之间的桥梁，BSP 使用下面三个参数(或属性)来描述的分布存储的多处理器模型：处理器的数量 p、全局同步之间的时间间隔 L、各节点间传递消息的选路器吞吐率 g(也称带宽因子)。

在 BSP 中，一次计算过程由一系列全局同步分开的周期为 L 的超步(Supersteps)所组成，每一个超步由并发计算、通信和同步三个步骤组成。同步完成，标志着这个超步的完成及下一个超步的开始。 BSP 模式的准则是批量同步(Bulk Synchrony)，其独特之处在于超步概念的引入。一个 BSP 程序同时具有水平和垂直两个方面的结构。从垂直上看，一个 BSP 程序由一系列串行的超步组成。从水平上看，在一个超步中，所有的进程并行执行局部计算。

一个超步可分为三个阶段，如图 3.8 所示。

(1) 本地计算，每个处理器只对存储在本地内存中的数据进行本地计算。

(2) 全局通信，对任何非本地数据进行操作。

(3) 栅栏同步，等待所有通信行为的结束。

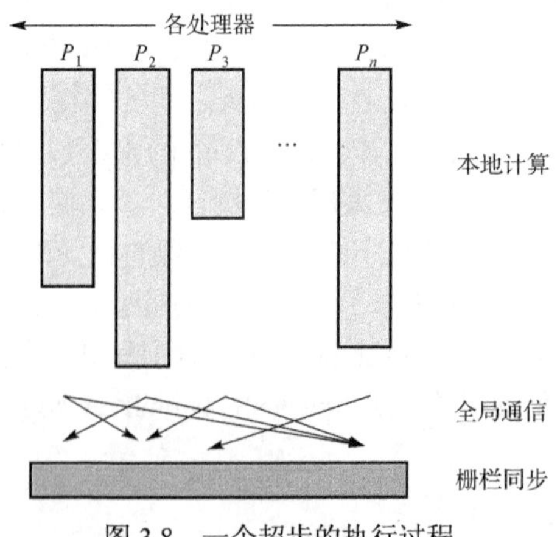

图 3.8 一个超步的执行过程

3.3.3 Pregel 框架

Pregel 是一种面向图算法的分布式编程框架，采用迭代的计算模型：在每一轮，每个顶点处理上一轮收到的消息，并发出消息给其他顶点，更新自身状态和拓扑结构(出、入边)等。Pregel 通常运行在由多台廉价服务器构成的集群上。一个图计算任务会被分解到多台机器上同时执行。任务执行过程中，临时文件保留在本地磁盘，持久化的数据保存在分布式文件系统或者数据库中。

在 Pregel 计算模式中，输入是一个有向图，该有向图的每一个顶点都有一个字符串描述的顶点 ID。每一个顶点都有一些属性，这些属性可以被修改，其初始值由用户定义。每一条有向边都和其源顶点关联，并且拥有一些用户定义的属性和值，同时还记录了其目的顶点的 ID。

一个典型的 Pregel 计算过程如下：输入有向图并进行初始化，然后运行一系列的超步，每一次超步都在全局的角度上独立运行，直到整个计算结束，输出结果。在每一次超步中，顶点的计算都是并行的，并且执行用户定义的同一个函数。每个顶点可以修改其自身的状态信息或以它为起点的出边的信息，从前序超步中接收消息，并传送给后续超步，或者修改整个图的拓扑结构。在这种计算模式中，边并不是核心对象，没有相应的计算运行在边上。

算法是否能够结束取决于是否所有的顶点都已经标识其自身达到停机状态了。在超步 0 中，所有顶点都置于活跃状态，每一个活跃的顶点都会在计算的执行中在某一次的超步中被计算。顶点通过将其自身的状态设置成停机来表示它已经不再活跃。这就表示该顶点没有进一步的计算需要进行，除非被其他的运算触发，而 Pregel 框架将不会在接下来的超步中计算该顶点，除非该顶点收到一个其他超步传送的消息。如果顶点接收到消息，该消息将该顶点重新置于活跃，那么在随后的计算中该顶点必须再次停止自身活动。整个计算在所有顶点都达到非活跃状态，并且没有消息在传送的时候宣告结束。这种简单的状态机制在图 3.9 中描述。

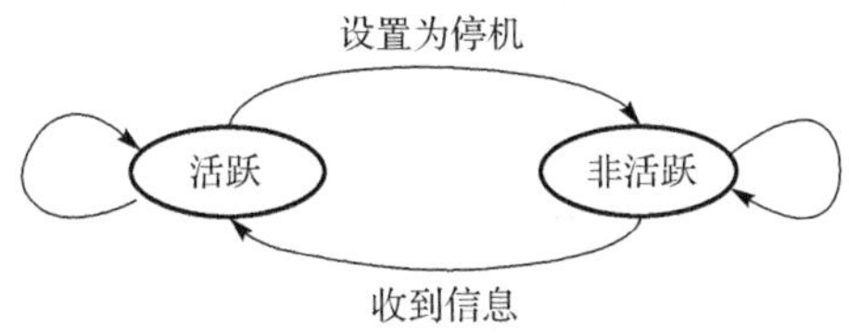

图 3.9　Pregel 计算过程中的状态机制

Pregel 选择了一种纯消息传递的模式，忽略远程数据读取和其他共享内存的方式，这样做有两个原因。

第一，消息的传递有足够高效的表达能力，不需要远程读取。

第二，性能的考虑。在一个集群环境中，从远程机器上读取一个值会有很高的延迟，这种情况很难避免。而消息传递模式通过异步和批量的方式传递消息，可以缓解这种远程读取的延迟。

图算法其实也可以写成一系列的链式 MapReduce 作业。选择不同的模式的原因在于可用性和性能。Pregel 将顶点和边在本地机器进行运算，仅仅利用网络来传输信息，而不是传输数据。而 MapReduce 本质上是面向函数的，所以将图算法用 MapReduce 来实现就需要将整个图的状态从一个阶段传输到另外一个阶段，这样就需要许多的通信和随之而来的序列化及反序列化的开销。另外，在一连串的 MapReduce 作业中各阶段需要协同工作，也给编程增加了难度，这样的情况能够在 Pregel 的各轮超步的迭代中避免。

这个模型虽然简单，但是缺陷明显，那就是对于邻居数很多的顶点，它需要处理的消息非常庞大，而且在这个模式下，它们是无法并发处理的。所以对于符合幂律分布的自然图，这种计算模型下很容易发生假死或者崩溃。

3.3.4 Spark GraphX

GraphX 是一个新的 Spark API，用于图和分布式图的计算。GraphX 通过引入弹性分布式属性图(Resilient Distributed Property Graph)：顶点和边均有属性的有向多重图，来扩展 Spark RDD。为了支持图计算，GraphX 开发了一组基本的功能操作以及一个优化过的 Pregel API。另外，GraphX 包含了一个快速增长的图算法和图构建方法的集合，用以简化图分析任务。GraphX 同样基于 BSP 模式。

分布式图(Graph-Parallel)计算和分布式数据(Data-Parallel)计算类似，分布式数据计算采用了记录为中心的集合视图，通过同时处理独立的数据来达到并发的目的，而分布式图计算采用顶点为中心的图视图，通过对图数据进行分区(即切分)来达到并发的目的。更准确地说，分布式图计算递归地定义特征的转换函数(这种转换函数作用于邻居特征)，通过并发地执行这些转换函数来获得并发。

GraphX 项目将分布式图计算和分布式数据计算统一到一个系统中，并提供了一个唯一的组合 API。GraphX 允许用户把数据当作一个图和一个集合(RDD)，而不需要数据移动或者复制。

1. 弹性分布式属性图

GraphX 的核心抽象是弹性分布式属性图，它是一个有向多重图，带有连接到每个顶点和边的用户定义的对象。有向多重图中多个并行的边共享相同的源和目的顶点。支持并行边的能力简化了建模场景，相同的顶点可能存在多种关系。每个顶点用一个唯一的 64 位长的标识符(VertexID)作为键。GraphX 并没有对顶点标识强加任何排序。同样，边拥有相应的源和目的顶点标识符。

弹性分布式属性图扩展了 Spark RDD 的抽象，有表和图两种视图，但是只需要一份物理存储。两种视图都有自己独有的操作符，从而使用户同时获得操作的灵活性和执行的高效率。图的值或者结构的改变需要生成一个新的图来实现。原始图中不受影响的部分都可以在新图中重用，用来减少存储的成本。执行者使用一系列顶点分区方法来对图进行分区。和 RDD 一样，图的每个分区可以在发生故障的情况下被重新创建在不同的机器上。

2. GraphX 的图存储模式

GraphX 使用点分割方式进行图的存储，用三个 RDD 存储图数据信息。

(1) VertexTable (id, data)：id 为顶点 id，data 为顶点属性。

(2) EdgeTable (pid, src, dst, data)：pid 为分区 id，src 为源顶点 id，dst 为目的顶点 id，data 为边属性。

(3) RoutingTable (id, pid)：id 为顶点 id，pid 为分区 id。

对图视图的所有操作，最终都会转换成其关联的表视图的 RDD 操作来完成。一个图的计算在逻辑上等价于一系列 RDD 的转换过程。因此，Graph 最终具备了 RDD 的三个关键特性：不变性、分布性和容错性。逻辑上，所有图的转换和操作都产生了一个新图；物理上，GraphX 会有一定程度的不变顶点和边的复用优化，对用户透明。

两种视图底层共用的物理数据，由 RDD[VertexPartition]和 RDD[EdgePartition]组成。点和边实际都不是以表 Collection[tuple]的形式存储的，而是由 VertexPartition/EdgePartition 在内部存储一个带索引结构的分片数据块，以加速不同视图下的遍历速度。不变的索引结构在 RDD 转换过程中是共用的，降低了计算和存储开销。

GraphX 借鉴 PowerGraph，使用点分割方式存储图。这种存储方式的特点是任何一条边只会出现在一台机器上，每个点有可能分布到不同的机器上，此时它们是相同的镜像，但是有一个点作为主点，其他点是虚点。当点的数据发生变化时，先更新主点的数据，然后将所有更新好的数据发送到虚点所在的所有机器，更新虚点。其好处在于，在边的存储上没有冗余，而且对于某个点与它的邻居的交互操作，只要满足交换律和结合律，就可以在不同的机器上面执行，网络开销较小。

3. GraphX 的图运算操作

(1) 转换操作。GraphX 中的转换操作主要有 mapVertices、mapEdges 和 mapTriplets，它们在 Graph 文件中定义，在 GraphImpl 文件中实现。

(2) 结构操作。当前的 GraphX 仅支持一组简单的常用结构性操作。

(3) 关联操作。在许多情况下，有必要将外部数据加入图中，可以用 join 操作完成。

(4) 聚合操作。GraphX 中提供的聚合操作有 aggregateMessages、collectNeighborIds 和 collectNeighbors，其中 aggregateMessages 在 GraphImpl 中实现，collectNeighborIds 和 collectNeighbors 在 GraphOps 中实现。

(5) 缓存操作。在 Spark 中，RDD 默认是不缓存的。为了避免重复计算，当需要多次利用它们时，我们必须显式地缓存它们。GraphX 中的图也有相同的方式。当利用到图多次时，确保首先访问 Graph.cache() 方法。

第 4 章　大数据处理平台

4.1　Hadoop

4.1.1　简介

Apache Hadoop 是一款支持数据密集型分布式应用并以 Apache 2.0 许可协议发布的开源软件框架，它支持在商品硬件构建的大型集群上运行的应用程序。Hadoop 框架实现了 MapReduce 编程范式和分布式文件系统，支持节点故障自动处理，透明地为应用提供可靠性和高数据带宽。

Hadoop 的发音是 [hædu:p]，名字没有什么特殊的意义，只是为了简短好记、容易发音而已。该项目的创建者 Doug Cutting 解释说："这个名字是我孩子给一个棕黄色的大象玩具命名的。"后来 Hadoop 的一些子项目和模块也使用了这种方式，如 Pig 和 Hive。

Hadoop 最早起源于一个开源 Java 实现的搜索引擎 Nutch。2003～2004 年，Google 公布了部分 GFS 和 MapReduce 思想的细节，受此启发的 Doug Cutting 等用 2 年时间实现了 DFS 和 MapReduce 机制，使 Nutch 性能飙升。2005 年，Hadoop 作为 Lucene 的子项目 Nutch 的一部分正式引入 Apache 基金会。2006 年 2 月被分离出来，成为一套完整独立的软件，命名为 Hadoop。2008 年 Hadoop 赢得世界 1TB 数据排序冠军，举世瞩目；2013 年 11 月 Hadoop 技术峰会召开，标志 Hadoop 进入 2.0 时代。

可以将 Hadoop 的起源发展总结如下。

(1) 技术层面的演变关系：GFS→HDFS；Google MapReduce→Hadoop MapReduce；BigTable→HBase。

(2) 产品层面的发展过程：Lucene→Nutch→Hadoop。

Hadoop 发展过程中两个最主要的版本是 Hadoop 1.0 和 Hadoop 2.0。

Hadoop 1.0 由一个分布式文件系统 HDFS 和一个离线计算框架 MapReduce 组成。Hadoop 2.0 则包含一个支持 NameNode 横向扩展的 HDFS、一个资源管理系统 YARN 和一个运行在 YARN 上的离线计算框架 MapReduce。相比于 Hadoop 1.0，Hadoop 2.0 功能更加强大，且具有更好的性能和扩展性，并支持多种计算框架。

2017 年底，Hadoop 发布版本的版本号为 2.7.5，官方地址为 http://hadoop.apache.org。2019 年初，Hadoop 的最新发布版本号为 3.2.0。

4.1.2　架构

Hadoop 架构是一个开源的、基于 Java 的编程框架，Hadoop 框架最核心的设计是 HDFS、MapReduce 和 YARN。HDFS 实现分布式数据存储，MapReduce 实现分布式数据计算，这两部分前面已经详细介绍了。下面详细介绍资源管理系统 YARN。

YARN 是 Hadoop 2.0 提出的新型资源管理系统，是一种适用于并行处理大规模数据的开源系统架构，设计思想是将 MapReduce 架构中的 JobTracker 的两个主要功能——资源管理和任务调度/监控功能分离成为独立进程 ResourceManager 和 ApplicationMaster，从而弥补 Hadoop 1.0 中存在的单点故障缺陷，更好地为并行编程模型提供支持。

YARN 主要包含 ResourceManager、NodeManager、ApplicationMaster、Container 四个组件。

YARN 中组件架构及流程如图 4.1 所示。

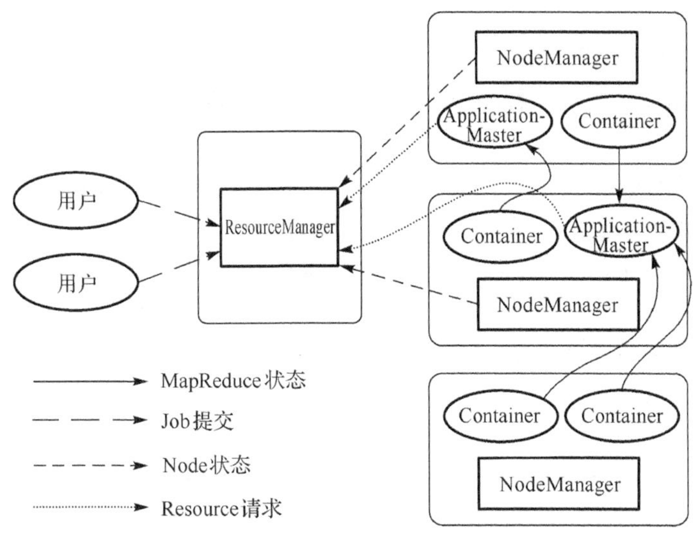

图 4.1　YARN 组件架构图

(1) ResourceManager 是全局的资源管理器，负责整个系统的资源管理和分配，其中两个主要功能组件是调度器和应用程序管理器。

① 调度器(Scheduler)：调度器根据容量、队列等限制条件，将系统中的资源分配给各个正在运行的应用程序。调度器仅根据各个应用程序的资源需求进行资源分配，其单位用一个抽象概念“资源容器”(Resource Container，简称 Container)表示。YARN 提供多种直接可用的调度器，如 Fair Scheduler 和 Capacity Scheduler 等，用户也可根据自己的需要设计新的调度器。

② 应用程序管理器(Application Manager)：负责管理整个系统中所有的应用程序，包括应用程序提交、与调度器协商资源以启动 ApplicationMaster、监控应用程序运行状态并在失败时重启等。

(2) ApplicationMaster。用户提交的每个应用程序均包含一个 ApplicationMaster，主要功能如下。

① 与 ResourceManager 调度器协商以获取资源。

② 将得到的任务进一步分配给内部的任务。

③ 与 NodeManager 通信以启动/停止任务。

④ 监控所有任务运行状态，并在任务运行失败时重新为任务申请资源以启动任务。

当前 YARN 自带了两个 ApplicationMaster 实现，一个是用于演示编写方法的实例程序 DistributedShell，它可以申请一定数目的 Container 以并行运行一个 Shell 命令或者 Shell 脚本，另一个是运行 MapReduce 应用程序的 AM-MRAppMaster。

(3) NodeManager。NodeManager 是每个节点上的资源和任务管理器，一方面，它会定时地向 ResourceManager 汇报本节点上的资源使用情况和各个 Container 的运行状态；另一方面，它接收并处理来自 ApplicationMaster 的 Container 启动/停止等各种请求。

(4) Container。Container 是 YARN 中的资源抽象，它封装了某个节点上的多维度资源，如内存、CPU、磁盘、网络等，当 ApplicationMaster 向 ResourceManager 申请资源时，返回的资源便是 Container。YARN 会为每个任务分配一个 Container，且该任务只能使用该 Container 中描述的资源。

YARN 的工作流程如下。

(1) 用户向 YARN 提交应用程序，其中包括 ApplicationMaster 程序、启动 ApplicationMaster 命令、用户程序等。

(2) ResourceManager 为该应用程序分配第一个 Container，并与对应的 NodeManager 通信，要求它在这个 Container 中启动应用程序的 ApplicationMaster。

(3) ApplicationMaster 首先向 ResourceManager 注册，这样用户可以直接通过 ResourceManager 查看应用程序的运行状态，然后为各个任务申请资源，并监控它的运行状态，直到运行结束(重复步骤(4)～(7))。

(4) ApplicationMaster 采用轮询的方式通过 RPC 协议向 ResourceManager 申请和领取资源。

(5) ApplicationMaster 申请到资源后，便与对应的 NodeManager 通信，要求它启动任务。

(6) NodeManager 为任务设置好运行环境(包括环境变量、JAR 包、二进制程序等)后，将任务启动命令写到一个脚本中，并通过运行该脚本启动任务。

(7) 各个任务通过某个 RPC 协议向 ApplicationMaster 汇报自己的状态和进度，以让 ApplicationMaster 随时掌握各个任务的运行状态，从而可以在任务失败时重新启动任务。在应用程序运行过程中，用户可随时通过 RPC 向 ApplicationMaster 查询应用程序的当前运行状态。

(8) 应用程序运行完成后，ApplicationMaster 向 ResourceManager 注销并关闭自己。

4.1.3 工作过程

在 Hadoop 部署中，有三种服务器角色，它们分别是客户端、Master 节点以及 Slave 节点。

客户端：所有的集群配置都会存在于客户端服务器，但是客户端服务器不属于 Master 以及 Salve，客户端服务器仅负责提交计算任务给 Hadoop 集群，当 Hadoop 集群完成任务后，客户端服务器拿走计算结果。

Master 节点：又称主节点，负责监控两个核心功能，即 HDFS 与 MapReduce。其中，NameNode 负责监控以及协调数据存储(HDFS)的工作，JobTracker 则负责监督以及协调 MapReduce 的并行计算。

Slave 节点：负责具体的工作以及数据存储。每个 Slave 运行一个 DataNode 和一个 TaskTracker 守护进程。这两个守护进程负责与 Master 节点通信。TaskTracker 守护进程与 JobTracker 相互作用，而 DataNode 守护进程则与 NameNode 相互作用。

Hadoop 集群的工作流程如下。

(1) 从集群中加载数据(HDFS 读)。

(2) 分析数据(MapReduce)。

(3) 在集群中为结果排序(HDFS 写)。

(4) 从集群运算中读取结果(HDFS 读)。

4.2 Spark

4.2.1 简介

Apache Spark 是专为大规模数据处理而设计的快速通用的计算引擎。项目的初衷是设计一个类 Hadoop MapReduce，但是支持更广泛的应用程序的编程模型，同时保持其自动容错性。特别是，对于需要跨多个并行操作的共享低延迟数据的多通道应用程序，MapReduce 效率不高，因为它们需要花费大量的成本加载每一步的数据，并将其写回到文件系统。

这些应用程序在分析中非常常见，如包括许多机器学习算法和图像算法在内的迭代算法、需要将数据加载到 RAM 中并反复查询的交互式数据挖掘，以及随时间推移而维持聚合状态的流式处理。Spark 提供了弹性分布式数据集 RDD 来有效地支持这些应用程序。RDD 可以在查询之间存储在内存中而不需要复制。与 Hadoop 相比，Spark 拥有 Hadoop MapReduce 所具有的优点；但不同于 MapReduce 的是——Job 中间输出结果可以保存在内存中，从而不再需要读写 HDFS，因此 Spark 能更好地适用于数据挖掘与机器学习等需要迭代的 MapReduce 的算法。

Apache Spark 拥有先进的 DAG 执行引擎，支持非循环数据流和内存计算，运行程序的速度比内存中的 Hadoop MapReduce 快 100 倍。支持的语言包括 Java、Scala、Python、R 等。Spark 可以工作于独立集群模式，也可以运行在 EC2、Hadoop YARN 或 Apache Mesos 上。可以访问各种数据源，包括 HDFS、Cassandra、HBase 和任何 Hadoop 数据源中的数据。同时，Spark 提供了强大的库支持，包括 SQL 和 DataFrame，用于机器学习的 MLlib、GraphX 和 Spark Streaming，可以在同一个应用程序中无缝地组合这些库。

Spark 在国内 IT 行业的认可度很高，大量的公司使用 Spark 来替代 MapReduce、Hive、Storm 等传统的大数据计算框架。

2009 年，Spark 诞生于加州大学伯克利分校的 AMP 实验室，并于 2010 年开源。2013 年成为 Apache 基金会下的项目，进入高速发展期。

Spark 的版本变迁过程十分复杂，不断有里程碑性质的技术融入 Spark 生态圈。简要总结如下。

0.x 系列在原版上进行了大范围的性能改进，增加了更多关键特性，如 PythonAPI、Spark Streaming 的 Alpha 版本等，并提供 GraphX、机器学习、流式计算的支持，以及对核心引擎进行优化(外部聚合、加强对 YARN 的支持)。

1.x 系列增加了 Spark SQL、MLlib、DataFrame API、JSON 的支持，GraphX 和 Spark Streaming 都增加了新特性并进行了优化，Spark 核心引擎还增加了对安全 YARN 集群的支持。

2.x 系列主要更新 API 可用性、SQL 2003 支持、性能改进、结构化流式处理、R UDF 支持以及操作改进。此外，增加了对事件时间水印和 Kafka 0.10 的支持，PySpark 也可以在 PyPI 中使用。

目前为止，在 Spark 的众多版本发行过程中，有几个版本增加关键特性意义非凡。

Spark 0.9.0 版本发布(2014-02-02)，增加了 GraphX、机器学习新特性、流式计算新特性、核心引擎优化(外部聚合、加强对 YARN 的支持)等。

Spark 1.0.0 版本发布(2014-05-30)，Spark SQL、MLlib、GraphX 和 Spark Streaming 都增加了新特性并进行了优化。Spark 核心引擎还增加了对安全 YARN 集群的支持。

Spark 1.4.1 版本发布(2015-07-15)，DataFrame API 及 Streaming、Python、SQL 和 MLlib 的 bug 修复。

Spark 1.5.0 是 API 兼容的 1.x 系列的第六个版本。这是 Spark 有史以来最大的发行版本，来自 230 个开发者的贡献和超过 1400 个提交。

Apache Spark 2.0.0 是 2.x 系列的第一个版本。主要更新 API 可用性、SQL 2003 支持、性能改进、结构化流式处理、R UDF 支持以及操作改进。此外，这个版本还包含 300 多个贡献者的 2500 多个补丁。

Apache Spark 2.1.0 是 2.x 系列的第二个版本。此版本在结构化流媒体的生产准备方面取得了重大进展，增加了对事件时间水印和 Kafka 0.10 的支持。此外，本次发布的重点更多的是可用性、稳定性和抛光。

在本书撰稿期间，Spark 官网(http://spark.apache.org)于 2018 年 2 月最后一天推送了版本 2.3.0，2019 年 5 月 Spark 发布了版本 2.4.3。

4.2.2 架构

Spark 整体架构如图 4.2 所示。

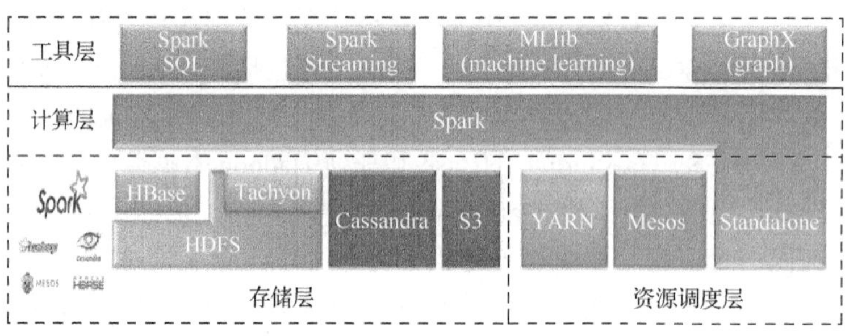

图 4.2 Spark 整体架构

Spark 可以基于自带的 Standalone 集群管理器独立运行，也可以部署在 Apache Mesos 和 Hadoop YARN 等集群管理器上运行。Spark 可以访问存储在 HDFS、HBase、Cassandra、Amazon S3、本地文件系统等上的数据，Spark 支持文本文件、序列文件，以及任何 Hadoop 的 InputFormat。

随着自身的不断成熟，Spark 相比最早基于 RDD 的处理引擎提供了更多的功能。Spark SQL 在分布式数据集上提供了 Hive SQL 的替代方案，既支持传统的 SQL 查询，也支持 DataFrame API。Spark Streaming 组件用于构建可扩展、高容错的流式应用程序。Spark MLlib 提供了一个与 Spark 工具集集成的机器学习库，并提供了分布式数据集上的各种机器学习算法的实现。Spark GraphX 提供了一个用在 Spark 上的图形和并行图形计算库。

4.2.3 工作过程

Spark 任务提供多层分解的概念，Spark 组件将用户的应用程序分解为内部执行任务并提供执行容器，资源管理器为 Spark 组件提供资源管理和调度。Spark 的应用程序由一个驱动程序(Driver Program)和多个作业构成；每个作业由多个阶段组成；而每个阶段对应一个任务集合，即一组关联的相互之间没有混洗依赖关系的任务。

驱动程序是 Spark 的核心组件，主要负责的工作包括构建 SparkContext、将用户提交的作业转换为 DAG、根据策略将 DAG 划分为多个阶段、根据分区生成一系列任务、向资源管理器申请资源、提交任务并检测任务状态等。而 Executor 是真正执行任务的单元，一个 Worker 节点上可以有多个 Executor。

图 4.3 为 Spark 工作在 Standalone 模式时的状态。Cluster Manager 为 Standalone 模式中的 Master，负责分配资源，分配 Driver 和 Executor，控制整个集群，监控 Worker。Worker 节点是从节点，负责控制计算节点，启动 Executor 或者 Driver。Driver 运行应用程序的 main() 函数，负责生成任务，并与 Executor 通信，进行任务的调度和结果跟踪。

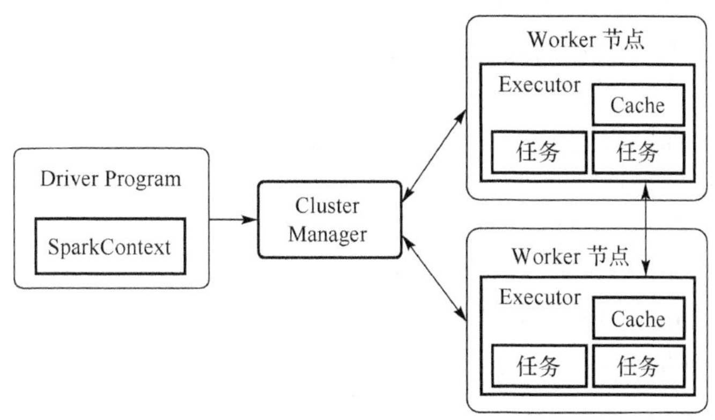

图 4.3　Spark 的 Standalone 工作模式

目前 Spark 官方提供 Java、Scala、Python 三种语言的 API。由于 Spark 的开发语言为 Scala，而 Scala 本身是基于 JVM 的语言，所以 Scala 和 Java 的 API 相对完整稳定；Python 则不太完整，但 Python 语言简单明了，且省去了编译打包，用起来稍微方便一些。

用户可以通过 Spark 提供的 Scala 和 Python 的 Shell 与 Spark 进行交互，也可以利用 Java、Scala 和 Python 开发应用。

4.3　各种产品化平台

随着各行业产品和服务越来越丰富、多样化，市场趋于饱和，竞争白热化，吸引并留存用户的难度和成本居高不下，成为企业不能承受之重。企业纷纷成立大数据团队，依靠数据精细化运营、数据驱动增长给企业的营销和运营赋能。赋能的核心是搭建或使用优秀的大数据平台，成体系的、架构优良数据产品矩阵，大数据平台也不再是独立的数据平台，开始和 CRM、营销平台、ERP 系统深度融合，直接给业务系统赋能。

Google、Yahoo、Amazon、Facebook、Twitter 等公司的大数据技术架构一直是互联网公司争相学习和研究的重点，也是行业大数据技术架构的标杆和示范。例如，Google 是 GFS、MapReduce、BigTable 的缔造者；Hadoop 的演进发展中，70%的贡献来自 Yahoo 公司；而大名鼎鼎的 Hive、ZooKeeper、Scribe、Cassandra 等开源工具则是 Facebook 贡献的。因此这些公司的平台不在此赘述了，下面对国内外其他比较著名的大数据平台产品进行介绍。

4.3.1 国外的大数据处理平台

1. HDInsight

HDInsight 是由 Microsoft Azure 提供的完全托管的云 Hadoop 产品，作为一种云技术驱动的 Hadoop 发行版，其主要特点如下。

(1) HDInsight 架构能够处理任何数量的数据，按需将数据处理容量从数 TB 扩展至数 PB 级别。用户可以随时快速地创建任意数量的节点，运营商只对实际使用的计算和存储收取费用。

(2) 由于完全符合 Apache Hadoop 标准，HDInsight 能够处理来自网络单击流、社交媒体、服务器日志、设备和传感器等来源的非结构化或半结构化数据。

(3) HDInsight 具有强大的编程扩展能力，适用于多种语言，包括 C#、Java、.NET 等。用户可在 Hadoop 上使用自己习惯的编程语言进行 Hadoop 作业的创建、配置、提交和监控。

(4) 使用 HDInsight，用户可在云中部署 Hadoop，无须购买新硬件，也无须其他前期成本。同时仅为用户使用的服务付费。

(5) 无须花费大量时间进行安装或设置，Azure 可以为用户完成这些工作。用户可在几分钟内创建 Hadoop 集群。

(6) 由于 HDInsight 与 Excel 集成在一起，因此使用者能在企业用户熟悉的工具中以全新方式直观呈现和分析所需的 Hadoop 数据。用户可从 Excel 选择 Azure HDInsight 作为数据源。

(7) HDInsight 还能与 Hortonworks 数据平台集成，因此能将 Hadoop 数据从现场数据中心移动到 Azure 云，并将其用于备份、开发/测试和云进发方案。通过使用微软分析平台系统，甚至能同时对本地的和云端 Hadoop 集群进行查询。

(8) 包含 NoSQL 功能；HDInsight 还将包含 Apache HBase，这样就能对非关系数据执行大量事务处理(OLTP)，并实现一些用例，例如，让交互式网站或传感器将数据写入 Azure Blob 存储。

HDInsight 可以理解为 Apache Hadoop 在微软 Azure 上的一个实现，里面包含了对应的 Storm、HBase、Pig、Hive、Sqoop、Oozie、Ambari 等，当然，也捆绑了 Excel、SSAS、SSRS。Azure HDInsight 提供完全托管、100%受支持的 Apache Hadoop、Spark、HBase 和 Storm 集群。只需单击几下，几分钟之内就可以快速启动并运行这些工作负荷，无须购买硬件，也无须租用大数据基础结构等操作团队。

要分析 HDInsight 集群中的数据，可以将数据存储在 Azure 中。使用这两个存储选项都可以安全地删除用于计算的 HDInsight 集群，而不会丢失用户数据。HDInsight 可将 Azure 存储中的 Blob 容器用作集群的默认文件系统。通过 Hadoop 分布式的文件系统(HDFS)界面，可以针对作为 Blob 存储的结构化或非结构化数据直接运行 HDInsight 中的整套组件。

2. Disco

Disco 是由 Nokia 研究中心开发的、基于 MapReduce 的分布式数据处理框架，核心部分由 Erlang 语言开发，外部编程接口为 Python 语言。Disco 是一个开放源代码的大规模数据分析平台，支持大数据集的并行计算，能运行在不可靠的集群计算机上。Disco 可部署在集群和多核计算机上，还可部署在 Amazon EC2 上。Disco 基于主从架构，一台主节点(Master)服务器可以控制多台从节点(Slave)服务器。

主节点接收作业，将它们添加到作业队列中，并在节点可用时在集群中运行它们。客户端程序将作业提交给主服务器。主节点在集群中的每个节点上由主节点启动。它们产生并监控在其各自节点上运行的所有进程。Worker 执行工作任务，它们的输出结果的位置被发送到 Master。

一旦将文件存储在 Disco 集群中，Disco 就会通过安排在存储文件的相同节点上使用这些文件作为输入的任务来保持数据的本地化。Disco 在每个节点上运行一个 HTTP 服务器，这样当一个 Worker 不能在其输入所在的同一节点上运行时，可以远程访问数据。

如果需要考虑系统的高可用性，集群中的 CPU 可以在任意多个 Disco 主设备之间进行分区。这样，几个 Disco Master 可以共存，这消除了系统中唯一的单点故障。

3. Mars

Mars 是香港科技大学与微软、新浪合作开发的基于 GPU 的 MapReduce 框架。目前已经包含字符串匹配、矩阵乘法、倒排索引、字词统计、网页访问排名、网页访问计数、相似性评估和 K 均值等 8 项应用，能够在 32 位与 64 位的 Linux 平台上运行。Mars 框架实现方式和基于 CPU 的 MapReduce 框架非常类似，也由 Map 和 Reduce 两个阶段组成。Mars 是图形处理器(GPU)上的 MapReduce 框架，旨在为开发人员提供一个通用框架，以便在 GPU 上正确、高效且容易地实现数据和计算密集型任务。Mars 隐藏了简单熟悉的 MapReduce 接口背后的 GPU 编程复杂性。因此，开发人员可以在没有任何图形 API 或 GPU 架构的知识的情况下在 GPU 上编写他们的代码。已经在 Web 应用程序中实现了六个常见任务，并且我们的结果表明，在四核机器上，Mars 的速度比基于 CPU 的应用程序要快上一个数量级。

4. Phoenix

Phoenix 作为斯坦福大学 EE382a 课程的一类项目，由斯坦福大学计算机系统实验室开发。Phoenix 对 MapReduce 的实现原则和最初由 Google 实现的 MapReduce 基本相同，可实现 Apache Hadoop 的 OLTP(On-Line Transaction Processing)和操作分析，不同的是，它在集群中基于共享内存实现，能最小化由任务派生和数据间的通信所造成的间接成本。Phoenix 可基于多核芯片或共享内存多核处理器(SMP 和 ccNUMA)编程，用于数据密集型任务处理。

Apache Phoenix 支持具有完整 ACID 事务功能的标准 SQL 和 JDBC API；通过利用 HBase 作为后台存储与 NoSQL 实现了后期绑定的灵活性和模式读取功能。

Apache Phoenix 与其他 Hadoop 产品完全集成，如 Spark、Hive、Pig、Flume 和 MapReduce。Phoenix 提供从 MapReduce 作业中检索和写入 Phoenix 表格的支持。

5. DataTorrent RTS

DataTorrent RTS 是一个基于 Apache Apex(一个 Hadoop 本地统一流和批处理平台)的企业

产品。DataTorrent RTS 将 Apache Apex 引擎与一组企业级管理、监控、开发和可视化工具结合在一起。DataTorrent RTS 平台支持创建和管理实时大数据应用程序，其具备高度可扩展性和高性能、容错、Hadoop 本地化、轻松开发和集成的优点。

DataTorrent 基于 Hadoop 2.x 构建，是一个实时的、有容错能力的数据流式处理和分析平台，它使用本地 Hadoop 应用程序，而这些应用程序可以与执行其他任务，如批处理的应用程序共存。

该系统能够每秒处理数十亿个事件，同时在单个节点发生故障时自动恢复，无任何状态或数据丢失。一个简单的 API 使开发人员能够编写新的和重复使用现有的通用 Java 代码，从而降低编写大数据应用程序所需的专业知识。现有的演示和可重复使用的运营商库可以快速开发应用程序。原生 Hadoop 支持在任何现有的 Hadoop 集群上几秒钟内安装 DataTorrent RTS。应用程序管理可以通过浏览器使用 dtManage 完成，这是一套完整的管理、监视和可视化工具。使用 dtAssemble（一种图形化的应用程序组装工具），可以从现有组件中直观地构建新应用程序。通过 dtDashboard 实时数据可视化，可以轻松地将应用程序数据可视化。

4.3.2 国内的大数据处理平台

1. FusionInsight

FusionInsight 是华为公司面向众多行业客户推出的，基于 Apache 开源社区软件进行功能增强的企业级大数据存储、查询和分析的统一平台。它以海量数据处理引擎和实时数据处理引擎为核心，并针对金融、运营商等数据密集型行业的运行维护、应用开发等需求，打造了敏捷、智慧、可信的平台软件、建模中间件及 OM 系统，让企业可以更快、更准、更稳地从各类繁杂无序的海量数据中发现全新价值点和企业商机。

FusionInsight 解决方案由 5 个子产品 FusionInsight HD、FusionInsight Stream、FusionInsight MPPDB、FusionInsight Miner、FusionInsight Farmer 和 1 个操作运维系统 FusionInsight Manager 构成。

FusionInsight HD：企业级的大数据处理环境，是一个分布式数据处理系统，对外提供大容量的数据存储、查询和分析能力。

FusionInsight Stream：通过将海量的、多种数据源产生的数据接入实时数据处理系统中进行处理，产生实时响应，以应对实时决策、实时推荐、实时展示等多种业务需求，帮助企业迅速响应瞬息万变的环境，及时洞察和决策新的机会与风险。

FusionInsight MPPDB：企业级的大规模并行处理关系型数据库。采用 MPP（Massive Parallel Processing）架构，支持行存储和列存储，提供 PB 级别数据量的处理能力。

FusionInsight Miner：企业级的数据分析平台，基于华为 FusionInsight HD 的分布式存储和并行计算技术，提供从海量数据中挖掘出价值信息的平台。

FusionInsight Farmer：企业级的大数据应用容器，为企业业务提供统一开发、运行和管理的平台。

FusionInsight Manager：企业级大数据的操作运维系统，提供高可靠、安全、容错、易用的集群管理能力，支持大规模集群的安装部署、监控、告警、用户管理、权限管理、审计、服务管理、健康检查、问题定位、升级和补丁等功能。

2. Transwarp

Transwarp Data Hub(TDH)是星环信息科技有限公司(简称星环科技)针对大规模分布式数据而开发的软件框架，已经成为企业管理大数据的基础支撑技术。星环科技从企业应用角度出发，针对性地对Apache Hadoop进行了系列技术开发，形成了适应企业级应用的TDH平台，从而使这一理论框架更能满足各类企业用户的要求。TDH具有超快的执行速度、超强的数据分析功能，支持SQL 2003，存储过程和分布式事务，与数据分析生态系统强力整合并且具有完备的企业级解决方案。

Transwarp Inceptor采用专有的高效列式内存存储格式和为内存优化的Apache Spark计算引擎，相比广泛使用的MapReduce框架消除了频繁的I/O磁盘访问。此外，Spark引擎还采用了轻量级的调度框架和多线程计算模型，相比MapReduce中的进程模型具有极低的调度和启动开销，除带来更快的执行速度以外，更使系统的平均修复时间(MTTR)极大地缩短。在实时在线应用方面，Transwarp Hyperbase构建了全局索引、辅助索引和全文索引，扩展了SQL语法，满足在线存储和在线业务分析系统(OLAP)的低延迟需求。综合在执行引擎及数据存储层上的优化，使TDH性能全面领先开源Apache Hadoop 2.0，SQL支持完整程度和性能大幅领先Cloudera Impala，比主流MPP数据库快1.5～10倍。

TDH通过与现有成熟系统的无缝整合进行数据获取、数据分析以及数据可视化。传统的关系型数据库的数据可以直接作为数据源接入集群中参与计算分析，目前已经支持Oracle、DB2及MySQL数据库。数据分析层与R语言的整合带来了R的数千种统计算法的同时，可以充分利用R语言中的绘图工具绘制专业的统计报表；数据可视化不仅可将最终分析结果展示给用户，还可以帮助数据分析师进行数据探索来发现和解决新问题。

3. H3C DataEngine

H3C DataEngine BI商业智能产品具有独有的底层Hadoop和MPP分析型数据库技术，使数据分析性能得到大幅提升。DataEngine BI与基础平台完美融合，在产品稳定性、并发数、超大数据量处理上表现优秀，支持TB级别数据的多维度分析秒级响应。

DataEngine大数据平台利用Hadoop和MPP分析型数据库技术，可对海量异构数据进行收集分析；BI产品作为大数据平台的服务，可利用数据通道建立数据立方体；基于该立方体，可进行数据业务层面的数据地图、多维分析、管理驾驶舱和复杂报表等功能。

BI平台可将H3C DataEngine底层的Hadoop和MPP分布式数据库作为数据源，在海量数据上进行多维度的数据分析和探索挖掘。

4. 腾讯EMR

腾讯云弹性MapReduce产品(以下简称EMR)是云上Hadoop集群，提供可弹性伸缩、秒级监控、安全稳定的大数据处理解决方案。EMR依托于社区中的开源组件，用户可以将原有的业务无缝平滑地迁移至云上。通过结合云技术和Hadoop、Hive、Spark、Storm等社区开源技术，提供安全、低成本、高可靠、可弹性伸缩的云端托管Hadoop服务。支持在数分钟内创建安全可靠的专属Hadoop集群，以分析位于集群内数据节点或COS上的PB级海量数据。

EMR采用存储计算分离的方式，可实现分钟级集群创建，通过控制台数分钟就可创建一个安全、稳定的云端托管Hadoop集群。分钟级集群扩缩容，仅需数分钟即可对现有

EMR 集群进行平滑扩缩容，以适应互联网业务的快速变化。API 支持，支持通过 API 方式便捷地在程序中创建、扩缩容、销毁 EMR 集群。同时 EMR 的运维支撑体系包含监控与多渠道告警和技术服务支持。

在应用场景方面，EMR 可适应离线数据分析、流式数据处理和 EMR 分析 COS 数据。

5. 阿里云 E-MapReduce

E-MapReduce 是构建于阿里云 ECS 弹性虚拟机之上，利用开源大数据生态系统，包括 Hadoop、Spark、Kafka、Storm 为用户提供集群、作业、数据等管理的一站式大数据处理分析服务。

E-MapReduce 可实现自动化按需创建集群；自由选择机器配置(CPU、内存)和磁盘类型与容量，自由选择服务器规模，包括主节点和内核的数量，根据业务量的上升可对集群动态扩容，自由选择开源大数据生态软件组合和版本，目前包括 Hadoop 和 Spark，自由选择启动集群的方式，分为临时集群和长时间运行集群。

E-MapReduce 支持丰富的作业类型，可制定灵活的作业执行计划，将作业(包括 Hadoop/Spark/Hive/Pig)任意组合成执行计划，执行计划的策略有两种，分为立即执行和定时周期执行。

E-MapReduce 的典型应用场景包括离线数据处理、Ad hoc 数据分析、海量数据在线服务和流式数据处理。

6. MapReduce BMR

百度 MapReduce 提供全托管的 Hadoop/Spark 计算集群服务，助力客户快速具备海量数据分析和挖掘能力。百度 MapReduce 支持完整的 Hadoop 生态，帮助用户在几分钟内创建可扩展的 Hadoop/Spark 集群。

BMR 的主要应用场景包括数据仓库建设、网站日志处理等。BMR 能够快速搭建面向主题的、完整的、稳定的、时变的自有数据仓库，为需要业务智能的企业，提供指导业务流程改进和有效的成本监视、质量控制等。而网站日志包含着网站最重要的信息，通过日志分析网站，可获取用户行为以优化网站的商业价值。日益增长的日志信息需大规模处理平台的支撑，百度 MapReduce 全托 Hadoop 服务为高效处理海量网站日志提供了可靠依托，而且开发者在友好的界面中分析海量日志，大大降低了使用门槛。

7. 东软 SaCa RealRec 数据科学平台

SaCa RealRec 是一站式机器学习与预测分析服务平台，平台使命是让每个企业都拥有自己的数据科学研究院，平台价值是提高企业构建智能应用的能力以及效率，简化复杂机器学习算法的使用成本，帮助企业实现信息数据化、模型化的商业模式。

SaCa RealRec 致力于提供简单易用的预测分析平台，通过流程化的 Web UI 大大降低大数据挖掘的使用成本，使每一个平凡的软件工程师都能够利用精妙的数学模型以及大数据处理技术构建自有模型来解决当今企业面临的具有挑战性的业务问题。整个数据科学平台有 SaCa RealRec Core 基础分析平台、SaCa RealRec SQL 数据预处理、SaCa RealRec Feature 多维特征分析、SaCa RealRec Notebook 可视化模型构建平台、SaCa RealRec Graph 图挖掘平台、SaCa RealRec Deep 深度学习平台、SaCa RealRec Stream 流计算平台、SaCa RealRec Service 预测服务接口、SaCa RealRec Monitor 监控管理调度平台、SaCa RealRec Manager 多用户管理以及 SaCa RealRec Template 数据挖掘流程模板库等多个组件，如图 4.4 所示。

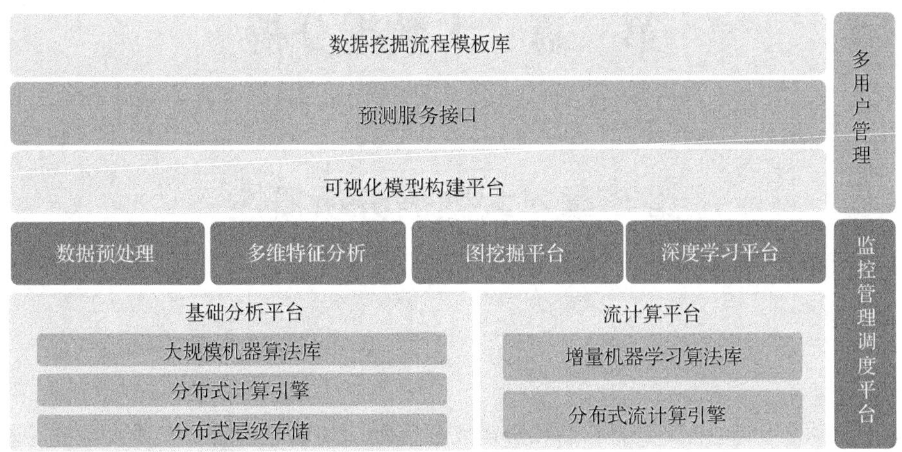

图 4.4 SaCa RealRec 数据科学平台的功能结构

SaCa RealRec 数据科学平台提供了标准的训练数据导入、机器学习、模型导出、部署应用的数据挖掘流程，如图 4.5 所示。平台提供了数据采集、特征抽取、模型训练、评估评测以及部署应用五大关键功能。

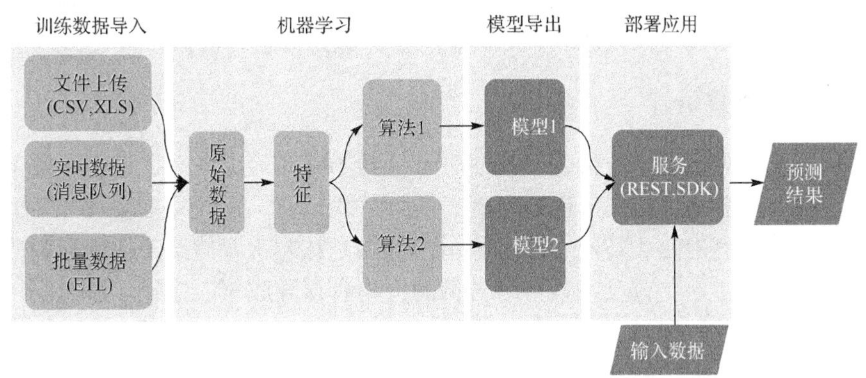

图 4.5 SaCa RealRec 数据科学平台的数据挖掘流程

SaCa RealRec 为数据科学家以及商业分析提供大规模可扩展高效的机器学习处理能力，区别于传统的分析工作，SaCa RealRec 提供的预测分析技术结合了卓越的数学模型以及高效的大数据分布式并行处理技术，为企业在大数据时代构建智慧应用提供强有力的分析挖掘能力。

第二篇　大数据分析

第 5 章　大数据分析概述

5.1　浅谈大数据分析

大数据往往被视为 21 世纪的石油和金矿，那么如何对其进行开采，是大数据分析要做的事情。例如，互联网中存在大量的用户交互数据和行为数据，互联网企业往往关心如何通过数据分析为用户提供更个性化的服务，从而挖掘用户价值。

从专业角度来看，大数据分析一般是用适当的统计分析方法对大数据进行处理与分析，从而更好地理解并消化数据，发挥数据的作用。从应用实质而言，大数据分析的目的就是从看似杂乱无章的数据中，将隐藏在数据背后的信息提炼出来，通过数据分析总结出研究对象的内在规律。下面通过几个大数据经典范例来看看大数据分析都能做什么。

5.1.1　塔吉特的精准营销

作为美国著名零售商，塔吉特公司长期居于世界 500 强企业之列。该企业旗下的连锁超市热衷于使用大数据分析来提高营销精准率，也由此掀起了一些小风波。

曾有一位男性顾客对塔吉特超市进行投诉，原因是该超市竟然给正在读高中的女儿寄送婴儿用品相关的优惠券。这位父亲认为塔吉特的行为有误导成年人之嫌。然而，经过当事人私下沟通，这位父亲才发现自己的女儿确实怀孕了。从这个案例可以看出，塔吉特通过消费者数据的统计与分析准确预测出了女孩怀孕这一事实。

塔吉特的营销策略其实也是当前大多数零售商普遍采取的策略，其策略流程简单而言包含三个步骤。首先零售商都提供会员服务，会员卡与顾客一一对应，以此可以识别出顾客个体。其次，个体顾客消费时，系统会自动记录消费内容、时间等信息。再加上商品信息，以及任何可以获得的其他外部统计资料，由此能形成大数据源。最后，针对数据源进行分析与挖掘即可获得一定规则及知识，以实现精准营销。

在大数据流行的今天，塔吉特的精准营销常常作为经典案例被提及。由塔吉特年营收入的飞速增长，以及其自身在零售业的成功，可以说大数据分析功不可没。

5.1.2　Google 流感预测

作为全球最大的搜索引擎，Google 常常被视为大数据源的拥有者，同时也是业界公认的大数据领跑者。在 2008 年，Google 推出一款预测流感的产品“Google 流感趋势(Google Flu Trends，GFT)”。它是通过统计分析用户的搜索数据，来实现全球流感疫情的实时预测。

在美国，疾病预防控制中心(Centers for Disease Control and Prevention，CDC)一般负责统

计并汇总美国本土各个地区的疾病就诊人数，然后向公众公布监测报告。由于种种原因，该报告的实时性并不强，往往是滞后公布。Google 希望将其产品 GFT 的实时预测结果与 CDC 监测报告进行对比，来显示大数据的作用与意义。2009 年，GFT 产品团队在 *Nature* 上发表论文称，通过汇总与统计用户搜索数据可以估测流感疫情，由此 GFT 能比 CDC 提前两周来预报流感的发病率。这一成果引起了业界的广泛关注与热议，也成为大数据领域的经典案例。

2013 年 2 月 *Nature* 上的一篇文章指出在当前时间段 GFT 流感预测结果并不准确，比 CDC 公布的实际情况要夸大了几乎一倍。2014 年 3 月 *Science* 上的文章指出大数据分析是存在陷阱的。该文章的研究人员对 GFT 预测不准的问题做了深入调查与分析，并讨论了大数据“陷阱”本质。由此可见，大数据分析是非常复杂且困难的，如何发挥大数据的最大效用仍需要不断探索。

5.1.3 Netflix 与纸牌屋

Netflix (Nasdaq NFLX) 是 1997 年在美国成立的一家在线影片租赁提供商。目前已发展成为美国流媒体巨头、世界最大的收费视频网站。Netflix 在美国有 2700 万订阅用户，在全世界则有 3300 万用户。每天用户在 Netflix 上产生 3000 多万个行为，如暂停、回放或者快进等。Netflix 的订阅用户每天还会给出 400 万个评分，还会有 300 万次搜索请求。由此可见，它比谁都清楚用户喜欢看什么样的电影和电视。

Netflix 相关团队对用户观影历史，用户喜爱的题材内容、导演和演员，以及影视剧的用户评分等数据进行统计分析之后，打算出资拍摄一部政治题材的影视剧，由此诞生了一部现象级的美剧《纸牌屋》，在全球范围内受到观众的极力追捧。

《纸牌屋》的成功给 Netflix 带来了全新的营利模式，使其由购买版权转变为自己制作，同时对美国整个影视制作行业起到了启发性的作用。Netflix 也不仅仅用大数据来进行影片推荐，同时通过大数据分析来协助影视剧制作，只拍摄用户喜欢看的。由此可见，大数据分析在整个行业的转变中起到了关键性的作用。

5.2 大数据分析基本流程

业界针对大数据分析流程的描述并无统一标准。在我们看来，大数据分析的流程可分为四个阶段(图 5.1)：数据采集、特征工程、数据挖掘，以及可视化分析。

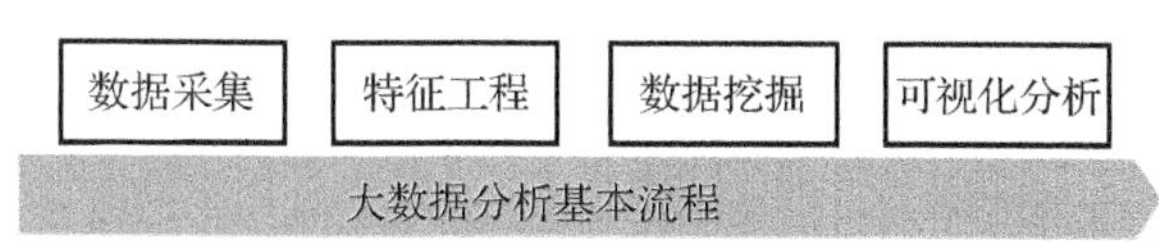

图 5.1　大数据分析基本流程

数据采集主要解决了数据从哪里来的问题。例如，数据可能直接由应用所产生；数据来自网络爬虫；数据由第三方提供或来自第三方 API 等。由此可见，数据源是多种多样的。在大数据领域的学习与科研中，往往存在众多开源数据集供学者使用，例如，UCI 机器学习数据集、ImageNet 等。

特征工程一般是指最大限度地从所收集到的原始数据中提取特征供后续算法使用。特征往往是数据挖掘及机器学习的输入，对最终所构建的模型具有较大影响。一般情况下，如果数据被很好地表达成了特征，那么简单的模型就能达到满意的精度。早期的特征工程，主要是依赖于人为设计的特征提取算法，或者利用经验选择特征，这种特征工程一般称为人工特征工程。当前较为流行的深度学习，有时也被认为是特征工程的一种解决方案，通过表征学习自动获取有效特征来取代人工提取特征。但有时也被看成一种端到端(End-to-End)的黑盒子式机器学习模型，缺乏可解释性。

数据挖掘一般是指揭示大数据背后隐藏的信息。该概念更偏向于应用层面，可以简单理解为，在某个应用场景下或针对某个实际问题，利用相应机器学习算法将数据转换为知识的过程。主要涉及的机器学习算法包括回归、分类、聚类等。数据挖掘的基本功能一般也体现在两个方面，首先是规律描述，主要分析数据中的潜在规律；其次是未知预测，在历史数据基础上对新数据进行预测。数据挖掘作为数据库知识发现中的一个重要步骤，很早即被提出，属于计算机领域的传统课题。近年来大数据概念的提出，将数据挖掘的价值持续放大，同时对数据挖掘算法也带来了新的挑战。

可视化分析是关于数据视觉表现形式的技术。它通过视觉表现来展示数据挖掘所抽取出来的信息，包括相应信息单位的各种属性和变量。可视化分析允许利用图形、图像处理，计算机视觉等技术，对数据进行表达、建模，或者以立体及动画的方式进行显示，从而对数据加以可视化解释。

第6章 特 征 工 程

6.1 特征工程概述

维基百科(Wikipedia)对特征工程的主要定义如下："Feature engineering is the process of using domain knowledge of the data to create features that make machine learning algorithms work."从这个定义来看，特征工程被描述为一种过程，该过程是在数据基础上利用领域知识来构建适用于机器学习算法的特征。换句话说也就是，利用领域知识和专业技巧来将原始数据转换为特征，从而使机器学习算法能更有效地工作。

业界广泛流传的一句话是："数据和特征决定了机器学习的上限，而模型和算法是在逼近这个上限而已。"由这句话不难看出特征工程在机器学习乃至数据挖掘中所处的地位。事实也证实了这句话的正确性，因为很多数据挖掘和机器学习的应用并未采用高深的算法，而是由高质量特征加上简单常见的算法来实现的。

举一个现实中的例子来说明这个问题。在医院看病时，病征实际就是患病所表现出的特征。医生通过望闻问切可以捕获到病征，这一过程就类似于特征工程。当发现病征后，通过经验将其与相似病例关联即可对症下药。患者就医时往往希望付更高的价格来挂专家门诊。因为在患者看来，专家诊断更为准确。这是因为他们经验丰富，见多识广，从而能更准确、更高效地发现病征。但对于一些极不常见且复杂的疾病而言，可能需要专家会诊才能得出更好的解决方案。

通过这个例子可以看出，特征工程往往需要丰富且完备的领域知识作为基础。机器学习领域的知名教授 Andrew Ng 也说过："Coming up with features is difficult, time-consuming, requires expert knowledge."在他看来，特征工程是一个困难且耗时的过程，一定需要专业领域知识来做支撑。

本章尝试将特征工程的理念及相关知识进行梳理。在当前业界基本观点的基础上，笔者融入自己的理解，将特征工程的整个过程进行拆分，从而依次对各个重要组成部分进行阐述。首先，介绍特征的概念及特征提取；其次，介绍特征预处理的相关方法；最后，介绍特征选择及特征降维等常用算法。

6.2 特 征 提 取

6.2.1 特征及特征提取的概念

从术语解释来看，特征往往是指一个客体或一组客体特性的抽象结果[①]，也可以解释为一个事物区别于其他事物的特点。人类对事物进行认知、识别及区分往往是从事物相应特征入

① GB/T 15237.1—2000《术语工作 词汇 第1部分:理论与应用》。

手。因此，特征也被视为数据挖掘及相关机器学习算法的输入。在大数据分析过程中，首先需要将数据转化为特征，再通过后续处理来获得最终结果。

在当前一些大数据分析应用中，数据与特征有时也被视为同等概念。例如，在一些用户画像的分析相关应用中，每一条用户记录由性别、年龄、职业、薪资等属性项构成。这些用户记录可以称为数据，也可视为特征。在构建购物网站的推荐系统时，用户的浏览记录、收藏记录、打分记录、评论内容、品牌关注度等记录一般称为数据，有时也可以直接作为特征使用。但对于一些特定推荐算法需求时，需要将这些记录转换成相应的特征向量或特征矩阵作为算法输入。例如，用户的打分记录一般会被转换为评分矩阵来作为推荐算法的输入；用户之间的关系会被转换为用户连接度矩阵作为算法输入等。本书将数据与特征进行简单区分，数据是指那些由应用直接产生的原始数据；特征是在数据基础上进行提取或转换所生成的，可直接作为算法的输入。将数据转换为特征的过程一般称为特征提取。

在一些典型的大数据分析应用中，特征提取是必不可少的环节。例如，在文本大数据分析应用中，文本内容一般被视为原始数据，需要借助常用的"词袋(Bag-of-Words)"模型，将原始数据转化为相应的特征向量，从而作为后续算法的输入。在图像识别应用中，图像内容被视为原始数据，可以利用相关特征提取算法对图像进行处理，所提取出的相应特征向量才能作为识别算法的输入。下面将针对不同应用场景来介绍一些常见的特征提取方法。

6.2.2 特征提取方法

在本书中特征提取被视为特征工程的首要步骤，是将原数据转换为特征的关键。针对不同对象、不同应用需求，特征提取方法并不相同，很难找出一种统一有效的特征提取方法。这里将分别针对几个不同的应用场景来对常见的音频特征提取方法进行阐述。

1. 文本数据分析中的特征提取方法

文本数据的特征提取一般通过建立向量空间模型为后续的机器学习算法提供量化信息作为输入。其目标是将无结构的原始文本转化为结构化的、可以识别处理的特征向量来描述文本。当文本被表示为空间中的向量后，文本内容的处理便可以简化为向量空间中的向量运算，例如，可以通过计算向量之间的相似性来度量文本间的相似性。

向量空间模型一般也称为词袋模型。该模型采用关键词作为项，将关键词出现的频率或在频率统计基础上计算的权重作为每一项对应的值，由此构成特征向量。图 6.1 为词袋模型的简单示例，这里只是将文本转换为简单的词频向量。在信息检索及文本分类等实际应用中，一般不直接使用词频作为特征向量的值。为了避免文本内容长短对特征向量的影响，会将词频进行归一化处理，即用词频值除以文章总词数。再将归一化的值作为特征向量的值。为了突出词语与主题的关系，会在词频基础上设计权重来作为特征向量的值。最为常用的有 TF-IDF 加权方法。

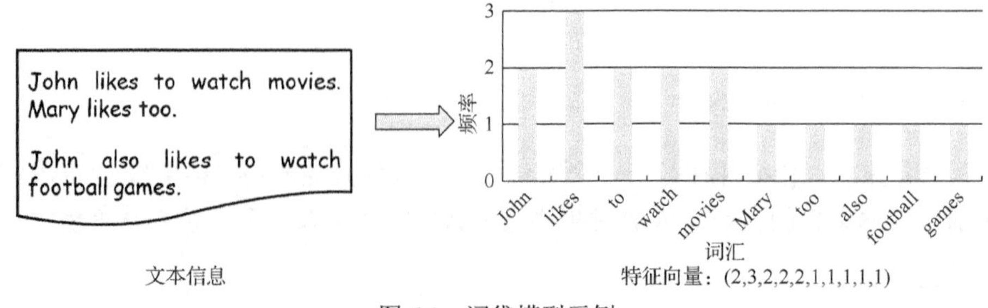

图 6.1　词袋模型示例

上述词袋模型属于一种简单的词语堆砌模式，并不考虑词语之间的关系，而且丢失了关键词之间的顺序。向量维度一般由词典中关键词个数所决定，通常是数万或十几万量级，这也会带来维度灾难问题。因此，特征选择往往被视为构建文本特征向量的重要环节。关于特征选择将在后面进行进一步叙述。

近年来，神经网络技术开始逐渐应用到文本特征提取方面，并且取得了较好的效果。通过多层神经网络的映射可以将文本中的词、短语、句子等多层结构映射到低维向量空间中，从而形成特征向量。例如，Kalchbrenner 等利用卷积神经网络（CNN）构建句式模型；Hu 等构建卷积网络架构来实现文本句子的匹配；Hamid Palangi 等利用循环神经网络（RNN）实现句式嵌入；Lee 等综合了 RNN 和 CNN 来进行文本特征提取。从自然语言处理领域来看，利用神经网络来进行文本特征提取属于当前研究热点。

2. 音频数据分析中的特征提取方法

在音频识别或相似音频检索的应用中，音频数据往往需要转换为相应的特征来作为相应算法的输入。当前很多专家认为音频数据常常具有两种属性：一种是音频的物理属性，由于音频数据常常被视为一个正弦波，因此包含声强、频率、相位等与波形相关的物理属性；一种是音频的心理属性，是根据人类对音频的感知来体现的，包括音强、音调、音色等与感官相关的心理属性。由此可见，音频的特征提取需要根据不同应用需求，对信号进行分析量化来获取表达相应属性的特征。

从当前众多研究工作中可以看出，根据音频的表示形式，常用的音频特征提取方法包括时域信号分析、频域信号分析和倒谱域信号分析。时域信号分析一般是针对以时间为自变量的时域信号进行分析，如可以用短时能量、短时平均过零率作为特征。频域信号分析一般是对频谱进行分析，可以利用滤波器组、傅里叶变换等方法来获得特征。还有一些研究工作中提出的倒谱域信号分析，是对频谱数据取对数再进行傅里叶逆变换获取特征。

除了基本的音频特征分析方法，针对音频特征提取方法的研究工作层出不穷。例如，基于时域、频域和倒谱域的组合特征；基于能量、过零率、基频和谱峰轨迹的组合特征；基于稀疏表示的系数向量特征；基于深度卷积网络的音频特征表示学习等。

3. 图像数据分析中的特征提取方法

图像数据分析在大数据、人工智能、机器视觉等领域一直属于被关注的焦点。图像识别、图像分类、图像检索等技术也被广泛应用到安防、教育、医疗、金融等各行各业，以及人们的日常生活中。图像特征提取是这些技术及应用所面临的首要问题，也被视为图像数据分析的首要步骤。图像特征往往是从视觉角度出发对图像内容进行描述与刻画，一般也称为视觉特征。常用的图像特征主要有颜色特征、纹理特征、形状特征、角点特征等。下面将对各种常用特征的现有研究工作进行简单的概述。

颜色特征一般是通过对图像像素点的颜色值进行统计来计算，例如，早期最为常用的颜色直方图就是刻画了像素点颜色值的分布特征。简单来说，该特征提取方法就是将像素点颜色值的取值空间进行等分，统计每个颜色值区间的像素点个数，从而形成直方图并得到相应的特征向量。为了避免像素点数量对图像特征的影响，可以对特征向量值进行归一化处理。除了经典的颜色直方图特征，还有众多其他颜色特征提取方法的研究工作，例如，对像素点颜色值进行层次聚类，在此基础上利用平均色值及主色值来作为图像特征。此外，为了进一步将颜色值统计信息与图像中的颜色空间分布信息进行有效结合，基于模糊区域的分块颜色矩特征、颜色关联图特征、分块颜色直方图特征等方法也被陆续提出。

纹理特征一般是指图像中同质现象的视觉特征，通常不以像素点为计算单元，而是对图像区域信息进行统计。纹理特征也可视为刻画像素邻域灰度空间的分布。一般常用的纹理特征提取方法包括基于统计的方法、基于频谱的方法、基于结构的方法和基于模型的方法等。灰度共生矩阵纹理特征描述和自相关函数纹理特征描述是典型的基于统计的纹理特征提取方法。灰度共生矩阵一般是通过统计图像上保持某个固定距离的像素点的灰度信息来得到的，可以用来表示能量、惯量、熵、相关性等关键特征。基于频谱的纹理特征提取方法通常是在频域上分析图像的频谱特征从而实现纹理分析。例如，基于傅里叶变换的纹理分析、基于 Gabor 滤波的纹理分析、基于塔式小波分解的纹理分析、基于小波分解与共生矩阵相结合的纹理分析等。基于结构的纹理特征提取方法是将复杂的纹理看成纹理单元的排列组合，利用纹理单元的性质及单元间的空间关系来表示纹理特征。基于模型的纹理特征提取方法是假设纹理按某种统计模型分布，从而可以将模型中的参数作为纹理特征。

形状特征也是一种描述图像内容的基本视觉特征，更多地用于描述图像内关键物体的特征，可用于物体识别、物体分类等应用。形状特征一般可分为基于轮廓的特征和基于区域的特征，前者是指从形状边界点所抽取的特征，后者是从形状区域内部所抽取的特征。早期所使用的轮廓特征一般是对边界点的特征进行简单统计量化，例如，边界方向直方图、边界矩、内角特征等。后期所使用的轮廓特征更多是将一些简单轮廓特征进行组合来更为精确地描述图像。例如，基于外接圆采样的轮廓特征，该特征是利用质心距离直方图与外接圆半径直方图一起来描述形状的轮廓。质心距离直方图是通过计算采样边界点到质心的距离，并对距离值进行归一化而得到的，以此可以量化边界点与质心间的关系；外接圆半径直方图是计算两个相邻的边界采样点和质心三点所决定的外接圆的半径，通过对半径值进行统计和归一化而得到的，以此量化相邻边界点之间的关系。两个直方图组合起来可对轮廓进行更准确的描述。区域特征一般是采用基于矩的提取方法，例如，几何不变矩特征、具有正交性的 Zernike 矩特征等。但是矩特征的计算复杂度较高，为降低其计算复杂度，一些高效的矩特征提取方法往往被使用，例如，基于补偿算法的快速计算方法、面向 Zernike 矩近似误差最小化的快速计算方法等。

角点特征一般是用于描述图像的局部特征。由于局部特征往往具有较好的鲁棒性，对图像旋转、平移、缩放等变化能保持不变性，因此常常用于图像匹配等应用中。角点特征的提取一般可分为两个步骤，第一步是提取角点或角点所在局部区域，第二步是对角点或局部区域进行特征描述。代表性方法包括：Harris 角点检测，该方法的基本做法是通过滑动小窗口来观察图像灰度的变化，从而检测出角点。因为对于角点而言，窗口的移动会导致灰度值明显变化。基于边缘曲率的角点检测，该方法是通过计算边界点曲率的局部极值点，再根据事先给出的阈值来判断角点。SIFT 角点检测，通过该方法可以获得 SIFT 特征或称为 SIFT 描述算子，该特征是基于尺度空间的，对图像缩放、旋转等变化具有不变性，同时对视角变化、仿射变换和噪声等影响也具有稳定性，因此该特征是一种最为常用的局部特征。

颜色、纹理、形状、角点这几种特征均可以看成通过人为设计量化方法而获得的特征。近年来图像特征的提取更偏重于通过特征学习，由算法来生成更好的特征。这样可以针对具体应用需求，利用大规模数据来训练出更适合的特征。与人为提取的特征相比，学习训练出的特征能进一步提升应用的性能。因此基于学习的图像特征提取方法已成为近年的热门研究领域。图像特征的学习方法一般被分为单层特征学习方法和多层特征学习方法。单层特征学习方法也可看成特征编码，例如，基于矢量(向量)量化的方法、基于稀疏编码的方法、基于局部坐标编码的方法等。多层特征学习方法可以简单看成用多个层次的深度网络来加强特征学习能力，从而得到更能表现数据本质的特征。近年来，深度学习在图像识别中的广泛应用推动了多层特征学习方法的发展。代表性工作包括 Hinton 教授等提出的基于深度置信网的特征学习、Bengio 教授等提出的基于层叠自动编码机的特征学习，以及在 ImageNet 图像分类比赛中大放异彩的基于深度卷积网络的特征学习等。

6.3 特征预处理

6.3.1 特征预处理概述

现实世界中的数据一般都存在不完整性、不一致性等缺陷，业界将其称为脏数据。脏数据无法直接作为数据挖掘或机器学习模型的输入。特征预处理技术一般是为了提高输入特征数据的质量。

从统计学角度来看，特征预处理是指在对特征数据进行统计分析之前所做的审核、筛选、排序等必要处理。特征预处理也常常被视为数据挖掘的重要环节，在数据挖掘之前使用，从而提高数据挖掘模式的质量，降低数据挖掘所耗费的时间。

当前特征预处理常见的做法包括特征数据清理、特征数据集成、特征数据变换等。特征数据清理往往是通过缺失值处理、噪声数据处理等手段来解决特征数据的不一致性问题。特征数据集成往往是将多个特征数据源中的数据进行统一化处理并进行结合。特征数据变换一般是通过数据平滑、数据规范化等手段将特征数据转换为机器学习或数据挖掘算法的输入。下面将着重介绍特征预处理中一些具有代表性的现有工作及算法。

6.3.2 特征缺失值处理

特征值缺失一般是指样本集合中，某个样本的一个或多个特征属性值是不完全的。产生这种情形的原因较多，如数据存储失败、存储器故障或其他硬件故障等导致数据未能完全收集从而造成数据缺失。再如，统计数据负责人的失误，漏录数据；历史数据本身已丢失，较难找回；出于隐私或安全性考虑，故意隐瞒数据等。

当所需要处理的数据中存在特征值缺失时，需要对其进行一定的处理。大部分数据挖掘及机器学习算法并不能很好地处理特征值缺失数据，因此为了不影响数据挖掘及机器学习的性能，特征缺失值处理往往被视为数据预处理阶段中的一个重要环节，采用一些缺失值处理方法来应对这一问题。

特征缺失值处理方法一般可分为两大类别，一类是删除处理，另一类是填补处理。删除处理又可以分为两种情形，一种是直接删除具有特征缺失的样本；另一种是若某一个属性特征中的缺失值较多，直接删除该属性。填补处理是指采用某种方法将缺失值进行修复，给出一个新值填补空缺。这两类方法各有利弊，删除处理较为简单，不会加入噪声，但往往会造成信息丢失。填补处理虽然不会造成信息丢失，但往往会因为所填补的数据不准确而成为噪声数据，影响后续处理。因此，在对特征缺失值进行处理时，需要针对具体应用情况来进行选择。由于删除处理较为简单，本书将不进行过多介绍。下面将具体介绍一些填补处理的做法。

特征缺失值的填补处理一般可基于统计学原理，根据样本集合中其余样本对象相应特征的取值分布情况来预估出一个新值对缺失位进行填充。一般可以采用两种方式进行预估：①利用平均数、中位数、众数、最大值、最小值、固定值、插值等作为预估值；②建立相应模型来预估特征缺失值。下面将介绍几种具体的特征缺失值处理方法。

1. 均值或众数填充

首先将样本的属性特征分为数值型特征和非数值型特征，两种类型的特征将分别对应均值填充和众数填充。如果缺失属性值是数值型的，直接根据其他样本在该属性上的取值来计算平均值，用该平均值来填充所缺失的特征值。如果缺失属性值是非数值型的，需要根据众数原理，统计其他样本在该属性上的取值，找出出现次数最多的那个取值，也就是出现频率最高的取值，用该值来填充所缺失的特征值。这些做法都希望以最大概率可能的取值来填充缺失特征值。

2. 回归法填充

回归法填充是将缺失属性值看成因变量，而其他属性都作为自变量，通过建立回归模型来预测缺失属性值。假设属性 A 中有缺失值，用 A^+ 表示该属性中未缺失的值所构成的向量，W^+ 表示由相对应的其他属性值所构成的自变量；A^- 表示缺失值向量，W^- 表示缺失值所对应的自变量。假设 β 表示估计参数，δ^+ 和 δ^- 表示误差项，为此可建立模型：$A^+=W^+\beta+\delta^+$。通过最小二乘法即可估计出 β 取值。再通过计算 $A^-=W^-\beta+\delta^-$ 来得到缺失值，其中 δ^- 可以随机赋值来表示随机误差。回归法填充就是利用属性之间的关系来推出缺失属性的值。

3. 聚类法填充

聚类法填充的基本思想是通过聚类分析对已有样本数据进行划分，之后计算特征缺失样本所属类别，用类别中其他样本的值对缺失值进行估计。这里常常使用 K-means 等聚类算法来处理缺失值。基本过程分为三个步骤：首先对完整样本数据进行聚类分析；其次计算具有特征缺失的样本与各类别的隶属关系，找到隶属度最大的那个类别；最后，通过该类别中其他样本值的加权平均来估计缺失特征值。

6.3.3 特征离散化

由于现实世界中许多属性特征数据属于连续值，如人的身高属性、体重属性等。然而，很多数据挖掘及机器学习算法并不适用于连续属性值，如贝叶斯分类器、决策树算法等只能对离散属性值进行有效处理。为此需要预先对连续的属性特征值进行离散化处理。这个过程称为特征离散化。

特征离散化的基本想法是要在最小化信息丢失的情况下，将连续特征值转换成有限个区间，每个区间对应一个离散值，最终可以提高数据挖掘及机器学习算法的精度。特征离散化结果的好坏将直接影响后续数据挖掘及机器学习算法的效率及准确性。

典型特征离散化方法的基本流程可以分为四个步骤：第一步，对所要进行离散化的连续特征属性值进行排序；第二步，设立初始断点划分区间，一般将排序后相邻的两个属性值的均值作为一个断点，两个断点之间为一个区间；第三步，根据给定的离散化评价标准对断点和区间进行评价，再根据评价结果，将相邻区间进行分割或合并；第四步，判断是否满足算法的停止规则，若不满足则返回第三步执行；若满足则算法结束，输出离散化结果。由此可见，特征离散化过程是一个反复递归迭代的过程。

经典特征离散化方法一般可分为自底向上式和自顶向下式。自底向上式的离散化方法属于迭代合并的方法。首先在初始化阶段，将每一个特征属性值作为一个独立区间。其次，迭代合并相邻区间，直至最终满足算法停止条件。自顶向下式的离散化方法属于迭代分割式。首先在初始化阶段，将整个特征属性值取值空间作为一个区间，然后递归式地加入断点，对区间进行分割，直至满足算法停止条件。下面将具体介绍几种常用的特征离散化方法。

1. ChiMerge 和 Chi2 离散化方法

这两种离散化方法属于自底向上式的方法，核心思想均是基于统计独立性来实现特征的离散化，二者可以看成一个系列，其中 ChiMerge 方法是 1992 年提出的，Chi2 方法是它的一个改进，于 1997 年提出。

在 ChiMerge 方法中，首先将需要离散化的连续特征属性值进行升序排序，然后将每一个值对应的集合作为一个区间。其次，计算所有相邻区间对的卡方统计值 χ^2，将具有最小卡方统计值的相邻区间进行合并。然后，判断所有相邻区间对的 χ^2 值是否大于给定的阈值 α，若所有 χ^2 值都大于 α，则停止离散化，否则重复迭代合并的过程。

Chi2 方法是为了解决 ChiMerge 方法中需要人为设定阈值 α 的问题，从而提出一个面向数据不一致率判断的标准。方法中迭代合并相邻区间，直至数据中出现不一致率停止。后续还有改进的 Chi2 方法提出，引入粗糙集理论中的一致性水平来取代不一致率。

2. 基于信息熵的离散化方法

基于信息熵的离散化方法属于自顶向下式的方法，核心思想是从信息熵角度出发寻找断点。在这类方法中，基于熵和最小描述长度理论(Minimum Description Length Principle，MDLP)的离散化方法属于早期经典方法。该方法通过最小化模型的信息量来递归地选择断点，希望选择那些能够使类之间形成边界的断点。同时进一步利用 MDLP 理论来决定合适的离散区间数。此外，D2 方法也属于该类别的代表性方法。该方法利用信息熵衡量标准来选择断点对整个连续空间区域进行分割。之后，再递归地选择潜在断点对区域进行不断分割，直至满足终止标准。

6.4 特 征 选 择

6.4.1 特征选择概述

特征选择是特征工程的重要组成部分，特征选择也是模型建立之前至关重要的一步。特征选择是指在现有特征中选择比较好的特征用于后续的建模或再次处理，在业界有这么一个说法，特征工程相当于确定最优值的范围，而特征选择是通过算法进行最优值的寻找，可以看出特征选择是特征工程的重要一步。这里需要强调的是，特征选择与特征抽取是完全不同的两件事情。特征选择可以看作在一个大的特征集合中选择子集，这个子集是现有存在的。而特征抽取是指产生新的特征，是当前没有的特征。特征选择的主要作用体现在以下四个方面：缩短训练时间；避免过于稀疏的矩阵出现；在某种程度上减少过拟合现象的出现；有效提高重要特征的权重。

6.4.2 特征选择方法

以下将对当前最为常用的三大类特征选择方法进行简要描述。

1. Filter 式方法

这种方法的主要思想是对每一个特征给定一个评测分数(Score)，这个分数对应着特征的重要性或不重要性。主要特征测评方法如下。

(1) 卡方验证(Chi-squared Test)：该方法使用的是统计学的假设检验，首先给出 H0，皮尔逊的假设一般是离散型的变量对要检验的离散型变量无关系，也就是没有影响，然后证明 H0 是否正确，如果正确则两个特征不相关，如果错误则说明两个特征是相关的。卡方检验引进了检验统计量卡方分布。

(2) 信息增益法(Information Gain)：想要了解信息增益，首先说明信息熵。熵是衡量一个事物的混乱程度，是物理热力学的概念。1948 年香农把这个概念引入信息工程，提出了信息熵。信息熵可以描述当前系统的不确定性。而信息增益是指当引入一个特征时，可以衡量这个特征能给当前状态带来多少信息，当带来的信息多时，当前状态就会更明确(信息熵越小)，所以研究对象的分类程度更好。

(3) 相关系数(Correlation Coefficient Scores)：相关系数是统计学家卡尔·皮尔逊(Karl Pearson)教授设计的一项统计指标。该指标标定两个研究变量(特征)之间的先行关联性，较为常用的是 Pearson 和 Spearman 指标。在应用中需要求出各个特征和所要研究的标签的先行关系，相关系数高的特征被选定。

2. Wrapper 式方法

Wrapper 式方法的主要思想是使用一个寻优的方法来对最优的特征子集进行查找。当前许多相关工作均涉及使用运筹学的优化算法，如退火算法、基因算法、贪婪算法等。在众多 Wrapper 式方法中一项具有代表性的工作是基于交叉认证的递归特征消除方法。交叉认证是使用一部分数据构建模型或运行算法，使用另一部分数据进行算法验证，从而选出最好的组合方式。为了实现特征选择，在交叉认证中可以直接对特征数据进行分割，也就是使用各种特征组合进行训练并且用相应的方法进行验证，从而选出最好的特征组合。可以看出这种方法属于暴力破解，所以为了提高效率可以引进运筹学的方法进行优化。运筹学中的相关理论及优化算法的讨论并不在本书范围之内，请感兴趣的读者自行查阅相关书籍进行学习与理解。

3. Embedded 式方法

该类方法的主要思想是使用既定模型进行特征选择，将特征选择作为模型的一部分。比较常用的方法有正则化，如利用 Lasso 回归，得到相应回归系数，回归系数大的特征就保留。Lasso 回归就是在线性回归中加入惩罚项，例如，加入 L1 范数作为惩罚约束，其在线性上的规律如图 6.2 所示，图中为二维的示意图。可以看出线性方程在 Lasso 下是倾向于使某个特征的权重为 0，如图 6.2 中交点所示，那么对于权重为 0 或是极小的特征可以删掉，这样就能达到特征选择的目的。

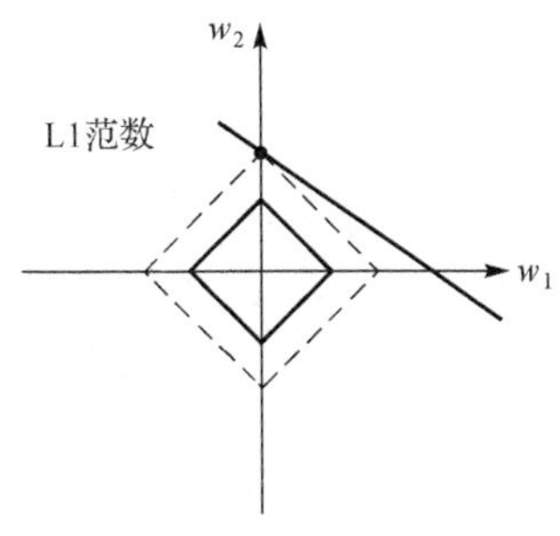

图 6.2　Lasso 回归示例

6.5　特 征 降 维

6.5.1　特征降维概述

在大数据分析与处理中，特征数据的维度对数据挖掘及机器学习算法有着直接的影响。当维度过高时，会产生维度灾难问题。文章 *The Curse of Dimensionality in Classification* 中指出，在构建分类器时，特征数据的维度过高，将会产生过拟合的现象。也就是说所构建的分类器对于训练样本而言分类精度很好，但对于新数据的分类表现并不好，缺乏泛化性。究其原因，可以发现当特征数据维度越高时，训练样本在特征空间中的分布就会越稀疏，从而可以得到能把训练样本精确划分的分类器，但这样的分类器融入了太多来自训练样本的个性特征，或者说受一些异常点的影响较大，对于训练集之外的新样本将很难进行区分。此外，对于高维度的特征数据而言，算法的计算量也会有所提升，这会大大降低算法的时间效率。

在对高维度特征数据进行数据挖掘或机器学习时，特征降维往往被视为特征工程中的一个重要手段或技巧。简单来说，特征降维就是将原始的 N 维特征空间映射到一个新的 M 维特征空间（$M << N$），一个 N 维特征数据点就对应一个 M 维特征数据点。特征降维的本质也可以理解为学习一个映射函数 $y = f(x)$，其中 x 是原始高维特征空间中的向量，y 是新的低维特征空间中的向量。

由于特征选择是在原始特征空间中找出更为有效的特征子空间，因此也会被视为特征降维的一种。但在笔者看来，特征选择与特征降维是并列的两个分支，虽然特征空间的维度都从高变低，但前者只是选择一个子空间，特征值并未发生变化。而后者是通过映射得到一个新的低维空间，特征值完全发生变化。因此书中提到的特征降维是指高维至低维的映射，并不包括特征选择在内。

当前特征降维算法可以分为线性映射和非线性映射两类。其中线性映射的代表方法有主成分分析(Principal Component Analysis，PCA)、线性判别分析(Linear Discriminant Analysis，LDA)。非线性映射方法包括基于核的非线性降维，如 KPCA(Kernel PCA)，以及流形学习方法，如等距映射(ISOMAP)、局部线性嵌入(LLE)。

6.5.2　特征降维方法

1. 主成分分析

主成分分析降维算法的基本思想是，把原先的 N 维特征用新的 M 维特征所取代，新特征一般是原先特征的线性组合，这些线性组合能保证样本方差的最大化，并且尽量使新的M维特征各维度间互不相关。

假设在原始的N维特征空间中有K个样本，若使用 PCA 算法进行降维处理，其基本流程一般被分为四个步骤。第一步，构建一个$K \times N$的矩阵A，矩阵中的每一行对应一个样本。对该矩阵进行零均值化，即将A的每一列上各个元素减去该列所有元素的均值，得到矩阵A^*。第二步，求协方差矩阵：$C = \frac{1}{K} A^{*\mathrm{T}} A^*$，$C$为$N \times N$的协方差矩阵。第三步，求协方差矩阵$C$的特征值与特征向量，得到$C = V\lambda V^{-1}$，其中$\lambda$为特征值落在主对角线上的对角矩阵。$V$为$N$个特征向量构成的矩阵。第四步，选取最大的$M$个特征值，这些特征值对应的特征向量构成一个$N \times M$的矩阵$P$，用矩阵$A$乘以矩阵$P$，便得到降维后的样本矩阵$B = A \times P$，也就是$B$是由$K$个$M$维样本构成的。

2. 线性判别分析

线性判别分析，有时也被称为 Fisher 线性判别(Fisher Linear Discriminant，FLD)。其基本思想是将高维的样本投影到最佳判别的空间，从而使抽取分类信息和压缩特征空间维数的效果更好。投影后保证样本在新的子空间有最大的类间距离和最小的类内距离，即样本在新空间中有最佳的可分离性。与 PCA 的区别在于，PCA 是从特征的协方差角度出发，寻找好的投影方式。LDA 则需要考虑标注，希望投影后不同类别之间样本点的距离能更大，同一类别的样本点更为紧凑。

3. 流形学习

流形并不是被看为一个形状，而是一个维度空间。例如，直线或者曲线对应一维流形、平面或者曲面对应二维流形等。最具代表性的流形学习算法主要有 ISOMAP 和 LLE。

ISOMAP 的核心在于构造点之间的距离，其基本流程分为三个步骤。第一步，通过 KNN(K Nearest Neighbor)算法找到给定点的k个最近邻，通过连接近邻可以构造一张图。第二步，计算图中各点之间的最短路径，得到距离矩阵D。第三步，将D传给经典的 MDS 算法，最终获得降维的结果。

LLE 算法是用局部的线性来反映全局的非线性，并能够使降维的数据保持原有数据的拓扑结构。LLE 算法认为每一个样本点都可以由其近邻点的线性加权组合进行构造而得。整个算法的主要步骤分为三步。第一步，寻找每个样本点的k个近邻点。第二步，由每个样本点的近邻点计算出该样本点的局部重建权值矩阵。第三步，由该样本点的局部重建权值矩阵和其近邻点计算出该样本点的输出值。

第 7 章　机 器 学 习

7.1　回 归 分 析

7.1.1　概念描述

1. 什么是回归分析

在统计建模中，回归分析是一类评估变量之间关系的方法的总称。回归分析旨在运用多种数学手段通过建模和分析，找出因变量(或目标)和一个或者多个自变量(或预测器)之间的关系。更进一步说，回归分析可以帮助找到当其他自变量固定的时候，任意一个自变量的变化如何影响因变量(或标准变量)典型值的变化规律。

通常，回归分析估计了给定自变量时因变量的条件期望值，即自变量固定时因变量的平均值。不常见的是分位数回归，它利用解释变量的多个分位数(例如，四分位、十分位、百分位等)来得到被解释变量的条件分布的相应的分位数方程。在回归分析中，用概率分布描述回归函数预测的因变量的变化是很有意义的。例如，在必要条件分析(NCA)方法中，这种方法对于一个给定值的自变量预测了因变量的最大值而非因变量的平均值。为了确定一个给定的因变量，知道自变量的值是一个必要非充分条件。

回归分析也用来了解哪些自变量与因变量有关，并且探索这些关系的具体形式。在条件受限制的情况下，回归分析可以用来推断自变量和因变量之间的因果关系。然而，这种方法会导致自变量与因变量之间的关系预测错误，这种情况下，回归分析应该谨慎使用。

目前，各式各样的回归分析技术被提出。例如，线性回归和最小二乘法都属于参数回归，能够通过训练数据得到有限并且未知的参数来确定回归函数。而非参数回归是指在一系列指定的函数中确定回归函数的一种技术，而这些函数可能是无限维度的。

回归算法在实际应用中的表现取决于数据的生成过程以及选择了什么回归方法。因为数据真正的生成过程我们是不知道的，所以回归分析在某种程度上往往依赖于对数据生成过程的假设。在数据量充足的情况下我们做出的假设可以被证实是可靠的。回归模型的预测通常是有用的，即使在一定程度上违背了假设，这种回归模型的预测也通常是有效的，虽然最终的效果可能不是最佳的。

从狭义上看，回归针对的对象可能是连续的变量，而与之相对的离散变量的预测通常被认为是分类问题。为了在相关问题中把回归区分出来，对于连续因变量的回归常被具体称为计量回归(Metric Regression)。

2. 为什么做回归分析

1) 理解现象

对某一现象建模，以更好地了解该现象并有可能基于对该现象的了解来影响政策的制定以及决定采取何种相应措施。基本目标是测量一个或多个变量的变化对另一变量变化的影响程度。示例：了解某些特定濒危鸟类的主要栖息地特征(例如，降水、食物源、植被、天敌)，以协助通过立法来保护该物种。

2) 建模预测

对某种现象建模以预测其他地点或其他时间的数值。基本目标是构建一个持续、准确的预测模型。示例：如果已知人口增长情况和典型的天气状况，那么明年的用电量将会是多少？

3) 探索检验假设

还可以使用回归分析来深入探索某些假设情况。假设正在对住宅区的犯罪活动进行建模，以更好地了解犯罪活动并希望实施可能阻止犯罪活动的策略。开始分析时，很可能有很多问题或想要检验的假设情况。

3. 回归分析应用举例

统计一个城市房屋的价格，可以收集房屋的房间数量、房价两项指标。通过回归分析，可以分析当房间数量增多的时候，房屋价格怎样变化，从而找到两者的关系，如图 7.1 所示。这样一旦有卖家需要出售自己的房屋，可以根据这个拟合曲线给定一个合理的价格指导。

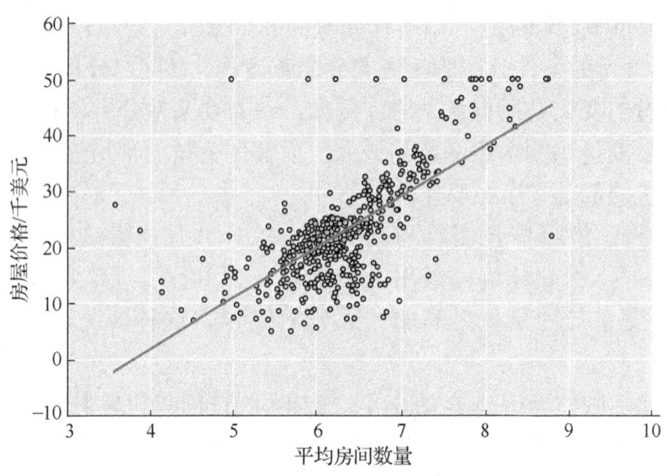

图 7.1　房屋的房间数量和房价关系示例

常用的回归分析技术主要有线性回归、逻辑回归、多项式回归、逐步回归、岭回归、套索回归和 ElasticNet 回归。

7.1.2　线性回归

线性回归使用线性模型对事物进行抽象，属于有监督学习，属于线性模型范畴，用于预测连续型数据，属于回归算法。线性回归是以线性方程为基础的回归分析，首先给出如下的线性方程：

$$y = a_1x_1 + a_2x_2 + \cdots + a_nx_n + b$$

使用线性代数的方法进行表示得到以下的公式：

$$y = \sum_{i=0}^{n}(A_i \cdot X_i^{\mathrm{T}})$$

其中，A 为$[b, a_1, a_2, \cdots, a_n]$；$X$ 为$[1, x_1, x_2, \cdots, x_n]$，可以看出线性方程表示为一些属性如 $x_1, \cdots, x_n$ 和 y 之间的关系，其中关系的大小分别用 $b,a_1,a_2,\cdots$，a_n 来衡量，当只有 x_1 时，称为一元线性方程，有多个自变量则称为多元线性方程。

线性回归是得到上面说到的线性方程，也就是要求导 A 即 $b,a_1,a_2,\cdots$ ，a_n。求导 $b,a_1,a_2,\cdots,a_n$ 最著名的是使用最小二乘法，其推导过程如下：对于超定方程(超定方程是指未知数小于方程个数)，即

$$\sum_{j=1}^{n}(a_j x_{ij}) = y_i, \quad i = 1,2,3,\cdots,m$$

其中，i 表示第 i 个数据；j 表示第 j 个属性。使用线性代数方法向量化之后得到

$$AX = y, \quad X^{\mathrm{T}} = \begin{bmatrix} x_{11} & x_{12} & \cdots & x_{1n} \\ x_{21} & x_{22} & \cdots & x_{2n} \\ \vdots & \vdots & & \vdots \\ x_{m1} & x_{m2} & \cdots & x_{mn} \end{bmatrix}, \quad A = \begin{bmatrix} a_1 \\ a_2 \\ \vdots \\ a_n \end{bmatrix}, \quad y = \begin{bmatrix} y_1 \\ y_2 \\ \vdots \\ y_n \end{bmatrix}$$

通过公式可知，想要得到一个 A 适用于每个等式不太可能，所以定义一个损失函数，使损失函数最小即可。定义的损失函数如下：

$$S(\alpha) = \|AX - y\|^2$$

求解 A 使上述损失函数值达到最小，得到如下方程：

$$\hat{\alpha} = \arg\min(S(\alpha))$$

通过微分方程能够得到

$$\hat{\alpha}XX^{\mathrm{T}} = yX^{\mathrm{T}}$$

$$\hat{\alpha} = yX^{\mathrm{T}}(XX^{\mathrm{T}})^{-1}$$

上述最小二乘法可以计算出准确值的方程，但是最小二乘法有很多问题，例如，当矩阵不为满秩时，也就是未知数大于方程数时，方程没有解，还有最小二乘法由于涉及的计算量比较大，如很多属性，建议当 n 大于 100000 时不要使用最小二乘法。除最小二乘法之外，还可以利用迭代法、梯度下降法及牛顿法等进行求解。

迭代法也称辗转法，是一种不断用变量的旧值递推新值的过程，与迭代法相对应的是直接法，即一次性解决问题。迭代法又分为精确迭代和近似迭代。二分法和牛顿迭代法属于近似迭代法。迭代算法是用计算机解决问题的一种基本方法。它利用计算机运算速度快、适合做重复性操作的特点，让计算机对一组指令(或一定步骤)进行重复执行，在每次执行这组指令(或这些步骤)时，都从变量的原值推出它的一个新值。

梯度下降法是一个最优化算法，通常也称为最速下降法。最速下降法是求解无约束优化

问题最简单和最古老的方法之一，许多有效算法都是以它为基础进行改进和修正而得到的。最速下降法是以负梯度方向为搜索方向的，最速下降法越接近目标值，步长越小，前进越慢。使用梯度下降法来寻找最优解，首先随机选取一个 α_0，然后求最终的 α。再回忆一下损失函数：

$$S(\alpha)=\|AX-y\|^2$$

对损失函数求偏导数就会得到斜率，选择斜率最大的下降方向进行梯度下降迭代，其中 β 为学习率步长：

$$\alpha_j=\alpha_{j-1}-\beta\frac{\partial}{\partial\alpha_{j-1}}S(\alpha)$$

梯度下降算法能够解决最小二乘法的问题，但是需要提前知道学习率。然而对于学习率，没有固定的经验或任何公式求出。并且，由于算法每步是求解局部最优的，因此梯度下降法找到的是局部最优解而非全局最优解，在下降到底部时容易产生振荡的现象。

牛顿法的产生就是要解决上面所说的问题，基本想法是不仅看一阶，也看二阶偏导，用二阶偏导来衡量要下降的方向，相比最速下降法，牛顿法带有一定对全局的预测性，收敛性质也更优良。牛顿法使用的是 Hesse 矩阵进行运算，由于 Hesse 矩阵有些时候不可逆或求逆太困难，需要拟牛顿法来近似求解。

在线性回归求解时，往往会产生过拟合现象。过拟合是由于数据量比较小，所以对于特定的数据训练出的模型正确率奇高，而对其他数据正确率又非常低。所以在寻找最优解就是使损失函数最小的过程中，在损失函数上增加一个惩罚系数防止过拟合，惩罚系数有两种，分别称为 L1 范数和 L2 范数，使用 L1 范数的回归又称为 Lasso 回归，使用 L2 范数的又称为 Ridge 回归。L1 范数倾向于使某个属性(特征)的影响降到最低，而 L2 范数倾向于保留所有属性(特征)的影响。

7.1.3 广义线性回归

在统计学中，广义线性模型(GLM)是一种普通线性回归的灵活推广，它允许具有非正态分布的误差分布模型的响应变量。GLM 通过连接函数来建立自变量的线性组合与因变量期望值之间的关系，并且通过允许每个测量方差的大小是其预测值的函数来推广线性回归。

广义线性模型允许具有任意分布的响应变量覆盖所有情况，并且响应变量的任意函数(连接函数)与预测值呈线性变化(而不是假设响应本身必须线性变化)。例如，想要预测海滩晚会的出席者数量，可以使用泊松分布和日志联结建模，而预测的海滩晚会的出现概率则可以用伯努利分布(或二项分布)和一个 log-odds(或者 logit)连接函数来解决。

广义线性模型包含以下主要部分：①来自指数族的分布函数 f；②线性预测子 $\eta=X\beta$；③联结函数 g 使得 $E(y)=\mu=g^{-1}(\eta)$。

1. 指数族

指数族分布是指具有参数 θ 与 τ 的概率密度函数，f 可表示为

$$f_Y(y;\theta;\tau)=\exp\left(\frac{a(y)b(\theta)+c(\theta)}{h(\tau)}\right)+d(y,\tau)$$

τ 称为变异参数，通常用以解释方差；函数 a、b、c、d 及 h 为已知。许多(不包含全部)形态的随机变量可归类为指数族。

θ 与该随机变量的期望值有关。若 a 为恒等函数，则称该分布属于正则形式。另外，若 b 为恒等而 τ 已知，则 θ 称为正则参数，其与期望值的关系可表示为

$$\mu=E(Y)=-c'(\theta)$$

一般情况下，该分布的方差可表示为

$$\mathrm{Var}(Y)=-c''(\theta)h(\tau)$$

2. 线性预测算子

线性预测算子是用于刻画将独立变量整合到模型中所产生的信息，一般通过连接函数(link function)来建立它与数据期望值的关系。线性预测算子一般可以用符号 η 来表示，它是未知参数集合 β 中元素的线性组合。假设线性组合的系数由独立变量矩阵 X 表示，η 则可表示为

$$\eta=X\beta$$

X 有时也被视为模型设计中可观测的数据，称之为观测矩阵。

3. 连接函数

连接函数解释了线性预测子与分布期望值的关系。连接函数的选择可视情形而定。通常只要满足连接函数的值域包含分布期望值的条件即可。

当使用具有正则参数 θ 的分布时，连接函数需满足 $X^{\mathrm{T}}Y$ 为 β 的充分统计量这一条件。这在 θ 与线性预测子的连接函数值相等时才成立。

在指数分布与伽马分布中，其正则连接函数的值域并不包含分布均值，另外其线性预测子也可能出现负值，这两种分布绝无均值为负的可能。当进行极大似然估计计算时需避免上述情形出现，这时便需要使用非正则连接函数。

7.2 聚类分析

7.2.1 概念描述

聚类分析往往是指将大量样本按照它们的自身特性进行合理划分，且划分是在没有先验知识的情况下进行的。聚类分析起源于分类学，在古老的分类学中，人们主要依靠经验和专业知识来实现分类，很少利用数学工具进行定量的分类。随着人类科学技术的发展，对分类的要求越来越高，以致有时仅凭经验和专业知识难以确切地进行分类，于是人们逐渐地把数学工具引用到分类学中，形成了数值分类学，之后又将多元分析的技术引入数值分类学形成了聚类分析。

聚类分析可以看成将数据分类到不同的类或者簇这样一个过程，所以同一个簇中的对象有很大的相似性，而不同簇间的对象有很大的相异性。聚类分析的目标就是在相似的基础上

收集数据来分类。聚类源于很多领域，包括数学、计算机科学、统计学、生物学和经济学。在不同的应用领域，很多聚类技术都得到了发展，这些技术方法被用来描述数据、衡量不同数据源间的相似性，以及把数据源分类到不同的簇中。

从机器学习的角度讲，簇相当于隐藏模式。聚类是搜索簇的无监督学习过程。与分类不同，无监督学习不依赖预先定义的类或带类标记的训练实例，需要由聚类学习算法自动确定标记，而分类学习的实例或数据对象有类别标记。聚类是观察式学习，而不是示例式的学习。

从实际应用的角度看，聚类分析是数据挖掘的主要任务之一。而且聚类能够作为一个独立的工具获得数据的分布状况，观察每一簇数据的特征，集中对特定的聚簇集合进行进一步分析。聚类分析还可以作为其他算法(如分类和定性归纳算法)的预处理步骤。

7.2.2 应用举例

这里通过一个示例来说明聚类分析到底能做什么，以及聚类分析的基本思路。假设我们通过统计获得众多用户的月收入及月开支数据。基于这两项数据建立直角坐标系，其中月收入值作为横轴，月开支值作为纵轴，每条用户数据则对应坐标系中的一个点，如图 7.2 所示。如果需要对用户群体特征进行刻画，可进行聚类分析，通过相应的聚类算法可将这些用户数据分为三类，在图 7.2 中由点的不同颜色进行区分。由此可见，通过聚类分析可以形成一个个不同的用户群体，由此可方便地刻画出不同用户群体的特征，以供后续分析与使用。

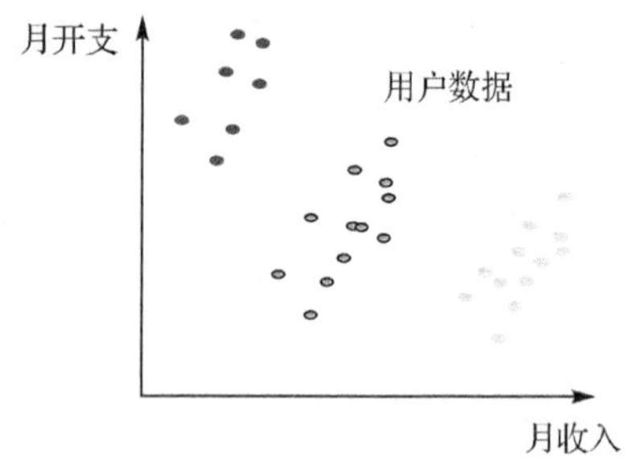

图 7.2 用户数据聚类示例

由上述例子也可以看出聚类分析的基本思想：给定 N 个训练样本 $x_1, x_2, \cdots, x_N$，目标是把比较“接近”的样本放到一个聚类里，总共得到 K 个聚类。没有给定标记，聚类唯一会使用到的信息是样本与样本之间的相似度，聚类就是根据样本相互之间的相似度“抱团”的。聚类的好坏也是用相似度评定的，尽量希望“高类内相似度，低类间相似度”。

7.2.3 聚类算法分类

当前聚类算法一般包括五种：基于层次的聚类、基于划分的聚类、基于密度的聚类、基于网格的聚类和基于模型的聚类。

1. 基于层次的聚类

基于层次的聚类是聚类算法的一种，通过计算不同类别数据点间的相似度来创建一棵有层次的嵌套聚类树。在聚类树中，不同类别的原始数据点是树的最底层，树的顶层是一个聚类的根节点。创建聚类树有自下而上合并和自上而下分裂两种方法。

自下而上合并的聚类过程是把每个样本归为一类，计算每两个类之间的距离，也就是样本与样本之间的相似度。之后寻找各个类之间最近的两个类，把它们归为一类。再重新计算新生成的这个类与各个旧类之间的相似度，直到所有样本点都归为一类。

自上而下分裂的过程恰好是相反的，一开始把所有的样本都归为一类，然后逐步将它们划分为更小的单元，直到最后每个样本都成为一类。在这个迭代的过程中定义一个松散度，当松散度最小的那个类的结果都小于阈值时，可以终止分裂。

2. 基于划分的聚类

基于划分的聚类的原理简单来说就是，如果要对一堆散点进行聚类，希望得到的效果是“类内的点都足够近，类间的点都足够远”。首先确定聚类数目，然后挑选初始中心点，再依据预先定好的启发式算法对数据点进行迭代重置，直到最后达到“类内的点都足够近，类间的点都足够远”的目标效果。

简单而言，针对样本集合，首先创建 k 个划分，k 为聚类个数。然后利用一个循环定位技术通过将对象从一个划分移到另一个划分来帮助改善聚类质量。

3. 基于密度的聚类

基于密度的聚类通过不断扩大高密度区域来进行聚类，它能从含有噪声的空间数据库中发现任意形状的聚类。它也可以看成根据样本对象周围的密度不断增长来进行聚类。

在密度聚类过程中，对于空间中的一个样本，如果在给定半径 r 的邻域中包含的其他样本个数大于密度阈值 δ，则该样本称为核心对象，否则称为边界对象。如果样本 P 是一个核心对象，样本 Q 在样本 P 的邻域内，那么称 P 直接密度可达 Q。密度聚类所期望得到的是由每个核心对象和其密度可达的所有对象构成的一个个类簇。

4. 基于网格的聚类

基于网格的聚类一般是采用不同的网格划分方法，将数据空间划分为有限个单元网格结构，在此基础上进行进一步处理。一般核心步骤是：首先采用一定的方式进行网格划分；其次统计网格内的数据信息，根据统计信息判断高密度网格；最后合并相连的高密度网格单元形成聚类簇。简而言之，是将样本空间划分为有限个单元以构成网格结构，然后利用网格结构完成聚类过程。

基于网格的聚类算法主要包括 STING、CLIQUE、WaveCluster 等。这些算法中都存在两个关键参数：网格划分参数 k 和密度阈值 δ。k 表示样本空间的每一维被划分的段数。δ 用于判断一个网格单元是否是高密度网格单元。由于这类算法一般都是在网格单元上进行操作的，因此算法处理时间与数据点数目一般无关，而与网格单元个数相关，具有较好的可伸缩性，能处理大规模数据集。但输入参数对聚类结果往往影响较大，很难给出较为合理有效的参数设置。

5. 基于模型的聚类

基于模型的聚类算法主要是采用概率模型或神经网络模型来实现聚类。聚类过程中每个簇对应一个模型，需要找出样本数据对给定模型的最佳拟合，可以通过构建样本空间分布密度函数来实现。算法中可以基于统计来确定聚类数目，从而增加算法的健壮性。

由于基于模型的聚类希望优化样本数据和给定概率模型之间的适应性。因此算法中常常假设样本数据是根据某种潜在的概率分布生成的。假定样本数据空间属于某种概率分布，可以使用相应的概率密度函数进行表示。样本空间中隐藏的类别可称为概率簇。假设通过聚类分析找出 k 个概率簇 $C_1, C_2, \cdots, C_k$。对于包含 n 个对象的样本数据集 D，可以认为是由这 k 个概率簇产生的。基于概率模型的聚类分析就是推导出最可能产生数据集 D 的 k 个簇。这里需要针对 k 个簇的集合和由它们概率所产生的观测数据集合进行似然函数计算。最终目标是找出 k 个簇的参数集合来使似然函数值最大。

7.2.4 代表性聚类算法

K-means 聚类也称为 K 均值聚类，是众多聚类算法中最为简单也最为常用的一种。从算法基本思想来看，它属于基于划分的聚类。K-means 聚类的核心思想是使同类别样本之间的距离尽可能小，同时保证不同类样本之间距离较大。假设样本集合为 $D=\{x^1, x^2, \cdots, x^n\}$，利用 K-means 聚类可以将集合中的样本聚类形成 k 个簇，具体算法描述如下：

K-means 聚类算法流程

输入：聚类样本集合 $D=\{x^1, x^2, \cdots, x^n\}$；分簇数目 k。

输出：k 个簇中心 $c^1, c^2, \cdots, c^k$。

步骤：

(1) 从集合 D 中随机选取 k 个点 $c_0^{\ 1}, c_0^{\ 2}, \cdots, c_0^{\ k}$，作为 k 个初始的簇中心，$c^1=c_0^{\ 1}, c^2=c_0^{\ 2}, \cdots, c^k=c_0^{\ k}$。

(2) 通过式(7.1)，计算 D 中每个样本到各个簇中心的距离，由此确定该样本所属的簇 j：

$$j := \operatorname{argmin}_j \| x^i - c^j \|^2 \tag{7.1}$$

(3) 确定所有样本所属的分簇之后，通过式(7.2)重新计算每个簇中心，记录 k 个新的簇中心：

$$c^j = \frac{\sum_{x^i \in j} x^i}{\sum_{x^i \in j} 1} \tag{7.2}$$

(4) 检查是否满足收敛条件，若满足，算法终止；若不满足，重复步骤(2)和(3)。

上述算法的收敛条件判断一般是指簇中心不再发生变化或者变化很小。有时也通过设置迭代次数来控制算法的收敛。

虽然 K-means 聚类算法简单且运行速度快，但还存在两个缺点。首先，初始中心的选择对算法的影响较大，直接影响了最终的聚类结果。其次，簇的数目 k 要作为输入参数给出，而在很多情况下，我们一般不知道样本聚成多少个类别较好。k 值较大可能将本身属于同类的样本分裂开来，而 k 值较小可能会将不同类样本归为同一类别。

7.3 分类分析

7.3.1 概念描述

从名词解释来看，分类一般是指按照种类、等级或性质分别归类。也可以理解为按照特点及性质来划分事物，建立一个分类体系，从而对事物的认知有规律可循。在计算机领域，分类往往被视为机器学习、数据挖掘的重要分支。计算机对事物的认知也可通过建立分类体系来实现。这种分类也常常被称为模式分类。

在机器学习或数据挖掘领域，模式分类一般用于判断所给定的未知样本属于哪个已知的目标类别。实现模式分类的基本思路是在给定的训练样本集合基础上进行学习与训练，从而得到一个分类器，再利用分类器对未知样本进行分类。例如，在图像识别应用中，我们希望计算机能准确识别出一幅给定图像中的物体。首先需要收集大量图像并对图像中的物体进行人工标注。这些带有标注的图像则作为训练样本集合，基于这些图像的特征与标签可以训练出合理的分类器。之后，将未知图像的特征作为该分类器的输入，分类器可将该图像归为某个已知类别，从而达到物体识别的目的。

随着大数据时代的到来，分类分析也逐渐成为重要的大数据分析策略。从现实应用来看，除了模式分类任务之外，还可以通过数据分类来实现预测任务，用于提取隐藏在数据背后的重要信息。例如，在商品推荐的应用中，是否将商品 A 推荐给用户甲？这个问题可以看成二值分类问题。解决该问题时，可以针对用户甲构建一个分类器，也可称为预测模型。该分类器以商品的特征数据作为输入，以 0 和 1 作为输出值，分别代表不推荐或推荐。由此可见，构建合理高效的分类器是解决分类问题的关键所在。

分类器的构造一般从统计学角度或机器学习角度出发，由此诞生众多经典的分类算法，例如，朴素贝叶斯、决策树、随机森林、支持向量机(Support Vector Machine，SVM)、K 近邻、神经网络等。这些算法各有优缺点，适用范围各有不同。共同点在于都可看成一种有监督的学习方式，也就是通过在带有标签的训练数据上进行学习，由此建立分类器，用于对未知数据进行分类。本章后续将对当前常用分类算法进行详细介绍。

7.3.2 常用分类算法

1. 贝叶斯

贝叶斯分类算法来源于统计学，其基本思想是利用概率统计的知识来实现分类，即利用贝叶斯公式根据先验概率计算出对象所属类别的后验概率从而实现分类，属于较为经典且常用的分类算法。

朴素贝叶斯分类器是最简单的贝叶斯分类模型，它假定数据样本的各个属性值是相对独立的，其具体流程可简单划分为训练和分类两个阶段。在训练阶段，需要基于训练样本集合计算所需的先验概率及条件概率(似然概率)值。在分类阶段，针对给定的未知样本，基于先验概率及条件概率值分别计算出该样本所属于每个类别的后验概率，由此推断该样本所属类别。

例如，待分类的未知样本 x 是一个包含 d 个属性特征的向量，即 $x=(a_1,a_2,\cdots,a_d)$。已知类别集合 $C=\{c_1,c_2,\cdots,c_m\}$，可分别计算出概率：$P(c_1|x),\cdots,P(c_m|x)$，若 $P(c_k|x)=\max\{P(c_1|x),\cdots,P(c_m|x)\}$，则该未知样本属于 c_k 类别。这里 $P(c_i|x)(1\leqslant i\leqslant m)$ 均为后验概率，假设各个属性特征是相对独立的，根据贝叶斯定理，后验概率计算过程如下：

$$P(c_i|x)=\frac{P(x|c_i)P(c_i)}{P(x)}=\frac{P(c_i)}{P(x)}\prod_{j=1}^{d}P(a_j|c_i)$$

其中，$P(c_i)$ 以及 $P(a_k|c_i)(1\leqslant k\leqslant d)$ 的值均可通过在训练样本集合上进行统计计算而获得。因此，朴素贝叶斯分类器可直接由以下表达式进行表示：

$$c_k=\underset{c_k\in C}{\arg\max}\,P(c_k)\prod_{j=1}^{d}P(a_j|c_k)$$

由于其简易性，朴素贝叶斯分类器的应用较为广泛。这里以简化型的基于词语识别的垃圾邮件分类应用为例来进一步说明朴素贝叶斯分类器的作用。在垃圾邮件识别中，每封电子邮件被视为由多个词语构建的一个文档。通过处理作为训练样本的大量电子邮件，可以获得一个称为词典的词语集合，即 $\text{Dictionary}=\{\text{word}_1,\text{word}_2,\cdots,\text{word}_n\}$ 。同时，所有作为训练样本的电子邮件已被分为两类，即正常邮件(normal)和垃圾邮件(spam)。通过统计方法可以计算出如表 7.1 所示的条件概率表。

表 7.1　垃圾邮件分类应用中的先验概率表

	word_1	word_2	$\cdots$	word_n
normal	$P(\text{word}_1 \mid \text{normal})$	$P(\text{word}_2 \mid \text{normal})$	$\cdots$	$P(\text{word}_n \mid \text{normal})$
spam	$P(\text{word}_1 \mid \text{spam})$	$P(\text{word}_2 \mid \text{spam})$	$\cdots$	$P(\text{word}_n \mid \text{spam})$

假设需要进行分类的电子邮件 e 是由词汇表中的 $\text{word}_{i1},\cdots,\text{word}_{ik}$ 构成的，则可利用朴素贝叶斯分类器的下述表达式，来计算该邮件是正常邮件或垃圾邮件的后验概率：

$$P(\text{spam} \mid e)=\frac{P(\text{spam})}{P(e)}\prod_{j=1}^{k}P(\text{word}_{ij} \mid \text{spam})$$

$$P(\text{normal} \mid e)=\frac{P(\text{normal})}{P(e)}\prod_{j=1}^{k}P(\text{word}_{ij} \mid \text{normal})$$

表达式中的条件概率可通过查表获得。若最终属于垃圾邮件的概率较大，可判断该邮件是垃圾邮件。或者，若属于垃圾邮件的概率大于某一预设的阈值也可以断定该邮件为垃圾邮件。

通过上述介绍及举例可以看出，使用朴素贝叶斯分类器的一个前提是，需要假设样本的各个属性值是相对独立的。然而现实中这一假设条件往往很难成立。为此，需要对朴素贝叶斯分类器进行改进。

树增强朴素贝叶斯网络(Tree Augment Naive Bayes Network，TAN)分类模型是一种典型的改进模型。它保留了原始朴素贝叶斯分类器的结构特点，同时放松了独立性假设，使属性之间可以存在简单的依赖关系。其基本思想是用构造树来表示类别与属性值，以及属性值之间的关系。将类别节点作为树的根节点，所有属性为该根节点的孩子节点，由此构建一棵树。若属性之间有依赖关系，则在属性节点之间加入相应的边。但需要注意的是，每个属性最多与另外一个属性之间存在关联。因此可以看出，TAN 算法考虑了两两属性之间的关联性，从而在一定程度上降低了属性的独立性假设，但是仍没有考虑属性之间可能存在的更多关联性。除此之外，还有其他多种贝叶斯理论衍生的分类算法，例如，半朴素贝叶斯模型、贝叶斯信念网络分类模型等。

2. 决策树

在机器学习中，决策树一般被视为一个预测模型，代表了样本属性与样本类别之间的一种映射关系。决策树也是典型的分类方法之一，可称为分类决策树模型。该模型是由节点和边组成的树形结构，这里需要注意的是，决策树中的边均为有向边。决策树中的节点一般包括内部节点和叶节点两种类型，其中内部节点一般表示一个特征属性或一个特征属性集合，叶节点一般表示样本的类别。树中的边一般表示属性的取值。在使用决策树模型进行分类时，从根节点开始，对样本的某一个特征取值进行判断，根据判断结果遍历到其子节点。再依次向下遍历，直至达到最终的叶子节点，即得到该样本的类别。

基于决策树模型的分类可以看成一种归纳分类的过程，主要包含两个步骤。首先，在训练样本集合的基础上，挖掘出分类规则，从而可以对新样本的类别进行预测，这个过程为训练阶段，也称为决策树构建阶段。其次是分类阶段，针对给定的未知样本，从根开始，按照各层的属性及判断规则向下遍历，直到叶子节点为止，从而获得该样本对应的类别。

同样，以垃圾邮件分类应用为例来阐述分类决策树模型的工作原理。假设通过特征提取，每封邮件都可以由一个 n 维特征向量来表示，换言之，每封邮件都有 n 个属性特征值，表示为 $A_1, A_2, \cdots, A_n$。通过在训练样本集合上进行学习与挖掘，可构建如图 7.3 所示的一棵决策树。当对新邮件进行分类时，取新邮件的相应属性值，从决策树根节点起依次进行遍历与判断，直到某个叶子节点为止。从图 7.3 中可以看出，在对新电子邮件 e 进行分类时，依次比较了属性 A_{15}, A_2, A_{33}, A_1，最终判断出该邮件为垃圾邮件。

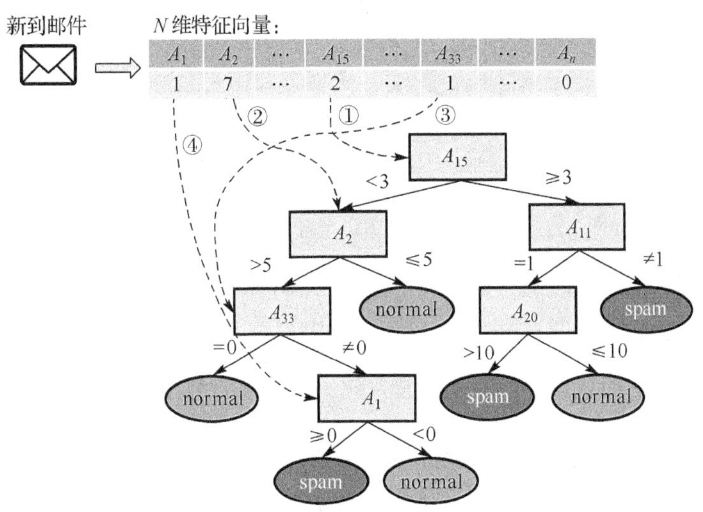

图 7.3　基于分类决策树模型的垃圾邮件分类应用示例

通过上述示例可以看出，决策树的构建属于分类决策树模型的核心。而且可以看出在决策树构建时，一般需要实现特征的选择，找出那些具有良好分类特性的特征。因此特征选择也是决策树构建算法的重要组成部分。当前最具代表性的决策树构建方法有 ID3 算法和 C4.5 算法两种，它们一般也被直接称为决策树算法。

ID3 算法是以信息论为基础的，该算法通过计算信息熵和信息增益作为选择特征的衡量标准，从而实现对训练样本集的归纳分类。在 ID3 算法中，每次选择信息增益最大的特征来对训练样本集进行划分，直至划分结束。这里需要解决的问题是如何判断划分的结束。一般可分为两种情况，第一种情况是划分出来的所有样本属于同一个类，第二种情况是当前已没有属性可供再分了。在这两种情况下，都可视为算法结束。

C4.5 算法的目标也是要找到从属性值到类别的映射关系，并且能用于对新样本进行分类。它是在 ID3 算法的基础上提出的，也是通过不断选择特征来构建决策树。C4.5 算法与 ID3 算法最显著的不同在于，二者选择特征的基准有差别。C4.5 算法用信息增益率来选择特征，而 ID3 算法用信息增益来选择特征，算法大体流程如图 7.4 所示。

图 7.4 C4.5 算法基本流程

3. 支持向量机

支持向量机一般被视为一种二类分类模型。该模型是在特征空间上找到一个能最大化不同类别样本间隔的线性分类器。如图 7.5 所示，灰色和黑色两类点分别代表两类样本，SVM 模型就是找到图中实线将两类样本区分开来，并且使它们之间的间隔最大。这条线也被称为超平面，得到最大间隔的那些虚线上的点可以看成支持向量，最终线性分类器是由这些支持向量来确定的。

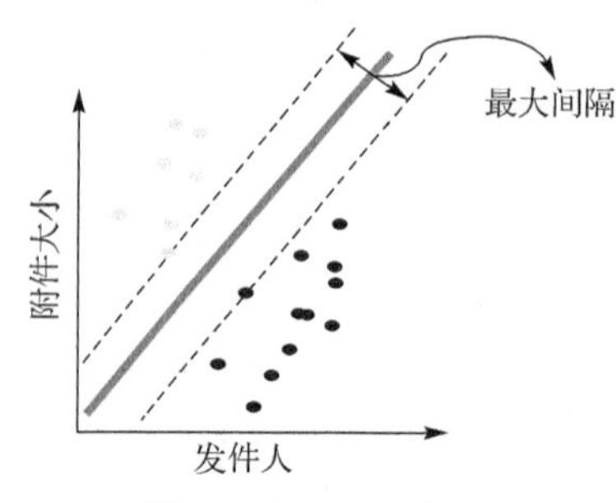

图 7.5 SVM 示意图

假设有 n 个训练样本点，x 表示样本点，y 表示样本类别，线性分类器的构造目标就是要在特征空间中找到一个超平面：$w^{\mathrm{T}}x+b=0$。各个样本点到超平面的距离，即几何间距，可表示为 $\frac{y(w^{\mathrm{T}}x+b)}{\|w\|_2}$。优化目标是使该距离最大化。通过转换与求解，可得到超平面对应参数 w 和 b，以及分类决策函数。最终分类决策函数可表示为 $f(x)=\mathrm{sign}(w^{\mathrm{T}}x+b)$。将未知样本对应的属性值代入该决策函数，通过判断结果的正负来实现未知样本的分类。

以上是简单的线性可分情形，若对于线性不可分的情形，需要引入核方法。核方法的基本思想是，将样本从原始特征空间映射到一个更高维度的特征空间，在这个空间内样本线性可分。由于这种映射很难被发现，因此常常使用核函数，映射后的高维特征空间内的向量点积值可以用原始特征空间内核函数的值来代替。

下面还是以垃圾邮件分类为例，来阐述 SVM 分类算法的基本流程。基于 SVM 的垃圾邮件分类分析的大体流程如图 7.6 所示。首先需要从邮件数据库中获得大量标注好的训练样本。每一条训练样本对应一封邮件，由该邮件所对应的特征向量和标识该邮件是否为垃圾邮件的标签来构成。特征向量一般通过对邮件文本进行分析与处理来获得，可参看特征提取相关章节内容。其次，在特征向量空间中，基于训练样本来构建分类器。在图 7.6 中，特征向量空间中的灰色点代表普通邮件，黑色点代表垃圾邮件。通过 SVM 算法可获得分隔两类的超平面(在图 7.6 中表示为一条粗线)，这里可以用分类函数 $f(x)=\omega^{\mathrm{T}}x+b$ 来表示该超平面，其中 x 为特征向量。该分类函数也称为分类器。最后，对于新收到的邮件可进行分类判断。利用同样的特征提取方法从新邮件内容中提取出相应的特征向量 x'，将该特征向量作为分类函数的输入。若 $f(x')\geqslant 0$，即该特征向量在超平面上方，则可判断该邮件为普通正常邮件。反之，若 $f(x')<0$，该特征向量在超平面下方，为垃圾邮件。

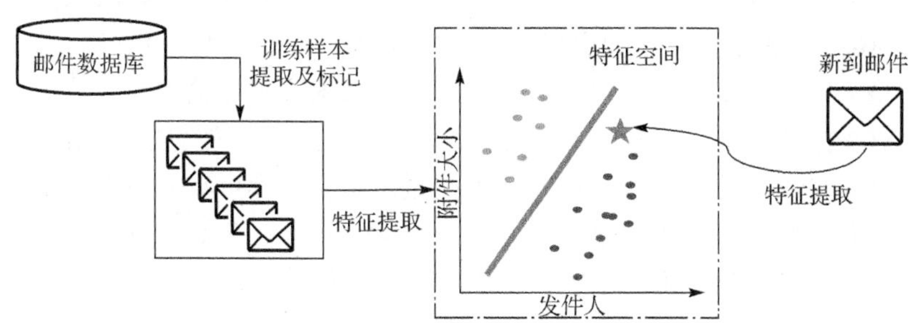

图 7.6　基于 SVM 的垃圾邮件分类分析基本流程

4. K 近邻

K 近邻也称为 K 最近邻(KNN)算法，是一种简单有效的分类算法。算法的基本思路是，对于给定的一个未知样本，在特征空间中找出与其最相似的 k 个已知样本(即 k 个最近邻)，统计这 k 个已知样本中，出现频度最高的那个类别，则该未知样本也属于这个类别。

可以看出，KNN 算法属于一种懒惰学习算法，算法中不需要对分类器进行训练，而是直接计算待分类样本与训练样本之间的距离，通过对距离值排序得到 k 个最近邻。之后，再采取一种投票(Vote)类的机制，统计出在 k 个最近邻中出现次数最多的那个类别，以此作为待分类样本的类别。

下面以垃圾邮件分类为例来阐述 KNN 分类算法的基本流程。如图 7.7 所示，每个训练样本对应特征空间中的一个向量点，其中灰色点为正常邮件，黑色点为垃圾邮件。对于新收到的邮件，同样对应到特征空间中的一个点，用五角星表示。在 KNN 分类中 k=3 时，可以看出五角星的 3 个最近邻中黑色点有 2 个，灰色点有 1 个，由此可以判断新收到的邮件为垃圾邮件。

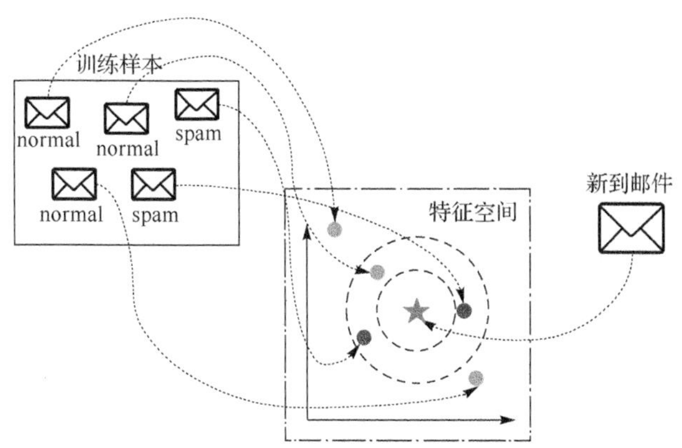

图 7.7　KNN 分类算法的基本流程

从上述例子可以看出，在整个 KNN 算法过程中存在三个关键环节。第一个环节是距离度量，特征空间中样本之间的距离可以看成点与点之间的距离，最为常用的是欧氏距离计算。若 x_i 和 x_j 分别为两个样本对应的 n 维特征向量，二者的欧氏距离为 $d(x_i,x_j)=\sqrt{\sum_{l=1}^{n}\left|x_i^l-x_j^l\right|^2}$ 。有时 L_1 范式距离(曼哈顿距离)也常被使用，即 $L_1(x_i,x_j)=\sum_{l=1}^{n}\left|x_i^l-x_j^l\right|$ 。除此之外，还有汉明距

离、夹角余弦距离等，需要针对不同应用情形来决定采用哪种距离度量方法。第二个环节是 k 的选择问题，当 k=1 时，KNN 变为 NN，直接用最近邻的类别标签作为所分类样本的标签。在一些场景下这种方法也是可行的。更多的时候，如何选择一个较好的 k 值对分类是有较大影响的。当 k 值较小时，近似误差会减小，产生过度拟合，噪声点或错误类别点对结果将产生影响，估计误差会变大。当 k 值较大时，估计误差会变小，但近似误差又会增大。因此 k 值的选择会对方法造成影响。第三个环节是用于分类决策的投票机制。投票机制是一种简单的多数规则，也就是在 k 个近邻中，哪个标签数目最多，就把未知样本归为哪一类。但这往往会存在一定误差，尤其是当 k 值选择不当时，误差可能更为明显。而且，如果没有找出数目最多的那个类，而是多个类标签数目相等，则较难给出合理判断。

第 8 章　数据可视化

8.1　数据可视化概述

数据可视化可以增强数据表现能力，方便用户以更直观的方式观察数据，在数据中查找隐含的信息。可视化具有广泛的应用领域，主要有网络数据可视化、交通数据可视化、文本数据可视化、数据挖掘可视化、生物医学数据可视化和社会数据可视化等。根据 Card 可视化模型，数据可视化过程分为数据预处理、渲染、显示和这些阶段的交互。根据 Shneiderman 分类，可视数据分为一维数据、二维数据、三维数据、高维数据、时态数据、层次数据和网络数据。其中高维数据、层次数据、网络数据是当前可视化的热点。

高维数据已经成为计算机领域的研究热门，高维数据意味着每个样本包含 $p(p\geqslant 4)$ 维空间特征。人们对数据的理解主要集中在低维空间表征上，难以从高维数据分析的抽象数据值中获取有用的信息。相对于高维数据模拟，低维空间可视化技术更简单、直观。而且，高维空间所包含的要素比低维空间复杂得多，容易造成分析混乱。高维数据信息经常被映射到二维或三维空间，以便于人类和高维数据进行交互，有助于对数据进行聚类和分类。高维数据的可视化研究主要包括数据变化、数据呈现两个方面。

层次数据具备分层特点，它的可视化方法主要包括节点链接图和树形图。树形图(Treemap)由一系列嵌套循环、块来显示数据的层次。为了显示更多的节点内容，开发了一些基于“聚焦+内容”技术的交互方法。包括“鱼眼”技术、几何变形、语义缩放、远离节点聚类技术等。

网络数据似乎是更自由和更复杂的关系网络，分析网络数据的核心是挖掘关系网络中的重要结构特征，如节点相似性、关系传递性和网络中心主义。网络数据可视化方法应该明确表达个体之间的关联和聚类关系，主要布局策略包括节点连接法和邻接矩阵法。

可视化是大数据分析不可或缺的手段和工具，是理解可视化本质的新方法，通过多种方式显示数据，关注大量数据的动态变化，过滤信息(包括动态查询过滤、图表显示、关闭耦合)等多种方式获取数据背后的隐藏价值。下面是基于不同的数据类型(海量数据、变化数据和动态数据)进行分析和分类的一些可视化方法。

(1)树模式：基于分层数据的空间过滤可视化。

(2)圆形填充：树形图直接替换。它使用一个圆形作为其原始形状，并引入更多高级层次结构的圆圈。

(3)旭日：基于树状图可视化转换到极坐标系统。从宽、高到半径和弧长的可变参数之一。

(4)平行坐标：通过视觉分析，将多元数据元素进行扩展。

(5)蒸汽方案：一种叠加的面积图，以流动和有机形式围绕中心轴线扩展。

(6)循环网络模式：数据排列在一个圆周上，并通过曲线按照自己的相关速率进行互连。数据对象的相关性通常用不同的线宽或颜色饱和度来衡量。

8.1.1 定义与概念

通俗地来说，可视化就是将数据图形化的过程。把数据，包括测量获得的数值、图像或计算中涉及、产生的数字信息变为直观的、以图形图像信息表示的、随时间和空间变化的物理现象或物理量呈现出来。它不仅仅是统计图表，而是任何能够借助于图形的方式展示事物原理、规律、逻辑的方法都称为数据可视化，数据可视化不仅是一门包含各种算法的技术，还是一个具有方法论的学科，一般性的流程包括以下内容。

(1) 可视化输入：包括可视化任务的描述，数据的来源与用途，数据的基本属性、概念模型等。

(2) 可视化处理：对输入的数据进行各种算法加工，包括数据清洗、筛选、降维、聚类等操作，并将数据与视觉编码进行映射。

(3) 可视化输出：基于视觉原理和任务特性，选择合理的生成工具和方法，生成可视化作品。

当数据量庞大且复杂的时候，单从数据本身观察，很难发现什么有价值的信息。但是将数据图形化之后，就可以实现让数据说话的效果，我们可以从视觉上看到数据变化的趋势和表达的含义，例如，我们会发现某天的新注册用户显著高于或低于其他天的数量，发现这个问题了，就需要去调查该问题出现的原因，然后解决它。又或者我们发现某两个指标具有很强的线性相关关系，那么就需要通过其他方面验证这个情况是真实存在的还只是偶然情况。

数据可视化是对数据进行可视化表示的科学技术、研究，是利用计算机图形和图像处理技术将数据转换成图形或图像显示到屏幕上，并与理论、方法和技术进行交互。通俗来说，可视化就是把数据，包括测量获得的数值、图像或计算中涉及、产生的数字信息变为直观的、以图形图像信息表示的、随时间和空间变化的物理现象或物理量呈现出来。它涉及计算机视觉、图像处理、计算机辅助设计、计算机图形学等许多领域，已经成为研究数据表示、数据处理和决策分析的综合技术。

8.1.2 数据可视化标准

为实现信息的有效传递，数据可视化应兼顾美观性和功能性，直观传达关键特征，便于挖掘隐藏在数据背后的价值。视觉技术应用标准应包括以下四个方面。

(1) 可视化：数据可视化，使数据直观形象地展示。

(2) 相关性：突出数据的相关性。

(3) 艺术性：使数据的表现更加艺术化，更符合美学规律。

(4) 交互性：用户和数据实现交互，方便用户进行数据控制。

8.1.3 可视化的挑战与发展趋势

可视化系统必须与非结构化数据形式(如图形、表格、文本、树形图和其他元数据)相抗衡，而大数据通常以非结构化形式出现。由于宽带限制和能源需求，可视化应该更接近数据并有效地提取有意义的信息。可视化软件应该本地运行，由于大数据容量问题，大规模并行化对可视化过程是一个挑战。并行可视化算法的难点在于如何将问题分解为多个可以同时运行的独立任务。可视化方法满足了四个“V”挑战，并将其转化为以下机会，如表 8.1 所示。

表 8.1　可视化四个“V”挑战

特点	要求
体量大	使用大量数据开发，从大数据中获得意义
品种多	在开发过程中需要许多数据来源
速度快	企业可以实时处理整个数据，而不是分批处理数据
价值高	不仅为用户创造有吸引力的信息图表和热点，还通过大数据创造商业洞察力

大数据可视化(结构化、半结构化和非结构化)的多样性和异构性是一个大问题。高速度是大数据分析的一个要素。在大数据中，设计新的可视化工具并具有高效的索引难度较大。云计算和高级图形用户界面更有利于大数据可扩展性的发展。高效的数据可视化是大数据时代的关键部分。大数据的复杂性和高维度已经催生了几种不同的降维方式。但是，它们可能并不总是适用的。高维可视化效率越高，识别潜在模式、相关性或异常值的概率就越高，大数据可视化还有以下问题，如表 8.2 所示。

表 8.2　大数据可视化存在的问题

问题	说明
视觉噪声	大多数数据对象在数据集中具有强相关性，用户不能将它们分离为独立的对象来显示
信息丢失	可以减少可视数据集，但这可能会导致信息丢失
大图像感知	数据可视化并不局限于设备的高宽比和分辨率，而且适用于现实世界
高速图像转换	用户可以观察数据，但不能响应数据强度的变化
高性能要求	由于较低的可视化速度和较低的性能要求，对静态可视化几乎没有这样的要求

对于大数据可视化来说，相互作用的感知可扩展性也是一个挑战，可视化每个数据点都可能导致透支，并降低用户通过采样或过滤数据识别异常值的能力，查询大型数据库的数据可能会导致高延迟并降低交互速度，大规模数据和高维数据也使数据可视化变得困难。随着科技的不断进步与新设备的不断涌现，数据可视化领域目前正处在飞速发展之中，趋势主要有以下几项。

(1)在未来三年，IBM 对数据科学家和数据工程师的需求上涨了 39%。同时各大公司也期待他们的组织内部能整体提高对数据的熟悉感和适应度，而不仅仅是公司内的数据科学家与数据工程师。由于这种趋势，我们可以期待未来将有持续增多的工具和资源让数据可视化及其红利能够对每个人敞开大门。

(2)人工智能和机器学习都是当下科技世界的热门话题，它们在数据科学以及可视化中被广泛应用。Salesforce 公司(一家提供按需定制客户关系管理服务的知名企业)已经高度肯定了人工智能的作用，该企业正不断宣传自己的 Einstein AI 产品，该产品将帮助用户发现其自身数据的内在规律。微软也宣布了对 Excel 的功能进行提升。其 Insights 更新包括在程序中新建的多种数据类型。例如，“公司名称”数据类型将使用其 Bing API 自动提取位置和人口数据等信息。微软同样引入了机器学习模型，这些模型将帮助数据处理。以上的新技术将用自动增强的数据集，让已经对数据可视化工具熟悉的 Excel 用户们的可视化能力变得更强大。

(3)随着地理信息数据的不断增长和普及，更多的数据可视化需要一个互动式的地图来全面讲述数据故事。

(4)未来的大数据可视化，通过专业的统计数据分析方法，理清海量数据指标与维度，按主题、成体系呈现复杂数据背后的联系；将多个视图整合，展示同一数据在不同维度下呈现的数据背后的规律，帮助用户从不同角度分析数据、缩小答案的范围、展示数据的不同影响。具备显示结果的形象化和使用过程的互动性，便于用户及时捕捉其关注的数据信息。

(5) 未来的大数据可视化，将数据图片转化为数据查询，支持每一项数据在不同维度指标下交互联动，展示数据在不同角度的走势、比例、关系，帮助使用者识别趋势，发现数据背后的知识与规律。除了原有的饼状图、柱形图、热图、地理信息图等数据展现方式，还可以通过图像的颜色、亮度、大小、形状、运动趋势等多种方式在一系列图形中对数据进行分析，帮助用户通过交互，挖掘数据之间的关联，并支持数据的上钻下探、多维并行分析，利用数据推动决策。

(6) 未来的大数据可视化，必须支持主从屏联动、多屏联动、自动翻屏等大屏展示功能，实现高达上万分辨率的超清输出，并且具备优异的显示加速性能，支持触控交互，满足用户的不同展示需求。

8.2 应用场景

统计图表是使用最早的可视化图形，在数百年的进化过程中，逐渐形成了基本“套路”，符合人类感知和认知，进而被广泛接受。常见于各种分析报告的有柱状图、折线图、饼图、散点图、气泡图、雷达图等。可视化图形的一般应用场景如表 8.3 所示。

表 8.3 可视化图形的一般应用场景

可视化图形	应用场景
柱状图	二维数据集(每个数据点包括两个值：x 和 y)，指定一个数据轴进行数据大小比较时使用，只需比较其中一维
折线图	使用场景：折线图适合二维的大数据集，尤其是那些趋势比单个数据点更重要的场合，按照时间序列分析数据的变化趋势时
饼图	指定一个数据轴进行所占比例的比较时使用，只适用于反映部分与整体的关系
散点图	显示若干数据系列中各数值之间的关系，类似 X、Y 轴，判断两变量之间是否存在某种关联。散点图适用于二维或三维数据集，但其中只有二维数据集有比较需求
气泡图	气泡图与散点图相似，不同之处在于，气泡图允许在图表中额外加入一个表示大小的变量。实际上，这就像以二维方式绘制包含三个变量的图表一样。气泡由大小不同的标记(指示相对重要程度)表示
雷达图	雷达图适用于多维数据(四维以上)，且每个维度必须可以排序。但是，它有一个局限，就是数据点最多 6 个，否则无法辨别，因此适用场合有限
矩形树图	在矩形树图中，各个小矩形的面积表示每个子节点的大小，矩形面积越大，表示子节点在父节点中的占比越大，整个矩形的面积之和表示整个父节点。通过钻取情况，可以清晰地知道数据的全局层级结构和每个层级的详情

8.3 开源工具

数据可视化产品层出不穷，基本上各种语言都有自己的可视化库，传统数据分析及商业智能(BI)软件也都扩展出一定的可视化功能，再加上专门的用于可视化的成品软件，可视化工具选择的范围非常广。数据可视化主要通过编程和非编程两类工具实现，主流编程工具包括以下三种类型：从艺术的角度创作的数据可视化，比较典型的工具是 Processing，它是为艺术家提供的编程语言；从统计和数据处理的角度，既可以做数据分析，又可以做图形处理，如 R、SAS；介于两者之间的工具，既要兼顾数据处理，又要兼顾展现效果，D3.js、ECharts 都是很不错的选择，这种基于 JavaScript 的数据可视化工具更适合在互联网上互动地展示数据。

Hadoop 平台也包含很多大数据处理与存储等相关的模块，常见的模块有 Hadoop Common、HDFS、Hadoop YARN 以及 Hadoop MapReduce，这些模块能够高效地分析大数据，但缺乏足够的可视化支撑，常常需要借助一些数据可视化软件(其中包含可交互功能)，常用的软件如表 8.4 所示。

表 8.4　可视化软件常用的软件示例

可视化软件	特点
Pentaho	支持 BI 功能的软件，如分析、仪表板、企业报告和数据挖掘
Flare	启用在 Adobe Video Player 中运行的数据的可视化
JasperReports	从大型数据库生成报告的新软件层
Dygraphs	快速而灵活地收集开源 Java 描述语言图表，用于发现和处理不透明的数据
Datameer 分析解决方案和 Cloudera	同时使用 Datameer 和 Cloudera 将使我们在 Hadoop 平台上更快、更轻松
Platfora	将 Hadoop 中的原始大数据转换为交互式数据处理引擎。Platfora 还具有模块化内存数据引擎的能力
ManyEyes	由 IBM 开发的一个可视化工具。这是一个公共网站，用户可以上传数据并以交互方式将其可视化
Cognos	商业智能软件，通过内置的内存数据引擎支持交互式和直观的数据分析，加速可视化。IBM 使用功能强大的 Cognos Business Intelligence 软件来帮助客户解决这些难题。Cognos BI 是一种用于预测、跟踪、分析和呈现与业务绩效相关的量化指标的工具，通过收集、管理、分析和转换数据来获取数据所需的洞察力和理解。更好地协助决策和指导帮助业务决策者在正确的时间和地点做出明智的决策

8.3.1　R 可视化相关工具

严格来说，R 是一种数据分析语言，与 MATLAB、GNU Octave 并列。R 提供了非常丰富的绘图功能，可以通过命令：demo(graphics)或者 demo(persp)来体验 R 绘图功能的强大。图形工具是 R 环境的一个重要组成部分。

1. 基本环境下的图形

下面是一些 R 基本环境中支持的图表类型及其对应的绘图函数，如表 8.5 所示。

表 8.5　R 基本环境中支持的图表类型及其对应的绘图函数

图表类型	绘图函数
plot(*x*,*y*)	*x*(在 *x*-轴上)与 *y*(在 *y*-轴上)的二元作图
pie(*x*)	饼图
boxplot(*x*)	箱线图
pairs(*x*)	如果 *x* 是矩阵或数据框，作 *x* 的各列之间的二元图
plot.ts(*x*)	如果 *x* 是类"ts"的对象，作 *x* 的时间序列曲线，*x* 可以是多元的，但是序列必须有相同的频率和时间
hist(*x*)	*x* 的频率直方图
barplot(*x*)	*x* 的值的条形图
qqplot(*x*,*y*)	*y* 对 *x* 的分位数-分位数图
Heatmap(*x*)	热度图

很多时候，我们可能需要调整图形的显示方式。R 的绘图参数几乎可以定制图形的任何显示(如标题、坐标轴、颜色、字体等)，它拥有一个数目很大的图形参数列表，该列表包括控制线条样式、颜色、图形排列和文字对齐等方面的参数，一个设置参数的例子，下面是一个设置参数的例子，代码如下，生成形如图 8.1 所示。

```
x<-rnorm(10)
y<-rnorm(10)
plot(x,y,type="b",main="maintitle",sub='subtitle',xlab="xaxis",ylab=
'yaxis',asp=0.2)
```

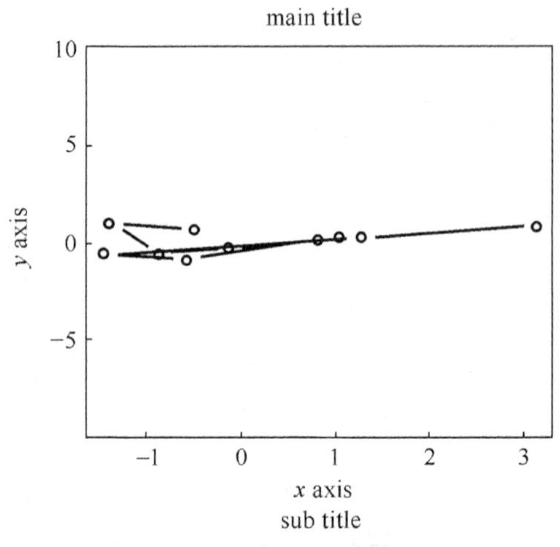

图 8.1　R 的绘图参数例子

2. ggplot2 包

ggplot2 是用于绘图的 R 语言扩展包，其理念根植于 *Grammar of Graphics* 一书。它将绘图视为一种映射，即从数学空间映射到图形元素空间。例如，将不同的数值映射到不同的色彩或透明度。该绘图包的特点在于并不定义具体的图形(如直方图、散点图)，而是定义各种底层组件(如线条、方块)来合成复杂的图形，这使它能以非常简洁的函数构建各类图形，而且默认条件下的绘图品质就能达到出版要求。

下面用 ggplot2 包内带的汽车测试数据(mpg)来举个例子，如图 8.2 所示。用到的三个变量分别是发动机容量(displ)、高速公路上的每加仑(1 加仑约等于 3.785 升)行驶里数(hwy)、汽缸数目(cyl)。首先加载 ggplot2 包，然后用 ggplot 定义第一层即数据来源。其中 aes 参数非常关键，它将 displ 映射到 x 轴，将 hwy 映射到 y 轴，将 cyl 变为分类数据后映射为不同的颜色。然后使用“+”号添加了两个新的图层，第二层是加上了散点，第三层是加上了 loess 平滑曲线。

```
library(ggplot2)
ggplot(data=mpg,aes(x=displ,y=hwy,colour=factor(cyl)))+geom_point()+
geom_smooth()
```

ggplot2 使用图层将各种图形元素逐步添加组合，从而形成最终结果。第一层必须是原始数据层，其中 data 参数控制数据来源，注意数据形式只能是数据框格式。aes 参数控制了对哪些变量进行图形映射以及映射方式，aes 是 aesthetic 的缩写。下面来绘制一个直方图作为示例，如图 8.3 所示。数据集仍采取 mpg，对 hwy 变量绘制直方图。首先加载了扩展包，然后用 ggplot 函数建立了第一层，hwy 数据映射到 x 轴上；使用“+”号增加了第二层，即直方图对象层。

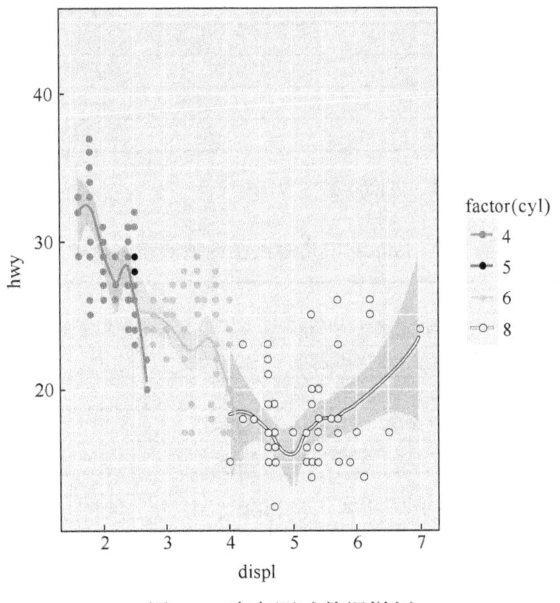

图 8.2 汽车测试数据样例

```
library(ggplot2)
ggplot(data=mpg,aes(x=hwy))+geom_histogram()
```

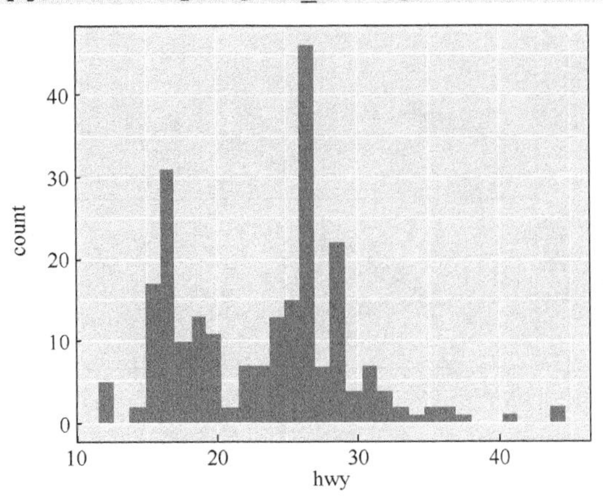

图 8.3 直方图样例

3. lattice 包

lattice 包提供了丰富的函数，可生成单变量图形(点图、核密度图、直方图、柱状图和箱线图)、双变量图形(散点图、带状图和平行箱线图)和多变量图形(三维图和散点图矩阵)。各种高级绘图函数都服从以下格式：graph_function(formula,data,options)，其中 graph_function 是列出的某个绘图函数，formula 指定要展示的变量和条件变量，data 指定一个数据框，options 是逗号分隔参数，用来修改图形的内容、摆放方式和标注。下面是它所包含的一些高级绘图函数，如表 8.6 所示。

表 8.6　lattice 包的高级绘图函数

绘图函数	单变量图形
histogram	直方图
densityplot	核密度图
qq	qq 图
stripplot	带形图
barchart	条形图
contourplot	表面等高线图

lattice 中高级绘图函数的常见选项如表 8.7 所示。

表 8.7　lattice 中高级绘图函数的常见选项

绘图函数	选项
col、pch、lty、lwd	分别设置图形中的颜色、符号、线条类型和宽度
main、sub	设定主标题和副标题
scales	添加坐标轴标注信息
xlab、ylab	字符向量，设定横轴和纵轴标签
Xlim、ylim	两个元素的数值向量，分别设置横轴和纵轴的最小值和最大值

下面是一个简单的绘制散点图的例子，如图 8.4 所示。该图表示的是在 cyl 各个水平下，cty 和 hwy 的关系图。

```
library(lattice)
xyplot(cty~hwy|cyl,mpg)
```

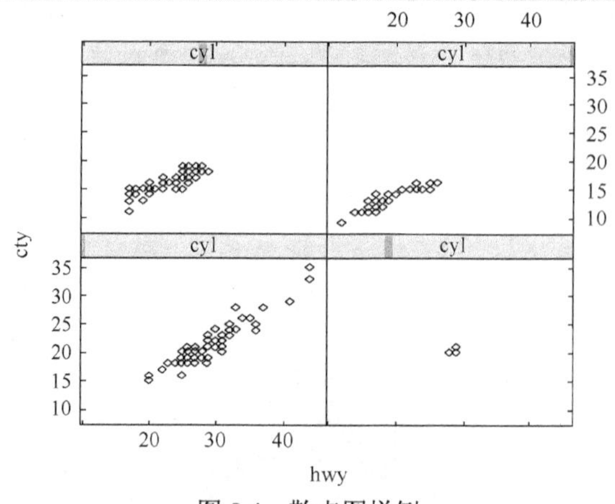

图 8.4　散点图样例

8.3.2　Python 可视化相关工具

1. Matplotlib

Matplotlib 是一个 Python 的 2D 绘图库，它以各种硬拷贝格式和跨平台的交互式环境生成出版质量级别的图形。通过 Matplotlib，开发者可以仅需要几行代码，便可以生成直方图、功率谱、条形图、错误图、散点图等。

Matplotlib 中的基本图表包括的元素为 x 轴和 y 轴、水平和垂直的轴线、x 轴和 y 轴刻度、刻度标示坐标轴的分隔，包括最小刻度和最大刻度、x 轴和 y 轴刻度标签、表示特定坐标轴的值、绘图区域、实际绘图的区域、hold 属性、网格线。其中，hold 属性默认为 True，允许在一幅图中绘制多条曲线；将 hold 属性修改为 False，每一个 plot 都会覆盖前面的 plot。但是目前不推荐去动 hold 这个属性(会有警告)。因此使用默认设置即可。网格线包括以下三个方法，如表 8.8 所示。

表 8.8　网格线的三种方法

方法	特点
grid 方法	使用 grid 方法为图添加网格线，设置 grid 参数(参数与 plot 函数相同)；.lw 代表 linewidth，线的粗细；.alpha 表示线的明暗程度
axis 方法	如果 axis 方法没有任何参数，则返回当前坐标轴的上下限
xlim 方法和 ylim 方法	除了 plt.axis 方法，还可以通过 xlim、ylim 方法设置坐标轴范围

Matplotlib 代码样例及运行结果，如图 8.5 所示。

```
import matplotlib.pyplot as plt
labels='frogs','hogs','dogs','logs'
sizes=15,20,45,10
colors='yellowgreen','gold','lightskyblue','lightcoral'
explode=0,0.1,0,0
plt.pie(sizes,explode=explode,labels=labels,colors=colors,autopct='%1.1f%%',
shadow=True,startangle=50)
plt.axis('equal')
plt.show()
```

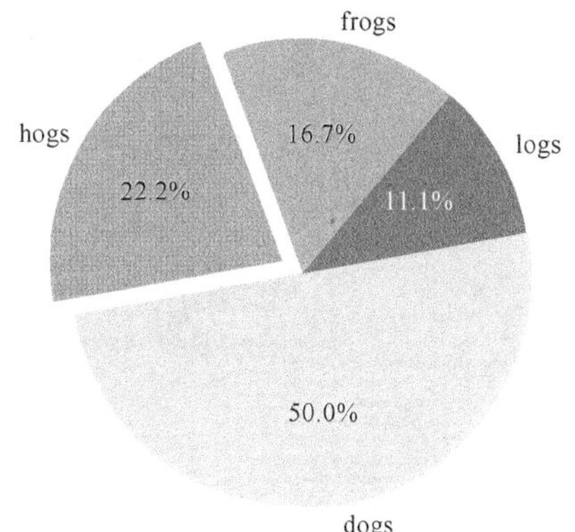

图 8.5　Matplotlib 代码样例

2. Pandas

Pandas 最初作为金融数据分析工具被开发出来，因此，Pandas 为时间序列分析提供了很好的支持。 Pandas 的名称来自于面板数据(Panel Data)和 Python 数据分析(Data Analysis)。Panel Data 是经济学中关于多维数据集的一个术语，在 Pandas 中也提供了 Panel 的数据类型。相关概念如下，如表 8.9 所示。

表 8.9　Panel 的数据类型相关概念

数据类型	特点
Series	一维数组，与 Numpy 中的一维 Array 类似。二者与 Python 基本的数据结构 List 也很相近，其区别是：List 中的元素可以是不同的数据类型，而 Array 和 Series 中则只允许存储相同的数据类型，这样可以更有效地使用内存，提高运算效率

续表

数据类型	特点
Time- Series	以时间为索引的 Series
DataFrame	二维的表格型数据结构。很多功能与 R 中的 data.frame 类似。可以将 DataFrame 理解为 Series 的容器，以下的内容主要以 DataFrame 为主
Panel	三维的数组，可以理解为 DataFrame 的容器
重要函数	在绘图之前先准备数据，必须是 np.array()形式的数组数据；利用 Pandas 绘图，可得到 Series 或 DataFrame 对象，并利用 series.plot()或 dataframe.plot()进行绘图

Pandas 代码样例如下，运行结果如图 8.6 所示。

```
import pandas as pd
import numpy as np
import matplotlib.pyplot as plt
fig, axes=plt.subplots(2, 1)
data=pd.Series(np.random.randn(16), index=list('abcdefghijklmnop'))
data.plot(kind='bar', ax=axes[0], color='k', alpha=0.7)
data.plot(kind='barh', ax=axes[1], color='k', alpha=0.7)
plt.show()
```

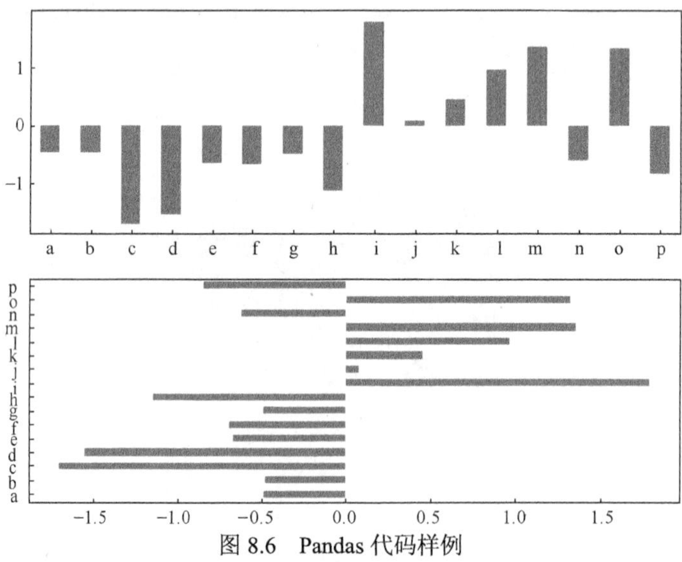

图 8.6　Pandas 代码样例

3. Seaborn

Seaborn 其实是在 Matplotlib 的基础上进行了更高级的 API 封装，从而使作图更加容易，在大多数情况下使用 Seaborn 就能作出很具有吸引力的图，默认情况下就能创建赏心悦目的图表。Seaborn 能创建具有统计意义的图，能理解 Pandas 的 DataFrame 类型，所以它们一起可以很好地工作。常用方法如表 8.10 所示。

表 8.10　Seaborn 常用方法

方法	特点
set_style()	是用来设置主题的，Seaborn 有五个预设好的主题：darkgrid、whitegrid、dark、white 和 ticks，默认为 darkgrid
set()	通过设置参数可以用来设置背景、调色板等，更加常用
distplot()	为 hist 加强版
kdeplot()	密度曲线图
boxplot()	箱型图

续表

方法	特点
jointplot( )	联合分布
heatmap( )	热点图

Seaborn 代码样例如下：

```
import numpy as np
import seaborn as sns
import matplotlib.pyplot as plt
sns.set(palette="muted", color_codes=True)
rs=np.random.RandomState(10)
d=rs.normal(size=100)
f, axes=plt.subplots(2, 2, figsize=(7, 7), sharex=True)
sns.distplot(d, kde=False, color="b", ax=axes[0, 0])
sns.distplot(d, hist=False, rug=True, color="r", ax=axes[0, 1])
sns.distplot(d, hist=False, color="g", kde_kws={"shade": True}, ax=axes[1, 0])
sns.distplot(d, color="m", ax=axes[1, 1])
plt.show()
```

运行结果如图 8.7 所示。

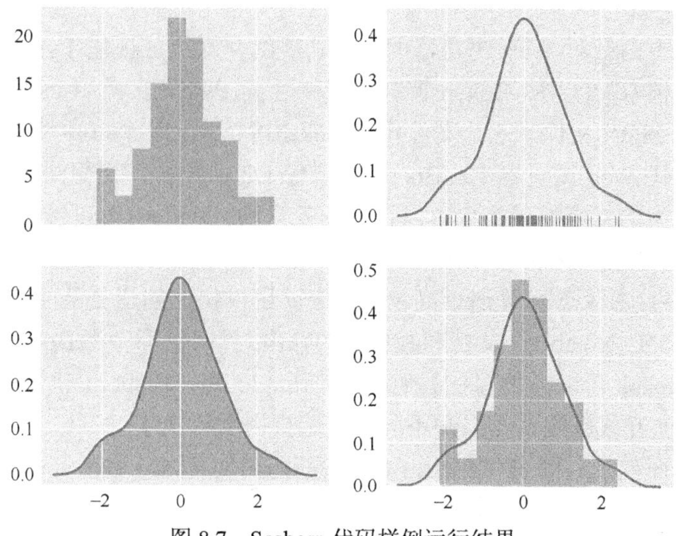

图 8.7 Seaborn 代码样例运行结果

4. ggplot

ggplot 是 R 语言中通用的画图工具库，其性能优良，现在 Python 库加入了 ggplot 函数包，对画图功能进行了补充和拓展。ggplot 函数定义了一个底层，可以基于这个底层往上面添加表的部件(如 x、y 轴，形状，颜色等)，以较少的工作来建造复杂图表。ggplot 函数有两个参数，画图所需要的数据为 DataFrame 形式，具体使用规则可以参照 R 语言相关介绍实现。

ggplot 代码样例如下：

```
# -*- coding:utf-8 -*-
import ggplot as gp
import pandas as pd
```

```
meat=gp.meat
p=gp.ggplot(gp.aes(x='date',y='beef'),data=meat)+gp.geom_point(color=
'red')+gp.ggtitle(u'散点图')
print p
```

运行结果如图 8.8 所示。

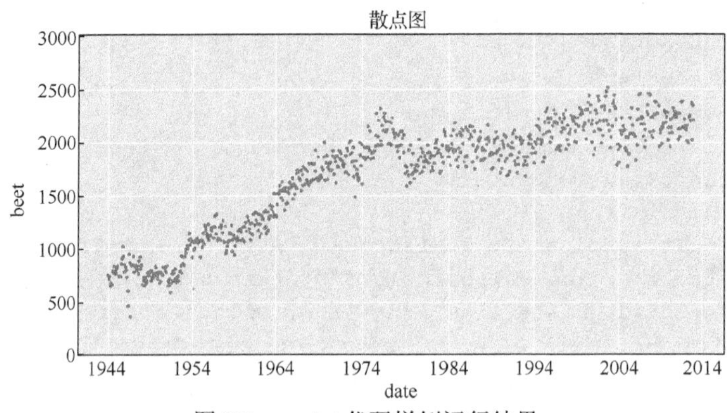

图 8.8 ggplot 代码样例运行结果

5. Bokeh

Bokeh 是一个专门针对 Web 浏览器的呈现功能的交互式可视化 Python 库。这是 Bokeh 与其他可视化库最核心的区别。Bokeh 捆绑了多种语言(Python、R、Lua 和 Julia)。这些捆绑的语言产生了一个 JSON 文件，这个文件作为 BokehJS(一个 JavaScript 库)的一个输入，之后会将数据展示到现代 Web 浏览器上。Bokeh 可以像 D3.js 那样创建简洁漂亮的交互式可视化效果，即使非常大型的或流数据集也可以进行高效互动。Bokeh 可以帮助所有人快速方便地创建互动式的图表、控制面板以及数据应用程序。

Bokeh 的优势为：Bokeh 允许通过简单的指令就可以快速创建复杂的统计图；Bokeh 提供到各种媒体，如 HTML、Notebook 文档和服务器的输出；我们也可以将 Bokeh 可视化嵌入 Flask 和 Django 程序；Bokeh 可以转换写在其他库(如 Matplotlib、Seaborn 和 ggplot)中的可视化；Bokeh 能灵活地将交互式应用、布局和不同样式选择用于可视化。

相关可视化界面如下，图表(Charts)：一个高级接口(High-Level Interface)，用以简单快速地建立复杂的统计图表。绘图(Plotting)：一个中级接口(Intermediate-Level Interface)，以构建各种视觉符号为核心。模块(Models)：一个低级接口(Low-Level Interface)，为应用程序开发人员提供最大的灵活性。

6. Pygal

Pygal 是一个 SVG 图表库。SVG 是一种矢量图格式，全称为 Scalable Vector Graphics(可缩放矢量图形)。用浏览器打开 SVG，可以方便地与之交互。SVG 是基于 XML(Extensible Markup Language)，由 World Wide Web Consortium(W3C)联盟进行开发的。用户可以直接用代码来描绘图像，可以用任何文字处理工具打开 SVG 图像，通过改变部分代码来使图像具有交互功能，并可以随时插入 HTML 中通过浏览器来观看。

7. Plotly

Plotly 是一个用于进行分析和可视化的在线平台(目前国内应用较少)；其功能强大到不仅

与多个主流绘图软件对接，而且可以像 Excel 那样实现交互式制图，且图表种类齐全，并可以实现在线分享以及开源，功能特点如下。

(1)基本图表 20 种；统计和海运方式图 12 种；科学图表 21 种；财务图表 2 种；地图 8 种；3D 图表 19 种；拟合工具 3 种；流动图表 4 种。

(2)从交互性上：可以与 R、Python、MATLAB 等软件对接，并且是开源免费的，对于 Python，Plotly 与 Python 中的 Matplotlib、Numpy、Pandas 等库可以无缝地集成，可以做出很多非常丰富、互动的图表，并且文档非常健全，创建图形相对简单，另外申请了 API 密钥后，可以在线一键将统计图形同步到云端。

(3)从制图的美观上：基于现代的配色组合、图表形式，比 Matpltloa、R 语言的图表更加现代、绚丽。

8.3.3 D3.js 插件

D3(Data-Driven Document)是一个开源的 JavaScript 的数据可视化函数库，作者是《纽约时报》的工程师，项目的代码托管于 GitHub。Document 即文档对象模型(DOM)。D3 允许用户绑定任意数据到 DOM，然后根据数据来操作文档，创建可交互式的图表。

主要优势有以下几点。

(1)数据能够与 DOM 绑定在一起。

(2)数据转化和绘制是对立的。

(3)代码简洁。

(4)大量布局。

(5)基于 SVG(矢量图形)，缩放不会损失精度。

D3.js 可视化效果如图 8.9 和图 8.10 所示。

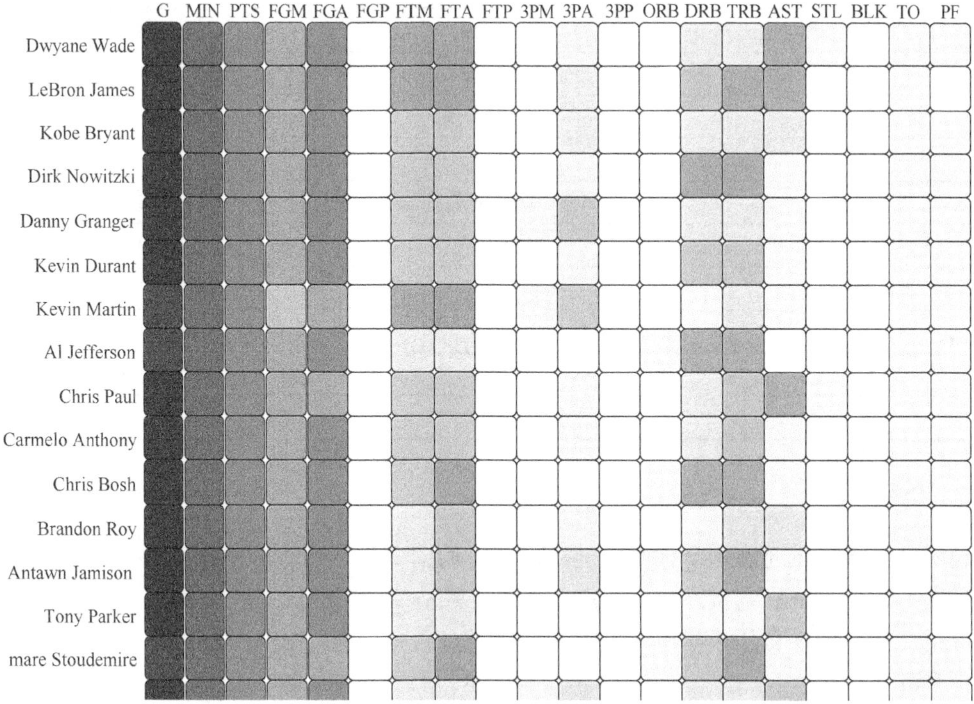

图 8.9　热力图

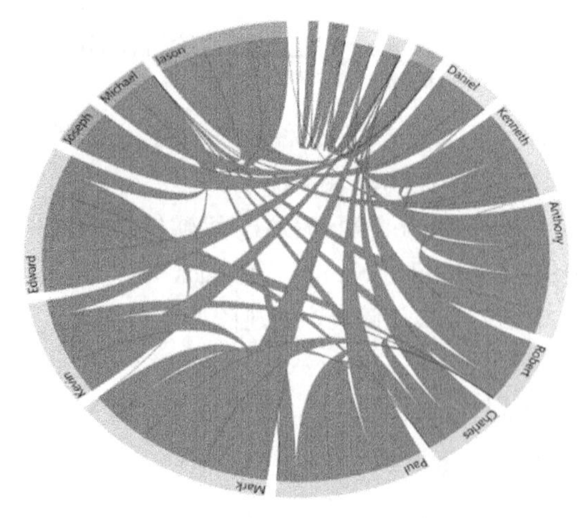

图 8.10　和弦图

8.4　RealRec 平台数据可视化介绍

SaCa RealRec 数据科学平台目前支持九种可视化图形展示。这九种可视化图形基本涵盖了数据科学中涉及的数据预处理、特征工程与建模预测评估所需要的一些可视化操作。数据可视化功能可以形象地展示出经过统计、关联分析、趋势分析等操作后数据的基本特征。本节将通过对鲍鱼数据的分析进一步介绍九种可视化图形的应用场景，数据字典如表 8.11 所示。

表 8.11　鲍鱼数据字典

可视化图形	类型	含义
Sex	string	性别
Length	float	长度
Diameter	float	直径
Height	float	高度
Whole weight	float	整体重量
Shucked weight	float	去壳重量
Viscera weight	float	脏器重量
Shell weight	float	壳的重量
Rings	int	生长纹

8.4.1　力导向图

说明：力导向图是在力导向算法的基础上作的图。力导向算法根据节点之间的力使全局节点通过力达到一个稳定状态。而节点之间的力就是节点之间的关联关系。

应用：力导向图可用于展示通过关联性分析、卡方分布等分析数据特征之间的关系，如图 8.11 所示。

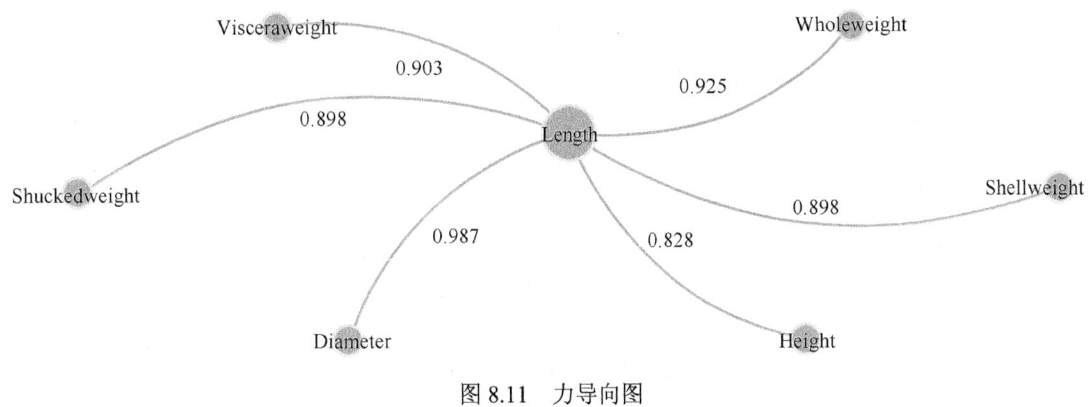

图 8.11　力导向图

8.4.2　雷达图

说明：又可称为戴布拉图、蜘蛛网图，是一种比较常见的用于公司分析财务报表的可视化方法。即以一个公司的各项财务分析所得的数字或比率(相当于最大值的百分比)，就其比较重要的项目集中画在一个圆形的图表上，来表现一个公司各项财务比率的情况，使用者能一目了然地了解公司各项财务指标的变动情形及其好坏趋向。

应用：在公司的财务分析场景中，雷达图主要应用于企业经营状况——收益性、生产性、流动性、安全性和成长性的评价。在数据分析的广泛应用场景中，雷达图可用于直观展示数据各个特征之间的整体概况，或者目标特征与其他特征关联性的强弱，如图 8.12 所示。

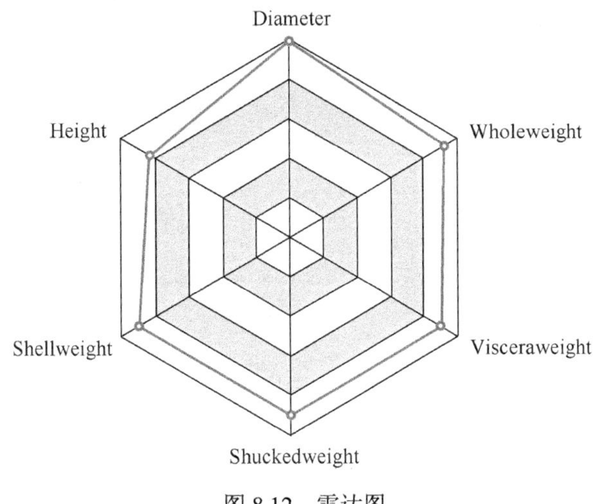

图 8.12　雷达图

8.4.3　和弦图

说明：用于表示数据间的关系和流量。外围各个分割的圆环表示数据节点，弧长表示数据量大小。内部不同颜色的连接带，表示数据关系流向、数量级和位置信息，连接带颜色还可以表示第三维度信息。首尾宽度一致的连接带表示单向流量(从与连接带颜色相同的外围圆环流出)，而首尾宽度不同的连接带表示双向流量。外层加入比例尺，还可以一目了然地发现数据流量所占比例。此外，和弦图的边数是受限制的，当数据维度大的时候，会显示关联性数值较大的边，而关联性数值较小的边会被忽略。

应用：主要用来展示数据特征之间的关系，如图 8.13 所示。

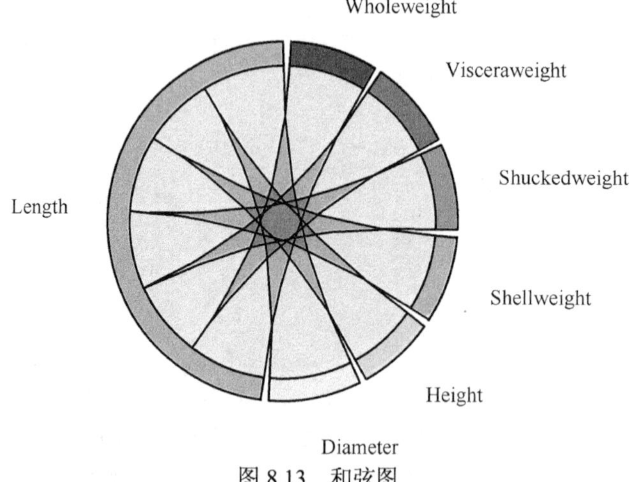

图 8.13　和弦图

8.4.4　趋势分析图

说明：趋势分析图可以用来观察实际度量和拟合度量的关系。

应用：在建模中，主要可以用来直观地展示通过线性回归模型计算得到的数值与实际值的拟合情况和线性变化趋势。在数据的趋势分析中，可以展示数据的某两个特征的拟合趋势，如图 8.14 展示了 Length 和 Whole weight 之间的趋势关系。

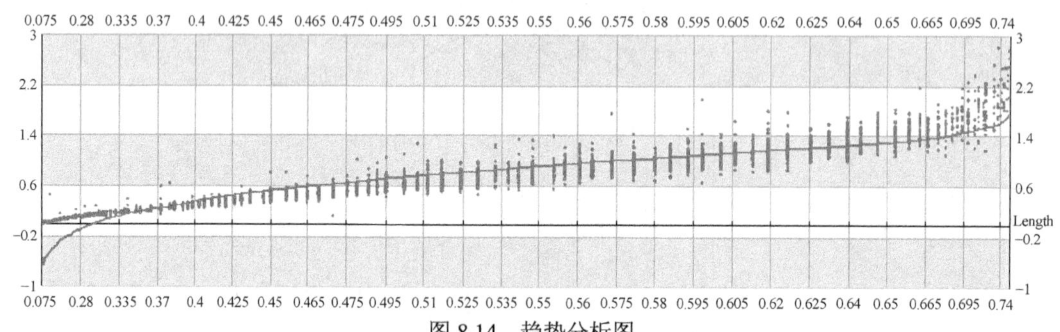

图 8.14　趋势分析图

8.4.5　箱线图

说明：箱线图又称为盒图，是一种显示一组数据分散情况的统计图。因形状如箱子而得名，于 1977 年由美国著名统计学家约翰·图基发明。它可以直观地显示出一组数据的最大值、最小值、中位数及上下四分位数。箱线图最大的优点就是不受异常值的影响，可以以一种相对稳定的方式描述数据的离散分布情况。

应用：箱线图的应用也比较单一，通过对数据进行统计量分析之后会得到数据某特征的最大、最小值，上下四分位数和中位数。然后直接作图即可，可以观察到这五个数值在数据中的分布情况，如图 8.15 所示。

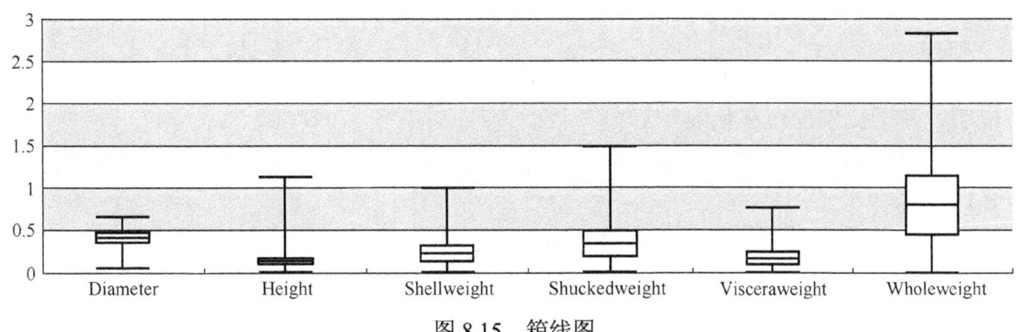

图 8.15　箱线图

8.4.6　散点图

说明：散点图可以最直观地展示数据的两个数值特征之间是否存在联系、模式或者趋势。散点图在二维空间中，一个数值特征代表 *X* 轴，另一个数值特征代表 *Y* 轴。二维空间中的一个点即存在的数据，坐标为两个数值特征的值。散点图就是直观展示数据在两个目标变量上的数据分布情况。

应用：通过散点图可以直接观察到两个数据变量是否存在相关性，以及以这两个变量为基础，数据是否存在离群点或异常点，如图 8.16 所示。

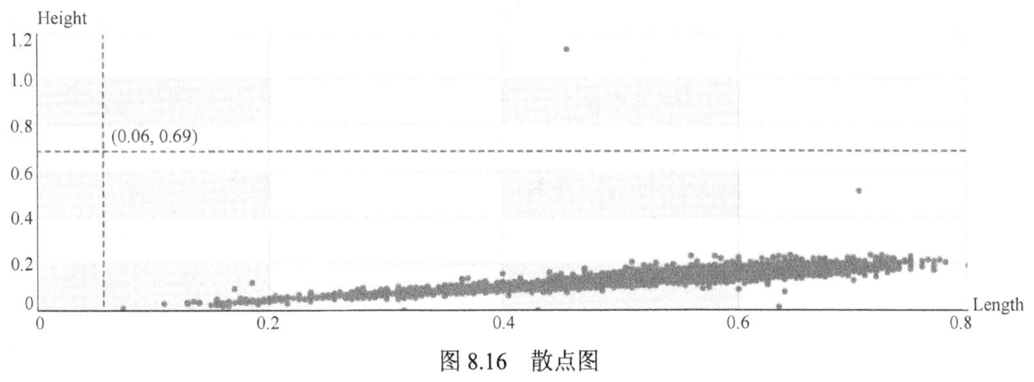

图 8.16　散点图

8.4.7　折线图

说明：以折线的上升或下降来表示统计数量的增减变化的统计图，称为折线统计图。折线统计图用折线的起伏表示数据的增减变化情况。不仅可以表示数量的多少，而且可以反映数据的增减变化情况。

应用：一般可以用于展示数据变量随时间的变化而变化的幅度与范围，如图 8.17 所示。

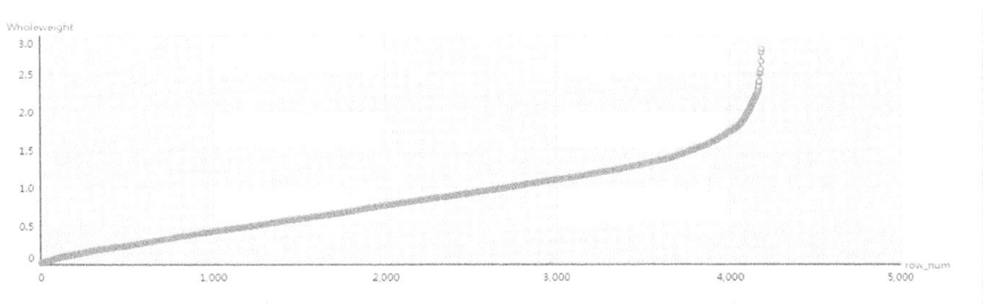

图 8.17　折线图

8.4.8 饼图

说明：基于比例的可视化展示。

应用：饼图多用于直观显示数据的某一个变量中各个值或者各个区间的值出现的概率，如图 8.18 所示。

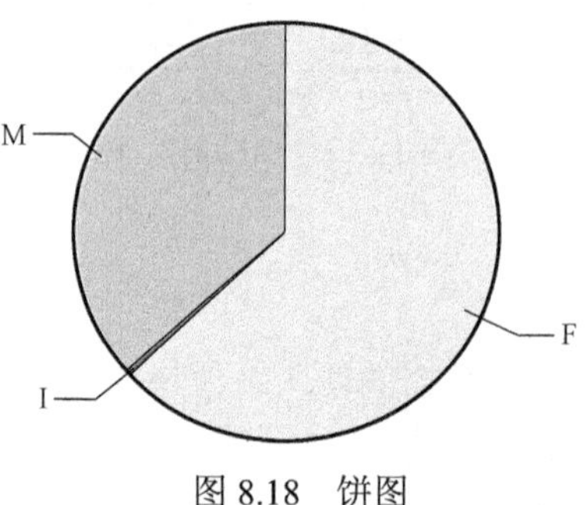

图 8.18 饼图

8.4.9 柱状图

说明：柱状图又称为直方图、质量分布图，是一种统计报告图，由一系列高度不等的纵向条纹或线段表示数据分布的情况。一般用横轴表示数据类型，纵轴表示分布情况。柱状图是数值数据分布的精确图形表示。这是一个连续变量(定量变量)的概率分布的估计，并且被卡尔·皮尔逊首先引入。它是一种条形图，为了构建直方图，第一步是将值的范围分段，即将整个值的范围分成一系列间隔，然后计算每个间隔中有多少值。这些值通常被指定为连续的、不重叠的变量间隔。间隔必须相邻，并且通常是(但不是必须)相等的大小。

应用：在数据分析中，柱状图多用于对数据特征变量的统计以及概率分布分析的结果展示，如图 8.19 所示。

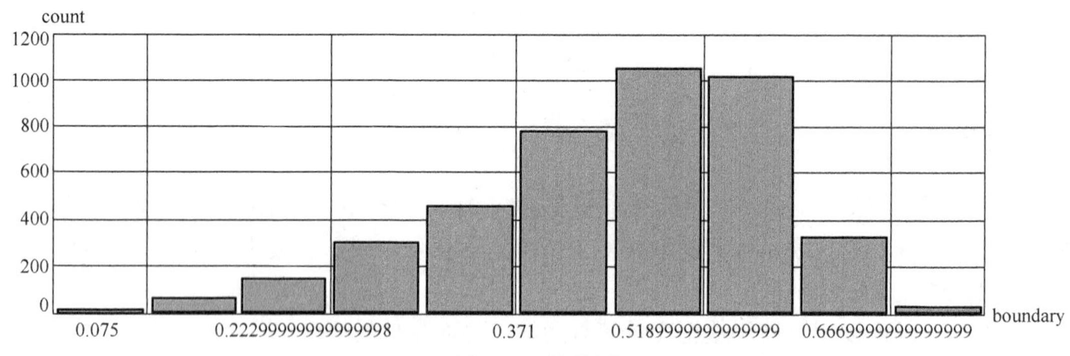

图 8.19 柱状图

第三篇　大数据实践

第 9 章　SDK 与应用

1. 实验简介

本实验旨在帮助用户根据自己的需求编写自己的算法，打包并上传 JAR 包至数据科学平台 SaCa RealRec，使平台加载该算法。用户可以通过数据验证自己编写的算法的性能。该功能的意义是使用户增加学习的乐趣，并且丰富 SaCa RealRec 数据科学平台的功能。

2. 实验目的

(1) 帮助学生了解 Spark 机器学习相关算法，学习算法开发的流程。
(2) 使学生熟悉算法的参数配置，感受开发过程。
(3) 帮助学生提高动手编程能力。

3. 实验条件与环境

RealRec 单机版，其他软件与环境要求如下：
JDK：版本 1.8。
Eclipse：版本低于或等于 Luna 的 Eclipse 不推荐使用，所以请使用高于 Luna 的 Eclipse 版本。
相关开发 JAR 包：相关开发 JAR 包被放到提供的 dependency 目录中。
具体内容会在 9.5 节开发指南部分的示例中进行具体讲解。

9.1　Spark ML 介绍

本实验中用到的 SDK 算法开发包是基于 Spark 生态圈中的机器学习组件 ML 实现的。在 Spark 相关生态圈中，如图 9.1 所示，存在两种机器学习组件，分别是 Spark MLlib 和 Spark ML。目前主流的为 Spark ML。Spark MLlib 面向的数据集为 RDD，提供的机器学习算法比较烦琐复杂。目前 Spark MLlib 在 Spark 2.0 中已经只维护不再更新，且有可能在未来的 Spark 3.0 系列中退出历史舞台。

与 Spark MLlib 不同，Spark ML 处理的数据集为 DataSet，它是对 RDD 更深一步的优化，特别是在编程过程中，Spark ML 对不同的机器学习算法采取统一的编程思想，即 Pipeline 思想，它把数据想成水，水从管道的一端流入，从另一端流出，如图 9.2 所示。

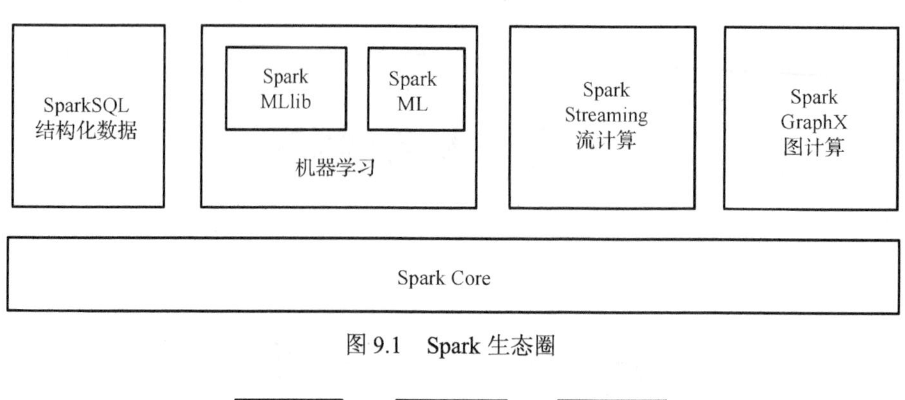

图 9.1　Spark 生态圈

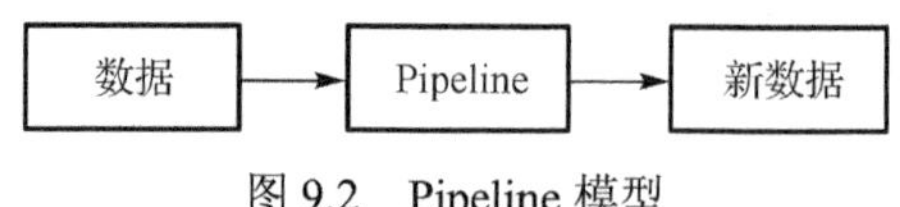

图 9.2　Pipeline 模型

在 Pipeline 中，存在着若干 Transformer 和 Estimator，这两个是 Spark ML 的核心内容。

其中，Transformer 是转换器，它将一个数据集转换为另一个数据集，如图 9.3 所示。在对数据进行预处理、特征分析时会用到 Transformer。Estimator 为适配器，输入为一个数据集，输出为一个 Transformer，如图 9.4 所示。在训练数据、建立模型时会用到 Estimator。

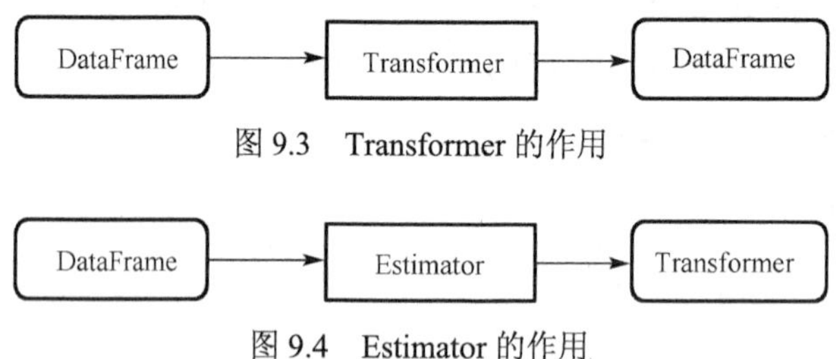

图 9.3　Transformer 的作用

图 9.4　Estimator 的作用

在机器学习过程中，一般将数据集分割为训练集和测试集。通过训练集和参数设置建立并训练模型，如图 9.5 所示。模型训练完毕后，在测试集对其进行预测评估，如图 9.6 所示。

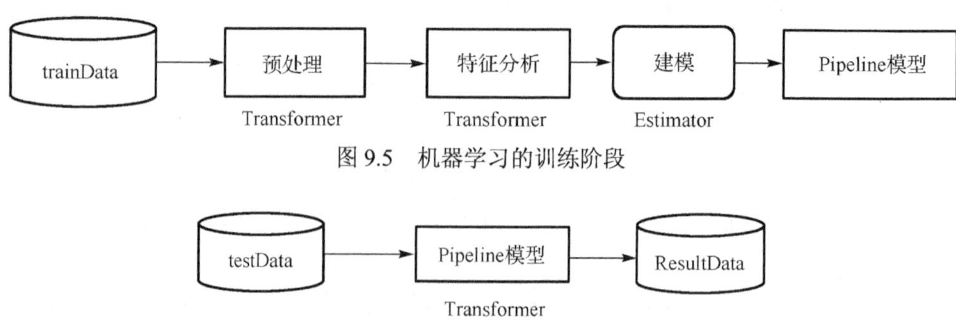

图 9.5　机器学习的训练阶段

图 9.6　机器学习的预测阶段

在我们提供的算法 SDK 包中，开发人员已经对一些基本框架和算法与 Spark 底层的交互做了封装。用户只需要根据自己的想法与需求，完成对算法 Transformer 和 Estimator 的一些相关定义与完善即可。

9.2 SDK 接口介绍

在 SDK 中我们提供了 1 个 JAR 包 wuchi，结构如图 9.7 所示。

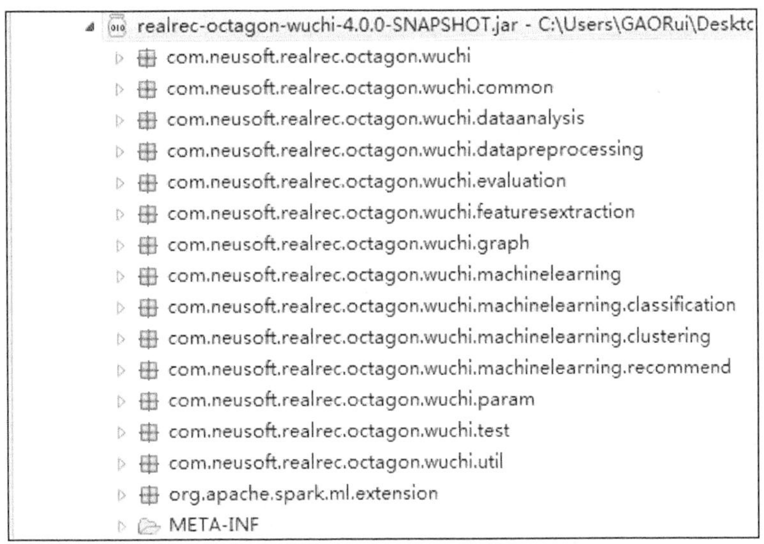

图 9.7　wuchi 包的结构

用户使用扩展算法功能，自行编程需要继承 wuchi 工具包中的类，不产生模型(多维特征分析、预处理)，请继承 AlgorithmWithoutModel 类；产生模型并且属于机器学习算法(分类、回归、聚类)，请继承 MachineLearningAlgorith 类；产生模型并且属于特征工程方法，请继承 FeatureExtractionAlgorithm 类。

9.3 开发环境搭建

打开 Eclipse，界面如图 9.8 所示。

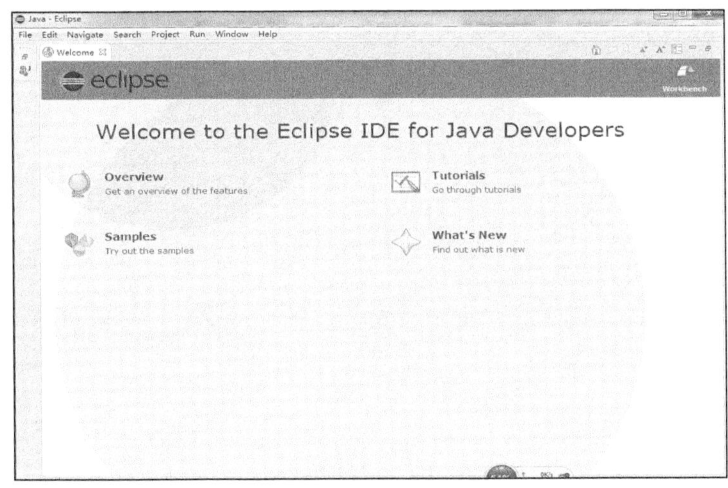

图 9.8　Eclipse 界面

执行 Windows→Preference 命令，如图 9.9 所示，单击 Java→Installed JREs 列表。

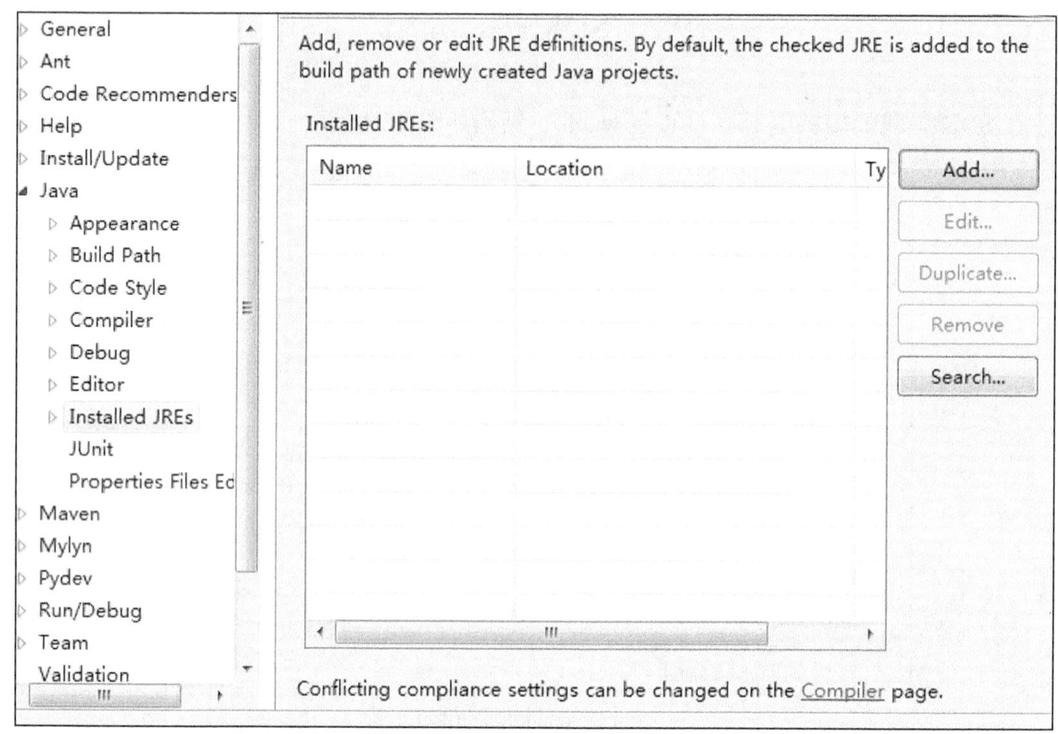

图 9.9　配置 JDK(一)

单击右上侧的 Add 按钮，然后单击 Next 按钮，如图 9.10 所示。单击 Directory 按钮，选择 JDK 路径，如图 9.11 所示。单击 Finish 按钮，JDK 在 Eclipse 中配置成功。

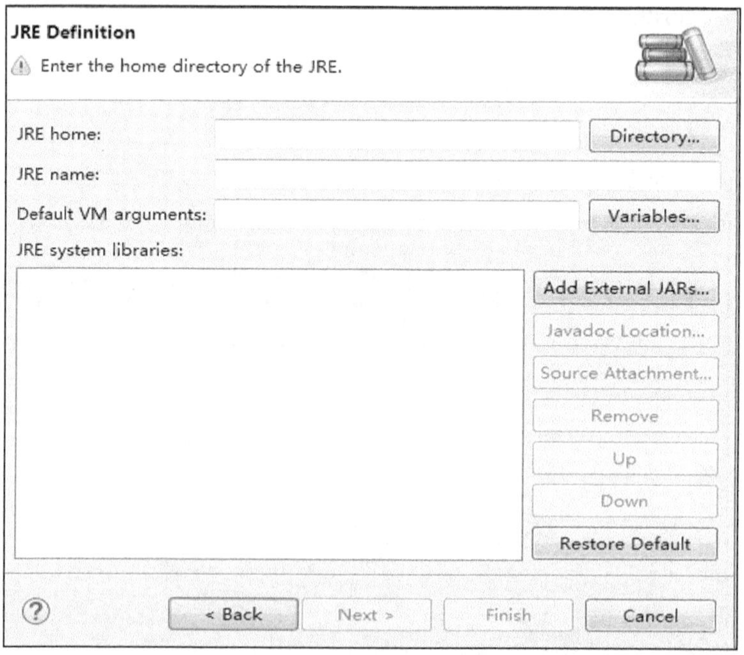

JRE Definition
Enter the home directory of the JRE.
JRE home:
Directory...
JRE name:
Default VM arguments:
Variables...
JRE system libraries:
Add External JARs...
Javadoc Location...
Source Attachment...
Remove
Up
Down
Restore Default
< Back
Next >
Finish
Cancel

图 9.10　配置 JDK(二)

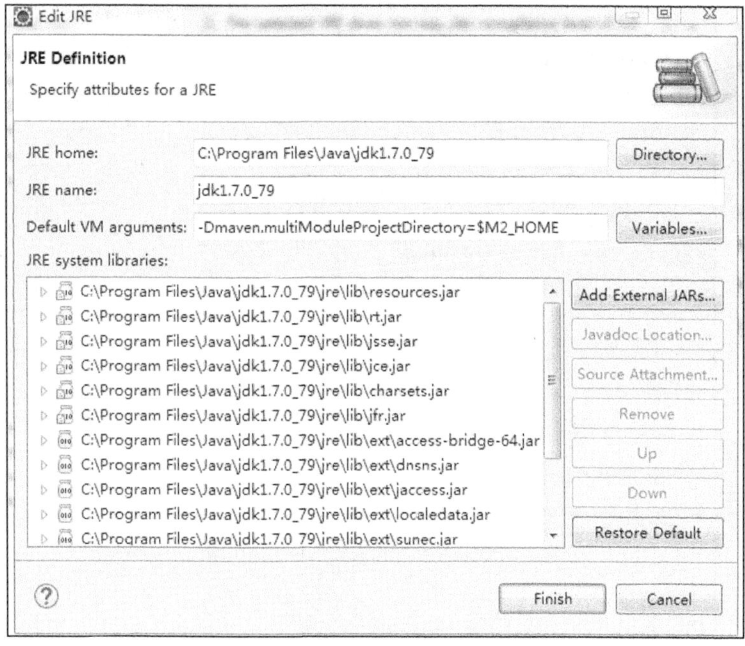

图 9.11 配置 JDK(三)

9.4 项目结构与构建

打开 Eclipse，执行 File→New→Java Project 命令新建 Java 项目，如图 9.12 所示。单击 Java Project 选项后，弹出界面，填写项目名称，如图 9.13 所示。单击 Finish 按钮，生成 Java Project，生成成功后，项目文件出现在 Eclipse 左侧，如图 9.14 所示。

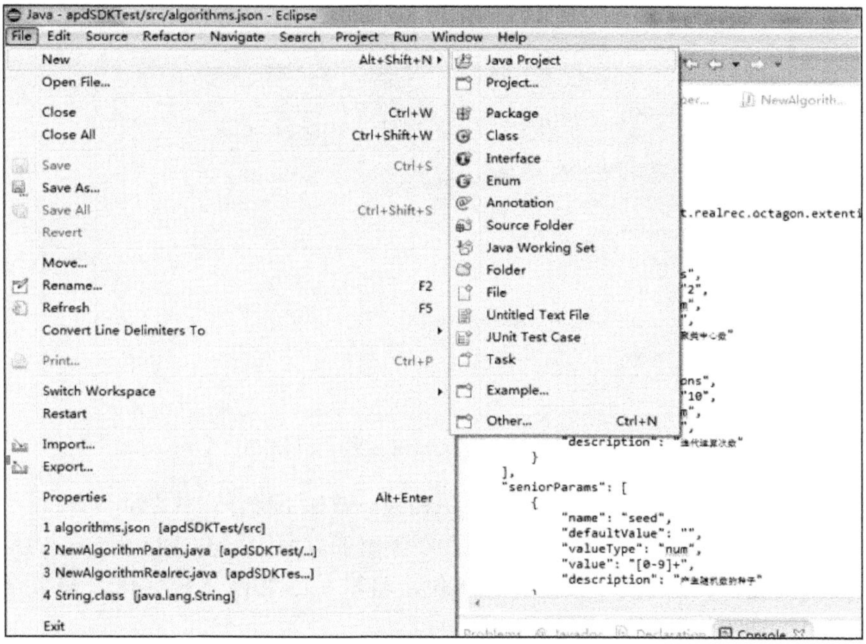

图 9.12 建立 Java 工程(一)

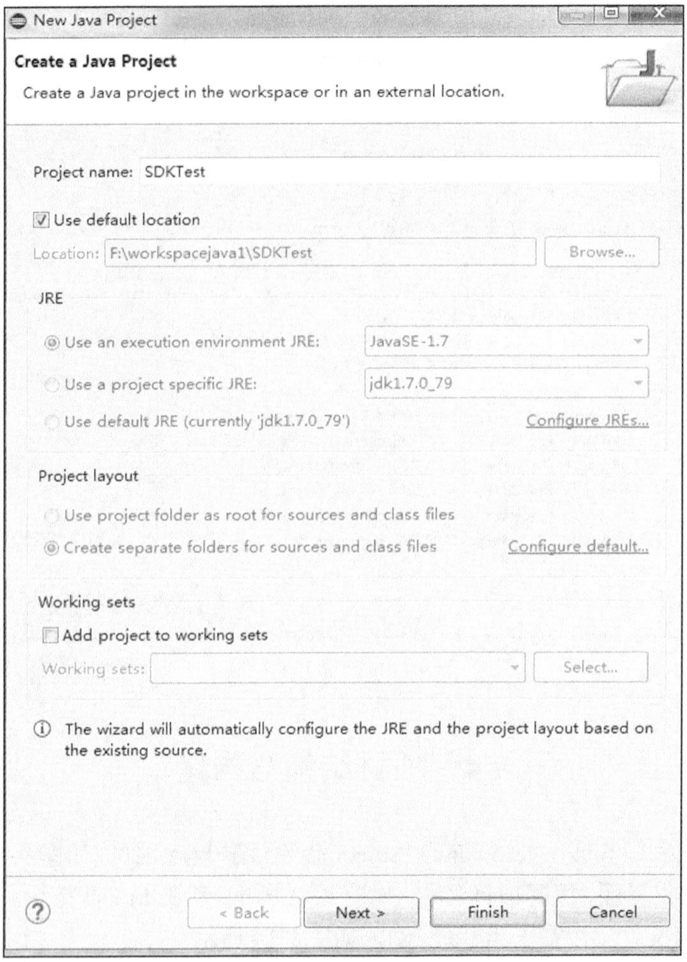

图 9.13　建立 Java 工程(二)

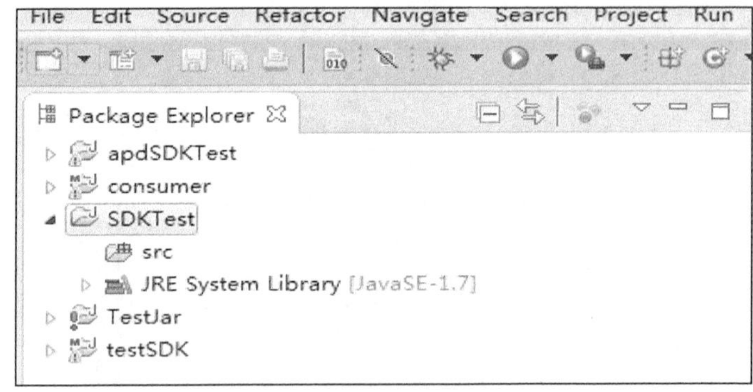

图 9.14　建立 Java 工程(三)

项目建好后，需要向项目中添加所需的 JAR 包。做如下操作：右击项目，执行 Build Path→Configure Build Path 命令，如图 9.15 所示。在弹出的界面中单击 Add External JARs 按钮，导入提供的 Dependency 文件夹下的所有依赖包，如图 9.16 和图 9.17 所示。导入完成后，项目文件中会多出一部分，如图 9.18 所示。

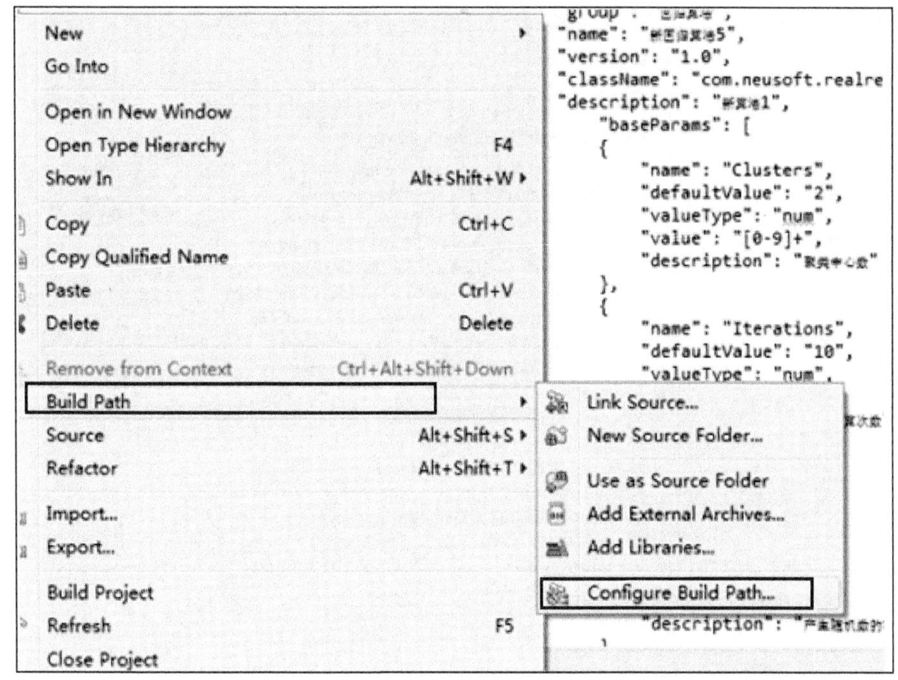

图 9.15　导入工程依赖 JAR 包(一)

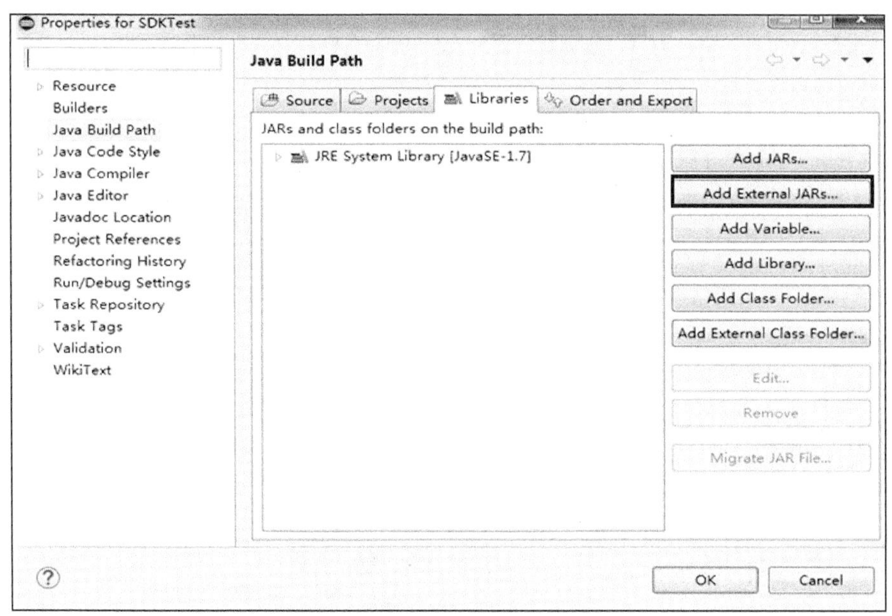

图 9.16　导入工程依赖 JAR 包(二)

下面需添加算法类与参数文件，首先新建包，向项目文件中的 src 目录添加一个包，右击 src，执行 New→Package 命令，如图 9.19 所示。在弹出的界面中填写包名，如图 9.20 所示。请注意包名前面的部分必须严格按照图 9.20 框中的内容填写，最后一个路径可以根据要扩展的算法类别编写。目前，算法中可供选择的算法类别有：regression，回归算法；classification，分类算法；clustering，聚类算法。

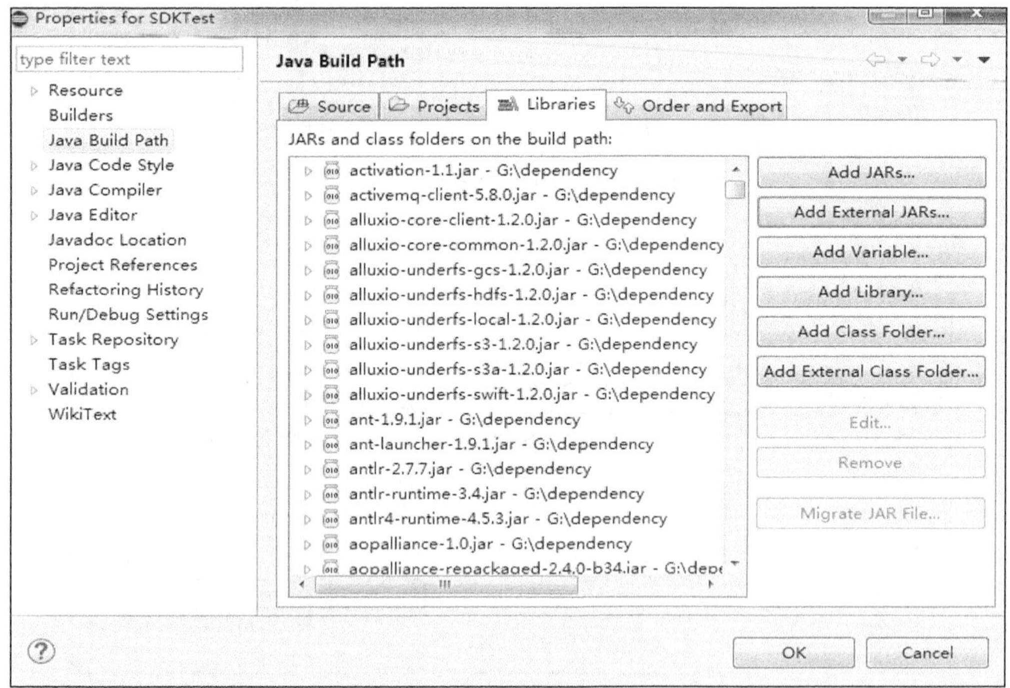

图 9.17　导入工程依赖 JAR 包(三)

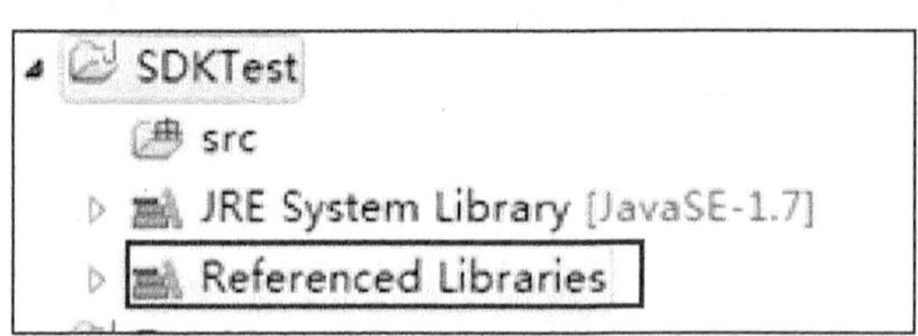

图 9.18　导入工程依赖 JAR 包(四)

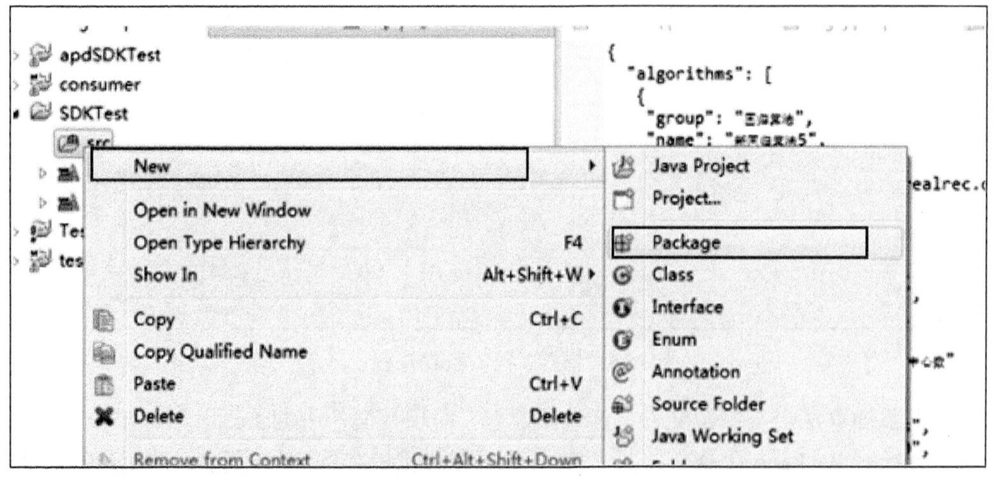

图 9.19　新建包(一)

在该包下新建两个文件：一个参数文件(JSON 文件)、算法类(class 文件，注意需以 RealRec 结尾)。右击包名，执行 New→Class 命令，并且增加名为 NewAlgorithmRealRec(名字可自行定义)的类，如图 9.21 所示。右击包名，执行 New→File 命令，并且增加名为 NewAlgorithm(与算法类名字 RealRec 前面的部分相同)的参数文件，如图 9.22 所示。

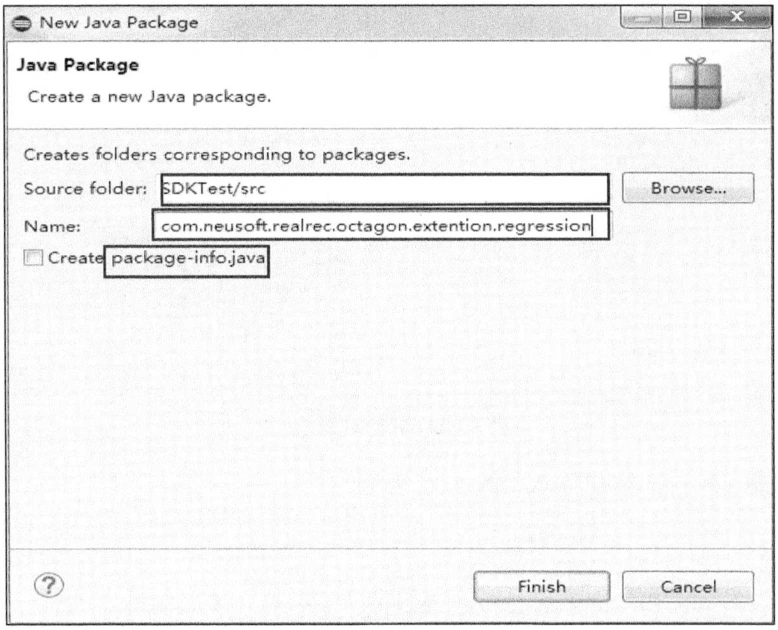

图 9.20　新建包(二)

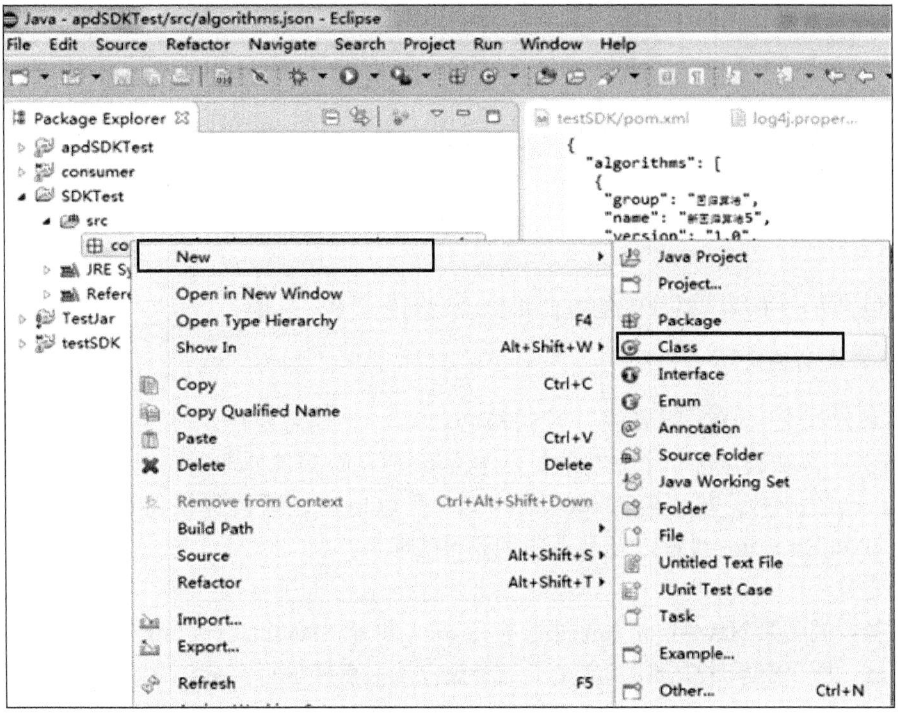

图 9.21　新建算法类

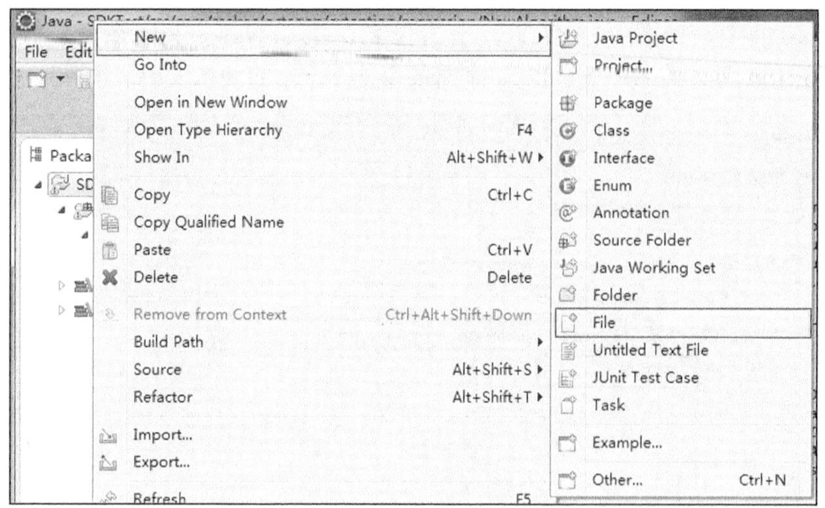

图 9.22 新建参数文件

完成后，Java Project 结构更新如图 9.23 所示。

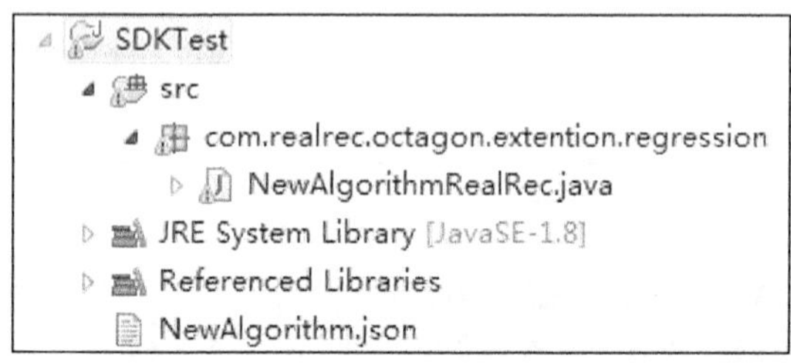

图 9.23 工程结构

项目至此构建完成，两个文件具体如何编写将在 9.5 节详细介绍。

9.5 新算法编程开发

本节以开发一个决策树分类的方法举例说明开发过程。

1. 参数类的编写

编写算法类是 SDK 新算法开发的核心内容。该类需要继承 SDK 开发包中提供的 Algorithm 类。算法类包含一个完整的机器学习流程(从数据预处理到模型评估)的所有方法。其中 API 已经提供了方法名称和参数约定。所以用户在新建算法时只需要完善自己的 Transformer 和 Estimator 过程以及其他的主要方法即可。

1)类定义

新建类，类名为 NewAlgorithm(可自行定义)，继承 MachineLearningAlgorithm(这里为机器学习算法，所以继承这个类)。定义了三个类方法，后续进行实现。

```
public class NewAlgorithm extends MachineLearningAlgorithm{

    @Override
    protected Pipeline algorithm() {
```

```
        //TODO Auto-generated method stub
        return null;
    }

    @Override
    protected Pipeline buildFeatureVector() {
        //TODO Auto-generated method stub
        return null;
    }
    @Override
    public MLType getMLType() {
        //TODO Auto-generated method stub
        return null;
    }

}
```

2)实现 getMLType 方法

这个方法标识这个类是分类还是二分类、多分类、聚类、回归、推荐，例子为多分类，所以更改为：

```
    @Override
    public MLType getMLType() {
        //TODO Auto-generated method stub
        return MLType.多分类;
}
```

3)预处理流程函数 buildFeatureVector 实现

实现决策树预处理流程，具体为以下操作：

```
@Override
public Pipeline buildFeatureVector() {
    List<PipelineStage> stage=new ArrayList<>();
   List<String> columns=Lists.newArrayList(config.getJSONArray
   (ParamConstants.NAME_LIST).toArray(new String[0]));
   List<String> types=Lists.newArrayList(config.getJSONArray (Param-
   Constants.TYPE_LIST).toArray(new String[0]));
    stage.addAll(PipelineStageUtil.convertDateToDouble(columns, types));
    stage.addAll(PipelineStageUtil.indexResponseCol(config.getString
   (ParamConstants.RESPONSE_COLUMN)));
    stage.addAll(PipelineStageUtil.stringToIndex(columns, types));
    stage.addAll(PipelineStageUtil.oneHotEncoder(columns, types));
    stage.addAll(PipelineStageUtil.vectorAssembler(columns));
    return new Pipeline().setStages(stage.toArray(new PipelineStage[stage.
   size()]));
}
```

我们需要的是首先把 date 类型转化为 double 类型，需要在 Pipeline 中加入：

```
PipelineStageUtil.convertDateToDouble(columns, types)
```

然后需要对目标列进行编码：

```
    PipelineStageUtil.indexResponseCol(config.getString(ParamConstants.RES
PONSE_COLUMN))
```

对特征向量中的离散变量进行处理：

```
    PipelineStageUtil.stringToIndex(columns, types)
```

对离散变量进行 OneHot 处理：

```
    PipelineStageUtil.oneHotEncoder(columns, types)
```

组成特征向量：

```
    PipelineStageUtil.vectorAssembler(columns)
```

4) 实现 algorithm 主函数

主函数是这个算法的主要组成部分，这部分包括对主题算法的实例化和参数设置，例子如下：

```
        @Override
        protected Pipeline algorithm() {
           DecisionTreeClassifier dtc=new DecisionTreeClassifier()
           .setLabelCol(config.getString(ParamConstants.RESPONSE_COLUMN) +
           "_stringIndex")
           .setPredictionCol(ParamConstants.CLASSIFICATION_PREDICTION)
           .setFeaturesCol(ParamConstants.FEATURE_VECTOR);
           return pipeline((DecisionTreeClassifier) TrainAndPredictUtil.
           setParam(config, dtc));
    }
```

第 2 行得到了决策树的实例，第 3～5 行分别设置了目标列名称、预测产生的列的名称、特征向量列的名称，然后调用了已经封装好的方法把 config 中的内容设置到决策树的参数中。

2. 参数文件的编写(JSON)

主类编写完成之后，需要编写参数文件，用以记录参数信息，并且控制前台样式。

```
    {
     "name":"NewAlgorithm",
     "group":"分类算法",
     "label":"NewAlgorithm",
     "type":"MachineLearning",
     "BASIC":[
       {
        "label": "modelName",
        "type": "model-name-input",
        "defaultNameStartWith":"DecisionTree",
        "name": "modelName",
        "comment": "模型名称",
        "default": null,
        "canGrid": false,
```

```
        "require": true
      },
      {
        "label": "sourceFrame",
        "type": "frame-picker",
        "name": "sourceFrame",
        "comment": "训练数据集",
        "default": null,
        "canGrid": false,
        "require": true
      },
      {
        "label": "nFolds",
        "type": "realrec-integer",
        "name": "nFolds",
        "comment":"交叉认证标识，须为非负整数，若输入大于 2 的整数，则进行交叉验证",
        "min": 0,
        "canGrid": false
      },
      {
        "label": "batchGroupColumn",
        "type": "column-picker",
        "name": "batchGroupColumn",
        "comment": "批量建模标识，如要进行批量建模，须选择离散列",
        "frameParamName": "sourceFrame",
        "columnType": "string",
        "canGrid": false
      },
      {
        "label": "responseColumn",
        "type": "column-picker",
        "name": "responseColumn",
        "comment": "目标列",
        "frameParamName": "sourceFrame",
        "default": null,
        "canGrid": false,
        "require": true
      },
      {
        "label": "selectColumns",
        "type": "mut-column-picker",
        "name": "selectColumns",
        "comment": "选择列",
        "frameParamName": "sourceFrame",
        "default": null,
        "canGrid": false,
        "require": true
      },
```

```
    {
      "label": "impurity",
      "type": "realrec-enum",
      "options": ["gini","entropy","variance"],
      "name": "impurity",
      "comment": "增益性算法：gini 是用作 CART 树的构建，entropy 使用的是信息增益率，
      variance 用于 CART 树的回归树的构建",
      "default": "gini",
      "canGrid": false,
      "require": true
    },
    {
      "label": "maxDepth",
      "type": "realrec-integer",
      "name": "maxDepth",
      "comment": "生成的树的最大深度，须为正整数",
      "min": 1,
      "default": 5,
      "canGrid": true,
      "require": true
    }],
  "SENIOR":[
    {
      "label": "minInfoGain",
      "type": "realrec-number",
      "name": "minInfoGain",
      "comment": "最小信息增益，当信息增益小于这个值时，分类出来的枝叶被认为无效，
      须为非负数",
      "min": 0,
      "default": 0.0,
      "canGrid": true,
      "require": true
    },
    {
      "label": "maxBins",
      "type": "realrec-integer",
      "name": "maxBins",
      "comment": "最大的离散化分片数，数值越大则决策树的粒度越大，须为正整数",
      "min": 1,
      "default": 32,
      "canGrid": true,
      "require": true
    },
    {
      "label": "minInstancesPerNode",
      "type": "realrec-integer",
      "name": "minInstancesPerNode",
```

```
        "comment":"生成树的时候最小的分叉数，当分叉数小于这个数，这个节点被认为无效，
        须为正整数",
        "min": 1,
        "default": 1,
        "canGrid": true,
        "require": true
      }],
    "EXPERT":[
      {
        "label": "cacheNodeIds",
        "type": "realrec-checkbox",
        "name": "cacheNodeIds",
        "comment":"数据调度参数，生成的树是否在内存中保存，false 则保存，true 为不保存",
        "default": false,
        "canGrid": true,
        "require": false
      },
      {
        "label": "checkpointInterval",
        "type": "realrec-integer",
        "name": "checkpointInterval",
        "comment": "节点更新间隔，须为正整数",
        "min": 1,
        "default": 10,
        "canGrid": true,
        "require": true
      }]
  }
```

name 为名称，就是在前台显示的名称，请注意这个名称需要与类名称相同。

group 为所属的大类，其中有 DataPreprocess(预处理)、DataAnalysis(多维特征分析)、ExtractFeatures(特征工程)、MachineLearning(回归算法、分类算法、聚类算法)。

label 为下拉的菜单中显示的名称。

type 为使用的大类，其中有预处理、特征工程、多维特征分析、回归算法、分类算法、聚类算法。

*params 为成员的参数，这个只存在预处理、多维特征分析、特征工程。

*BASIC，SENIOR，EXPERT 为基本高级专家函数，只存在于回归算法、分类算法、聚类算法。

9.6 算法打包与上传

右击该 Java 项目，执行 Export 命令，如图 9.24 所示。

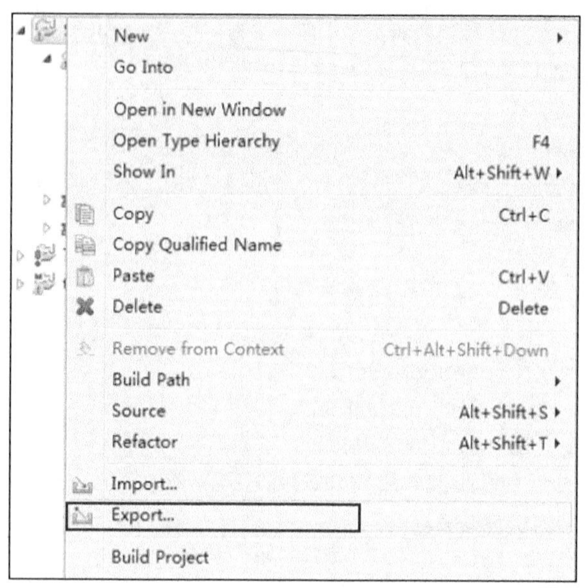

图 9.24 算法打包(一)

会弹出 Export 窗口，然后选择 Java→JAR file，单击 Next 按钮，如图 9.25 所示。

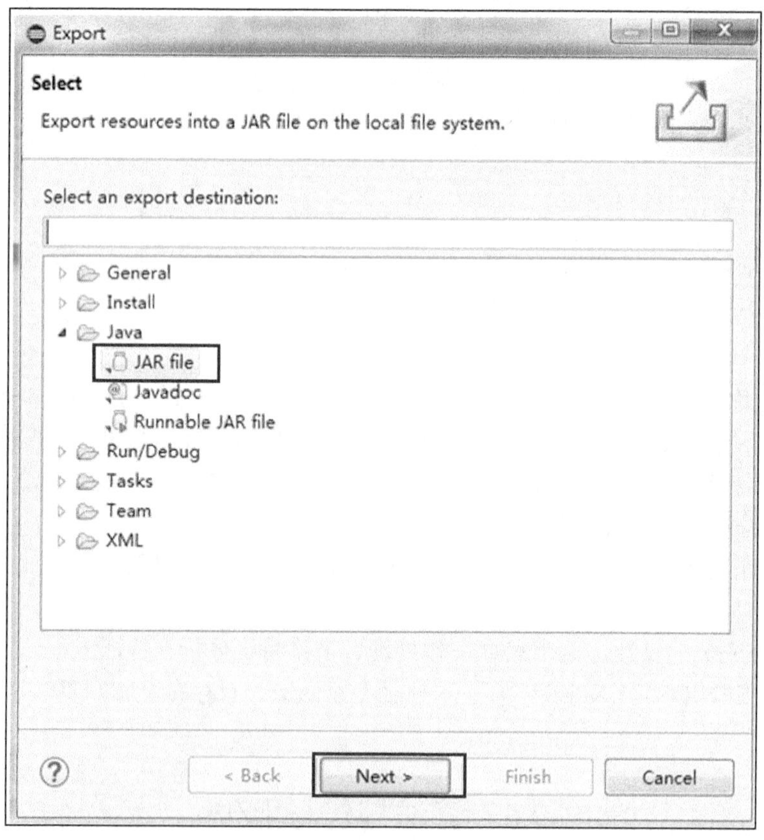

图 9.25 算法打包(二)

单击 Next 按钮后，在弹出的界面选择 Java 工程(本案例为 SDKTest)，选择要导出 JAR 包的路径和 JAR 包文件名，单击 Finish 按钮，如图 9.26 所示。

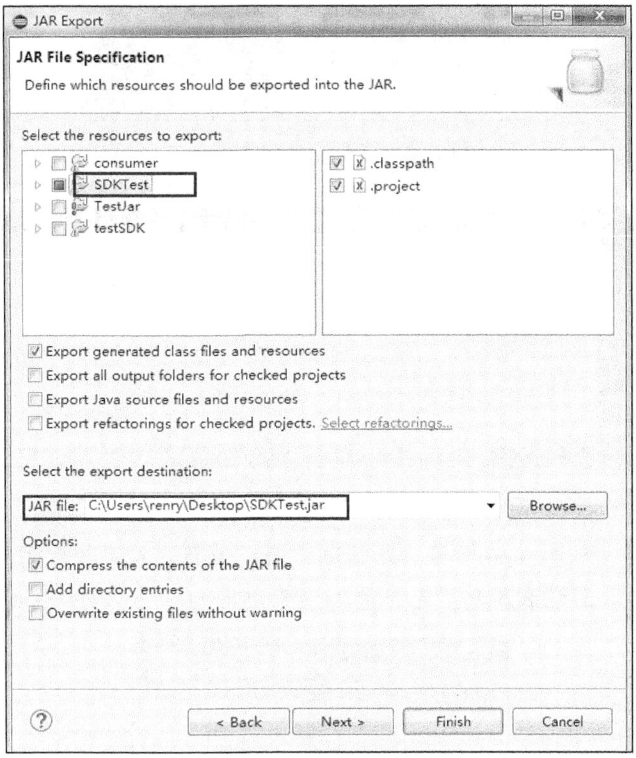

图 9.26　算法打包（三）

弹出如图 9.27 所示窗口，单击 OK 按钮即可。

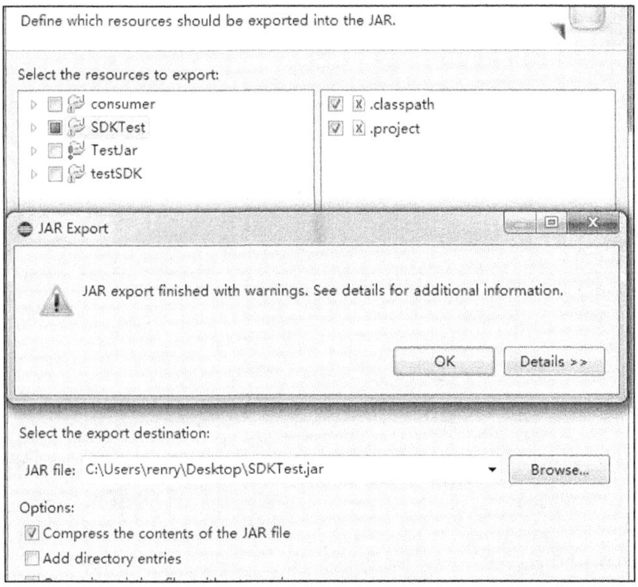

图 9.27　算法打包（四）

开发的扩展算法 JAR 包已经制作完成，接下来需要将其上传至数据科学平台。单击“管理”→“上传新算法 JAR 文件”菜单项，如图 9.28 所示。选择之前制作的 JAR 包，单击“开始上传”按钮，如图 9.29 所示。

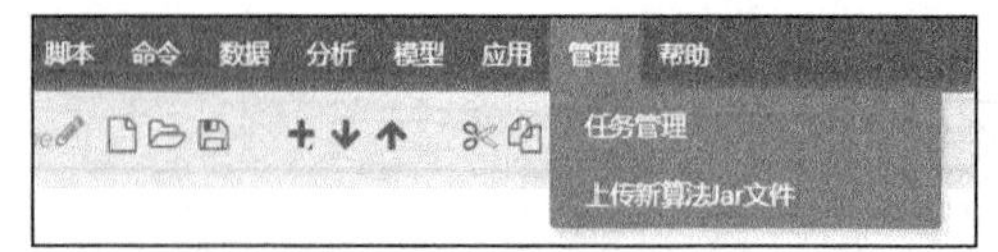

图 9.28　算法 JAR 包上传(一)

图 9.29　算法 JAR 包上传(二)

提示上传成功后，如图 9.30 所示，刷新浏览器。重新进入系统页面，会发现新添加的算法已经上传。请注意，算法名称与类名不能与系统自带的算法相同，否则将无法上传。

图 9.30　算法 JAR 包上传(三)

9.7　算法应用与评估

算法上传成功后，需要在平台上进行验证，在菜单中或下拉框中找到编写的新算法，进入建模配置界面，如图 9.31 所示。

图 9.31　建模配置

配置参数、配置训练集等，单击“开始处理”按钮，处理完成后，可以进入模型界面看到模型的统计信息，如图 9.32 所示。

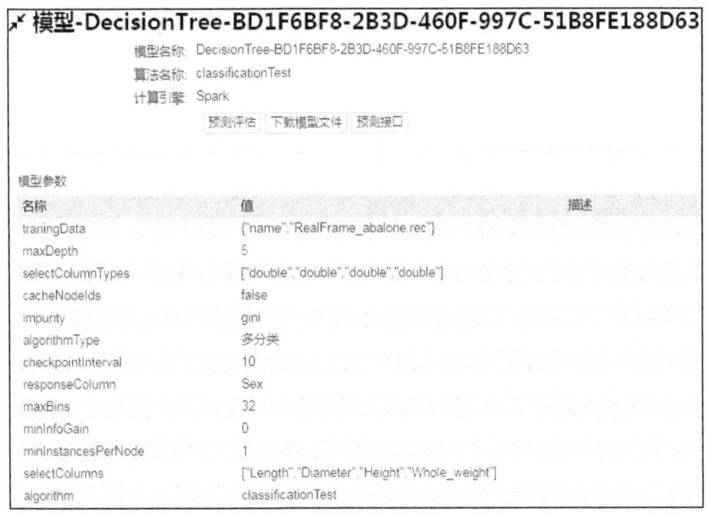

模型-DecisionTree-BD1F6BF8-2B3D-460F-997C-51B8FE188D63

模型名称: DecisionTree-BD1F6BF8-2B3D-460F-997C-51B8FE188D63
算法名称: classificationTest
计算引擎: Spark

预测评估 下载模型文件 预测接口

模型参数

名称	值	描述
traningData	{"name":"RealFrame_abalone.rec"}	
maxDepth	5	
selectColumnTypes	["double","double","double","double"]	
cacheNodeIds	false	
impurity	gini	
algorithmType	多分类	
checkpointInterval	10	
responseColumn	Sex	
maxBins	32	
minInfoGain	0	
minInstancesPerNode	1	
selectColumns	["Length","Diameter","Height","Whole_weight"]	
algorithm	classificationTest	

图 9.32　模型结果

单击“预测评估”按钮进入预测评估页面，设置预测评估数据集，然后单击“开始处理”按钮进行预测评估，如图 9.33 所示。完成后单击结果链接可查看模型的评估结果，如图 9.34 所示。

预测评估

* 模型名称: DecisionTree-BD1F6BF8-2B3D-460F-997C-5
* 待评估数据集: 个人文件
RealFrame_abalone.rec
* 预测评估结果: Predict-77171E11-3E0F-44FF-B608-6E8BA227F
* 预测评估结果数据集: PredictFrame-CB5EC9D1-CC57-4FF5-9543-36(

图 9.33　预测评估

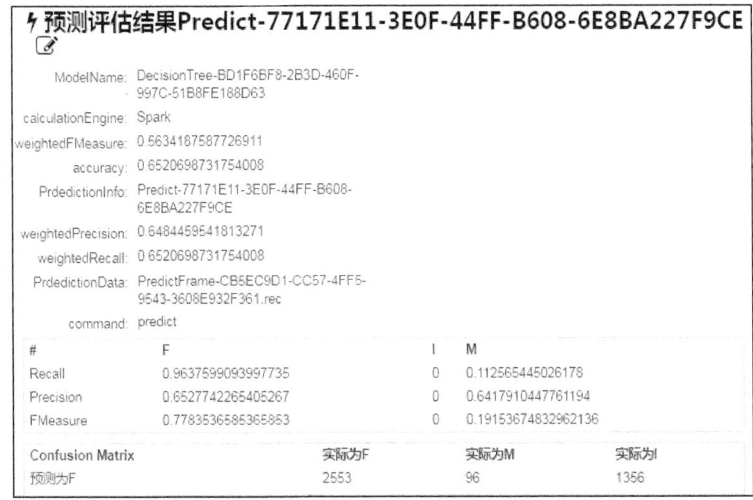

预测评估结果Predict-77171E11-3E0F-44FF-B608-6E8BA227F9CE

ModelName: DecisionTree-BD1F6BF8-2B3D-460F-997C-51B8FE188D63
calculationEngine: Spark
weightedFMeasure: 0.5634187587726911
accuracy: 0.6520698731754008
PrdedictionInfo: Predict-77171E11-3E0F-44FF-B608-6E8BA227F9CE
weightedPrecision: 0.6484459541813271
weightedRecall: 0.6520698731754008
PrdedictionData: PredictFrame-CB5EC9D1-CC57-4FF5-9543-3608E932F361.rec
command: predict

#	F	I	M
Recall	0.9637599093997735	0	0.112565445026178
Precision	0.6527742265405267	0	0.6417910447761194
FMeasure	0.7783536585365853	0	0.19153674832962136

Confusion Matrix	实际为F	实际为M	实际为I
预测为F	2553	96	1356

图 9.34　评估结果

第 10 章　应 用 实 践

10.1　实验一：水产品鲍鱼产量预测

1. 实验简介

大连某海产公司主营海产品为各类鲍鱼，现欲通过已有鲍鱼相关指标数据建立模型，通过模型来预测鲍鱼重量。我们运用数据预处理，各类数据分析，并画出相应图形进行可视化展示。其次运用广义线性算法和梯度提升树算法建立模型，随即进行预测评估并用散点图可视化展示。通过本实验可以了解数据挖掘的一般性流程，即数据预处理、特征工程、数据建模、预测评估等主要步骤。

2. 实验目的

(1) 掌握 RealRec 数据科学平台的使用及其操作步骤。

(2) 熟练掌握广义线性算法和梯度提升树回归算法的应用。

(3) 掌握各类数据可视化方法。

(4) 掌握数据挖掘全流程，如数据解析、分析、建模、预测等。

3. 相关原理与技术

1) 广义线性回归算法

广义线性模型(Generalized Linear Model，或称为广义线性)是简单最小二乘回归的扩展，在 OLS 的假设中，响应变量是连续数值数据且服从正态分布，而且响应变量期望值与预测变量之间的关系是线性关系。而广义线性模型则放宽其假设，首先响应变量可以是正整数或分类数据，其分布为某指数分布族。其次响应变量期望值的函数(连接函数)与预测变量之间的关系为线性关系。因此在进行广义线性建模时，需要指定分布类型和连接函数。

2) 梯度提升树回归算法

梯度提升树(Gradient Boosting Tree，或称为梯度提升决策树)算法由 Friedman 于 1999 年首次完整地提出，该算法可以实现回归、分类和排序。梯度提升树的优点是特征属性无须进行归一化处理，预测速度快，可以应用不同的损失函数等。

4. 实验操作流程

本实验的操作流程如图 10.1 所示。

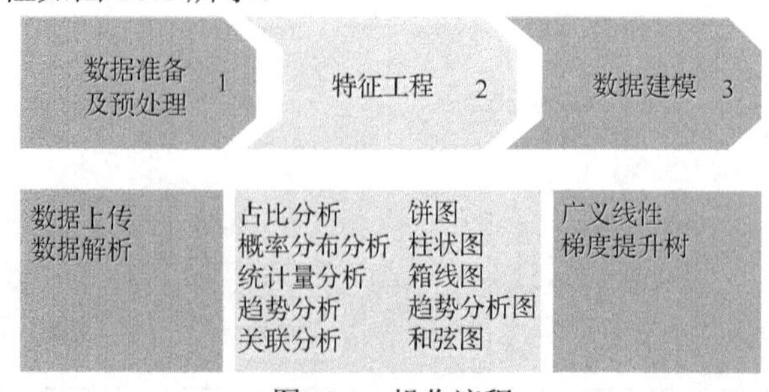

图 10.1　操作流程

5. 实验方案与过程

1)数据准备及预处理

首先，准备数据：abalone.csv(鲍鱼的数据集)，数据字典如表 10.1 所示。观察表 10.1 中的各项信息，了解数据的属性，将数据 abalone.csv 导入 RealRec 数据科学平台，等待数据上传成功后，进行数据解析的配置工作，数据集的类型根据需要进行修改。

表 10.1 数据字典

特征名称	特征类型	内容
Sex	string	性别
Length	float	长度
Diameter	float	直径
Height	float	高度
Whole weight	float	整体重量
Shucked weight	float	去壳重量
Viscera weight	float	脏器重量
Shell weight	float	壳的重量
Rings	int	生长纹

(1)打开浏览器，在地址栏中输入 localhost:8088/octagon，在邮箱输入框中输入 realrec@neusoft.com，在密码框中输入 1，单击登录，然后单击创建空白脚本。

(2)执行菜单中的“数据”→“上传文件”命令，如图 10.2 所示。

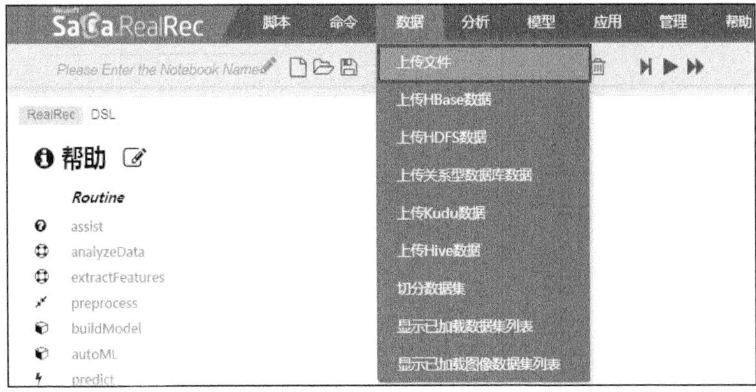

图 10.2 上传数据(一)

(3)在本地选择要上传的文件，选择后单击“开始上传”按钮(这里请选择 abalone.csv 文件)，如图 10.3 所示。

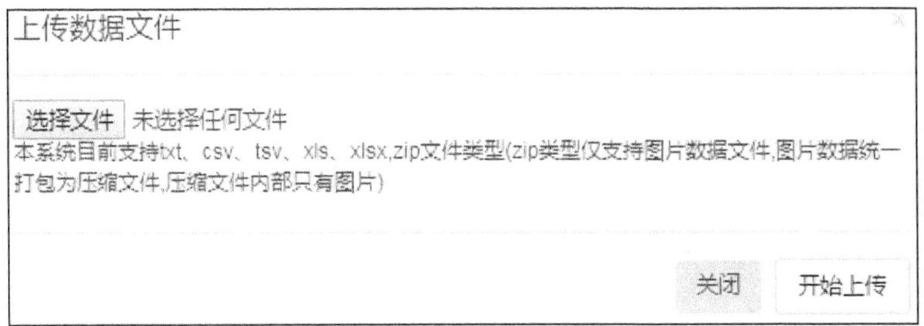

图 10.3 上传数据(二)

(4)上传成功后跳到解析配置页面并出现提示框显示“上传成功”，如图 10.4 所示。

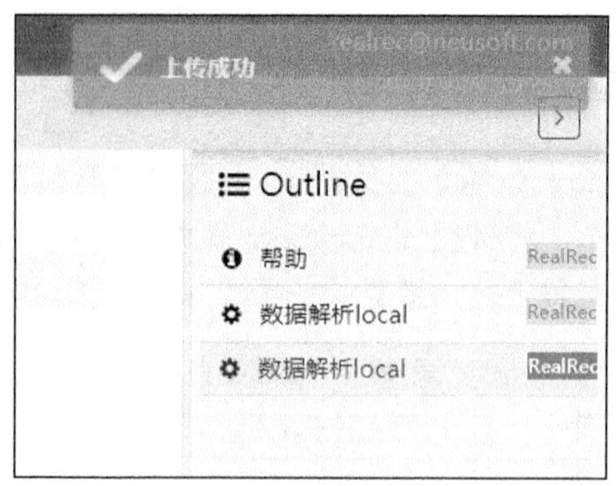

图 10.4 上传数据(三)

(5)解析数据，需要对每个数据项设置对应的数据类型，这里只有 Sex 一项是字符类型，其他数据都是数字类型，如图 10.5 所示。

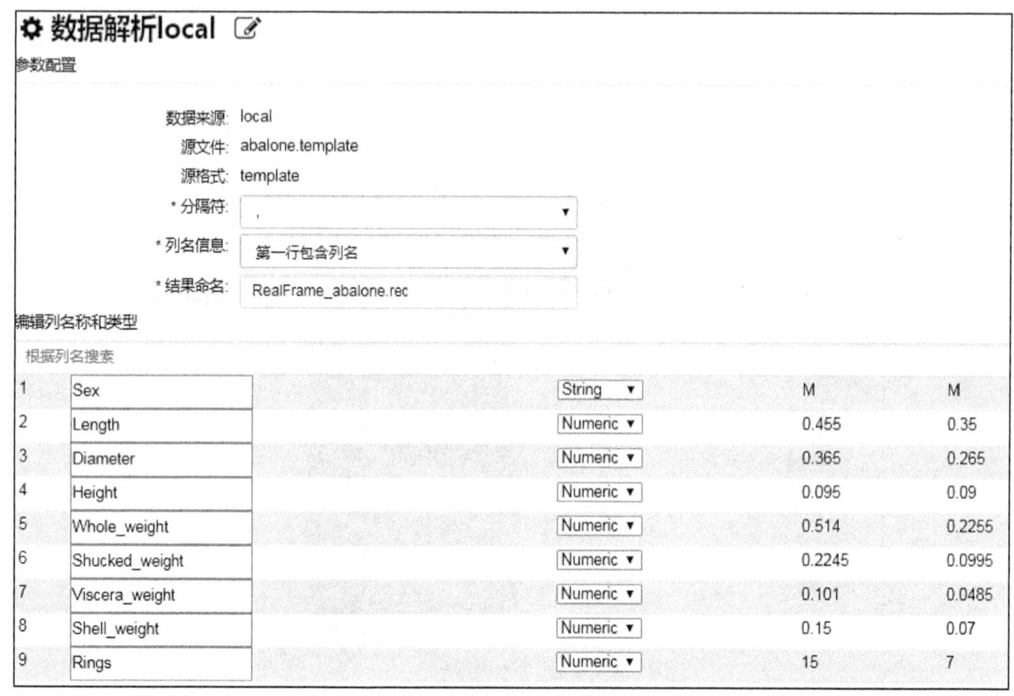

图 10.5 解析数据(一)

(6)数据解析成功后单击查看结果，如图 10.6 所示。

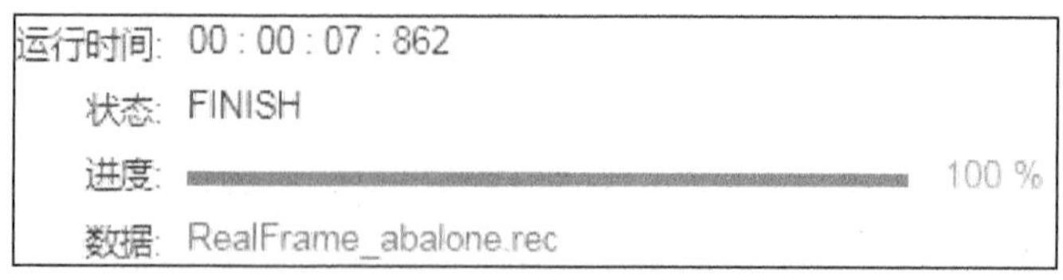

图 10.6 解析数据(二)

(7)此时可以看到数据的汇总信息，如是否有空值、最大值、最小值、均值、标准差等，如图 10.7 所示，可以对数据有个整体的认识。

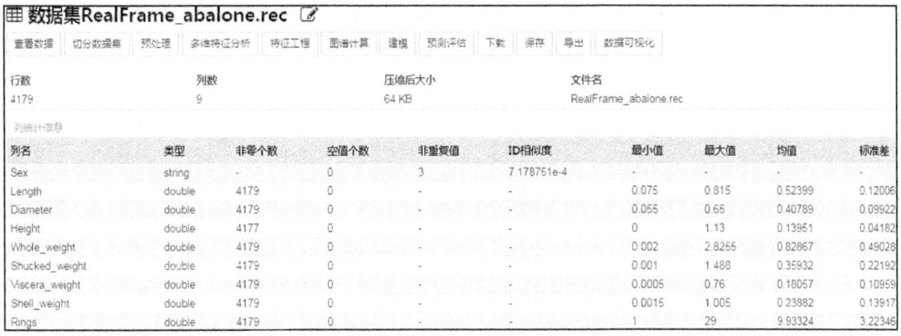

数据集RealFrame_abalone.rec

查看数据 | 切分数据集 | 预处理 | 多维特征分析 | 特征工程 | 图谱计算 | 建模 | 预测评估 | 下载 | 保存 | 导出 | 数据可视化

行数	列数	压缩后大小	文件名
4179	9	64 KB	RealFrame_abalone.rec

列统计信息

列名	类型	非零个数	空值个数	非重复值	ID相似度	最小值	最大值	均值	标准差
Sex	string	-	0	3	7.178751e-4	-	-	-	-
Length	double	4179	0	-	-	0.075	0.815	0.52399	0.12006
Diameter	double	4179	0	-	-	0.055	0.65	0.40789	0.09922
Height	double	4177	0	-	-	0	1.13	0.13951	0.04182
Whole_weight	double	4179	0	-	-	0.002	2.8255	0.82867	0.49028
Shucked_weight	double	4179	0	-	-	0.001	1.488	0.35932	0.22192
Viscera_weight	double	4179	0	-	-	0.0005	0.76	0.18057	0.10959
Shell_weight	double	4179	0	-	-	0.0015	1.005	0.23882	0.13917
Rings	double	4179	0	-	-	1	29	9.93324	3.22346

图 10.7　数据集信息

至此我们完成了数据预处理的相关工作，为接下来的工作做好了数据(RealFrame abalone.rec)准备。

2)特征工程

下面需要进一步了解数据的特征，并通过一些可视化的方法深入和强化对数据集的认识。

Sex 是 String 类型的，我们发现有 M 值、F 值，还有 I 值，那么是不是还有其他类型的值？每一种类型的值有多少？分别占比是多少？通过下面的步骤(1)～(5)来完成这个分析任务。

(1)在数据集信息界面中单击“多维特征分析”按钮，如图 10.8 所示。

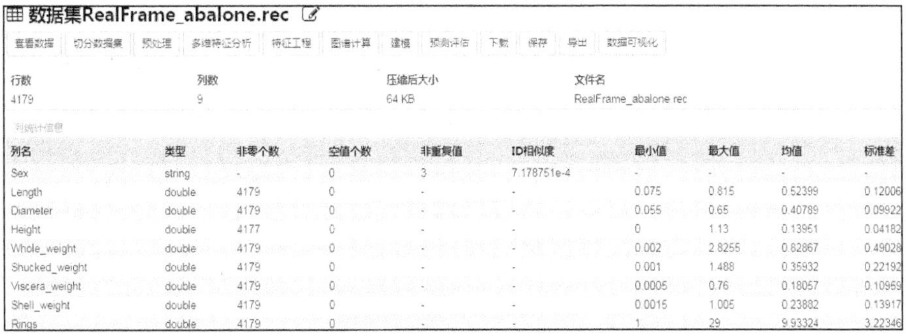

数据集RealFrame_abalone.rec

查看数据 | 切分数据集 | 预处理 | 多维特征分析 | 特征工程 | 图谱计算 | 建模 | 预测评估 | 下载 | 保存 | 导出 | 数据可视化

行数	列数	压缩后大小	文件名
4179	9	64 KB	RealFrame_abalone.rec

列统计信息

列名	类型	非零个数	空值个数	非重复值	ID相似度	最小值	最大值	均值	标准差
Sex	string	-	0	3	7.178751e-4	-	-	-	-
Length	double	4179	0	-	-	0.075	0.815	0.52399	0.12006
Diameter	double	4179	0	-	-	0.055	0.65	0.40789	0.09922
Height	double	4177	0	-	-	0	1.13	0.13951	0.04182
Whole_weight	double	4179	0	-	-	0.002	2.8255	0.82867	0.49028
Shucked_weight	double	4179	0	-	-	0.001	1.488	0.35932	0.22192
Viscera_weight	double	4179	0	-	-	0.0005	0.76	0.18057	0.10959
Shell_weight	double	4179	0	-	-	0.0015	1.005	0.23882	0.13917
Rings	double	4179	0	-	-	1	29	9.93324	3.22346

图 10.8　占比分析(一)

(2)选择占比分析方法，groupBy 选择 Sex 列进行分析，参数选择完毕后进行分析，如图 10.9 所示。

图 10.9　占比分析(二)

(3)单击结果链接，可以看出对 Sex 的不同取值进行了 count 统计，如图 10.10 所示。

图 10.10　占比分析(三)

(4)使用饼图对分析结果进行可视化，单击“数据可视化”按钮，参数配置如图 10.11 所示。

图 10.11　饼图可视化(一)

(5)单击“生成图表”按钮，如图 10.12 所示，把鼠标放在饼图的不同位置可以看到 Sex 列各个取值的数据条数。

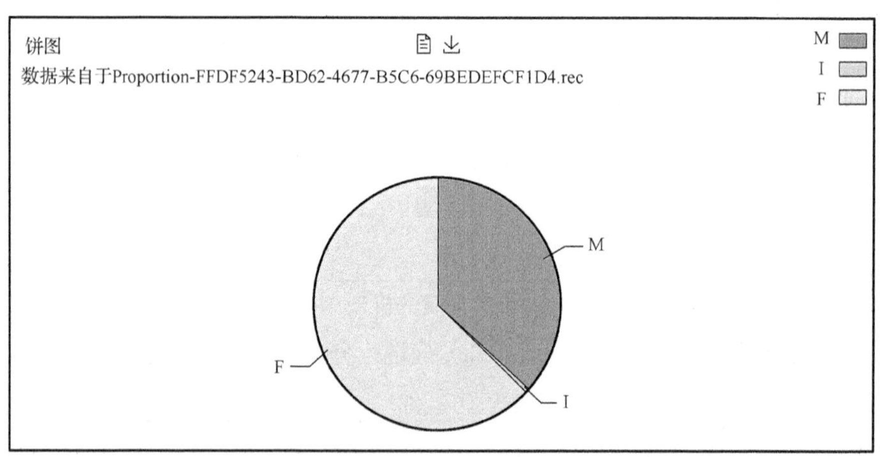

图 10.12　饼图可视化(二)

Whole weight 是 double 类型的，取值分布是什么样的？下面通过步骤(6)～(10)来完成这个分析任务。

(6)对 Whole weight 特征列分布进行统计，这里对 Whole weight 最大值到最小值分成 20 个区间，统计各个区间的数据各有多少条。在导航栏执行“分析”→“多维特征分析”→“概率分布分析”命令，如图 10.13 所示。

图 10.13　概率分布统计(一)

(7) 概率分布统计的参数配置如图 10.14 所示。

图 10.14　概率分布统计(二)

(8) 单击结果链接，分析结果中 boundary 列为区间取值，count 为各个区间的数据条数，如图 10.15 所示。

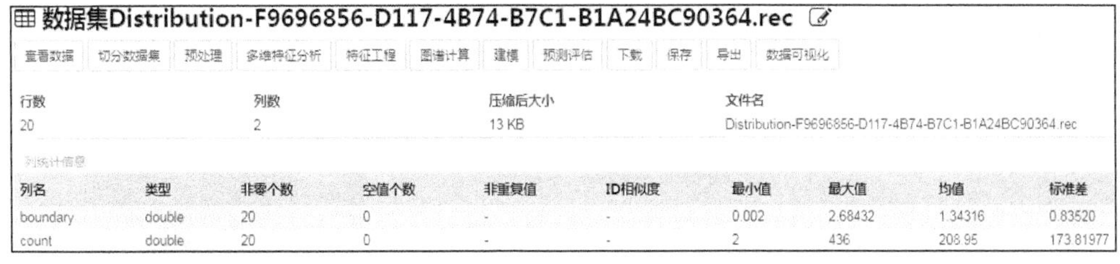

列名	类型	非零个数	空值个数	非重复值	ID相似度	最小值	最大值	均值	标准差
boundary	double	20	0	-	-	0.002	2.68432	1.34316	0.83520
count	double	20	0	-	-	2	436	208.95	173.81977

图 10.15　概率分布统计(三)

(9) 使用柱状图对分析结果进行可视化，单击“数据可视化”按钮，参数配置如图 10.16 所示。

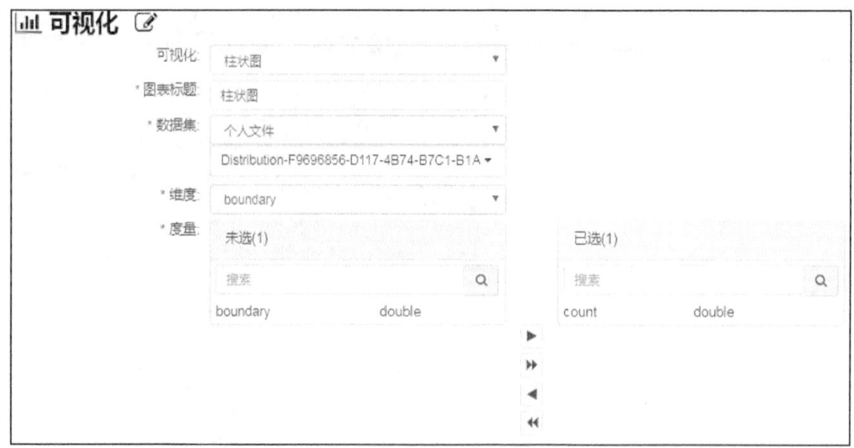

图 10.16　柱状图可视化(一)

(10)单击“生成图表”按钮，如图 10.17 所示。

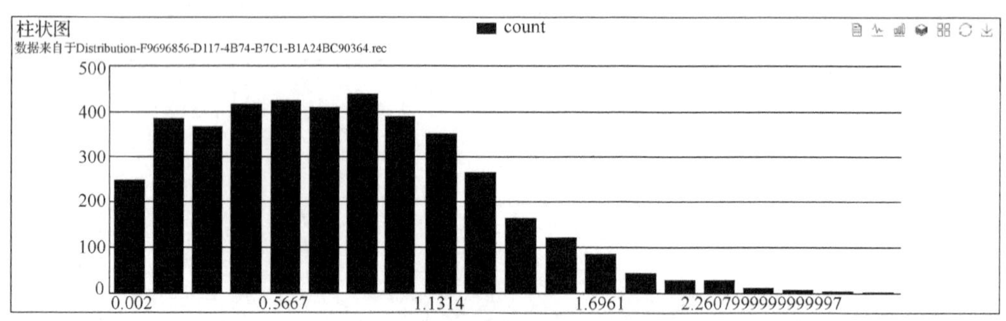

图 10.17　柱状图可视化(二)

所有的 double 类型的特征向量，是否可以借助某种图形将所有特征向量的数值分布展现出来？下面通过步骤(11)～(15)来完成这个分析任务。

(11)统计所有特征列的数据分布情况，在导航栏执行“分析”→“多维特征分析”→统计量分析”命令，如图 10.18 所示。

图 10.18　统计量分析(一)

(12)统计量分析的参数配置如图 10.19 所示。

图 10.19　统计量分析(二)

(13)单击结果链接，分析结果中 dimension 列为列名，min、Q1、median、Q3 和 max 分别为最小值、较小四分位点、中位数、较大四分位点和最大值，如图 10.20 所示。

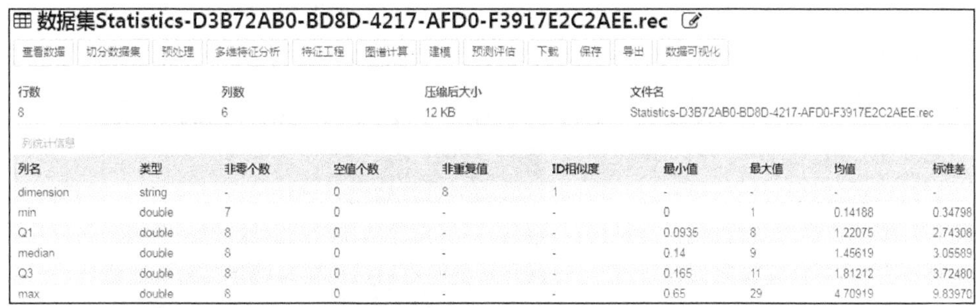

数据集Statistics-D3B72AB0-BD8D-4217-AFD0-F3917E2C2AEE.rec

查看数据 | 切分数据集 | 预处理 | 多维特征分析 | 特征工程 | 图谱计算 | 建模 | 预测评估 | 下载 | 保存 | 导出 | 数据可视化

行数	列数	压缩后大小	文件名
8	6	12 KB	Statistics-D3B72AB0-BD8D-4217-AFD0-F3917E2C2AEE.rec

列统计信息

列名	类型	非零个数	空值个数	非重复值	ID相似度	最小值	最大值	均值	标准差
dimension	string	-	0	8	1	-	-	-	-
min	double	7	0	-	-	0	1	0.14188	0.34798
Q1	double	8	0	-	-	0.0935	8	1.22075	2.74308
median	double	8	0	-	-	0.14	9	1.45619	3.05589
Q3	double	8	0	-	-	0.165	11	1.81212	3.72480
max	double	8	0	-	-	0.65	29	4.70919	9.83970

图 10.20　统计量分析(三)

(14)使用箱线图对分析结果进行可视化，单击“数据可视化”按钮，参数配置如图 10.21 所示。

图 10.21　箱线图可视化(一)

(15) 单击“生成图表”按钮，如图 10.22 所示。

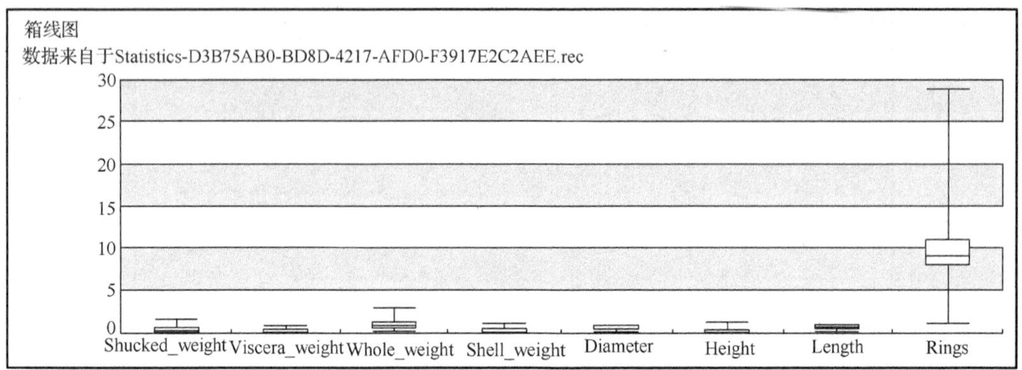

图 10.22　箱线图可视化(二)

我们经常需要观察某两项特征向量之间的线性关系是什么样的，通过什么方法分析以及展现出分析的结果？下面通过步骤(16)～(20)来完成这个分析任务。

(16) 使用趋势分析观察两个数据项之间的线性关系，这里将 Length 作为 X 轴，Whole weight 作为 Y 轴，用 2 次线性拟合函数进行拟合。执行“分析”→“多维特征分析”→“趋势分析”命令，如图 10.23 所示。

图 10.23　趋势分析(一)

(17) 趋势分析的参数配置如图 10.24 所示。

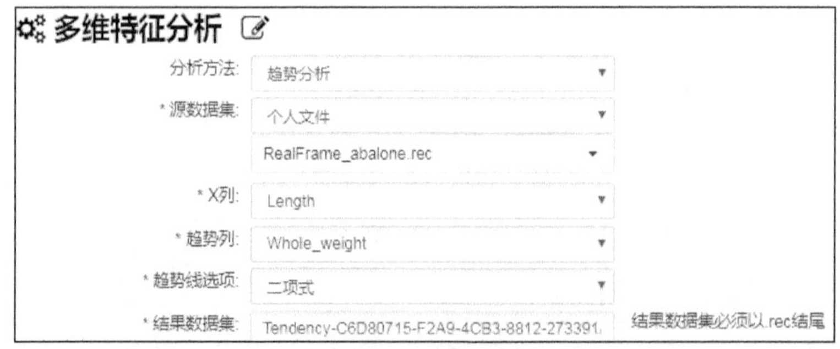

图 10.24　趋势分析(二)

(18) 单击结果链接，分析结果中新生成的 tendencyResult 为拟合出的列，如图 10.25 所示。

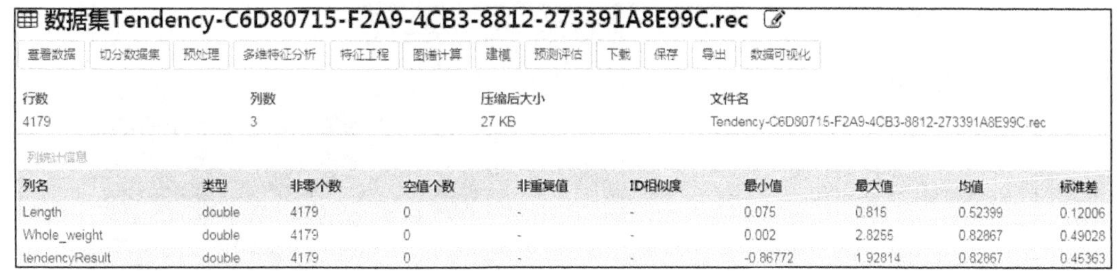

图 10.25 趋势分析(三)

(19) 使用趋势分析图对分析结果进行可视化，单击“数据可视化”按钮，参数配置如图 10.26 所示。

图 10.26 趋势分析图可视化(一)

(20) 单击“生成图表”按钮，如图 10.27 所示。

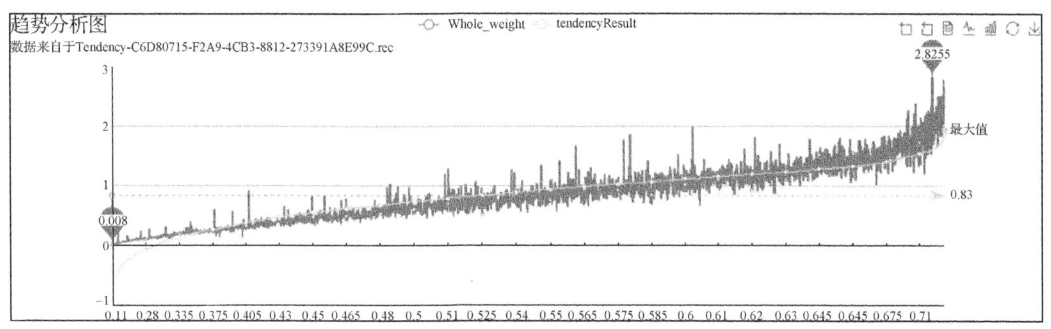

图 10.27 趋势分析图可视化(二)

特征工程的核心问题是特征抽取？那么本案例中应该通过什么方法来实现此目的？

下面通过步骤(21)～(25)来完成这个分析任务。

(21) 通过计算特征间的皮尔逊相关系数，观察不同特征之间的相关程度大小。在导航栏执行“分析”→“多维特征分析”→“关联性分析”命令，如图 10.28 所示。

图 10.28　关联性分析(一)

(22)关联性分析的参数配置如图 10.29 所示。

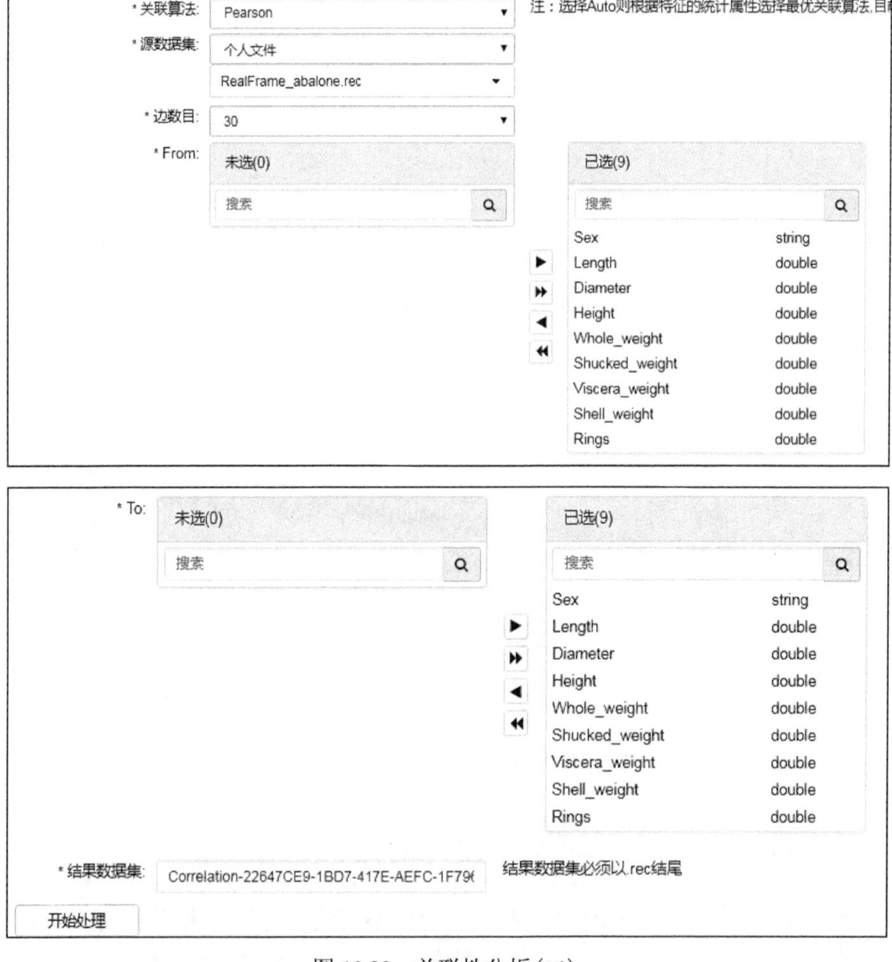

图 10.29　关联性分析(二)

(23) 单击结果链接，分析结果中新生成的 From 和 To 为列名，Correlation 为新生成的关联数值，如图 10.30 所示。

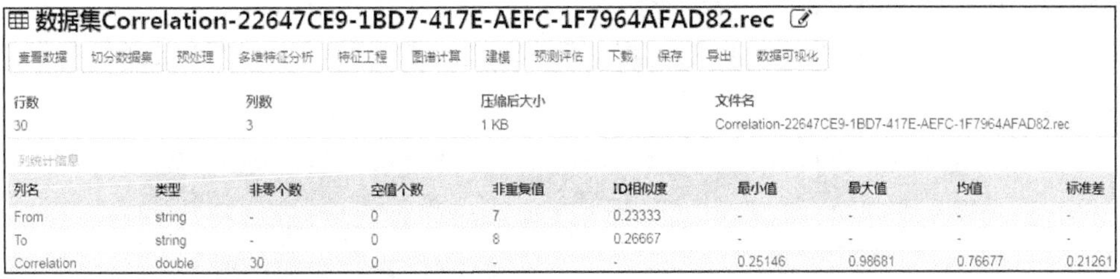

数据集Correlation-22647CE9-1BD7-417E-AEFC-1F7964AFAD82.rec

查看数据 切分数据集 预处理 多维特征分析 特征工程 图谱计算 建模 预测评估 下载 保存 导出 数据可视化

行数	列数	压缩后大小	文件名
30	3	1 KB	Correlation-22647CE9-1BD7-417E-AEFC-1F7964AFAD82.rec

列统计信息

列名	类型	非零个数	空值个数	非重复值	ID相似度	最小值	最大值	均值	标准差
From	string	-	0	7	0.23333	-	-	-	-
To	string	-	0	8	0.26667	-	-	-	-
Correlation	double	30	0	-	-	0.25146	0.98681	0.76677	0.21261

图 10.30　关联性分析(三)

(24) 使用和弦图对分析结果进行可视化，单击“数据可视化”按钮，参数配置如图 10.31 所示。

图 10.31　和弦图可视化(一)

(25) 单击“生成图表”按钮，如图 10.32 所示。

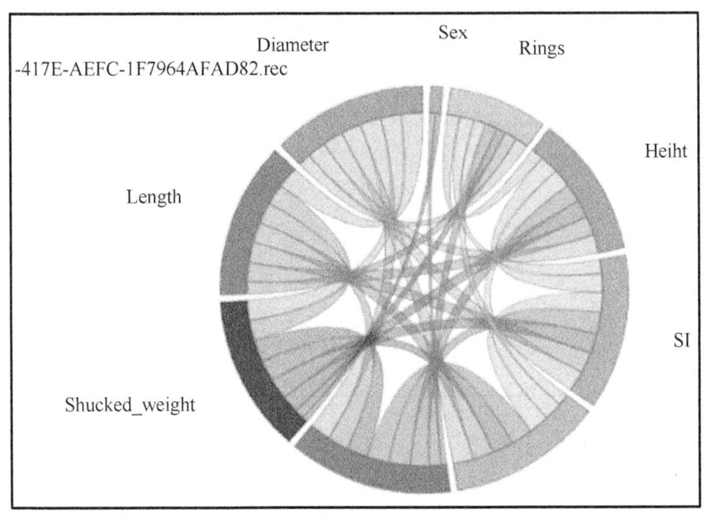

图 10.32　和弦图可视化(二)

至此我们完成了特征向量提取的工作，去除体重相关的特征，选择长度、直径、高度、生长纹作为参与训练模型的特征。

3) 数据建模

数据挖掘和机器学习的核心问题之一是如何构建数据模型，对于回归问题，我们可以尝试多种算法，比较这些算法结果上的差异。

(1) 首先需要将数据集分成训练集和测试集，执行“数据”→“切分数据集”命令，如图 10.33 所示。

图 10.33　切分数据集(一)

(2) 数据集选择 RealFrame_abalone.rec，按 0.8 训练集和 0.2 测试集的比例进行切分(也可以根据需求进行修改和命名)，如图 10.34 所示。单击“开始处理”按钮，切分成功后的结果如图 10.35 所示。

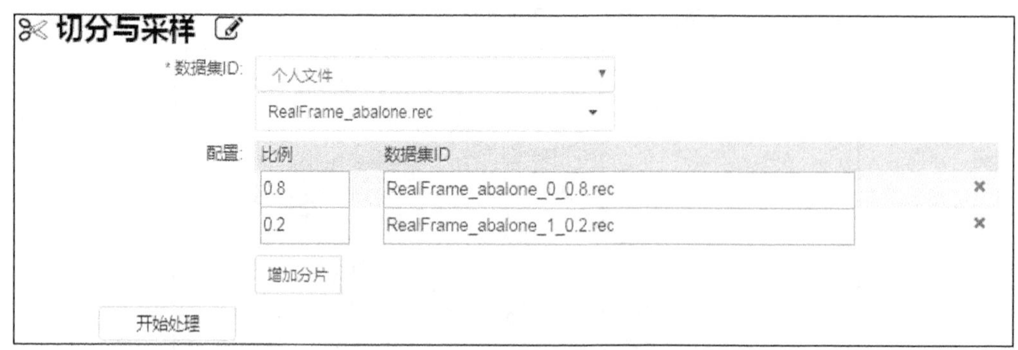

图 10.34　切分数据集(二)

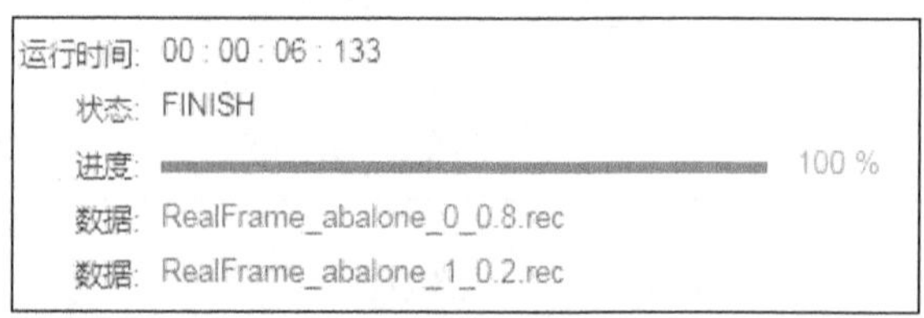

图 10.35　切分数据集(三)

(3) 单击链接 RealFrame_abalone_0_0.8.rec，切分后的数据集如图 10.36 所示。

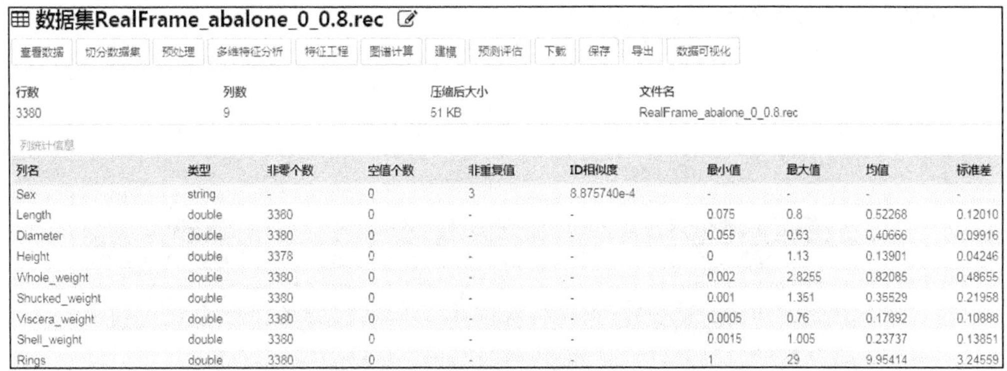
数据集RealFrame_abalone_0_0.8.rec

查看数据 切分数据集 预处理 多维特征分析 特征工程 图谱计算 建模 预测评估 下载 保存 导出 数据可视化

行数	列数	压缩后大小	文件名
3380	9	51 KB	RealFrame_abalone_0_0.8.rec

列统计信息

列名	类型	非零个数	空值个数	非重复值	ID相似度	最小值	最大值	均值	标准差
Sex	string	-	0	3	8.875740e-4	-	-	-	-
Length	double	3380	0	-	-	0.075	0.8	0.52268	0.12010
Diameter	double	3380	0	-	-	0.055	0.63	0.40666	0.09916
Height	double	3378	0	-	-	0	1.13	0.13901	0.04246
Whole_weight	double	3380	0	-	-	0.002	2.8255	0.82085	0.48655
Shucked_weight	double	3380	0	-	-	0.001	1.351	0.35529	0.21958
Viscera_weight	double	3380	0	-	-	0.0005	0.76	0.17892	0.10888
Shell_weight	double	3380	0	-	-	0.0015	1.005	0.23737	0.13851
Rings	double	3380	0	-	-	1	29	9.95414	3.24559

图 10.36　切分数据集(四)

(4)单击“建模”按钮，选择“广义线性”算法，参数配置如图 10.37 所示。

构建模型
训练模型: 广义线性
基本参数
* modelName: GLM-38119B6D-AB3C-484E-BE9E-85414EF35 模型名称
* sourceFrame: 个人文件 训练数据集
RealFrame_abalone_0_0.8.rec
nFolds: 交叉认证标识，须为非负整数，若输入大于2的整数，则进行交叉验证
batchGroupColumn: 请选择 批量建模标识，如要进行批量建模，须选择离散列
* responseColumn: Whole_weight 目标列
* selectColumns: 未选(5) 已选(4)
搜索 搜索
Sex string Length double
Whole_weight double Diameter double
Shucked_weight double Height double
Viscera_weight double Rings double
Shell_weight double
* family: gaussian 选择高斯分布（gaussian）为回归分析，二项式（binomial）为二分类逻辑回归，为多分类逻辑回归
* solver: auto 求解方法，l-bfgs为拟牛顿法，normal为最小二乘法，auto为系统自动选择
高级参数
standardization: 是否对特征向量进行标准化，建议勾选
fitIntercept: 是否使用截距项
* threshold: 0.5 逻辑回归分类阈值，须为0到1之间的数
专家参数
* tol: 0 误差容忍度，拟牛顿法的结束条件，当结果小于这个值时候，迭代停止，须为非负
* maxIter: 10 最大迭代运算次数，须为正整数
* regParam: 0 惩罚项系数，0代表无惩罚项，须为非负数
* elasticNetParam: 1 惩罚权重，0为只使用L2惩罚，1为只使用L1惩罚，0到1之间则根据权重结合使用属性，L1惩罚倾向于忽略某些属性
训练过程实时展现: 是否实时展现训练过程中的loss值
开始处理

图 10.37　广义线性算法建模(一)

(5)单击“开始处理”按钮，完成后模型结果链接如图 10.38 所示。

模型-GLM-38119B6D-AB3C-484E-BE9E-85414EF356C2
模型名称: GLM-38119B6D-AB3C-484E-BE9E-85414EF356C2
算法名称: GLM
计算引擎: Spark
预测评估
下载模型文件
预测接口
Length
Diameter
Height
Rings
0
0.3
0.6
0.9
1.2
1.5
1.8

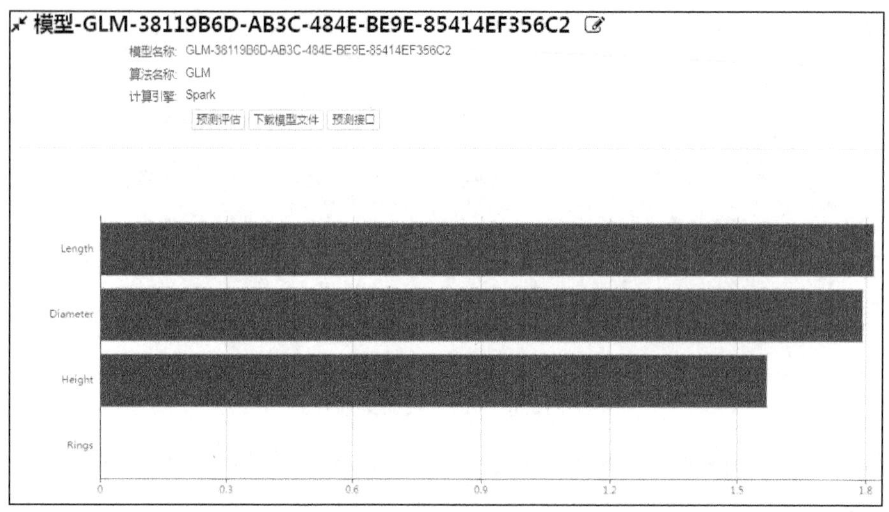

图 10.38　广义线性算法建模(二)

(6)图 10.39 为模型参数的详细信息。

模型参数

名称	值
traningData	{"name":"RealFrame_abalone_0_0.8.rec"}
selectColumnTypes	["double","double","double","double"]
elasticNetParam	1
responseColumn	Whole_weight
standardization	true
threshold	0.5
regParam	0
tol	0
fitIntercept	true
algorithmType	回归
maxIter	10
selectColumns	["Rings","Height","Diameter","Length"]
family	gaussian
solver	auto
algorithm	GLM

图 10.39　广义线性算法建模(三)

(7)模型训练完毕，接下来需要在测试集上对其进行预测评估，单击“预测评估”按钮，选择RealFrame_abalone_1_0.2.rec测试集，如图 10.40 所示。

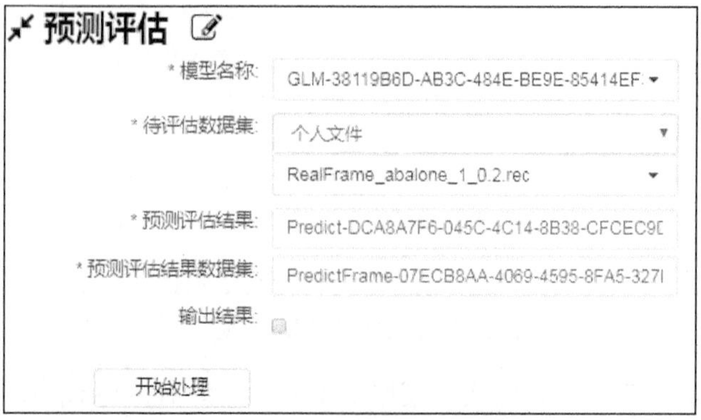

预测评估
* 模型名称: GLM-38119B6D-AB3C-484E-BE9E-85414EF
* 待评估数据集: 个人文件
RealFrame_abalone_1_0.2.rec
* 预测评估结果: Predict-DCA8A7F6-045C-4C14-8B38-CFCEC9
* 预测评估结果数据集: PredictFrame-07ECB8AA-4069-4595-8FA5-327
输出结果:
开始处理

图 10.40　广义线性算法建模(四)

(8) 单击“开始处理”按钮，处理完成后得到两个链接，分别为预测数据集链接和评估结果链接，如图 10.41 所示。

图 10.41　广义线性算法建模(五)

(9) 单击评估结果链接可以看到预测评估结果的有关参数，如图 10.42 所示。

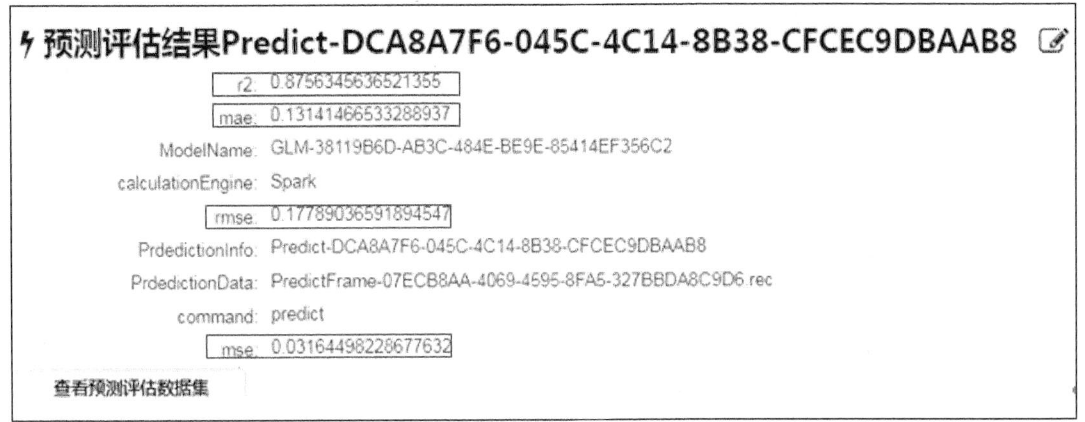

图 10.42　广义线性算法建模(六)

(10) 单击预测数据集链接，如图 10.43 所示。

数据集PredictFrame-07ECB8AA-4069-4595-8FA5-327BBDA8C9D6.rec

查看数据　切分数据集　预处理　多维特征分析　特征工程　图谱计算　建模　预测评估　下载　保存　导出　数据可视化

行数	列数	压缩后大小	文件名
799	10	26 KB	PredictFrame-07ECB8AA-4069-4595-8FA5-327BBDA8C9D6.rec

列统计信息

列名	类型	非零个数	空值个数	非重复值	ID相似度	最小值	最大值	均值	标准差
prediction	double	799	0	-	-	-0.54163	1.96700	0.84882	0.45267
Sex	string	-	0	2	0.00250	-	-	-	-
Length	double	799	0	-	-	0.135	0.815	0.52954	0.11982
Diameter	double	799	0	-	-	0.12	0.65	0.41306	0.09934
Height	double	799	0	-	-	0.03	0.25	0.14165	0.03895
Whole_weight	double	799	0	-	-	0.021	2.657	0.86177	0.50475
Shucked_weight	double	799	0	-	-	0.0075	1.488	0.37637	0.23093
Viscera_weight	double	799	0	-	-	0.0045	0.6415	0.18758	0.11234
Shell_weight	double	799	0	-	-	0.0065	0.815	0.24496	0.14187
Rings	double	799	0	-	-	3	24	9.84481	3.12856

图 10.43　广义线性算法建模(七)

(11) 单击“数据可视化”按钮，选择“散点图”对预测评估数据集进行可视化，参数配置如图 10.44 所示。

(12) 单击“生成图表”按钮，如图 10.45 所示。可以查看线性模型的预测结果和真值的差别。

图 10.44　广义线性算法建模（八）

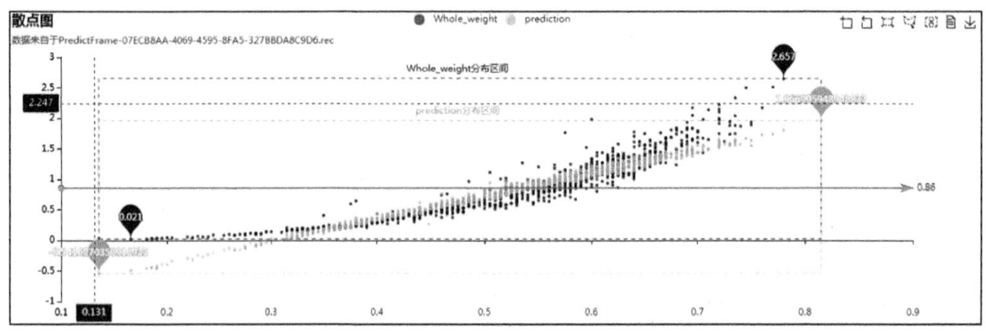

图 10.45　广义线性算法建模（九）

（13）考虑到线性模型是回归算法中最简单的模型，我们可以使用更复杂的模型来进行实验。选择梯度提升树算法，参数配置如图 10.46 所示。

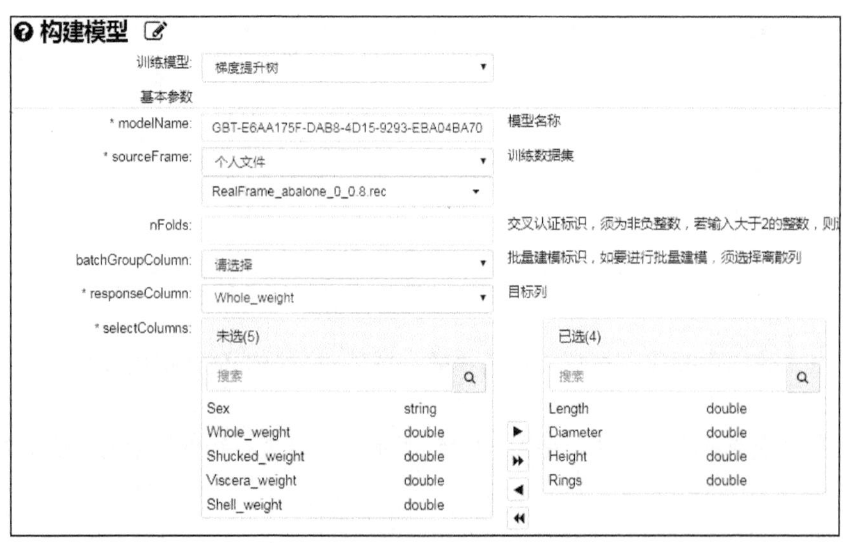

* lossType:	squared	损失类型，logistic用于二分类，squared用于回归
* maxIter:	5	最大迭代运算次数，须为正整数
* maxDepth:	5	生成的树的最大深度，须为正整数
高级参数		
* minInfoGain:	0	最小信息增益，当信息增益小于这个值时，分类出来的枝叶被
* maxBins:	32	最大的离散化分片数，数值越大则决策树的粒度越大，须为正
* minInstancesPerNode:	1	生成树的时候最小的分叉数，当分叉数小于这个数，这个节点
* subsamplingRate:	1	用于每棵树训练抽取数据的大小百分比，须为0-1之间的数
* stepSize:	0.1	步长，即学习速度，须为0.01到1之间的数
专家参数		
cacheNodeIds:		数据调度参数，生成的树是否在内存中保存
* checkpointInterval:	10	节点更新间隔，须为正整数

开始处理

图 10.46 梯度提升树算法建模(一)

(14) 单击“开始处理”按钮，完成后模型结果链接如图 10.47 所示。

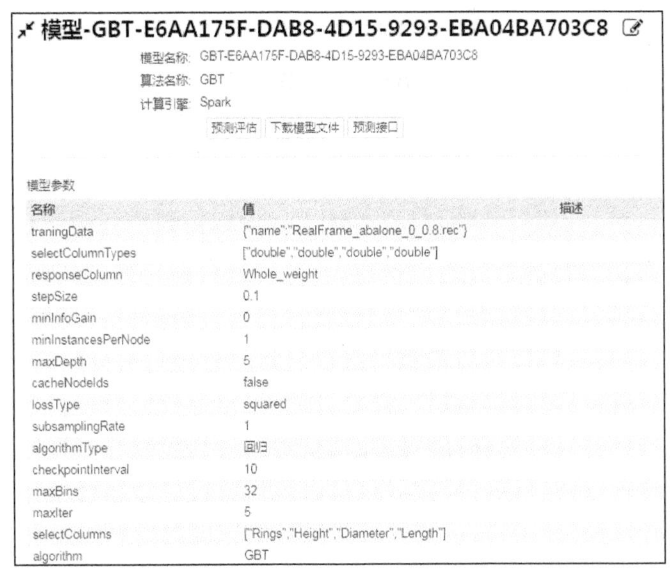

模型-GBT-E6AA175F-DAB8-4D15-9293-EBA04BA703C8

模型名称: GBT-E6AA175F-DAB8-4D15-9293-EBA04BA703C8
算法名称: GBT
计算引擎: Spark
预测评估 下载模型文件 预测接口

模型参数

名称	值	描述
traningData	{"name":"RealFrame_abalone_0_0.8.rec"}	
selectColumnTypes	["double","double","double","double"]	
responseColumn	Whole_weight	
stepSize	0.1	
minInfoGain	0	
minInstancesPerNode	1	
maxDepth	5	
cacheNodeIds	false	
lossType	squared	
subsamplingRate	1	
algorithmType	回归	
checkpointInterval	10	
maxBins	32	
maxIter	5	
selectColumns	["Rings","Height","Diameter","Length"]	
algorithm	GBT	

图 10.47 梯度提升树算法建模(二)

(15) 模型训练完毕，在测试集上对其进行预测评估，单击“预测评估”按钮，选择 RealFrame_abalone_1_0.2.rec测试集，如图 10.48 所示。单击“开始处理”按钮，处理完成后得到两个链接，分别为预测数据集链接和评估结果链接。

预测评估

* 模型名称: GBT-E6AA175F-DAB8-4D15-9293-EBA04BA
* 待评估数据集: 个人文件
RealFrame_abalone_1_0.2.rec
* 预测评估结果: Predict-92FBD02D-E314-4C7C-85BA-A1A23BC
* 预测评估结果数据集: PredictFrame-83698378-4D24-4ADB-BA0C-711
输出结果: 输出预测目标 类,多层感知分

开始处理

运行时间: 00 : 00 : 04 : 288
状态: FINISH
进度: 100 %
数据: PredictFrame-83698378-4D24-4ADB-BA0C-711C9A9B1987.rec
评估结果: Predict-92FBD02D-E314-4C7C-85BA-A1A23BD4C5FB

图 10.48 梯度提升树算法建模(三)

(16)单击评估结果链接，如图 10.49 所示。通过 r2 指标可以看到梯度提升树算法回归准确度更高一些。

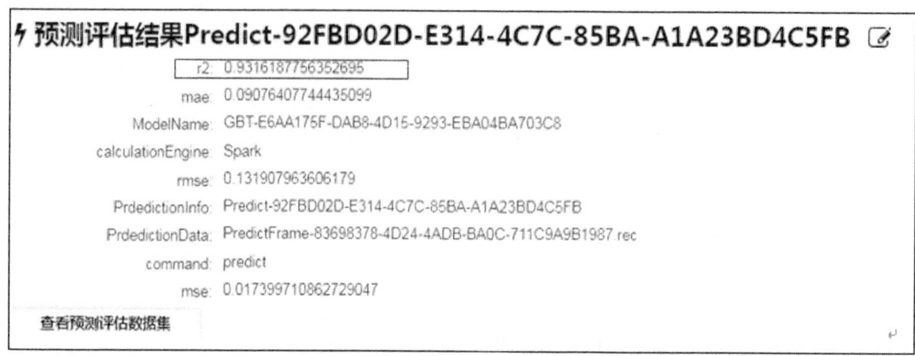

图 10.49　梯度提升树算法建模(四)

(17)单击预测数据集链接，如图 10.50 所示。

数据集PredictFrame-83698378-4D24-4ADB-BA0C-711C9A9B1987.rec

查看数据　切分数据集　预处理　多维特征分析　特征工程　图谱计算　建模　预测评估　下载　保存　导出　数据可视化

行数	列数	压缩后大小	文件名
799	10	21 KB	PredictFrame-83698378-4D24-4ADB-BA0C-711C9A9B1987.rec

列统计信息

列名	类型	非零个数	空值个数	非重复值	ID相似度	最小值	最大值	均值	标准差
prediction	double	799	0	-	-	0.04942	2.22884	0.85632	0.48741
Sex	string	-	0	2	0.00250	-	-	-	-
Length	double	799	0	-	-	0.135	0.815	0.52954	0.11982
Diameter	double	799	0	-	-	0.12	0.65	0.41306	0.09934
Height	double	799	0	-	-	0.03	0.25	0.14165	0.03895
Whole_weight	double	799	0	-	-	0.021	2.657	0.86177	0.50475
Shucked_weight	double	799	0	-	-	0.0075	1.488	0.37637	0.23093
Viscera_weight	double	799	0	-	-	0.0045	0.6415	0.18758	0.11234
Shell_weight	double	799	0	-	-	0.0065	0.815	0.24496	0.14187
Rings	double	799	0	-	-	3	24	9.84481	3.12856

图 10.50　梯度提升树算法建模(五)

(18)单击“数据可视化”按钮，选择“散点图”对预测评估数据集进行可视化，参数配置如图 10.51 所示。

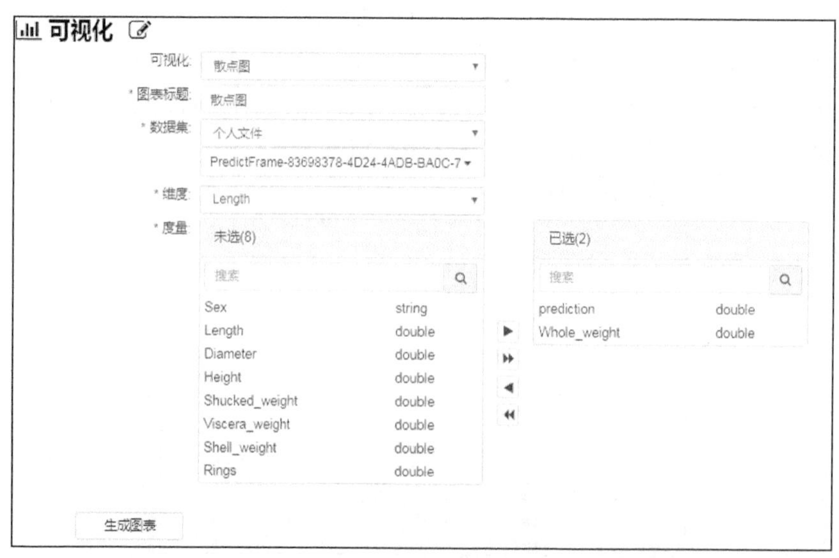

图 10.51　梯度提升树算法建模(六)

(19) 单击“生成图表”按钮，如图 10.52 所示。可以看出梯度提升树模型的预测结果要比线性模型的预测结果准一些。

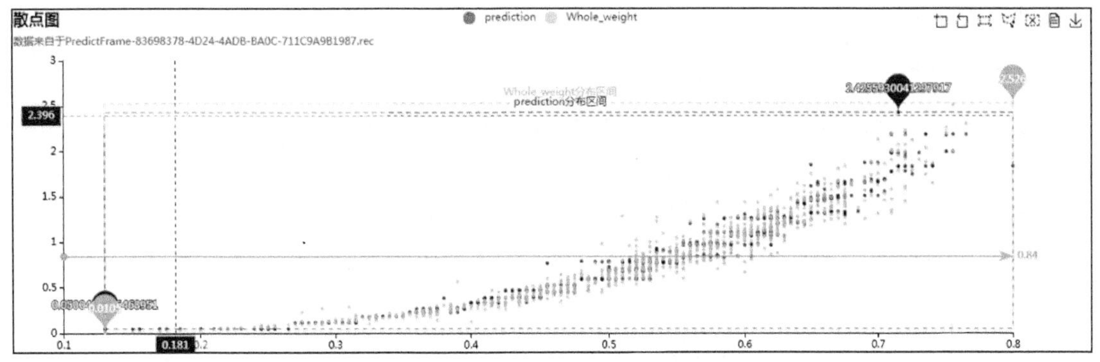

图 10.52　梯度提升树算法建模(七)

至此我们通过运用不同的算法：广义线性、梯度提升树，完成了数据建模工作。

6. 实验总结

首先，读者对本实验的业务背景、数据准备以及分析思路有所了解。其次，通过学习本实验分析思路，可掌握广义线性算法和梯度提升树算法。最后，通过本实验掌握对 RealRec 数据科学平台的操作，使得进行实验分析时更方便易行，更加快速地解决实际业务场景的业务问题及痛点。

7. 课后思考

(1) 趋势分析中，如果拟合函数选为更低和更高的次数，对结果会有什么样的影响？

(2) 本实验中的相关性分析，为什么由于 Sex 是字符型，无法参与相关性分析？

(3) 关联分析后的结果，如果选择的不是和弦图，还可以选择什么样的图形选项来展示？读者可以尝试力导向图。

(4) 对比广义线性和梯度提升树分别建立的模型，能得出什么样的结论？

(5) 预测服务，如果选用梯度提升树模型，预测结果会有什么不同？

10.2　实验二：高校贫困生识别

1. 实验简介

目前高校贫困生认定由各院系班级组成的认定评议小组民主评议学生的贫困生申请。认定评议小组根据学生提交的《高等学校家庭经济困难学生认定申请表》和《高等学校学生及家庭情况调查表》，结合学生日常消费行为进行评议，确定各档次的家庭经济困难学生资格，报各院系部认定工作组进行审核。这种贫困生资格认定工作，覆盖面不全，工作量大，人工干预过多，存在漏查和人情关系照顾的可能，造成资源的浪费和真正需要帮助的人无法获得补贴，所以要利用科学的机器学习算法来进行贫困生评定。

真实贫困生现象反映到生活中，直观现象就是贫困生的消费能力低于全部学生的平均水平，只有日常基本的消费行为和消费能力处于马斯洛需求层次理论的一二层次，很少有更高层次的消费需求。

2. 实验目的

☎1◑熟悉业务场景，采用适当的机器学习算法解决业务痛点。

☎2◑掌握 K-means 的原理及其运用。

☎3◑提高学生动手操作能力和解决实际业务问题的能力。

3. 相关原理与技术

1) 马斯洛需求层次理论

马斯洛需求层次理论是人本主义科学的理论之一，由美国心理学家亚伯拉罕·马斯洛于 1943 年在《人类激励理论》论文中提出。书中将人类需求像阶梯一样从低到高按层次分为五种，分别是生理需求、安全需求、社交需求、尊重需求和自我实现需求。

2) RFM 理论

RFM 模型是衡量客户价值和客户创利能力的重要工具与手段。该模型通过一个客户的近期购买行为(Recency)、购买的总体频率(Frequency)以及总体消费金额(Monetary)三项指标来描述该客户的价值状况。

3) K-means 算法

K-means 是经典聚类算法之一，也是聚类分析中使用最广泛的算法之一。由于该算法的效率高，所以在对大规模数据进行聚类时被广泛应用。目前，许多算法均围绕着该算法进行扩展和改进。

K-means 的实现过程大致表示如下。

(1) 随机选取 K 个初始聚类中心。

(2) 计算每个样本到各聚类中心的距离，将每个样本归到其距离最近的聚类中心。

(3) 对每个簇，以所有样本的均值作为该簇新的聚类中心。

(4) 重复第(2)～(3)步，直到聚类中心不再变化或达到设定的迭代次数。

4. 实验操作流程

本实验的操作流程如图 10.53 所示。

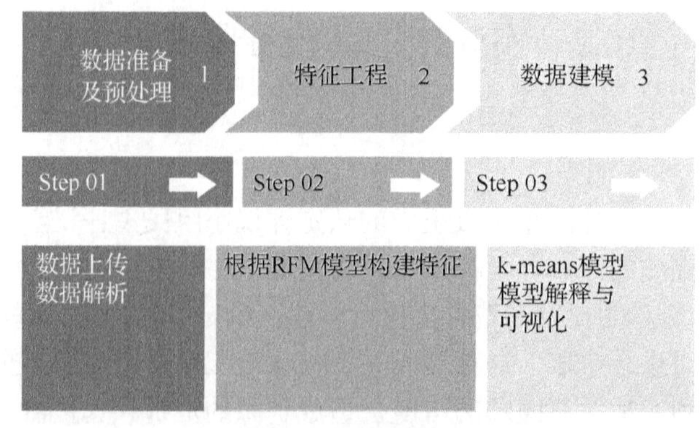

图 10.53 操作流程

5. 实验方案与过程

1) 数据准备及预处理

首先，准备数据：card_train001.txt(校园一卡通消费记录)。

观察图 10.54 所示数据表格中的各项信息，了解数据的属性，将数据 card_train001.txt 导入 RealRec 数据科学平台，等待数据上传成功后，进行数据解析的配置工作，数据集的类型根据需要进行修改。

	A	B	C	D	E	F	G
1	学号	消费类型	消费地点	消费项目	消费时间	消费金额	余额
2	1006	POS消费	地点551	淋浴	2013/9/1 0:00	0.5	124.9
3	1968	POS消费	地点159	淋浴	2013/9/1 0:00	0.1	200.14
4	1006	POS消费	地点551	淋浴	2013/9/1 0:00	0.5	124.9
5	1968	POS消费	地点159	淋浴	2013/9/1 0:00	0.1	200.14
6	1406	POS消费	地点660	开水	2013/9/1 0:00	0.01	374.42
7	1406	POS消费	地点660	开水	2013/9/1 0:00	0.01	374.42
8	1406	POS消费	地点78	其他	2013/9/1 0:00	0.6	373.82
9	1406	POS消费	地点78	其他	2013/9/1 0:00	0.6	373.82
10	13554	POS消费	地点6	淋浴	2013/9/1 0:00	0.5	322.37
11	13554	POS消费	地点6	淋浴	2013/9/1 0:00	0.5	322.37
12	5582	POS消费	地点30	开水	2013/9/1 0:00	0.27	512.04
13	5582	POS消费	地点30	开水	2013/9/1 0:00	0.27	512.04
14	4784	POS消费	地点31	淋浴	2013/9/1 0:00	0.9	60.59
15	4784	POS消费	地点31	淋浴	2013/9/1 0:00	0.9	60.59
16	12908	POS消费	地点590	淋浴	2013/9/1 0:00	0.4	95.7

图 10.54　数据信息

(1) 打开浏览器，在地址栏中输入 localhost:8080/manager，在邮箱输入框中输入 realrec@neusoft.com，在密码框中输入 1，然后单击“登录”按钮。单击左侧数据科学平台进入链接，进入系统。单击关闭或者双击创建空白脚本关闭此引导页。

(2) 帮助页面如图 10.55 所示，单击 frameList(查看数据集列表)。

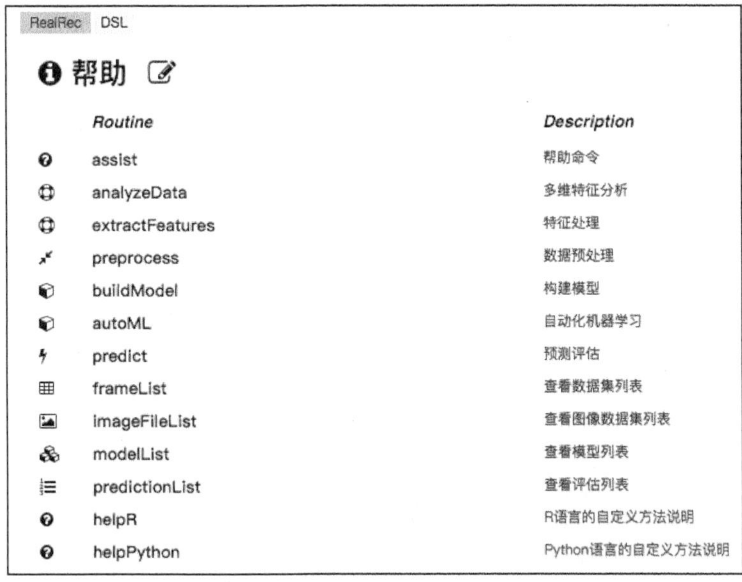

图 10.55　帮助页面

(3) 数据集列表如图 10.56 所示，在数据集列表页面搜索模板数据集 card_train001.template，单击“解析”按钮，进行数据解析。

图 10.56　数据集列表

(4) 数据解析，解析结果命名为 RealFrame_card_train001.rec，列类型选择如图 10.57 中表格的第二列所示。由于列名信息中不包括字段名，为了后续数据处理的需要，需要修改成包含列名称。修改列名：为了下面数据的易读性和可解读性将 1006 替换成 sid，POS 消费替换成 exp_ctgr，将地点 511 替换成 exp_addr，淋浴替换成 exp_tp，时间日期替换成 exp_dt，将 0.5 替换成 exp_amt，第 7 列列名替换成 rsd_amt。字段属性需要将字符型的更改为 String，时间序列需要更改为 Time 类型，其他的为 Numeric。

数据解析local

参数配置

数据来源: local
源文件: card_train001.template
源格式: template
* 分隔符: ,
* 列名信息: 第一行不包含列名
* 结果命名: RealFrame_card_train001.rec

编辑列名称和类型

根据列名搜索

1	sid	Numeric	1006	1968	1006	1968
2	exp_ctgr	String	POS消费	POS消费	POS消费	POS消费
3	exp_addr	String	地点551	地点159	地点551	地点159
4	exp_tp	String	淋浴	淋浴	淋浴	淋浴
5	exp_dt	Time	2013/09/01 00:00:32	2013/09/01 00:00:39	2013/09/01 00:00:32	2013/09/01 00:00:39
6	exp_amt	Numeric	0.5	0.1	0.5	0.1
7	rsd_amt	Numeric	124.9	200.14	124.9	200.14

上一页　下一页

开始处理

图 10.57　数据解析(一)

(5) 单击“开始处理”按钮后，解析结果如图 10.58 所示，如单击查看结果按钮可以查看解析后的数据集。

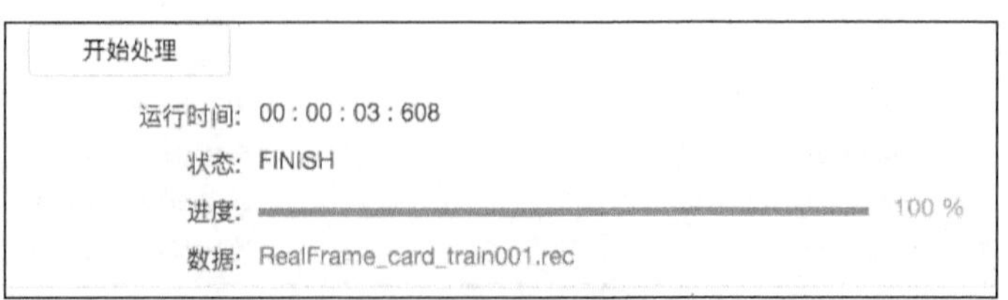

图 10.58　数据解析(二)

(6) 此时可以看到数据的汇总信息，如是否有空值、最大值、最小值、均值、标准差等，可以对数据有个整体的认识。数据集信息如图 10.59 所示。

数据集RealFrame_card_train001.rec

查看数据 切分数据集 预处理 多维特征分析 特征工程 图谱计算 建模 预测评估 下载 保存 导出 数据可视化

行数	列数	压缩后大小	文件名
6826	7	87 KB	RealFrame_card_train001.rec

列统计信息

列名	类型	非零个数	空值个数	非重复值	ID相似度	最小值	最大值	均值	标准差
sid	double	6824	0	-	-	0	22066	1.424093e+4	5.807768e+3
exp_ctgr	string	-	0	5	7.324934e-4	-	-	-	-
exp_addr	string	-	98	216	0.03164	-	-	-	-
exp_tp	string	-	98	10	0.00146	-	-	-	-
exp_dt	timestamp	-	0	2647	0.38778	-	-	-	-
exp_amt	double	6816	0	-	-	-27	700	4.73289	29.16541
rsd_amt	double	6814	0	-	-	0	1939.27	303.96545	288.09797

图 10.59　数据集信息

至此我们完成了数据预处理的相关工作，为接下来的工作做好了数据(RealFrame_card_train001.rec)准备。

2) 特征工程

为了更有效地完成模型建立工作，需要对数据进行预处理工作，包括按周期统计学生的消费行为、用衍生变量描述学生的消费行为等，这里使用 SQL 语句进行数据的预处理工作。

RFM 模型较为动态地显示了一个客户的全部轮廓，这为个性化的沟通和服务提供了依据，同时，如果与该客户打交道的时间足够长，也能够较为精确地判断该客户的长期价值(甚至是终身价值)，通过改善三项指标的状况，从而为更多的营销决策提供支持。依据 RFM 如何构建数据集呢？下面通过步骤(1)~(7)来完成这个分析任务。

(1) 新建命令页面如图 10.60 所示，单击“+”按钮，插入脚本，选择 SQL 选项。

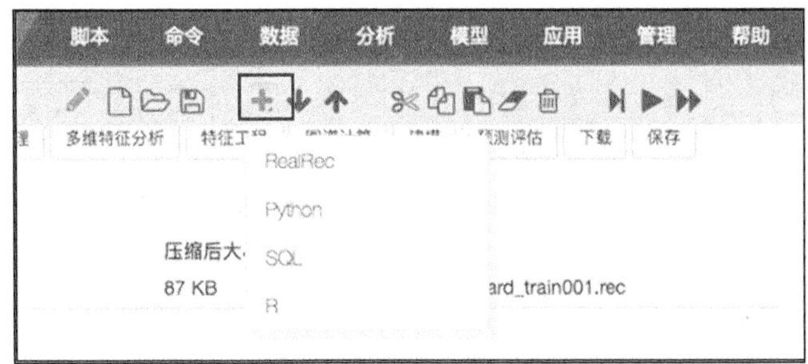

图 10.60　新建命令

(2) 将以下 SQL 的内容复制、粘贴到命令框中，如图 10.61 所示，单击“运行”快捷图标 ▶。

```
select
s_all.sid
,COALESCE(r_30,0) as card_r30
,COALESCE(f_30,0) as card_f30
,COALESCE(m_30,0) as card_m30
,COALESCE(r_90,0) as card_r90
,COALESCE(f_90,0) as card_f90
,COALESCE(m_90,0) as card_m90
,COALESCE(r_180,0) as card_r180
,COALESCE(f_180,0) as card_f180
,COALESCE(m_180,0) as card_m180
,COALESCE(r_360,0) as card_r360
,COALESCE(f_360,0) as card_f360
,COALESCE(m_360,0) as card_m360
,COALESCE(r_720,0) as card_r720
,COALESCE(f_720,0) as card_f720
,COALESCE(m_720,0) as card_m720

,COALESCE(necess_f_30,0) as necess_f_30
,COALESCE(shop_f_30,0) as shop_f_30
,COALESCE(std_f_30,0) as std_f_30
,COALESCE(pay_f_30,0) as pay_f_30
,COALESCE(shower_f_30,0) as shower_f_30
,COALESCE(necess_m_30,0) as necess_m_30
,COALESCE(shop_m_30,0) as shop_m_30
,COALESCE(std_m_30,0) as std_m_30
,COALESCE(pay_m_30,0) as pay_m_30
,COALESCE(shower_m_30,0) as shower_m_30

,COALESCE(necess_f_90,0) as necess_f_90
,COALESCE(shop_f_90,0) as shop_f_90
,COALESCE(std_f_90,0) as std_f_90
,COALESCE(pay_f_90,0) as pay_f_90
,COALESCE(shower_f_90,0) as shower_f_90
,COALESCE(necess_m_90,0) as necess_m_90
,COALESCE(shop_m_90,0) as shop_m_90
,COALESCE(std_m_90,0) as std_m_90
,COALESCE(pay_m_90,0) as pay_m_90
,COALESCE(shower_m_90,0) as shower_m_90

,COALESCE(necess_f_180,0) as necess_f_180
,COALESCE(shop_f_180,0) as shop_f_180
,COALESCE(std_f_180,0) as std_f_180
,COALESCE(pay_f_180,0) as pay_f_180
,COALESCE(shower_f_180,0) as shower_f_180
,COALESCE(necess_m_180,0) as necess_m_180
,COALESCE(shop_m_180,0) as shop_m_180
,COALESCE(std_m_180,0) as std_m_180
```

```
,COALESCE(pay_m_180,0) as pay_m_180
,COALESCE(shower_m_180,0) as shower_m_180

,COALESCE(necess_f_360,0) as necess_f_360
,COALESCE(shop_f_360,0) as shop_f_360
,COALESCE(std_f_360,0) as std_f_360
,COALESCE(pay_f_360,0) as pay_f_360
,COALESCE(shower_f_360,0) as shower_f_360
,COALESCE(necess_m_360,0) as necess_m_360
,COALESCE(shop_m_360,0) as shop_m_360
,COALESCE(std_m_360,0) as std_m_360
,COALESCE(pay_m_360,0) as pay_m_360
,COALESCE(shower_m_360,0) as shower_m_360

,COALESCE(necess_f_720,0) as necess_f_720
,COALESCE(shop_f_720,0) as shop_f_720
,COALESCE(std_f_720,0) as std_f_720
,COALESCE(pay_f_720,0) as pay_f_720
,COALESCE(shower_f_720,0) as shower_f_720
,COALESCE(necess_m_720,0) as necess_m_720
,COALESCE(shop_m_720,0) as shop_m_720
,COALESCE(std_m_720,0) as std_m_720
,COALESCE(pay_m_720,0) as pay_m_720
,COALESCE(shower_m_720,0) as shower_m_720

from
(select sid
from RealFrame_card_train001.rec
group by sid) as s_all
left join
(select
sid
,min(datediff('2015-08-31',exp_dt)) as r_30
,count(distinct exp_dt) as f_30
,sum(exp_amt) as m_30

,sum(case when exp_tp in ('食堂','开水') then 1 else 0 end) as necess_f_30
,sum(case when exp_tp='超市' then 1 else 0 end) as shop_f_30
,sum(case when exp_tp in ('校车','图书馆') then 1 else 0 end) as std_f_30
,sum(case when exp_tp='洗衣房' then 1 else 0 end) as pay_f_30
,sum(case when exp_tp='淋浴' then 1 else 0 end) as shower_f_30
,sum(case when exp_tp in ('食堂','开水') then exp_amt else 0 end) as necess_m_30
,sum(case when exp_tp='超市' then exp_amt else 0 end) as shop_m_30
,sum(case when exp_tp in ('校车','图书馆') then exp_amt else 0 end) as std_m_30
,sum(case when exp_tp='洗衣房' then exp_amt else 0 end) as pay_m_30
,sum(case when exp_tp='淋浴' then exp_amt else 0 end) as shower_m_30
from RealFrame_card_train001.rec
where
```

```
exp_dt>=date_sub('2015-08-31',30)
and exp_dt<='2015-08-31'
group by
sid) as s_30
on
s_all.sid=s_30.sid
left join
(select
sid
,min(datediff(date_sub('2015-08-31',30),exp_dt)) as r_90
,count(distinct exp_dt) as f_90
,sum(exp_amt) as m_90
,sum(case when exp_tp in ('食堂','开水') then 1 else 0 end) as necess_f_90
,sum(case when exp_tp='超市' then 1 else 0 end) as shop_f_90
,sum(case when exp_tp in ('校车','图书馆') then 1 else 0 end) as std_f_90
,sum(case when exp_tp='洗衣房' then 1 else 0 end) as pay_f_90
,sum(case when exp_tp='淋浴' then 1 else 0 end) as shower_f_90
,sum(case when exp_tp in ('食堂','开水') then exp_amt else 0 end) as necess_m_90
,sum(case when exp_tp='超市' then exp_amt else 0 end) as shop_m_90
,sum(case when exp_tp in ('校车','图书馆') then exp_amt else 0 end) as std_m_90
,sum(case when exp_tp='洗衣房' then exp_amt else 0 end) as pay_m_90
,sum(case when exp_tp='淋浴' then exp_amt else 0 end) as shower_m_90
from RealFrame_card_train001.rec
where
exp_dt>=date_sub('2015-08-31',90)
and exp_dt<=date_sub('2015-08-31',30)
group by
sid) as s_90
on
s_all.sid=s_90.sid
left join
(select
sid
,min(datediff(date_sub('2015-08-31',90),exp_dt)) as r_180
,count(distinct exp_dt) as f_180
,sum(exp_amt) as m_180
,sum(case when exp_tp in ('食堂','开水') then 1 else 0 end) as necess_f_180
,sum(case when exp_tp='超市' then 1 else 0 end) as shop_f_180
,sum(case when exp_tp in ('校车','图书馆') then 1 else 0 end) as std_f_180
,sum(case when exp_tp='洗衣房' then 1 else 0 end) as pay_f_180
,sum(case when exp_tp='淋浴' then 1 else 0 end) as shower_f_180
,sum(case when exp_tp in ('食堂','开水') then exp_amt else 0 end) as necess_m_180
,sum(case when exp_tp='超市' then exp_amt else 0 end) as shop_m_180
,sum(case when exp_tp in ('校车','图书馆') then exp_amt else 0 end) as std_m_180
,sum(case when exp_tp='洗衣房' then exp_amt else 0 end) as pay_m_180
,sum(case when exp_tp='淋浴' then exp_amt else 0 end) as shower_m_180
from RealFrame_card_train001.rec
where
```

```
exp_dt>=date_sub('2015-08-31',180)
and exp_dt<=date_sub('2015-08-31',90)
group by
sid) as s_180
on
s_all.sid=s_180.sid
left join
(select
sid
,min(datediff(date_sub('2015-08-31',180),exp_dt)) as r_360
,count(distinct exp_dt) as f_360
,sum(exp_amt) as m_360
,sum(case when exp_tp in ('食堂','开水') then 1 else 0 end) as necess_f_360
,sum(case when exp_tp='超市' then 1 else 0 end) as shop_f_360
,sum(case when exp_tp in ('校车','图书馆') then 1 else 0 end) as std_f_360
,sum(case when exp_tp='洗衣房' then 1 else 0 end) as pay_f_360
,sum(case when exp_tp='淋浴' then 1 else 0 end) as shower_f_360
,sum(case when exp_tp in ('食堂','开水') then exp_amt else 0 end) as necess_m_360
,sum(case when exp_tp='超市' then exp_amt else 0 end) as shop_m_360
,sum(case when exp_tp in ('校车','图书馆') then exp_amt else 0 end) as std_m_360
,sum(case when exp_tp='洗衣房' then exp_amt else 0 end) as pay_m_360
,sum(case when exp_tp='淋浴' then exp_amt else 0 end) as shower_m_360
from RealFrame_card_train001.rec
where
exp_dt>=date_sub('2015-08-31',360)
and exp_dt<=date_sub('2015-08-31',180)
group by
sid) as s_360
on
s_all.sid=s_360.sid
left join
(select
sid
,min(datediff(date_sub('2015-08-31',360),exp_dt)) as r_720
,count(distinct exp_dt) as f_720
,sum(exp_amt) as m_720
,sum(case when exp_tp in ('食堂','开水') then 1 else 0 end) as necess_f_720
,sum(case when exp_tp='超市' then 1 else 0 end) as shop_f_720
,sum(case when exp_tp in ('校车','图书馆') then 1 else 0 end) as std_f_720
,sum(case when exp_tp='洗衣房' then 1 else 0 end) as pay_f_720
,sum(case when exp_tp='淋浴' then 1 else 0 end) as shower_f_720
,sum(case when exp_tp in ('食堂','开水') then exp_amt else 0 end) as necess_m_720
,sum(case when exp_tp='超市' then exp_amt else 0 end) as shop_m_720
,sum(case when exp_tp in ('校车','图书馆') then exp_amt else 0 end) as std_m_720
,sum(case when exp_tp='洗衣房' then exp_amt else 0 end) as pay_m_720
,sum(case when exp_tp='淋浴' then exp_amt else 0 end) as shower_m_720
from RealFrame_card_train001.rec
where
```

```
exp_dt>=date_sub('2015-08-31',720)
and exp_dt<=date_sub('2015-08-31',360)
group by
sid) as s_720
on
s_all.sid=s_720.sid
```

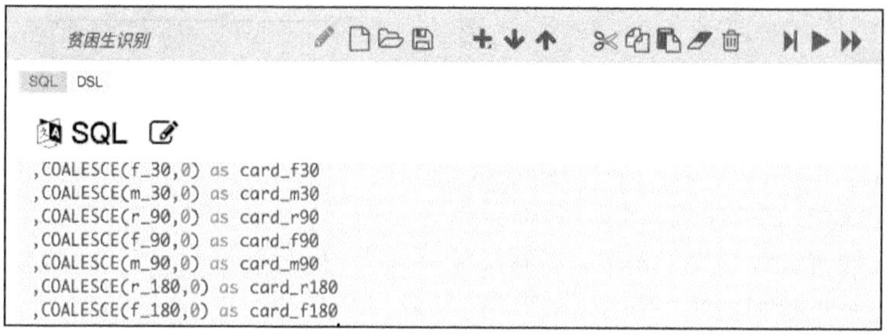

贫困生识别

SQL DSL

SQL

```
,COALESCE(f_30,0) as card_f30
,COALESCE(m_30,0) as card_m30
,COALESCE(r_90,0) as card_r90
,COALESCE(f_90,0) as card_f90
,COALESCE(m_90,0) as card_m90
,COALESCE(r_180,0) as card_r180
,COALESCE(f_180,0) as card_f180
```

图 10.61 SQL 语句(一)

由于该 SQL 较为复杂，有必要解释一下其中所做的工作。整个代码段主要依据消费记录制造出一个宽表，前 72 行是宽表的所有维度，填充的方法主要是通过原数据集的数据，按照最近 30 天、30 天之前到 90 天、90 天前到 180 天、180 天前到 360 天、360 天前到 720 天五个时间段作出五个时间段内带有统计信息维度的表(每个表的统计维度具有类似结构)，最后左连接所有表组成大宽表。

(3) 图 10.62 为 SQL 语句执行后得到的新数据集，可以单击链接查看详细信息。

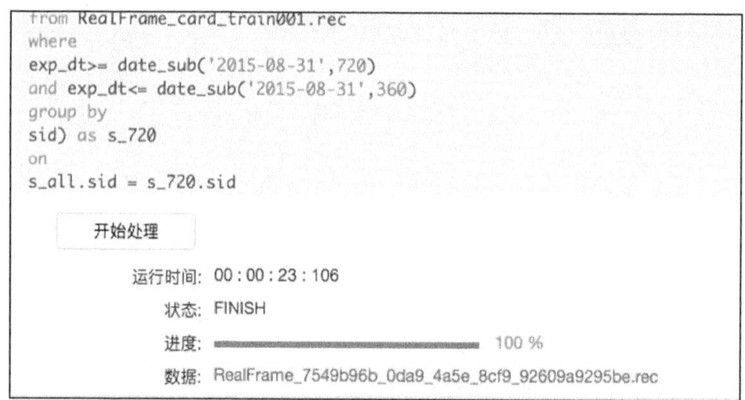
from RealFrame_card_train001.rec
where
exp_dt>= date_sub('2015-08-31',720)
and exp_dt<= date_sub('2015-08-31',360)
group by
sid) as s_720
on
s_all.sid = s_720.sid
开始处理
运行时间: 00 : 00 : 23 : 106
状态: FINISH
进度: 100 %
数据: RealFrame_7549b96b_0da9_4a5e_8cf9_92609a9295be.rec

图 10.62 SQL 语句(二)

(4) SQL 语句执行得到数据结果详情如图 10.63 所示。

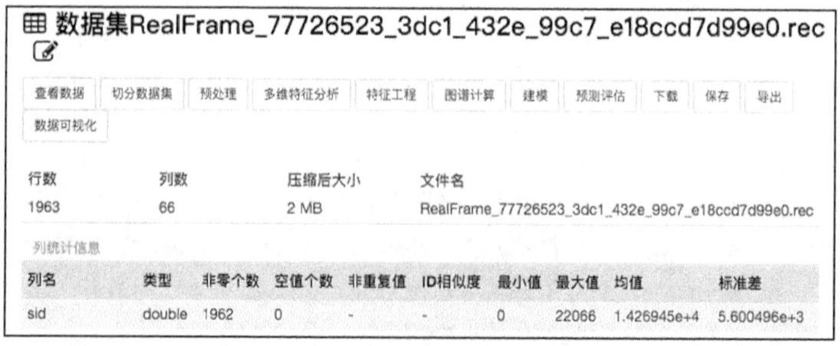

数据集RealFrame_77726523_3dc1_432e_99c7_e18ccd7d99e0.rec

查看数据 切分数据集 预处理 多维特征分析 特征工程 图谱计算 建模 预测评估 下载 保存 导出 数据可视化

行数	列数	压缩后大小	文件名
1963	66	2 MB	RealFrame_77726523_3dc1_432e_99c7_e18ccd7d99e0.rec

列统计信息

列名	类型	非零个数	空值个数	非重复值	ID相似度	最小值	最大值	均值	标准差
sid	double	1962	0	-	-	0	22066	1.426945e+4	5.600496e+3

图 10.63 数据详情

(5) 以上 card_train001.txt 数据集只是原始数据集的一部分数据，我们通过 card_train001.txt 数据模拟了最终数据获得的过程。原始数据很大，由于上课时间有限，我们将最终数据集 RealFrame_card_train.template 作为结果提供给大家，并且将列名转成更容易理解的中文。下面上传 RealFrame_card_train.template 数据集，并解析数据，数据集已做好了处理，直接开始解析即可，如图 10.64 所示。

数据解析local

参数配置

数据来源：local
源文件：RealFrame_card_train.template
源格式：template
·分隔符：,
·列名信息：第一行包含列名
·结果命名：RealFrame_RealFrame_card_train.rec

编辑列名称和类型

根据列名搜索

1	学生号	Numeric	322	450	505	1037
2	最近消费日_30日内	Numeric	0	0	5	1
3	消费次数_30日内	Numeric	0	0	18	105
4	消费金额_30日内	Numeric	0	0	433.5	1245.79
5	最近消费日_90日内	Numeric	0	0	1	1
6	消费次数_90日内	Numeric	0	0	155	195
7	消费金额_90日内	Numeric	0	0	2411.01	2271.47
8	最近消费日_180日内	Numeric	0	0	1	1
9	消费次数_180日内	Numeric	0	0	483	313
10	消费金额_180日内	Numeric	0	0	6613.91	2863.43

上一页　下一页

开始处理

开始解析

图 10.64　数据解析(三)

(6) 解析得到新数据集如图 10.65 所示，单击链接可以查看解析后的数据集。

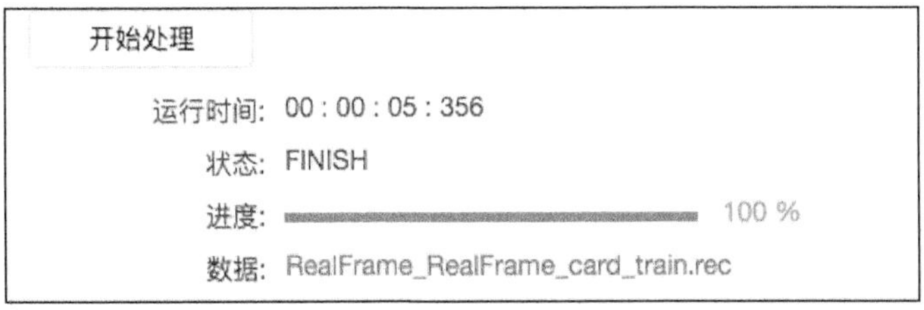

开始处理

运行时间：00 : 00 : 05 : 356
状态：FINISH
进度：100 %
数据：RealFrame_RealFrame_card_train.rec

图 10.65　数据解析(四)

(7) 解析后的数据详细信息如图 10.66 所示。

数据集RealFrame_RealFrame_card_train.rec

查看数据 | 切分数据集 | 预处理 | 多维特征分析 | 特征工程 | 图谱计算 | 建模 | 预测评估 | 下载 | 保存 | 导出 | 数据可视化

行数	列数	压缩后大小	文件名
10860	66	1 MB	RealFrame_RealFrame_card_train.rec

列统计信息

列名	类型	非零个数	空值个数	非重复值	ID相似度	最小值	最大值	均值	标准差
学生号	double	10859	0	-	-	0	32671	1.638544e+4	9.370079e+3
最近消费日_30日内	double	4631	0	-	-	0	30	0.97698	3.15362
消费次数_30日内	double	4631	0	-	-	0	264	15.36924	32.19948
消费金额_30日内	double	4615	0	-	-	0	4473.23	147.60619	284.68966
最近消费日_90日内	double	5340	0	-	-	0	59	4.87597	7.36435
消费次数_90日内	double	5340	0	-	-	0	574	99.69908	117.42432
消费金额_90日内	double	5340	0	-	-	0	6633.07	777.88126	936.84370
最近消费日_180日内	double	5342	0	-	-	0	89	0.85608	4.01099
消费次数_180日内	double	5342	0	-	-	0	1234	203.97081	233.96102
消费金额_180日内	double	5341	0	-	-	0	8481.2	1.504727e+3	1.721441e+3
最近消费日_360日内	double	5412	0	-	-	0	180	1.94309	8.59800
消费次数_360日内	double	5412	0	-	-	0	1874	305.86031	343.02743
消费金额_360日内	double	5412	0	-	-	0	1.275632e+4	2.312496e+3	2.581074e+3
最近消费日_720日内	double	10700	0	-	-	0	139	4.82468	10.32887
消费次数_720日内	double	10700	0	-	-	0	3637	463.23720	662.22280
消费金额_720日内	double	10682	0	-	-	0	3.000566e+4	3.341464e+3	4.562917e+3
必需品消费次数_30日内	double	3851	0	-	-	0	197	8.37910	20.28599
商店消费次数_30日内	double	2914	0	-	-	0	56	1.39954	3.80890
图书馆消费次数_30日内	double	3072	0	-	-	0	102	1.71897	5.10505
洗衣房消费次数_30日内	double	1755	0	-	-	0	52	0.59641	2.04188
洗澡消费次数_30日内	double	3298	0	-	-	0	79	2.49006	6.41646
必需品消费金额_30日内	double	3851	0	-	-	0	861.76	32.94320	77.26086

图 10.66　解析后数据信息

至此我们依据 RFM 模型，构建了相关的数据集，为下一步建模做好了准备。

3) 模型构建

下面进行数据建模，这里选择无监督学习算法 K-means 将训练数据进行聚类，首先进行参数配置，可以通过配置不同的 *K* 值进行对比，找到效果较好的一种聚类结果，若 K-means 聚类算法了解得已足够好，我们也可以应用聚类后的结果通过分类的算法进行分类处理，对比两个结果的优缺点。这里给出的例子是令 *K*=5 来进行演示。

(1) 建模及参数设置如图 10.67 所示，构建模型设置，“训练模型”选择 K-means，主要参数如图 10.67 中基本参数所示，高级参数及专家参数默认即可。选择列，单击 ⏪ 按钮全选所有特征，修改 *K* 值为 5。

图 10.67　K-means 算法建模(一)

(2) 开始创建 K-means 模型，如图 10.68 所示。

开始处理
运行时间: 00 : 00 : 04 : 762
状态: FINISH
进度:
100 %
模型: Kmeans-0DD8B761-DC27-4196-8CE1-014D1584B9C2

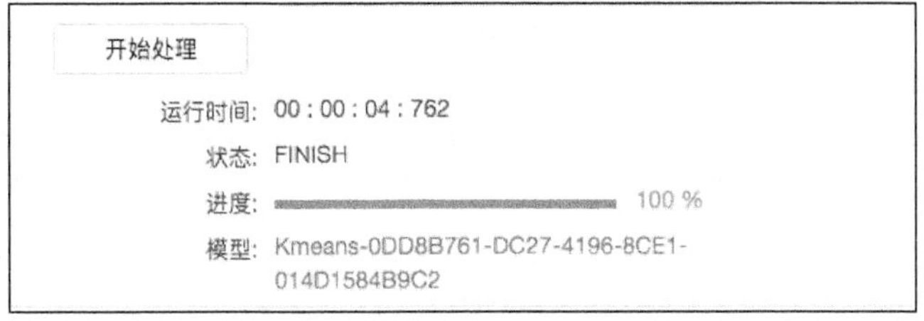

图 10.68　K-means 算法建模(二)

(3) 模型训练结果如图 10.69 所示，模型参数中 Davies-Bouldin 指数较大，模型质量欠佳，整理之后发现簇 1 和簇 3 有很高的相似性，因为数据中有大量的 sid 对应的记录为 0。我们可以多次试探不同的 *K* 值探索更好效果的聚类模型。

模型-Kmeans-0DD8B761-DC27-4196-8CE1-014D1584B9C2
模型名称: Kmeans-0DD8B761-DC27-4196-8CE1-014D1584B9C2
算法名称: Kmeans
计算引擎: Spark
预测评估
下载模型文件
预测接口
聚类的中心点的比较
第1个簇
第2个簇
第3个簇
第4个簇
第5个簇

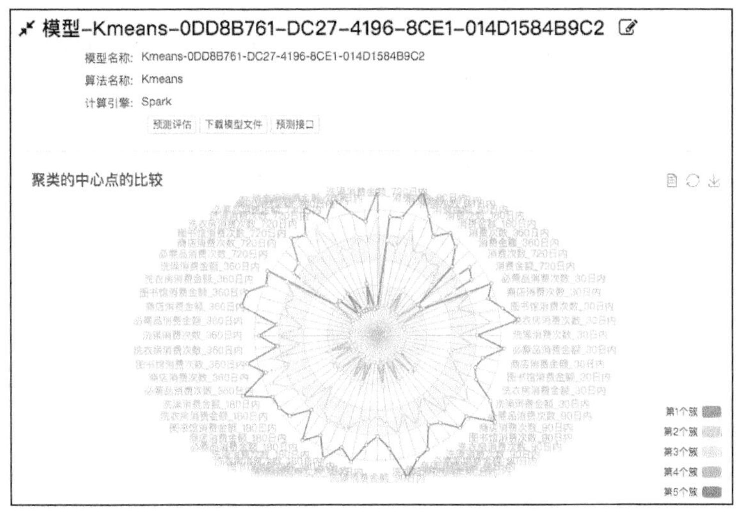

图 10.69　K-means 算法建模(三)

(4) 在图 10.69 中单击“预测评估”按钮，选择相应数据集，开始预测评估，如图 10.70 所示。

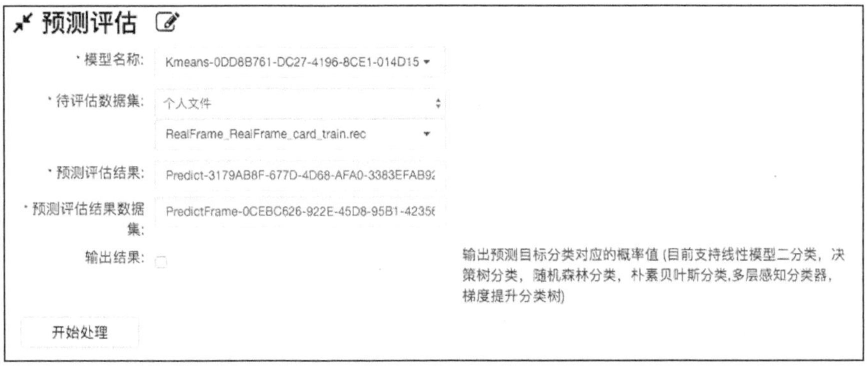

预测评估
模型名称: Kmeans-0DD8B761-DC27-4196-8CE1-014D15
待评估数据集: 个人文件
RealFrame_RealFrame_card_train.rec
预测评估结果: Predict-3179AB8F-677D-4D68-AFA0-3383EFAB9
预测评估结果数据集: PredictFrame-0CEBC626-922E-45D8-95B1-4235
输出结果:
输出预测目标分类对应的概率值 (目前支持线性模型二分类，决策树分类，随机森林分类，朴素贝叶斯分类,多层感知分类器，梯度提升分类树)
开始处理

图 10.70　K-means 算法建模(四)

(5) 单击“开始处理”按钮，处理完成后得到两个链接，分别为预测数据集链接和评估结果链接，如图 10.71 所示。

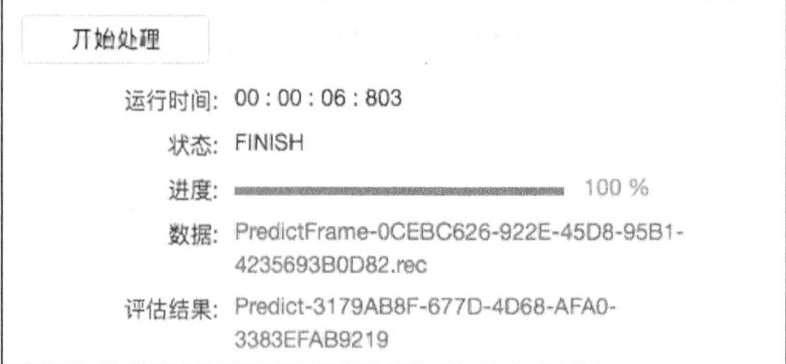

图 10.71 K-means 算法建模(五)

我们最终的目标是识别贫困生，识别的维度有很多，涉及业务划定及领导者的判定偏好，如客单价等。我们以图书管消费次数作为例子，探讨这个维度下的贫困生判定识别机制。相关的数据集，为下一步建模做好了准备。

(6)查看预测评估数据集，单击数据预处理。单击结果链接，可直观地看到每列的最小值、最大值、均值、标准差，如图 10.72 所示。

数据集PredictFrame-0CEBC626-922E-45D8-95B1-4235693B0D82.rec

查看数据 | 切分数据集 | 预处理 | 多维特征分析 | 特征工程 | 图谱计算 | 建模 | 预测评估 | 下载 | 保存 | 导出 | 数据可视化

行数	列数	压缩后大小	文件名
10860	67	1 MB	PredictFrame-0CEBC626-922E-45D8-95B1-4235693B0D82.rec

列统计信息

列名	类型	非零个数	空值个数	非重复值	ID相似度	最小值	最大值	均值	标准差
prediction	double	9464	0	-	-	0	4	2.02044	1.32337
学生号	double	10859	0	-	-	0	32671	1.638544e+4	9.370079e+3
最近消费日_30日内	double	4631	0	-	-	0	30	0.97698	3.15362
消费次数_30日内	double	4631	0	-	-	0	264	15.36924	32.19948
消费金额_30日内	double	4615	0	-	-	0	4473.23	147.60619	284.68966
最近消费日_90日内	double	5340	0	-	-	0	59	4.87597	7.36435
消费次数_90日内	double	5340	0	-	-	0	574	99.69908	117.42432
消费金额_90日内	double	5340	0	-	-	0	6633.07	777.88126	936.84370
最近消费日_180日内	double	5342	0	-	-	0	89	0.85608	4.01099
消费次数_180日内	double	5342	0	-	-	0	1234	203.97081	233.96102
消费金额_180日内	double	5341	0	-	-	0	8481.2	1.504727e+3	1.721441e+3
最近消费日_360日内	double	5412	0	-	-	0	180	1.94309	8.59800
消费次数_360日内	double	5412	0	-	-	0	1874	305.86031	343.02743
消费金额_360日内	double	5412	0	-	-	0	1.275632e+4	2.312496e+3	2.581074e+3
最近消费日_720日内	double	10700	0	-	-	0	139	4.82468	10.32887
消费次数_720日内	double	10700	0	-	-	0	3637	463.23720	662.22280
消费金额_720日内	double	10682	0	-	-	0	3.000566e+4	3.341464e+3	4.562917e+3
必需品消费次数_30日内	double	3851	0	-	-	0	197	8.37910	20.28599
商店消费次数_30日内	double	2914	0	-	-	0	56	1.39954	3.80890
图书馆消费次数_30日内	double	3072	0	-	-	0	102	1.71897	5.10505
洗衣房消费次数_30日内	double	1755	0	-	-	0	52	0.59641	2.04188

图 10.72 K-means 算法建模(六)

(7)单击“预处理”按钮，“预处理方法”选择“列过滤”，对数据进行列过滤，参数选择如图 10.73 所示。

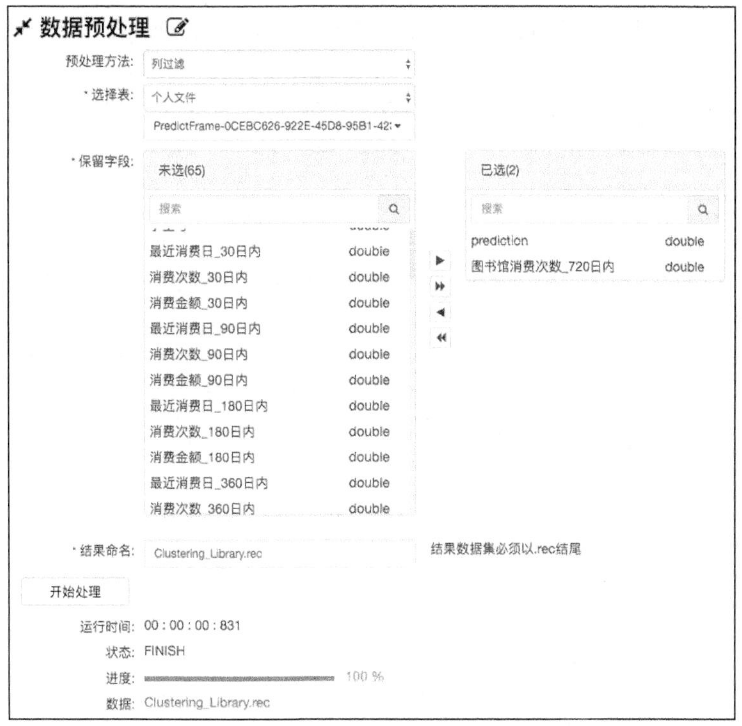

图 10.73　K-means 算法建模(七)

(8)得到列过滤结果，之后再次行过滤，将不同类别的数据区分开，如图 10.74 和图 10.75 所示。

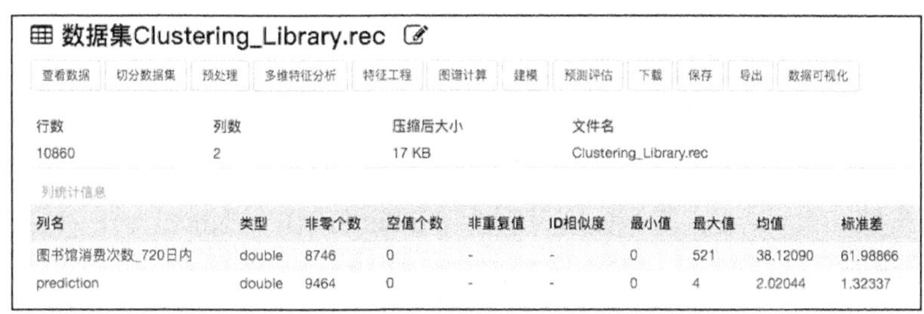

图 10.74　K-means 算法建模(八)

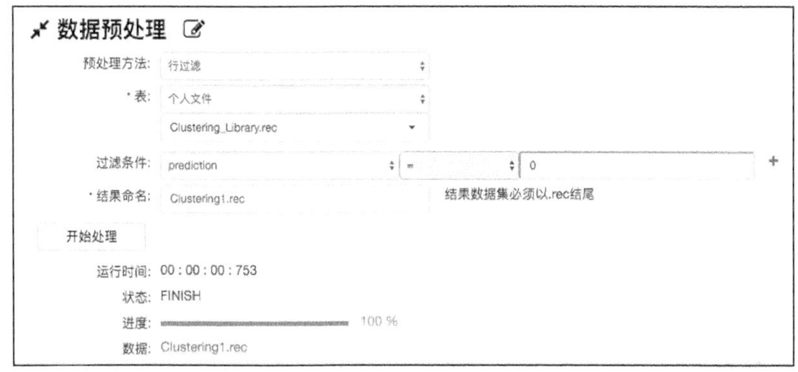

图 10.75　K-means 算法建模(九)

(9)单击数据集链接，查看数据，单击“多维特征分析”按钮，“分析方法”选择“统计量分析”，选择列为“图书馆消费次数”，命名结果文件为 Clustering1_Library.rec，如图 10.76 和图 10.77 所示。

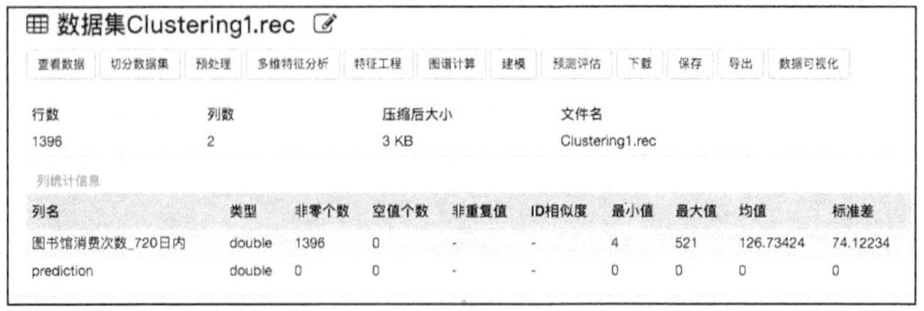

图 10.76　K-means 算法建模(十)

多维特征分析

分析方法: 统计量分析

*选择表: 个人文件

Clustering1.rec

*统计方法: 4分位数

*选择列: 未选(1)　搜索　prediction　double

已选(1)　搜索　图书馆消费次数_720日内　double

*结果命名: Clustering1_Library.rec　结果数据集必须以.rec结尾

开始处理

运行时间: 00 : 00 : 01 : 32

状态: FINISH

进度: 100 %

数据: Clustering1_Library.rec

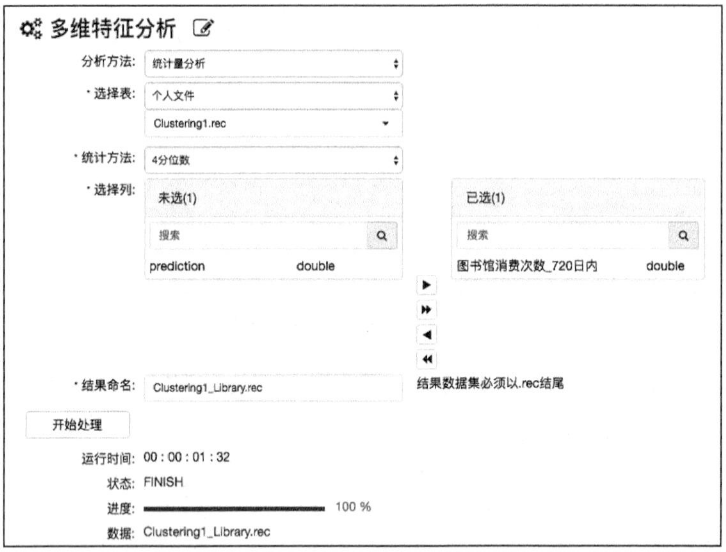

图 10.77　K-means 算法建模(十一)

(10) 重复步骤(8)，将过滤条件分别设置为 prediction=0，prediction=1,…,prediction=4，分别命名为 Clustering1.rec，Clustering2.rec,…,Clustering5.rec。单击数据集列表查看结果是否正确。重复步骤(9)，将步骤(10)所得到的五个数据集分别进行“多维特征分析”→“统计量分析”，统计图书馆消费次数，得到统计量表如图 10.78 所示。

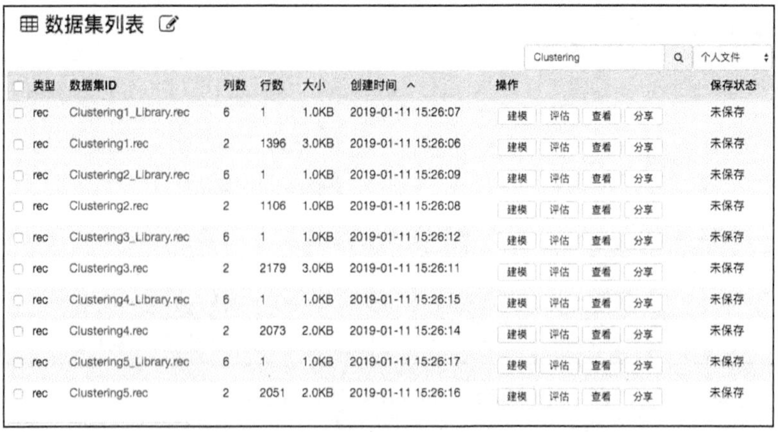

数据集列表

Clustering　个人文件

类型	数据集ID	列数	行数	大小	创建时间	操作	保存状态
rec	Clustering1_Library.rec	6	1	1.0KB	2019-01-11 15:26:07	建模 评估 查看 分享	未保存
rec	Clustering1.rec	2	1396	3.0KB	2019-01-11 15:26:06	建模 评估 查看 分享	未保存
rec	Clustering2_Library.rec	6	1	1.0KB	2019-01-11 15:26:09	建模 评估 查看 分享	未保存
rec	Clustering2.rec	2	1106	1.0KB	2019-01-11 15:26:08	建模 评估 查看 分享	未保存
rec	Clustering3_Library.rec	6	1	1.0KB	2019-01-11 15:26:12	建模 评估 查看 分享	未保存
rec	Clustering3.rec	2	2179	3.0KB	2019-01-11 15:26:11	建模 评估 查看 分享	未保存
rec	Clustering4_Library.rec	6	1	1.0KB	2019-01-11 15:26:15	建模 评估 查看 分享	未保存
rec	Clustering4.rec	2	2073	2.0KB	2019-01-11 15:26:14	建模 评估 查看 分享	未保存
rec	Clustering5_Library.rec	6	1	1.0KB	2019-01-11 15:26:17	建模 评估 查看 分享	未保存
rec	Clustering5.rec	2	2051	2.0KB	2019-01-11 15:26:16	建模 评估 查看 分享	未保存

图 10.78　K-means 算法建模(十二)

(11)将步骤(10)中得到的五个数据集分别进行联合(Union)，组成包含所有统计量数据的数据集，图 10.79 以 1、2 数据集联合为例。

图 10.79　K-means 算法建模(十三)

(12)以步骤(11)得到的 Union12.rec 为基础继续进行联合操作，最终得到所有的联合数据集，如图 10.80 所示。

数据集列表

Union　个人文件

类型	数据集ID	列数	行数	大小	创建时间	操作
rec	Union12345.rec	6	5	7.0KB	2019-01-11 14:18:40	建模 评估 查看 分享
rec	Union1234.rec	6	4	5.0KB	2019-01-11 14:18:38	建模 评估 查看 分享
rec	Union123.rec	6	3	4.0KB	2019-01-11 14:18:36	建模 评估 查看 分享
rec	Union12.rec	6	2	2.0KB	2019-01-11 14:18:35	建模 评估 查看 分享

图 10.80　K-means 算法建模(十四)

(13)使用最终的数据集 Union12345.rec 进行可视化分析如图 10.81 所示。

数据集Union12345.rec

查看数据 切分数据集 预处理 多维特征分析 特征工程 图谱计算 建模 预测评估 下载 保存 导出 数据可视化

行数	列数	压缩后大小	文件名
5	6	7 KB	Union12345.rec

列统计信息

列名	类型	非零个数	空值个数	非重复值	ID相似度	最小值	最大值	均值	标准差
dimension	string	-	0	1	0.2	-	-	-	-
min	double	3	0	-	-	0	8	2.6	3.43511
Q1	double	4	0	-	-	0	76	27.4	37.09852
median	double	5	0	-	-	1	109	40.2	53.73732
Q3	double	5	0	-	-	1	157	58	76.22336
max	double	5	0	-	-	1	521	234.4	241.01203

图 10.81 K-means 算法建模(十五)

(14)可视化操作中使用箱线图，维度、最小值、最大值等值如图 10.82 所示。

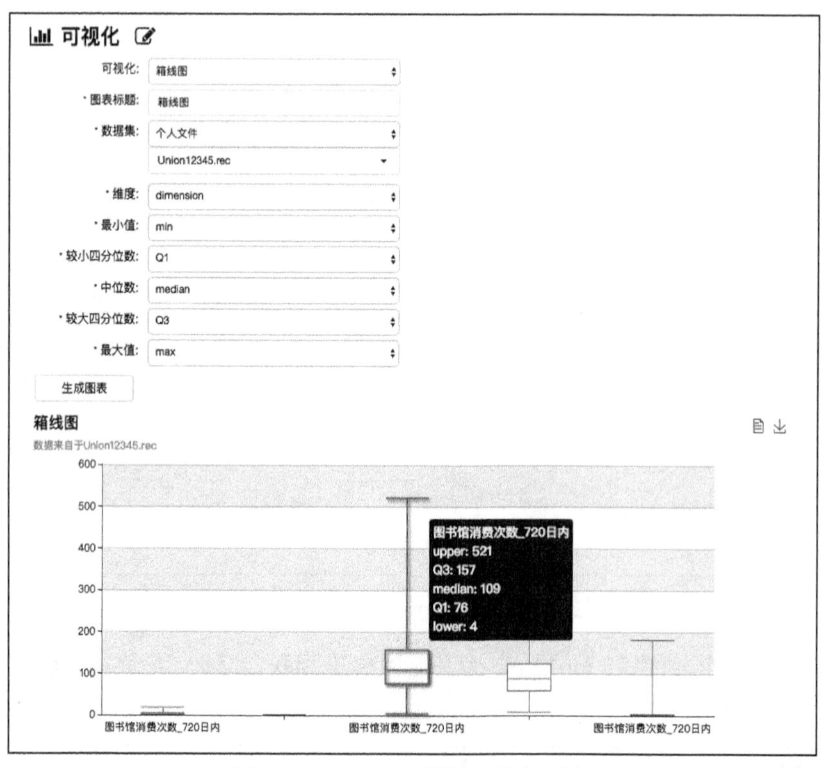

图 10.82 K-means 算法建模(十六)

可视化生成的箱线图中第三个箱线图的图书馆消费次数在各个维度的值均较大，可以考虑重点分析这个类别中的学生，经过对比发现这个值最大的统计量是第一个类别中的数据体现出来的，Clustering1.rec 中有 1396 个记录，而总人数是 10860。如果按照这个方向分析，可以认为在图书馆中消费次数多的学生有贫困倾向(由于时间挤占其他消费，其他消费有偏小风险)。当然，也可以选择客单价等其他方向分析，读者可以多多思考。

6. 实验总结

(1)本节通过校园一卡通消费记录，探索每个学生在校园内的生活消费行为特征，基于 RFM 理论创建多种衍生特征变量，扩大对学生消费行为的特征描述角度，弥补数据广度的不足。

(2) 采用无监督学习算法 K-means，把学生消费记录划分为 5 种不同消费层次的群体。
(3) 解读划分后的群体的消费特征，找出最有可能是贫困生的群体。

7. 课后思考

(1) 实验中使用诸多预处理及多维特征分析方法，可以使用其他方式实现同样的功能吗？
(2) SQL 语句中 COALESCE、min、count、sum、datediff 等函数的作用是什么？
(3) RFM 理论应用的意义是什么？
(4) 构建模型时，尝试调整 K 值基本参数，甚至是高级、专家参数，结果会有什么不同？

10.3 实验三：银行卡盗刷风险预警分析

1. 实验简介

银行卡盗刷是指不法分子利用高科技手段复制持卡人的银行卡，或窃取持卡人的银行卡账户信息。并用不法手段获取持卡人的交易密码。从而提取现金、刷卡消费或转账等，给持卡人造成财产损失的一种违法行为。目前主要以伪卡盗刷与电子渠道盗刷两种主要形态存在。

近年来，银行卡盗刷案件的数量及涉案金额呈急剧攀升趋势，持卡人起诉发卡行要求赔偿银行卡账户内资金损失的民事案件明显增多。最高法院认为银行更有条件防范犯罪分子利用银行卡实施犯罪，故应当制定完善的业务规范，并严格遵守规范，尽可能避免风险，确保储户的存款安全。因此，银行为了降低金融风险和法律风险，在银行卡欺诈识别和预警上投入了大量的研究，采用了多种方法来降低银行卡欺诈风险，其中包括采取基于数据分析与数据挖掘技术的欺诈监测技术对卡交易过程进行监测。

本案例以银行卡欺诈行为识别预警中常见的信用卡盗刷预警为例，从既往业务经验中总结经验，在银行的信用卡客户的交易记录中，识别出多个盗刷行为特征，建立信用卡盗刷识别模型，判断交易风险的程度，识别高风险交易，并能与银行现有风险系统规则体系相结合。并设计针对银行盗刷风险预警业务场景，为该银行的信用卡风险防范业务决策提供参考。

2. 实验目的

☎1◑掌握 GLM、决策树和随机森林算法的原理及其运用。
☎2◑掌握分类问题的解决步骤。
☎3◑掌握机器学习在金融领域场景的应用。

3. 相关原理与技术

1) 决策树算法

决策树(Decision Tree)是一种基本的分类与回归方法。决策树模型呈树形结构，在分类问题中，表示基于特征对实例进行分类的过程。它可以认为是 if-then 规则的集合，也可以认为是定义在特征空间与类空间上的条件概率分布。其主要优点是模型具有可读性，分类速度快。学习时，利用训练数据，根据损失函数最小化的原则建立决策树模型。预测时，对新的数据，利用决策树模型进行分类。决策树学习通常包括 3 个步骤：特征选择、决策树的生成和决策树的修剪。

2) GLM 算法

GLM 是简单最小二乘回归的扩展，在 OLS 的假设中，响应变量是连续数值数据且服从正态分布，而且响应变量期望值与预测变量之间的关系是线性关系。而广义线性模型则放宽其假设，首先响应变量可以是正整数或分类数据，其分布为某指数分布族。其次响应变量期望值的函数(连接函数)与预测变量之间的关系为线性关系。因此在进行 GLM 建模时，需要指定分布类型和连接函数。

4. 实验操作流程

本实验的操作流程如图 10.83 所示。

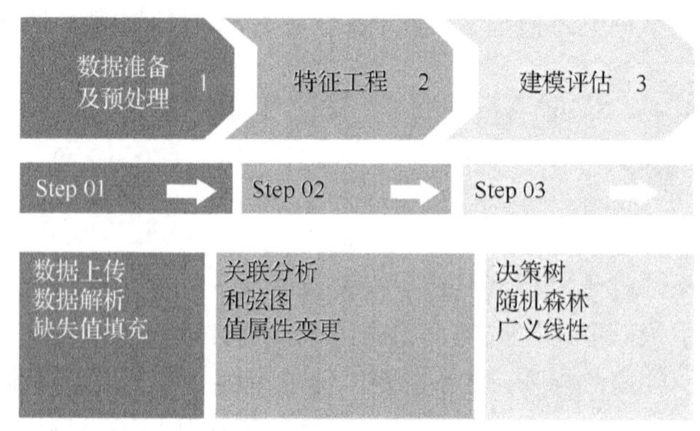

图 10.83 操作流程

5. 实验方案与过程

1)数据准备及预处理

首先，准备实验数据：银行卡交易的数据集中文.csv(银行卡欺诈交易预测的数据集)。观察表 10.2 中的各项信息，了解数据的属性，将数据“银行卡交易的数据集中文.csv”导入 RealRec 数据科学平台，等待数据上传成功后，进行数据解析的配置工作，数据集的类型根据需要进行修改。

表 10.2 数据字典

特征名称	特征类型
ip 在高风险区域	String
传输等级	String
卡等级	String
线上交易	String
ip 与设备地址匹配	String
ip 在国外	String
ip 为空	String
设备编码为空	String
ip 异城市	String
设备异省	String
设备异城市	String
高风险交易标识	String
大额交易	String
异常时间	String

(1) 打开浏览器，在地址栏中输入 localhost:8088/octagon，在邮箱输入框中输入

realrec@neusoft.com，在密码框中输入 1，然后单击登录。登录后单击关闭按钮或者双击创建空白脚本。

(2) 执行“数据”→“上传文件”命令可以上传数据，如图 10.84 所示。

图 10.84　数据上传(一)

(3) 在本地选择要上传的文件，选择后单击“开始上传”按钮(这里请选择“银行卡交易的数据集中文.csv”文件)，如图 10.85 所示。

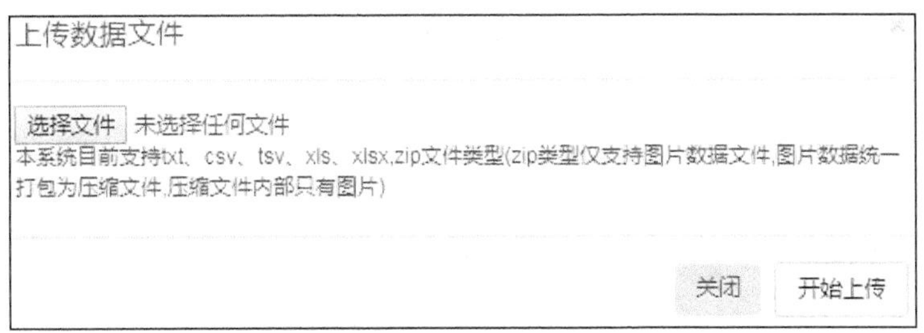

图 10.85　数据上传(二)

(4) 上传成功后跳到解析配置页面并出现提示框显示“上传成功”，如图 10.86 所示。

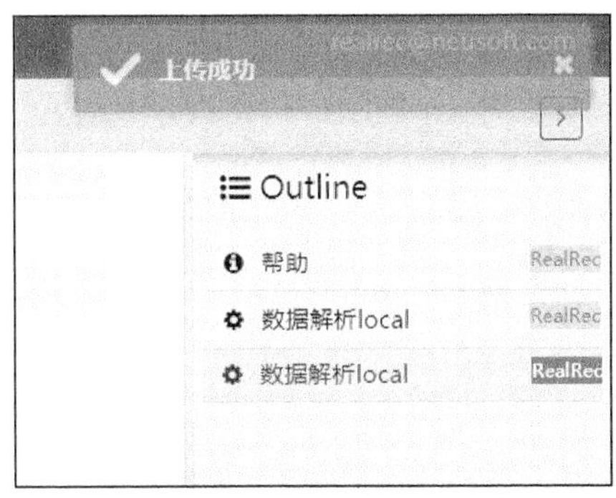

图 10.86　数据上传(三)

(5) 解析数据，设置数据格式，所有特征都设为 String 类型，单击“开始处理”按钮等待结果，如图 10.87 所示。

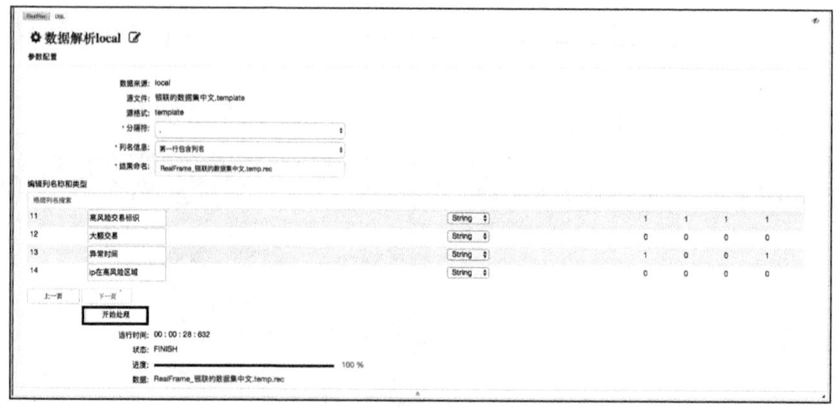

图 10.87　数据解析

2) 特征工程

此时可以看到数据的汇总信息，如是否有空值、最大值、最小值、均值、标准差等，可以对数据有整体的认识，发现“传输等级”属性存在空值。

(1) 由于缺失值比较少，所以采用删除的方法。首先填充缺失值为 Null，数据集信息如图 10.88 所示，单击“特征工程”按钮进行缺失值填充，如图 10.89 所示。

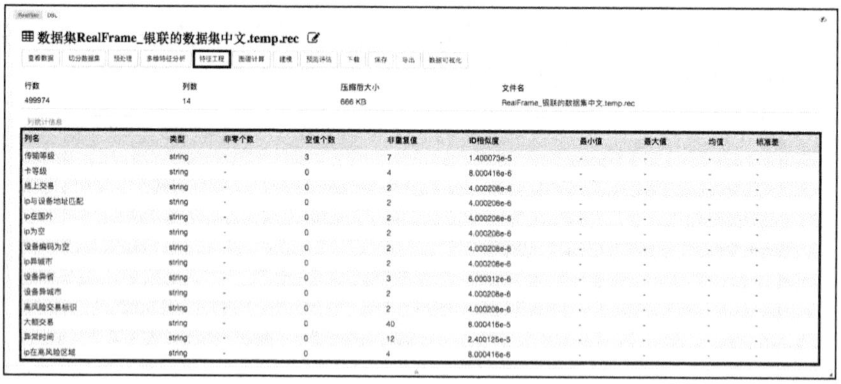

数据集RealFrame_银联的数据集中文.temp.rec

行数	列数	压缩后大小	文件名
499974	14	666 KB	RealFrame_银联的数据集中文.temp.rec

列统计信息

列名	类型	非零个数	空值个数	非重复值	ID相似度	最小值	最大值	均值	标准差
传输等级	string	-	3	7	1.400073e-5	-	-	-	-
卡等级	string	-	0	4	8.000416e-6	-	-	-	-
线上交易	string	-	0	2	4.000208e-6	-	-	-	-
ip与设备地址匹配	string	-	0	2	4.000208e-6	-	-	-	-
ip在国外	string	-	0	2	4.000208e-6	-	-	-	-
ip为空	string	-	0	2	4.000208e-6	-	-	-	-
设备编码为空	string	-	0	2	4.000208e-6	-	-	-	-
ip异城市	string	-	0	2	4.000208e-6	-	-	-	-
设备异省	string	-	0	3	6.000312e-6	-	-	-	-
设备异城市	string	-	0	2	4.000208e-6	-	-	-	-
高风险交易标识	string	-	0	2	4.000208e-6	-	-	-	-
大额交易	string	-	0	40	8.000416e-5	-	-	-	-
异常时间	string	-	0	12	2.400125e-5	-	-	-	-
ip在高风险区域	string	-	0	4	8.000416e-6	-	-	-	-

图 10.88　数据集信息

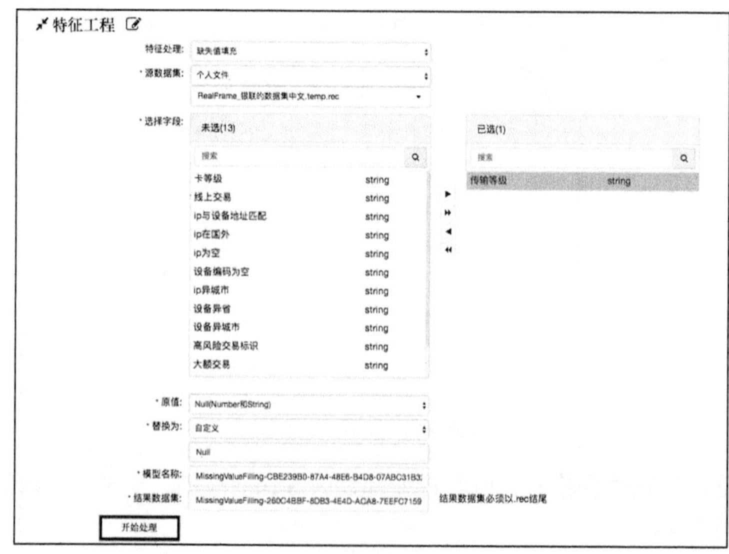

图 10.89　特征工程

(2) 单击“开始处理”按钮，结果如图 10.90 所示。

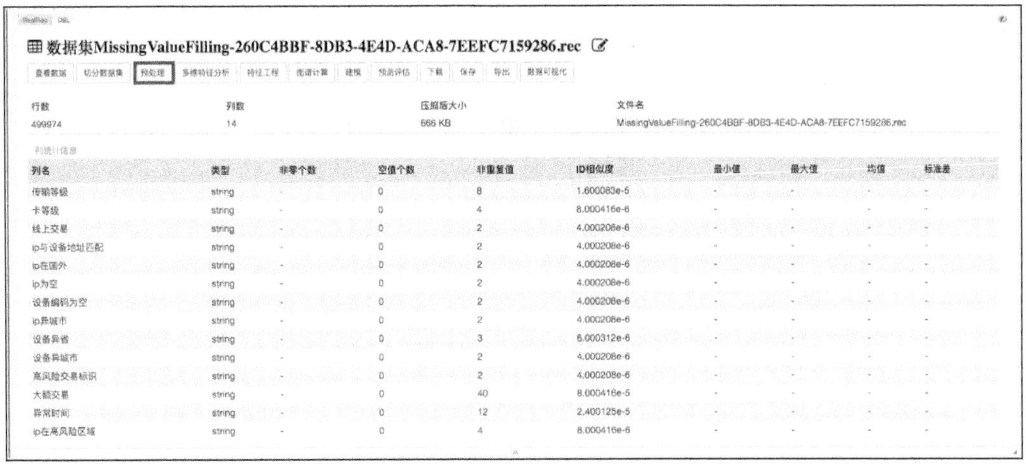

RealRec DSL

数据集MissingValueFilling-260C4BBF-8DB3-4E4D-ACA8-7EEFC7159286.rec

查看数据 切分数据集 预处理 多维特征分析 特征工程 图谱计算 建模 预测评估 下载 保存 导出 数据可视化

行数	列数	压缩后大小	文件名
499974	14	666 KB	MissingValueFilling-260C4BBF-8DB3-4E4D-ACA8-7EEFC7159286.rec

列统计信息

列名	类型	非零个数	空值个数	非重复值	ID相似度	最小值	最大值	均值	标准差
传输等级	string	-	0	8	1.600083e-5	-	-	-	-
卡等级	string	-	0	4	8.000416e-6	-	-	-	-
线上交易	string	-	0	2	4.000208e-6	-	-	-	-
ip与设备地址匹配	string	-	0	2	4.000208e-6	-	-	-	-
ip在国外	string	-	0	2	4.000208e-6	-	-	-	-
ip为空	string	-	0	2	4.000208e-6	-	-	-	-
设备编码为空	string	-	0	2	4.000208e-6	-	-	-	-
ip异城市	string	-	0	2	4.000208e-6	-	-	-	-
设备异省	string	-	0	3	6.000312e-6	-	-	-	-
设备异城市	string	-	0	2	4.000208e-6	-	-	-	-
高风险交易标识	string	-	0	2	4.000208e-6	-	-	-	-
大额交易	string	-	0	40	8.000416e-5	-	-	-	-
异常时间	string	-	0	12	2.400125e-5	-	-	-	-
ip在高风险区域	string	-	0	4	8.000416e-6	-	-	-	-

图 10.90 预处理(一)

(3) 单击“预处理”按钮，“预处理方法”选择“行过滤”来处理数据，如图 10.91 所示。

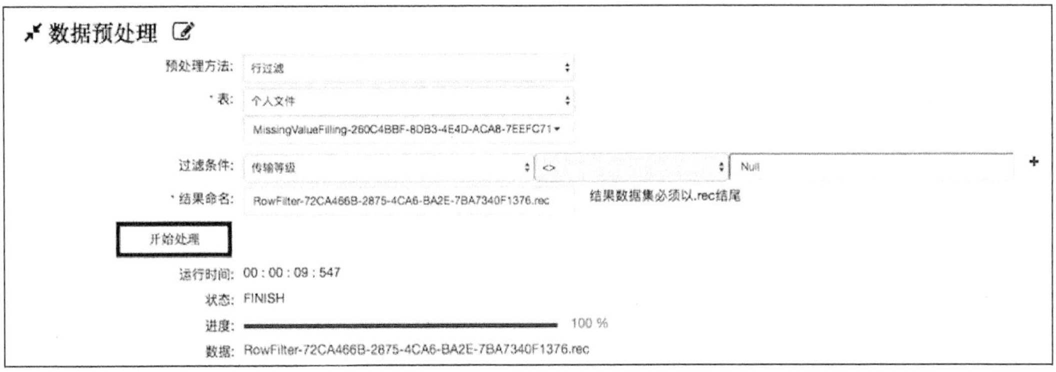

数据预处理

预处理方法：行过滤

* 表：个人文件

MissingValueFilling-260C4BBF-8DB3-4E4D-ACA8-7EEFC71

过滤条件：传输等级 <> Null +

* 结果命名：RowFilter-72CA466B-2875-4CA6-BA2E-7BA7340F1376.rec 结果数据集必须以.rec结尾

开始处理

运行时间：00 : 00 : 09 : 547

状态：FINISH

进度：100 %

数据：RowFilter-72CA466B-2875-4CA6-BA2E-7BA7340F1376.rec

图 10.91 预处理(二)

(4) 行过滤处理后得到处理后的数据如图 10.92 所示。

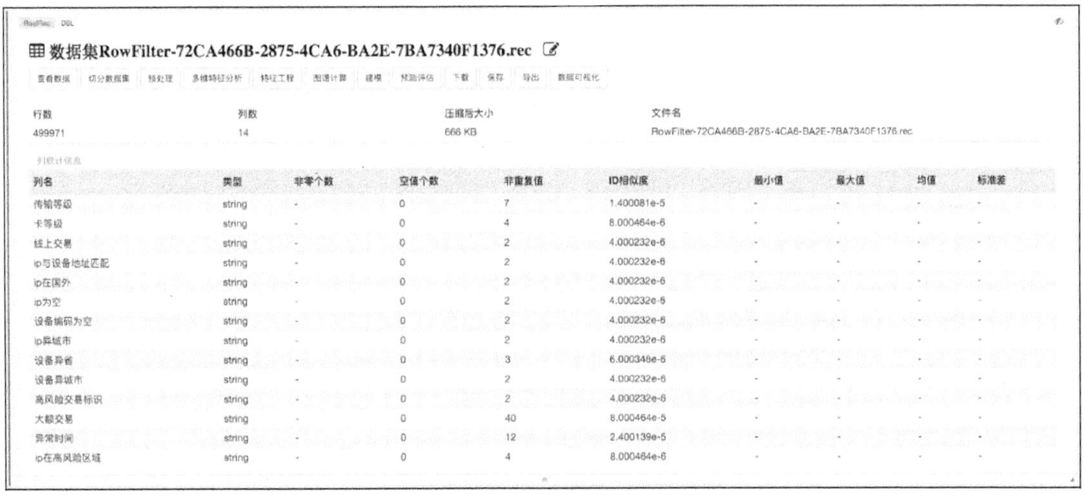

RealRec DSL

数据集RowFilter-72CA466B-2875-4CA6-BA2E-7BA7340F1376.rec

查看数据 切分数据集 预处理 多维特征分析 特征工程 图谱计算 建模 预测评估 下载 保存 导出 数据可视化

行数	列数	压缩后大小	文件名
499971	14	666 KB	RowFilter-72CA466B-2875-4CA6-BA2E-7BA7340F1376.rec

列统计信息

列名	类型	非零个数	空值个数	非重复值	ID相似度	最小值	最大值	均值	标准差
传输等级	string	-	0	7	1.400081e-5	-	-	-	-
卡等级	string	-	0	4	8.000464e-6	-	-	-	-
线上交易	string	-	0	2	4.000232e-6	-	-	-	-
ip与设备地址匹配	string	-	0	2	4.000232e-6	-	-	-	-
ip在国外	string	-	0	2	4.000232e-6	-	-	-	-
ip为空	string	-	0	2	4.000232e-6	-	-	-	-
设备编码为空	string	-	0	2	4.000232e-6	-	-	-	-
ip异城市	string	-	0	2	4.000232e-6	-	-	-	-
设备异省	string	-	0	3	6.000348e-6	-	-	-	-
设备异城市	string	-	0	2	4.000232e-6	-	-	-	-
高风险交易标识	string	-	0	2	4.000232e-6	-	-	-	-
大额交易	string	-	0	40	8.000464e-5	-	-	-	-
异常时间	string	-	0	12	2.400139e-5	-	-	-	-
ip在高风险区域	string	-	0	4	8.000464e-6	-	-	-	-

图 10.92 预处理(三)

思考题：还有什么方法可以处理缺失值？

3）数据分析与统计

经过简单的处理之后，应该对数据的特征和分布情况进行分析。

（1）找到之前生成的数据，进入其统计的页面，单击“预处理”按钮，如图 10.93 所示。

数据集RowFilter-72CA466B-2875-4CA6-BA2E-7BA7340F1376.rec

查看数据 | 切分数据集 | 预处理 | 多维特征分析 | 特征工程 | 图谱计算 | 建模 | 预测评估 | 下载 | 保存 | 导出 | 数据可视化

行数	列数	压缩后大小	文件名
499971	14	666 KB	RowFilter-72CA466B-2875-4CA6-BA2E-7BA7340F1376.rec

列统计信息

列名	类型	非零个数	空值个数	非重复值	ID相似度	最小值	最大值	均值	标准差
传输等级	string	-	0	7	1.400081e-5	-	-	-	-
卡等级	string	-	0	4	8.000464e-6	-	-	-	-
线上交易	string	-	0	2	4.000232e-6	-	-	-	-
ip与设备地址匹配	string	-	0	2	4.000232e-6	-	-	-	-
ip在国外	string	-	0	2	4.000232e-6	-	-	-	-
ip为空	string	-	0	2	4.000232e-6	-	-	-	-
设备编码为空	string	-	0	2	4.000232e-6	-	-	-	-
ip异城市	string	-	0	2	4.000232e-6	-	-	-	-
设备异省	string	-	0	3	6.000348e-6	-	-	-	-
设备异城市	string	-	0	2	4.000232e-6	-	-	-	-
高风险交易标识	string	-	0	2	4.000232e-6	-	-	-	-
大额交易	string	-	0	40	8.000464e-5	-	-	-	-
异常时间	string	-	0	12	2.400139e-5	-	-	-	-
ip在高风险区域	string	-	0	4	8.000464e-6	-	-	-	-

图 10.93　预处理（四）

（2）选择“行过滤”预处理方法进行过滤，把高风险交易标识为 1 的过滤出来，如图 10.94 所示。

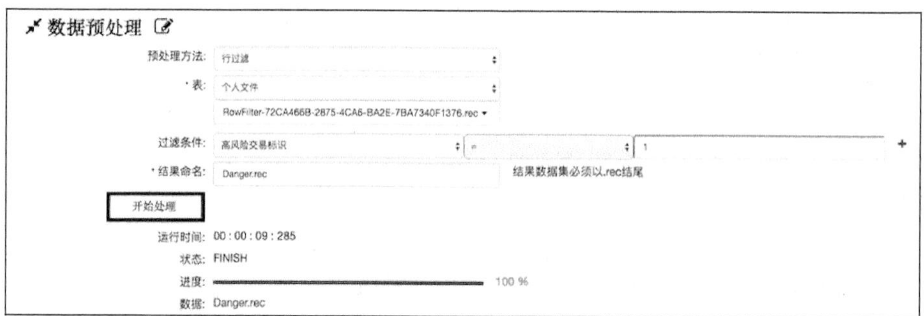

图 10.94　预处理（五）

（3）进入 Danger.rec 的统计界面，单击“多维特征分析”按钮，如图 10.95 所示。

数据集Danger.rec

查看数据 | 切分数据集 | 预处理 | 多维特征分析 | 特征工程 | 图谱计算 | 建模 | 预测评估 | 下载 | 保存 | 导出 | 数据可视化

行数	列数	压缩后大小	文件名
327336	14	292 KB	Danger.rec

列统计信息

列名	类型	非零个数	空值个数	非重复值	ID相似度	最小值	最大值	均值	标准差
传输等级	string	-	0	7	2.138475e-5	-	-	-	-
卡等级	string	-	0	4	1.221986e-5	-	-	-	-
线上交易	string	-	0	2	6.109930e-6	-	-	-	-
ip与设备地址匹配	string	-	0	1	3.054965e-6	-	-	-	-
ip在国外	string	-	0	2	6.109930e-6	-	-	-	-
ip为空	string	-	0	2	6.109930e-6	-	-	-	-
设备编码为空	string	-	0	2	6.109930e-6	-	-	-	-
ip异城市	string	-	0	1	3.054965e-6	-	-	-	-
设备异省	string	-	0	1	3.054965e-6	-	-	-	-
设备异城市	string	-	0	1	3.054965e-6	-	-	-	-
高风险交易标识	string	-	0	1	3.054965e-6	-	-	-	-
大额交易	string	-	0	5	1.527482e-5	-	-	-	-
异常时间	string	-	0	5	1.527482e-5	-	-	-	-
ip在高风险区域	string	-	0	2	6.109930e-6	-	-	-	-

图 10.95　占比分析（一）

(4) “分析方法”选择“占比分析”，设置 groupBy 为“ip 在国外”，参数选择完毕单击“开始处理”按钮，如图 10.96 所示。

图 10.96　占比分析(二)

(5) 对结果使用饼图进行可视化，如图 10.97 和图 10.98 所示。

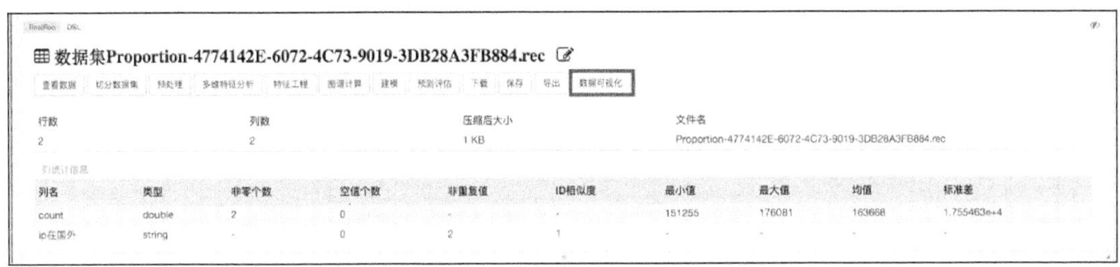

图 10.97　占比分析(三)

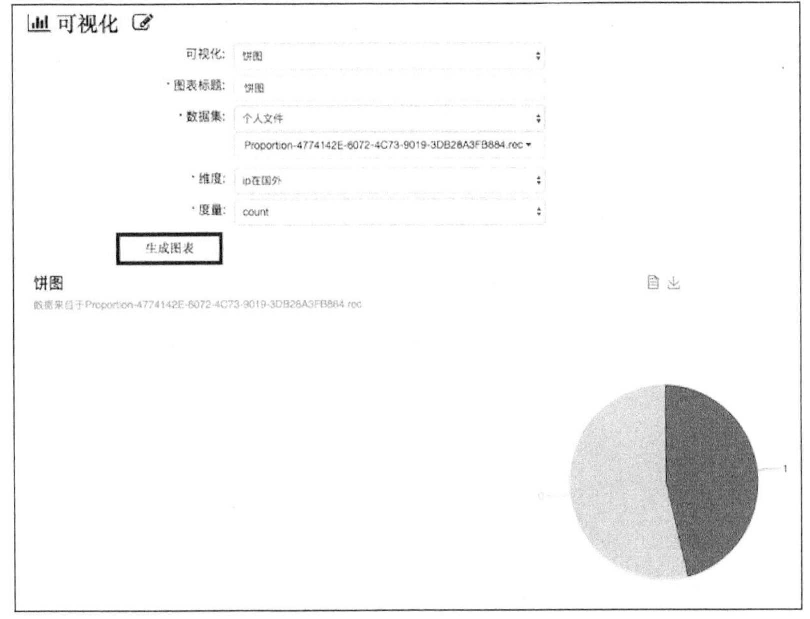

图 10.98　占比分析(四)

(6) 重新找到上面的第(1)步生成的数据，进入其统计界面，并单击“预处理”按钮，如图 10.99 所示。

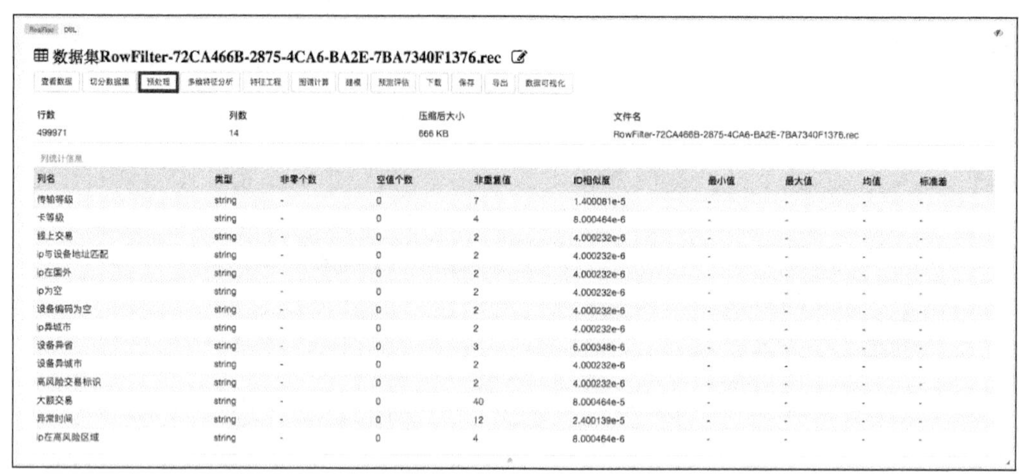

行数	列数	压缩后大小	文件名
499971	14	666 KB	RowFilter-72CA466B-2875-4CA6-BA2E-7BA7340F1376.rec

列统计信息

列名	类型	非零个数	空值个数	非重复值	ID相似度	最小值	最大值	均值	标准差
传输等级	string	-	0	7	1.400081e-5	-	-	-	-
卡等级	string	-	0	4	8.000464e-6	-	-	-	-
线上交易	string	-	0	2	4.000232e-6	-	-	-	-
ip与设备地址匹配	string	-	0	2	4.000232e-6	-	-	-	-
ip在国外	string	-	0	2	4.000232e-6	-	-	-	-
ip为空	string	-	0	2	4.000232e-6	-	-	-	-
设备编码为空	string	-	0	2	4.000232e-6	-	-	-	-
ip异城市	string	-	0	2	4.000232e-6	-	-	-	-
设备异省	string	-	0	3	6.000348e-6	-	-	-	-
设备异城市	string	-	0	2	4.000232e-6	-	-	-	-
高风险交易标识	string	-	0	2	4.000232e-6	-	-	-	-
大额交易	string	-	0	40	8.000464e-5	-	-	-	-
异常时间	string	-	0	12	2.400139e-5	-	-	-	-
ip在高风险区域	string	-	0	4	8.000464e-6	-	-	-	-

图 10.99　占比分析(五)

(7) “预处理方法”选择“行过滤”，如图 10.100 所示，把高风险交易标识为 0 的过滤出来。

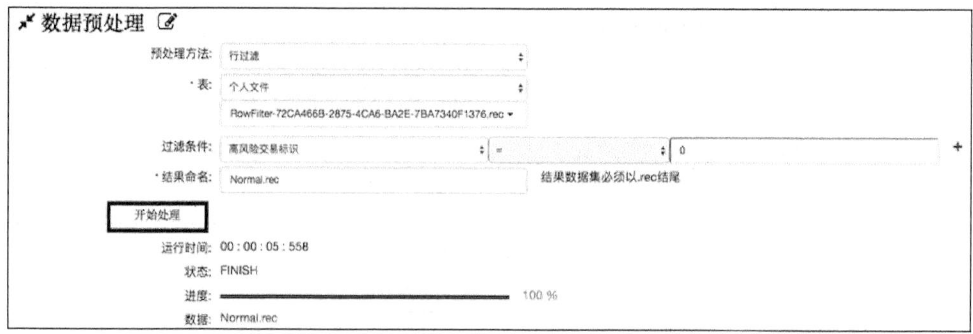

图 10.100　行过滤预处理

(8) 进入 Normal.rec 的统计界面，对行过滤后的数据进行新的占比分析，单击“多维特征分析”按钮，如图 10.101 所示。

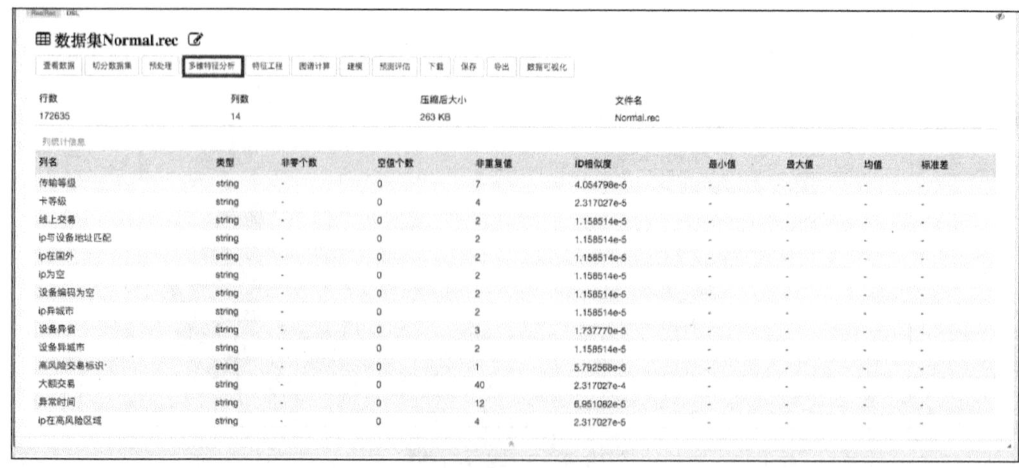

行数	列数	压缩后大小	文件名
172635	14	263 KB	Normal.rec

列统计信息

列名	类型	非零个数	空值个数	非重复值	ID相似度	最小值	最大值	均值	标准差
传输等级	string	-	0	7	4.054798e-5	-	-	-	-
卡等级	string	-	0	4	2.317027e-5	-	-	-	-
线上交易	string	-	0	2	1.158514e-5	-	-	-	-
ip与设备地址匹配	string	-	0	2	1.158514e-5	-	-	-	-
ip在国外	string	-	0	2	1.158514e-5	-	-	-	-
ip为空	string	-	0	2	1.158514e-5	-	-	-	-
设备编码为空	string	-	0	2	1.158514e-5	-	-	-	-
ip异城市	string	-	0	2	1.158514e-5	-	-	-	-
设备异省	string	-	0	3	1.737770e-5	-	-	-	-
设备异城市	string	-	0	2	1.158514e-5	-	-	-	-
高风险交易标识	string	-	0	1	5.792568e-6	-	-	-	-
大额交易	string	-	0	40	2.317027e-4	-	-	-	-
异常时间	string	-	0	12	6.951082e-5	-	-	-	-
ip在高风险区域	string	-	0	4	2.317027e-5	-	-	-	-

图 10.101　新占比分析(一)

(9)“分析方法”选择“占比分析”，设置 groupBy 为“ip 在国外”，参数设置完成后单击“开始处理”按钮，如图 10.102 所示。

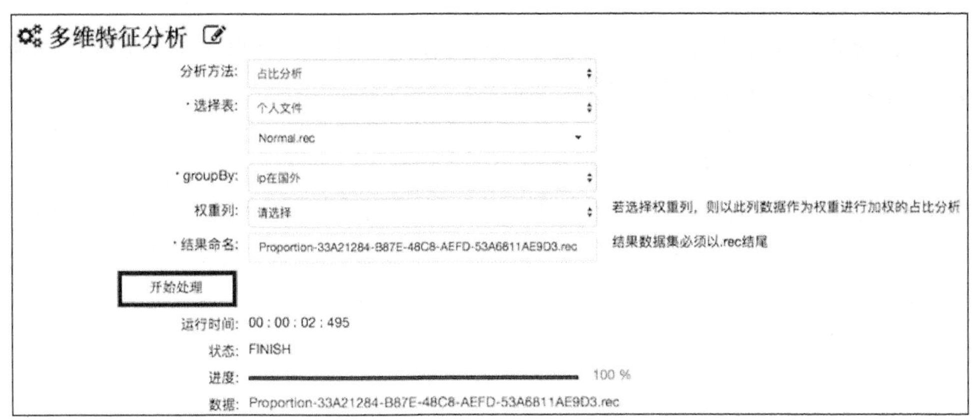

图 10.102　新占比分析(二)

(10)对结果使用饼图进行可视化，如图 10.103、图 10.104 所示。

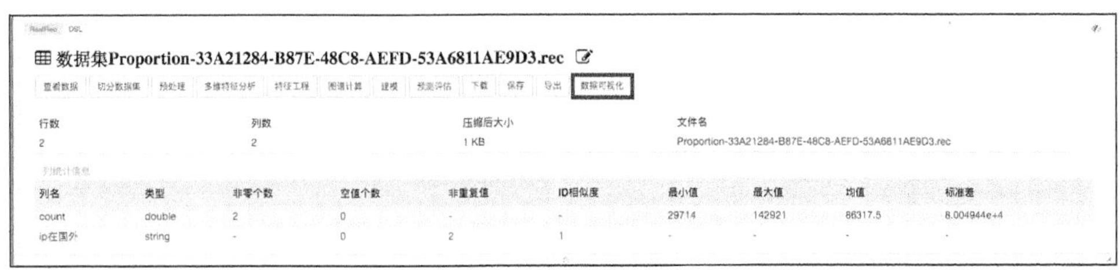

行数	列数	压缩后大小	文件名
2	2	1 KB	Proportion-33A21284-B87E-48C8-AEFD-53A6811AE9D3.rec

列名	类型	非零个数	空值个数	非重复值	ID相似度	最小值	最大值	均值	标准差
count	double	2	0	-	-	29714	142921	86317.5	8.004944e+4
ip在国外	string	-	0	2	1	-	-	-	-

图 10.103　新占比分析(三)

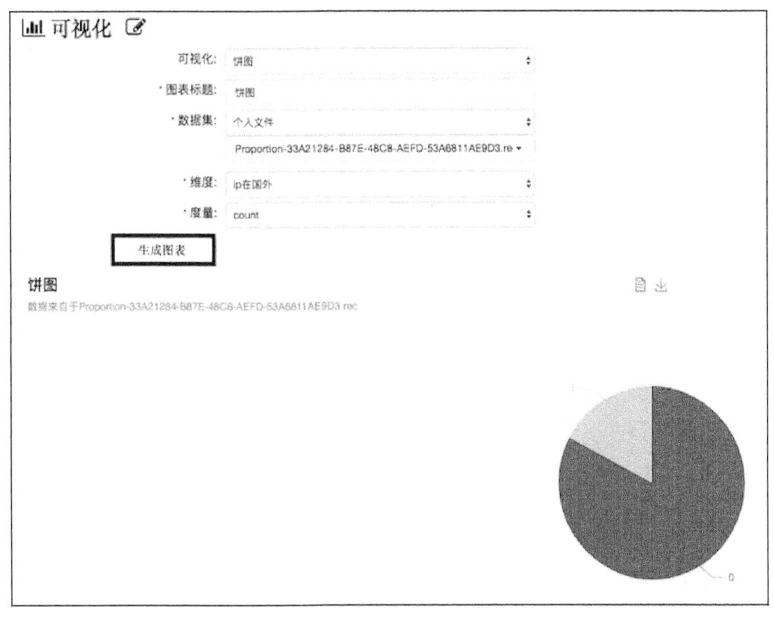

图 10.104　新占比分析(四)

可以看出这两个数据集中的“ip 在国外”这个标签的占比不同，也就是说如果 ip 在国外，那么其高风险的概率比较高。本实验中只给出“ip 在国外”这个标签的数据。

根据这样的图形可以看出 ip 在国外与高风险交易的权重关系，但是定量的关系并不能得到，如果想得到定量的关联性，就需要进一步进行关联性分析或使用模型进行定量的分析。

思考题：请使用其他的多维特征分析方法对数据的其他特征进行分析，并使用比较合适的图形进行可视化。

4) 线性特征工程与线性模型的训练评估

下面需要进一步了解数据的特征，并通过一些可视化的方法深入和强化对数据集的认识。

(1) 在已加载数据集中找到上面生成的数据集，在数据集概览中单击“切分数据集”按钮，如图 10.105 所示。

RowRec DSL

数据集RowFilter-72CA466B-2875-4CA6-BA2E-7BA7340F1376.rec

查看数据 切分数据集 预处理 多维特征分析 特征工程 图谱计算 建模 预测评估 下载 保存 导出 数据可视化

行数	列数	压缩后大小	文件名
499971	14	666 KB	RowFilter-72CA466B-2875-4CA6-BA2E-7BA7340F1376.rec

列统计信息

列名	类型	非零个数	空值个数	非重复值	ID相似度	最小值	最大值	均值	标准差
传输等级	string	-	0	7	1.400081e-5	-	-	-	-
卡等级	string	-	0	4	8.000464e-6	-	-	-	-
线上交易	string	-	0	2	4.000232e-6	-	-	-	-
ip与设备地址匹配	string	-	0	2	4.000232e-6	-	-	-	-
ip在国外	string	-	0	2	4.000232e-6	-	-	-	-
ip为空	string	-	0	2	4.000232e-6	-	-	-	-
设备编码为空	string	-	0	2	4.000232e-6	-	-	-	-
ip异城市	string	-	0	2	4.000232e-6	-	-	-	-
设备异省	string	-	0	3	6.000348e-6	-	-	-	-
设备异城市	string	-	0	2	4.000232e-6	-	-	-	-
高风险交易标识	string	-	0	2	4.000232e-6	-	-	-	-
大额交易	string	-	0	40	8.000464e-5	-	-	-	-
异常时间	string	-	0	12	2.400139e-5	-	-	-	-
ip在高风险区域	string	-	0	4	8.000464e-6	-	-	-	-

图 10.105　数据集切分(一)

(2) 在数据集概览中单击“切分数据集”按钮，并且把 80%命名为 Training.rec，把 20%命名为 Prediction.rec，Training.rec 为训练数据集，用于训练模型，Prediction.rec 为预测数据集，用以检验模型的效果，如图 10.106 所示。

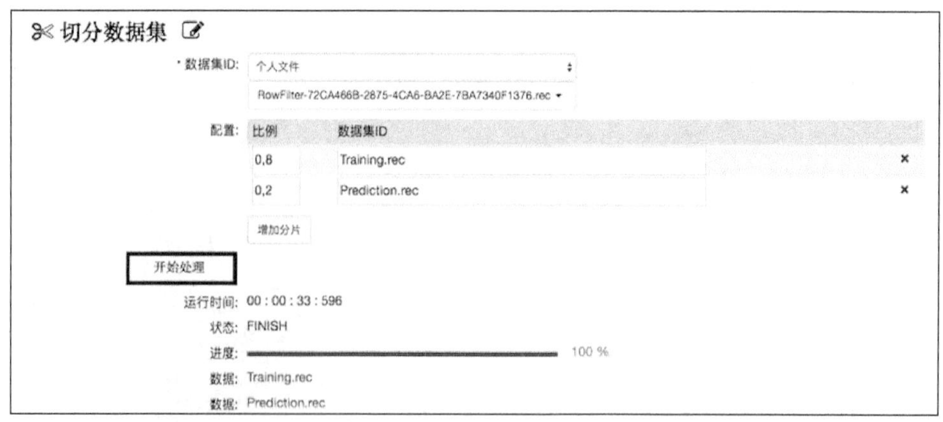

图 10.106　数据集切分(二)

(3) 进入 Training.rec 的统计界面，在数据集概览中单击“多维特征分析”按钮，如图 10.107 所示。

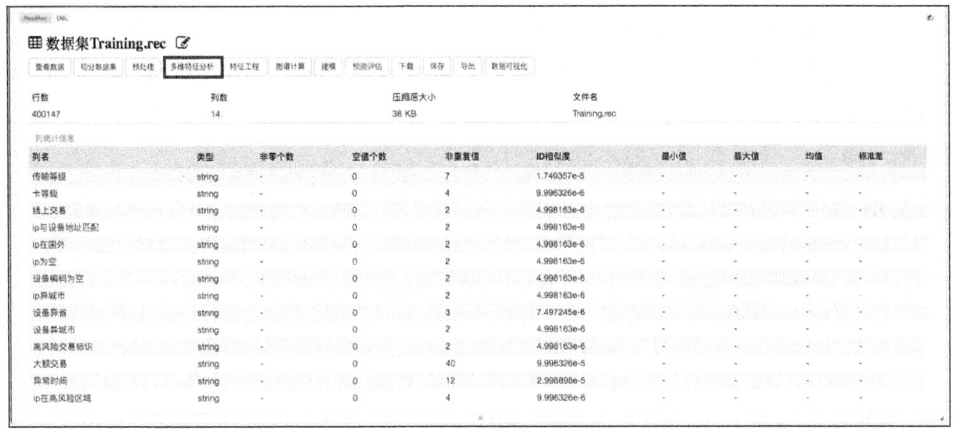

数据集Training.rec

查看数据 | 切分数据集 | 预处理 | 多维特征分析 | 特征工程 | 图谱计算 | 建模 | 预测评估 | 下载 | 保存 | 导出 | 数据可视化

行数	列数	压缩后大小	文件名
400147	14.	38 KB	Training.rec

列统计信息

列名	类型	非零个数	空值个数	非重复值	ID相似度	最小值	最大值	均值	标准差
传输等级	string	-	0	7	1.749357e-5	-	-	-	-
卡等级	string	-	0	4	9.996326e-6	-	-	-	-
线上交易	string	-	0	2	4.998163e-6	-	-	-	-
ip与设备地址匹配	string	-	0	2	4.998163e-6	-	-	-	-
ip在国外	string	-	0	2	4.998163e-6	-	-	-	-
ip为空	string	-	0	2	4.998163e-6	-	-	-	-
设备编码为空	string	-	0	2	4.998163e-6	-	-	-	-
ip异城市	string	-	0	2	4.998163e-6	-	-	-	-
设备异省	string	-	0	3	7.497245e-6	-	-	-	-
设备异城市	string	-	0	2	4.998163e-6	-	-	-	-
高风险交易标识	string	-	0	2	4.998163e-6	-	-	-	-
大额交易	string	-	0	40	9.996326e-5	-	-	-	-
异常时间	string	-	0	12	2.998898e-5	-	-	-	-
ip在高风险区域	string	-	0	4	9.996326e-6	-	-	-	-

图 10.107　关联性分析(一)

(4) 在数据集概览中单击“多维特征分析”按钮,“分析方法”选择“关联性分析”,如图 10.108 所示。From 为“高风险交易标识”,To 为除此之外的属性,“关联算法”选择 Pearson。Pearson 相关系数是衡量两个变量的线性关系的系数。

多维特征分析

分析方法: 关联性分析
关联算法: Pearson
注: 选择Auto则根据特征的统计属性选择最优关联算法,目前只应
源数据集: 个人文件
Training.rec
边数目: 10
From: 未选(13) | 已选(1)
线上交易 string; ip与设备地址匹配 string; ip在国外 string; ip为空 string; 设备编码为空 string; ip异城市 string; 设备异省 string; 设备异城市 string; 大额交易 string; 异常时间 string; ip在高风险区域 string
高风险交易标识 string

To: 未选(0) | 已选(14)
ip与设备地址匹配 string; ip在国外 string; ip为空 string; 设备编码为空 string; ip异城市 string; 设备异省 string; 设备异城市 string; 高风险交易标识 string; 大额交易 string; 异常时间 string; ip在高风险区域 string
结果数据集: Correlation-7314812A-6B91-4A92-A566-89F879E30FE8.rec　结果数据集必须以.rec结尾
开始处理
运行时间: 00 : 00 : 18 : 633
状态: FINISH
进度: 100 %
数据: Correlation-7314812A-6B91-4A92-A566-89F879E30FE8.rec

图 10.108　关联性分析(二)

(5)得到关联分析结果，为清晰展现各特征间的关系，对数据可视化，选择和弦图，如图 10.109 所示。“资源维度”为 From，“目标维度”为 To，“度量”为 Correlation，得到和弦图，可以看到“高风险交易标识”与“卡等级”“设备异常”“线上交易”“ip 异城市”有较大关联，与“设备编码为空”等未在图中显示的关联较小。

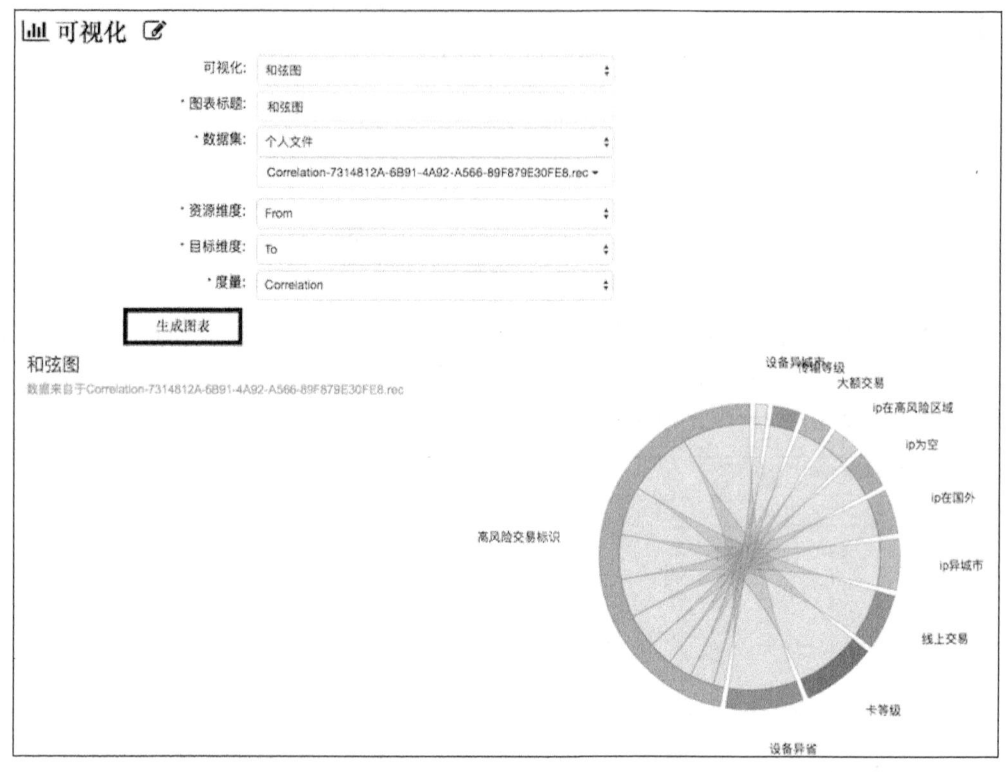

图 10.109　关联性分析(三)

(6)进行标签统计，使用占比分析进行训练数据集的标签统计，如图 10.110 所示。

多维特征分析

分析方法: 占比分析

* 选择表: 个人文件

Training.rec

* groupBy: 高风险交易标识

权重列: 请选择　若选择权重列，则以此列数据作为权重进行加权的占比分析

* 结果命名: Proportion-C4B17CF5-147D-4443-9340-81B7E2E0D4C3.rec　结果数据集必须以.rec结尾

开始处理

运行时间: 00 : 00 : 03 : 495

状态: FINISH

进度: 100 %

数据: Proportion-C4B17CF5-147D-4443-9340-81B7E2E0D4C3.rec

图 10.110　占比分析进行统计

(7)使用饼图进行占比分析比较直观。通过图 10.111 可以知道 1 的占比为 0.6455(请注意切分的数据集不同可能造成这个值的不同)，由于平台会把多数标签编码为 0，所以下面的 threshold 为 0.3456。

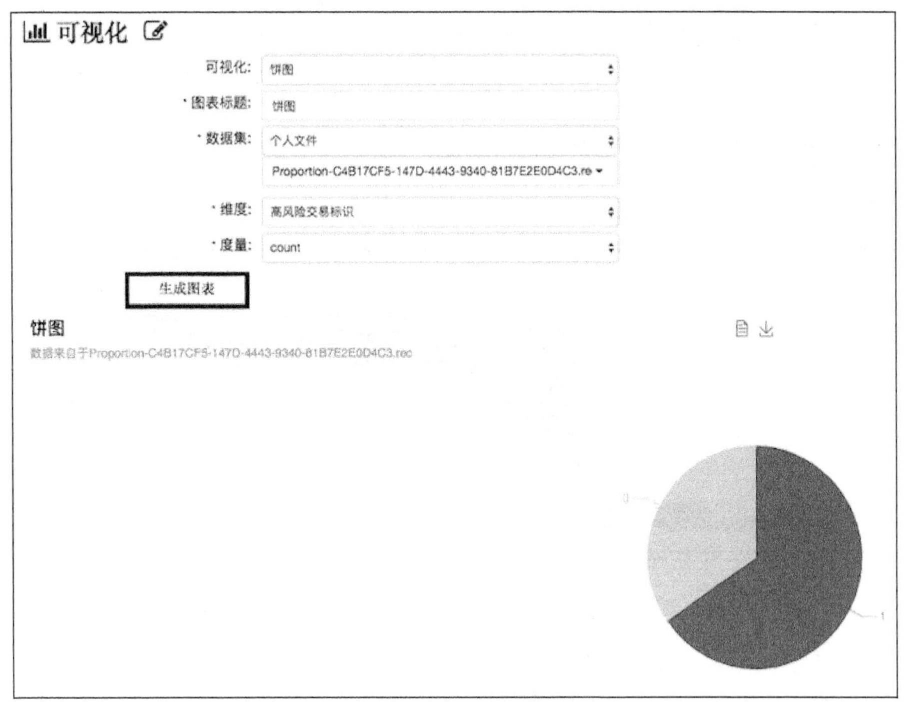

图 10.111　使用饼图占比分析

(8)选择关联系数大于 0.2 的特征进行逻辑回归的训练。用广义线性算法建模如图 10.112 所示。

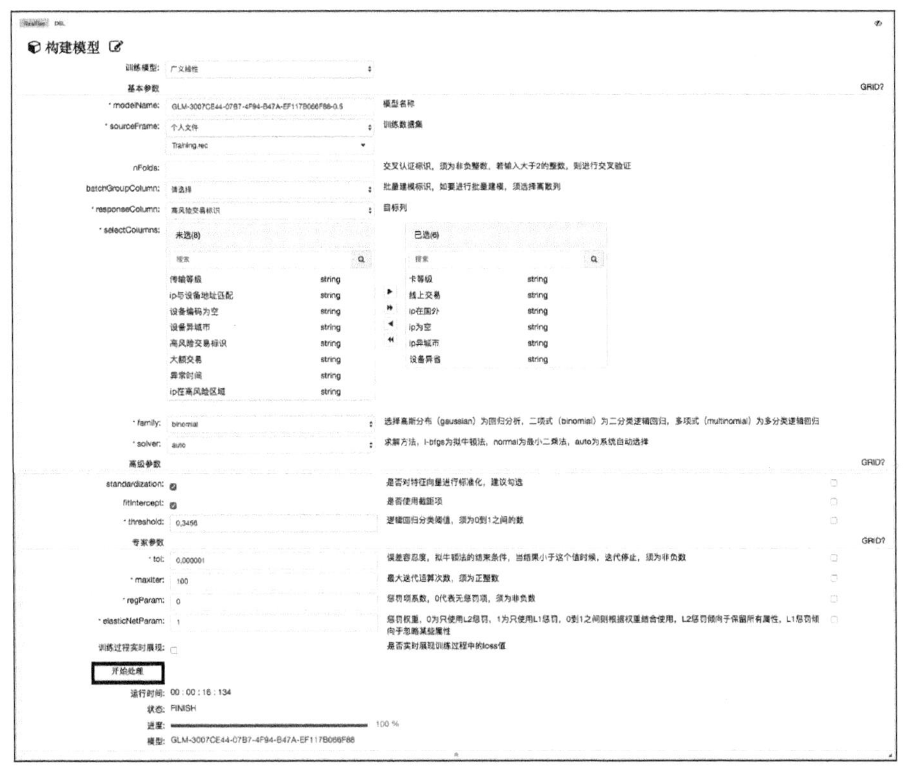

图 10.112　广义线性模型构建(一)

(9) 单击模型的链接，然后进入模型信息统计页面，从图 10.113 可以看出关联性。

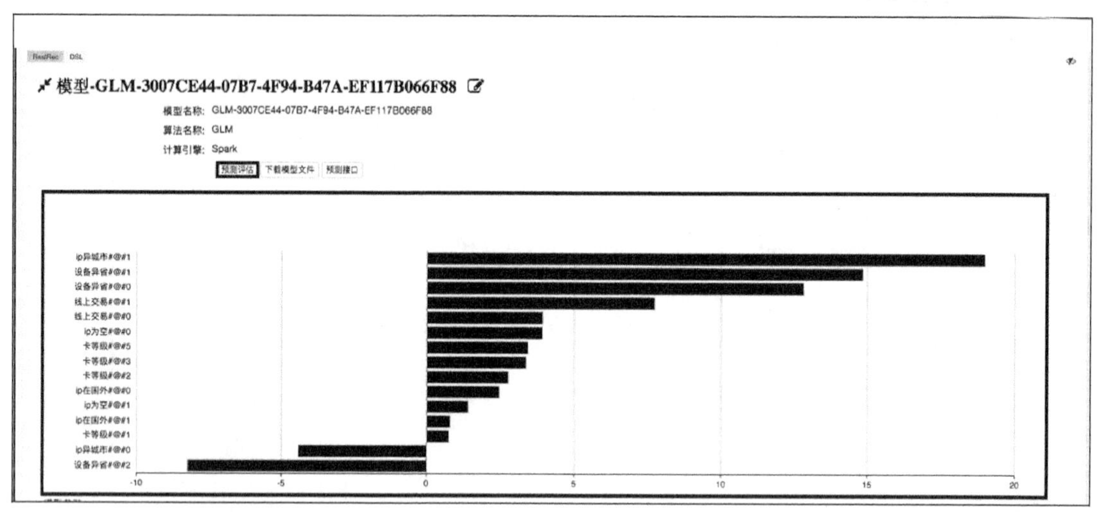

图 10.113　广义线性模型构建(二)

从图 10.114 中，可以看出所有特征因子与结果变量之前的正相关及负相关的权重关系。

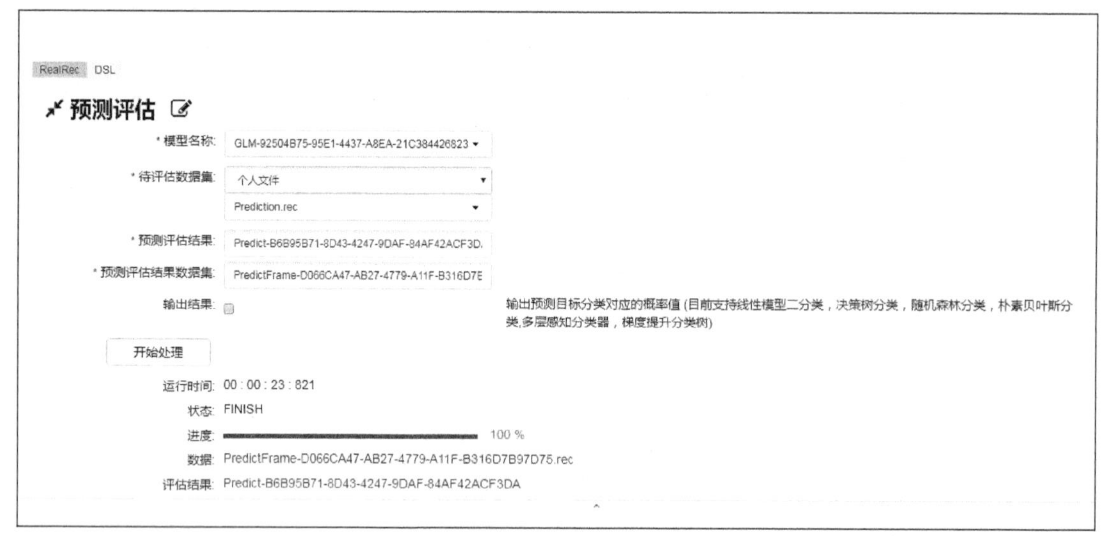

图 10.114　广义线性模型构建(三)

逻辑回归的特点为采用线性方程，再使用 link 函数使线性方程可以表示二分类或二项分布的特点，由于使用的特征有离散型的特征，这些特征一定使用某种方法进行处理，本次实验使用的是 One-Hot Encoder。

思考题：还有什么方法处理离散值?

(10) 用所生成的模型和预测数据集进行预测，得到如图 10.115 所示的结果。

(11) 调整模型参数如图 10.116 所示，threshold 取值为 0.5，然后进行建模，得到的结果如图 10.117 所示。

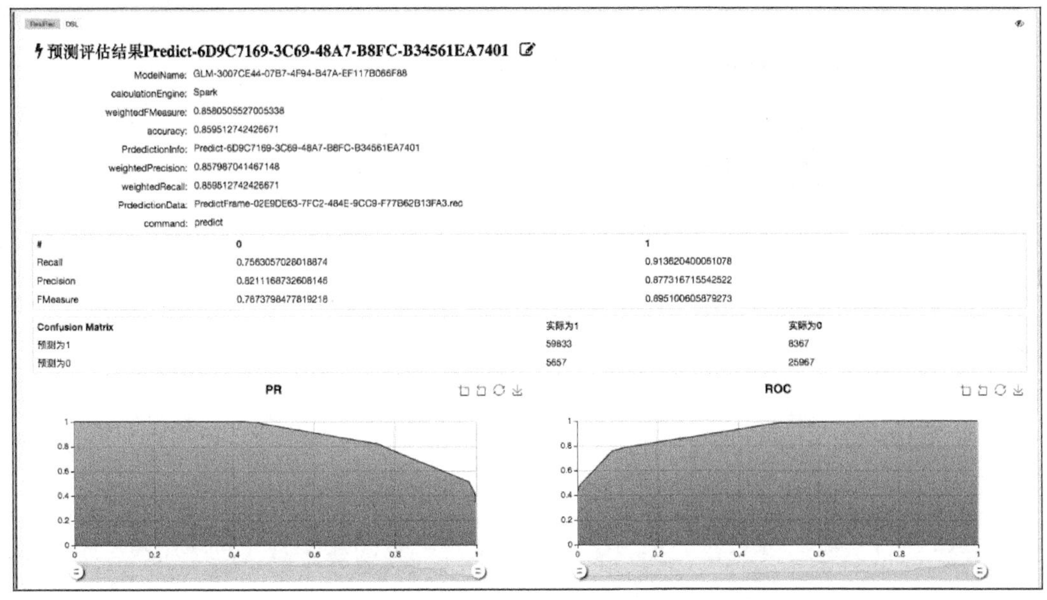

图 10.115　广义线性模型构建(四)

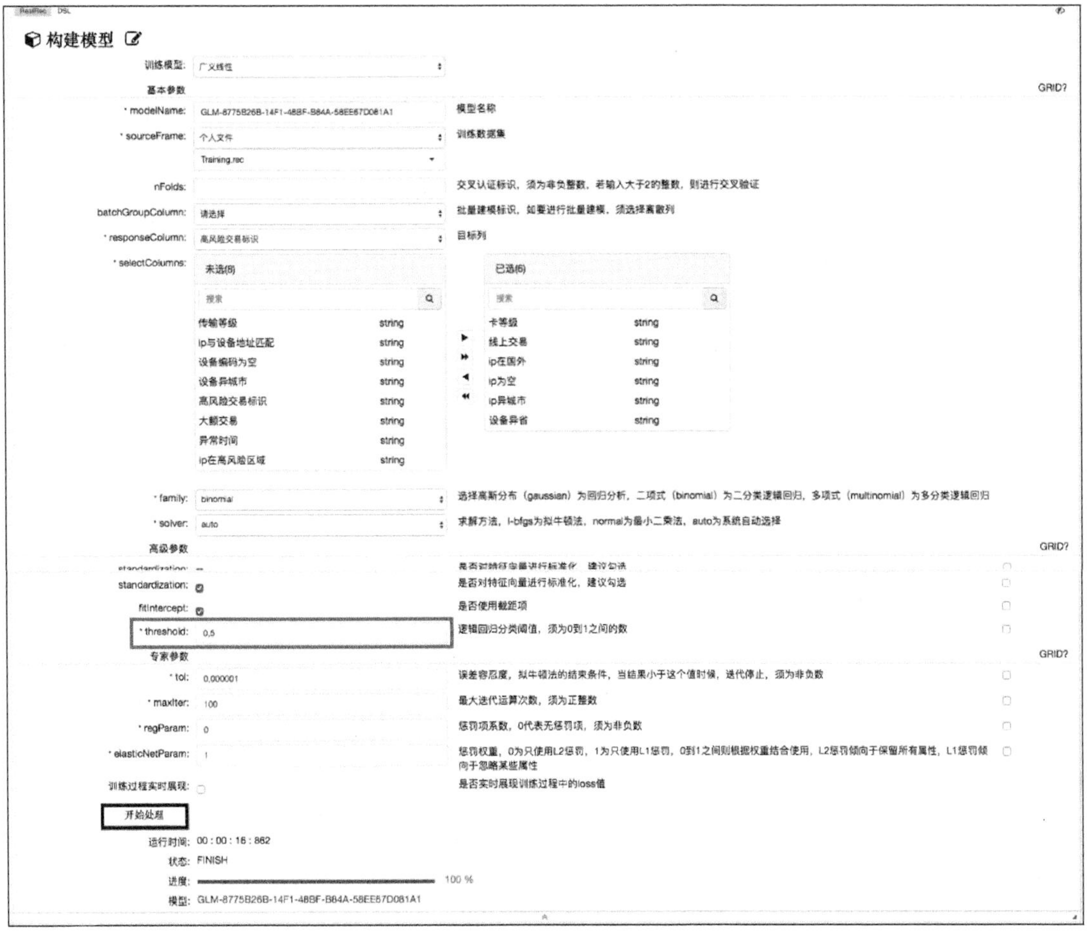

DSL

构建模型

训练模型: 广义线性

基本参数 GRID?

* modelName: GLM-8775B26B-14F1-48BF-B84A-58EE67D081A1 模型名称

* sourceFrame: 个人文件 训练数据集

Training.rec

nFolds: 交叉认证标识，须为非负整数，若输入大于2的整数，则进行交叉验证

batchGroupColumn: 请选择 批量建模标识，如要进行批量建模，须选择离散列

* responseColumn: 高风险交易标识 目标列

* selectColumns:

未选(8)		已选(6)	
搜索		搜索	
传输等级	string	卡等级	string
ip与设备地址匹配	string	线上交易	string
设备编码为空	string	ip在国外	string
设备异城市	string	ip为空	string
高风险交易标识	string	ip异城市	string
大额交易	string	设备异省	string
异常时间	string		
ip在高风险区域	string		

* family: binomial 选择高斯分布（gaussian）为回归分析，二项式（binomial）为二分类逻辑回归，多项式（multinomial）为多分类逻辑回归

* solver: auto 求解方法，l-bfgs为拟牛顿法，normal为最小二乘法，auto为系统自动选择

高级参数 GRID?

standardization: 是否对特征向量进行标准化，建议勾选

fitIntercept: 是否使用截距项

* threshold: 0.5 逻辑回归分类阈值，须为0到1之间的数

专家参数 GRID?

* tol: 0.000001 误差容忍度，拟牛顿法的结束条件，当结果小于这个值时候，迭代停止，须为非负数

* maxIter: 100 最大迭代运算次数，须为正整数

* regParam: 0 惩罚项系数，0代表无惩罚项，须为非负数

* elasticNetParam: 1 惩罚权重，0为只使用L2惩罚，1为只使用L1惩罚，0到1之间则根据权重结合使用，L2惩罚倾向于保留所有属性，L1惩罚倾向于忽略某些属性

训练过程实时展现: 是否实时展现训练过程中的loss值

开始处理

运行时间: 00 : 00 : 16 : 862

状态: FINISH

进度: 100 %

模型: GLM-8775B26B-14F1-48BF-B84A-58EE67D081A1

图 10.116　广义线性模型构建(五)

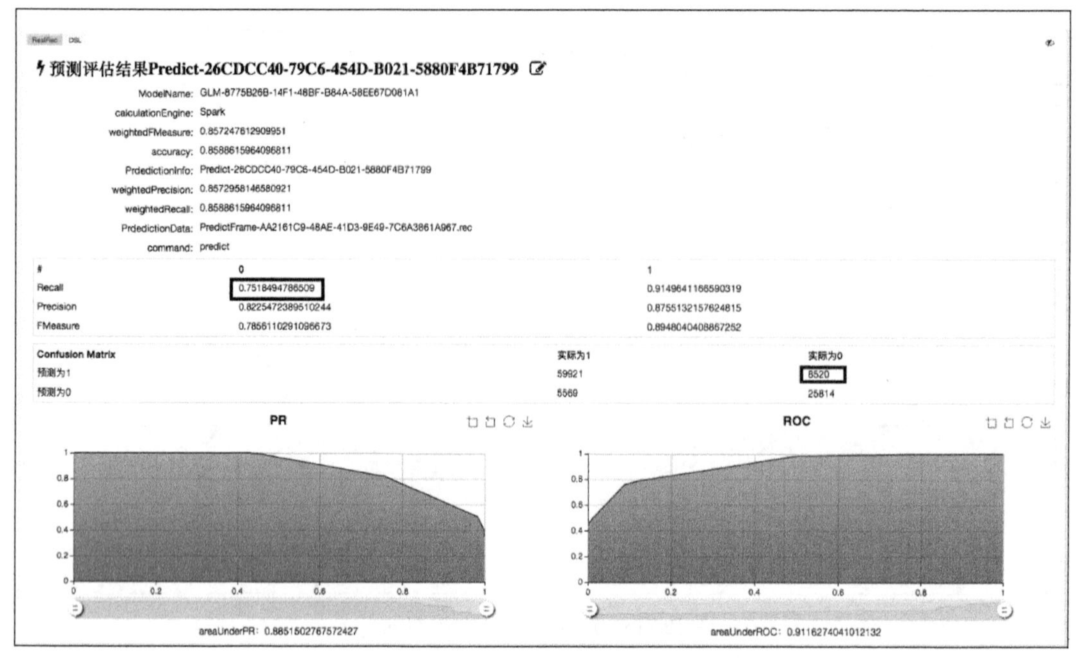

图 10.117　广义线性模型构建(六)

由于逻辑回归的 threshold 很难确定，所以可以使用训练数据集的比例，一般会得到好的结果，如果不满足要求，可以使用调参的方法进行调参，直到满足要求。

思考题：对于混淆矩阵的变化以及对于 Recall 和 Precision 的变化怎么理解?

5) 离散关联性与决策树建模评估

(1) 数据大部分为离散型特征，那么也可以使用假设检验的方法进行关联性分析。如图 10.118 所示，单击“多维特征分析”按钮，“分析方法”选择“假设检验”，得到数据链接如图 10.119 所示。

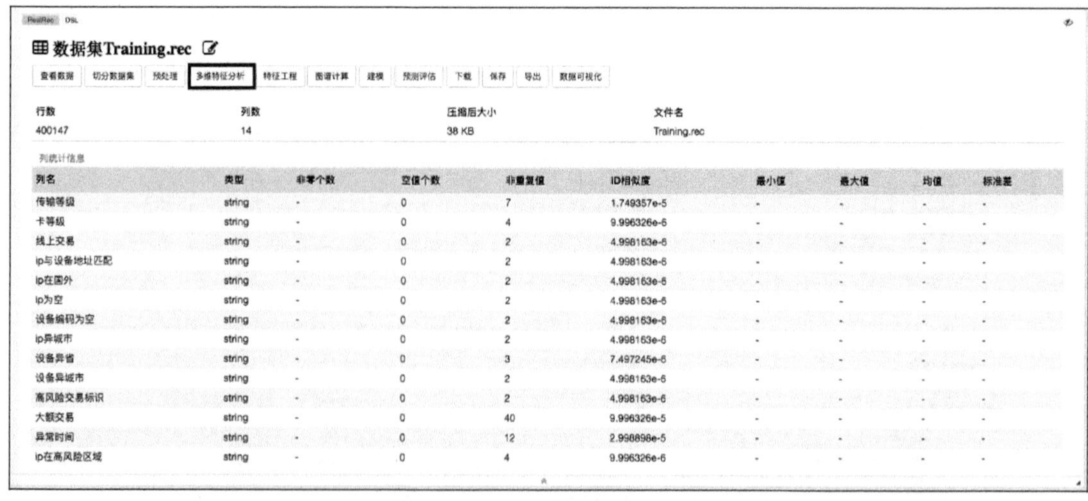

列名	类型	非零个数	空值个数	非重复值	ID相似度	最小值	最大值	均值	标准差
传输等级	string	-	0	7	1.749357e-5	-	-	-	-
卡等级	string	-	0	4	9.996326e-6	-	-	-	-
线上交易	string	-	0	2	4.998163e-6	-	-	-	-
ip与设备地址匹配	string	-	0	2	4.998163e-6	-	-	-	-
ip在国外	string	-	0	2	4.998163e-6	-	-	-	-
ip为空	string	-	0	2	4.998163e-6	-	-	-	-
设备编码为空	string	-	0	2	4.998163e-6	-	-	-	-
ip异城市	string	-	0	2	4.998163e-6	-	-	-	-
设备异省	string	-	0	3	7.497245e-6	-	-	-	-
设备异城市	string	-	0	2	4.998163e-6	-	-	-	-
高风险交易标识	string	-	0	2	4.998163e-6	-	-	-	-
大额交易	string	-	0	40	9.996326e-5	-	-	-	-
异常时间	string	-	0	12	2.998898e-5	-	-	-	-
ip在高风险区域	string	-	0	4	9.996326e-6	-	-	-	-

图 10.118　假设检验(一)

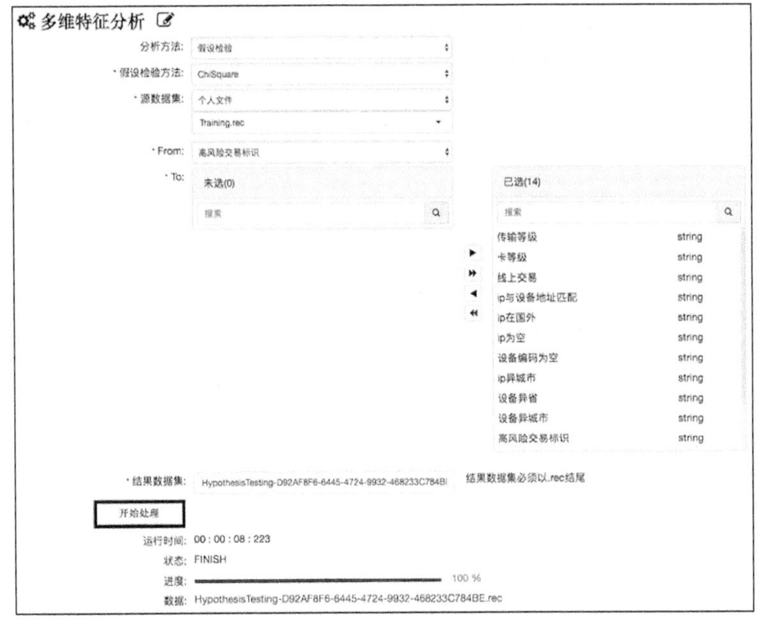

图 10.119 假设检验(二)

卡方检验是一个非常著名的离散变量的关联分析，通过卡方检验，会得到 p 值，如果 p 值为 0，那么原假设为真，p 值接近 1 则为假，这里的原假设为两个离散变量相关，然后通过统计频率进行比较，符合卡方分布。结果如下，如图 10.121 可知 p 值，p 值都为 0，可见都比较相关。

(2) 如图 10.120 所示，单击进入数据集，然后查看数据详情，并且把默认显示 10 改为 13，如图 10.121 所示。

数据集HypothesisTesting-D92AF8F6-6445-4724-9932-468233C784BE.rec

查看数据 切分数据集 预处理 多维特征分析 特征工程 图谱计算 建模 预测评估 下载 保存 导出 数据可视化

行数	列数	压缩后大小	文件名
13	4	10 KB	HypothesisTesting-D92AF8F6-6445-4724-9932-468233C784BE.rec

列统计信息

列名	类型	非零个数	空值个数	非重复值	ID相似度	最小值	最大值	均值	标准差
ColumnName	string	-	0	13	1	-	-	-	-
DegreesOfFreedom	double	13	0	-	-	1	39	5.46154	10.48503
PValue	double	0	0	-	-	0	0	0	0
Statistic	double	13	0	-	-	278.41814	1.115167e+5	3.310927e+4	3.705506e+4

图 10.120 数据查看(一)

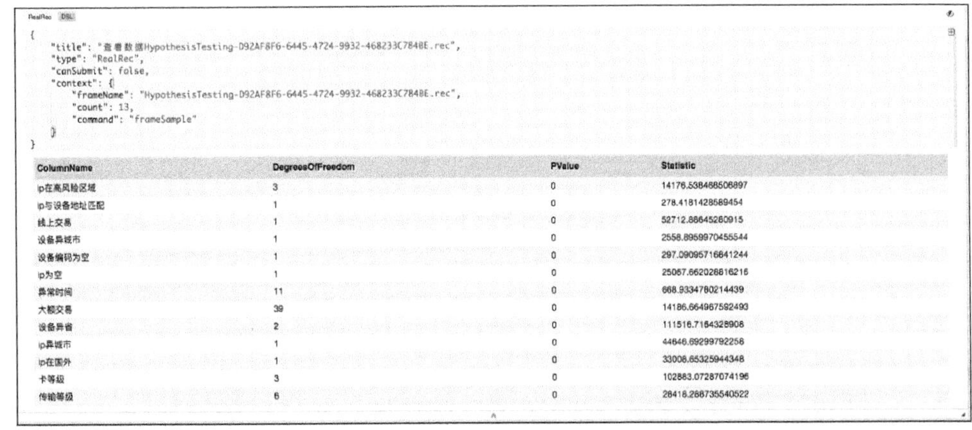

RealRec DSL


```
{
    "title": "查看数据HypothesisTesting-D92AF8F6-6445-4724-9932-468233C784BE.rec",
    "type": "RealRec",
    "canSubmit": false,
    "context": {
        "frameName": "HypothesisTesting-D92AF8F6-6445-4724-9932-468233C784BE.rec",
        "count": 13,
        "command": "frameSample"
    }
}
```


ColumnName	DegreesOfFreedom	PValue	Statistic
ip在高风险区域	3	0	14176.538468506897
ip与设备地址匹配	1	0	278.4181428589454
线上交易	1	0	52712.88645280915
设备异城市	1	0	2558.8959970455544
设备编码为空	1	0	297.09095716841244
ip为空	1	0	25067.662028816216
异常时间	11	0	668.9334780214439
大额交易	39	0	14186.664967592493
设备异省	2	0	111516.7164328908
ip异城市	1	0	44646.69299792256
ip在国外	1	0	33008.65325944348
卡等级	3	0	102883.07287074196
传输等级	6	0	28418.288735540522

图 10.121 数据查看(二)

(3)如图 10.122 所示，代入非线性模型的决策树模型进行建模(这里也可以使用线性模型，因为卡方不仅能检测线性相关，还能检测非线性相关)。

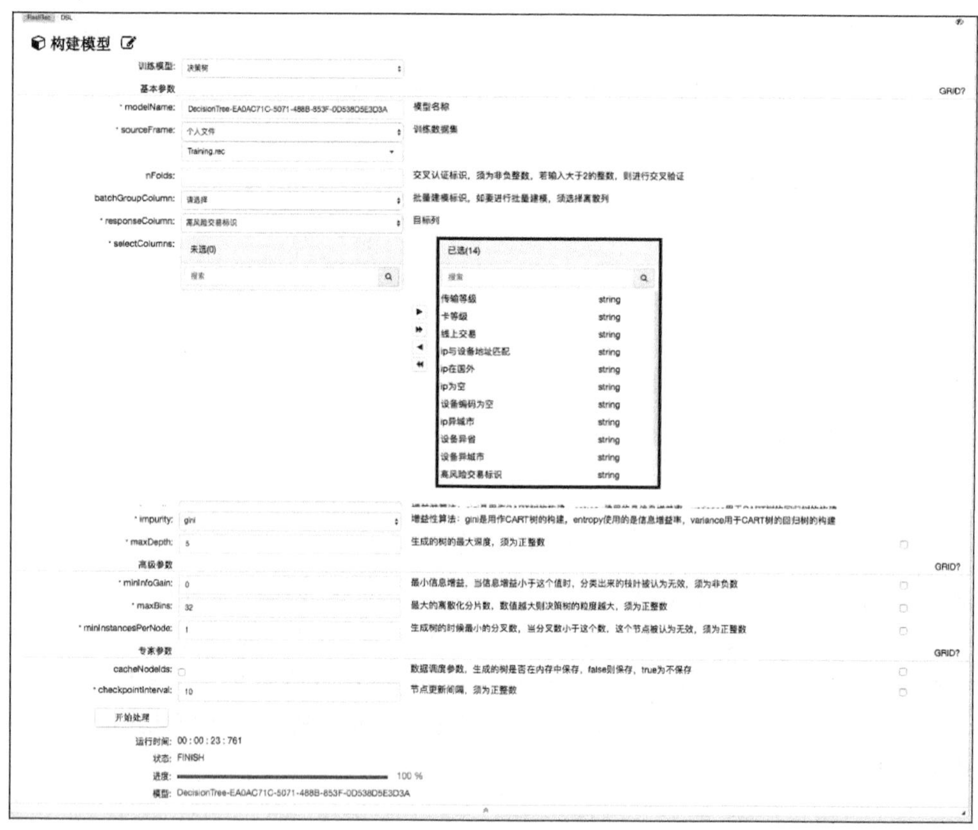

图 10.122　决策树算法建模(一)

(4)单击步骤(3)得到的模型链接，分析模型如图 10.123 所示。层级上会出现不同的特征，高层级(离根节点越近)权重越高，也就是说会更好地分开数据。

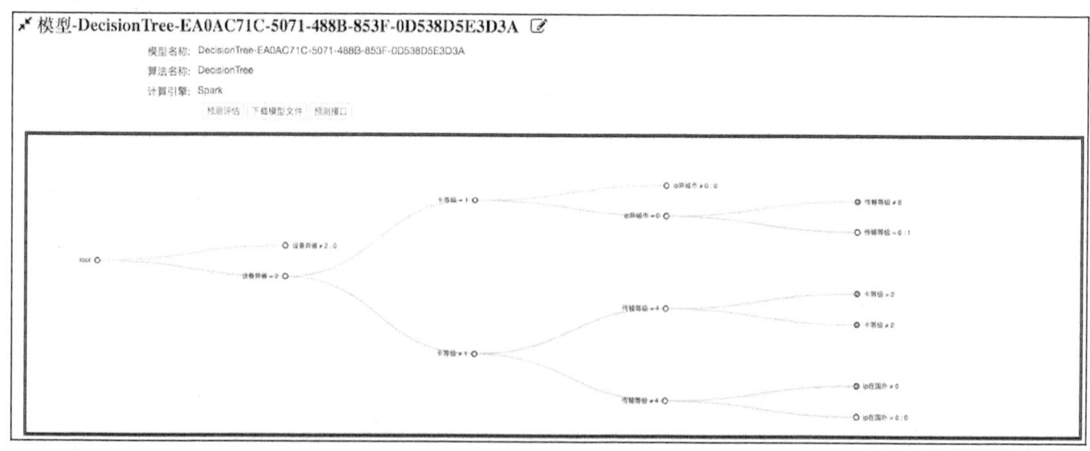

图 10.123　决策树算法建模(二)

思考题：虽然卡方检验 p 值都为 0，层级的特征和其卡方检验的统计量又有什么关系呢？

(5) 图 10.124 所示为进行预测评估得到的结果，可以看出和逻辑回归的效果差不多。

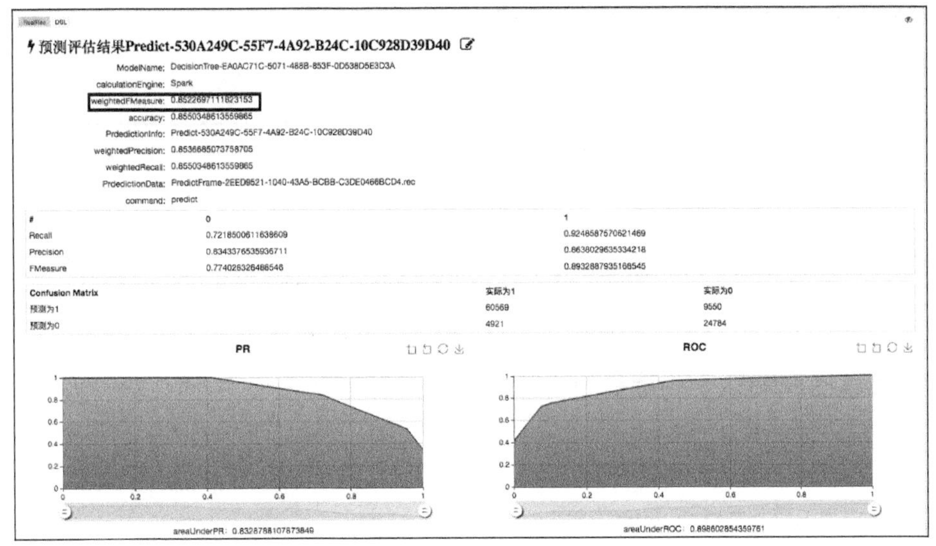

图 10.124　决策树算法建模(三)

(6) 接下来使用上面的 Pearson 关联得到的特征再次建立决策树，参数设置如图 10.125 所示。

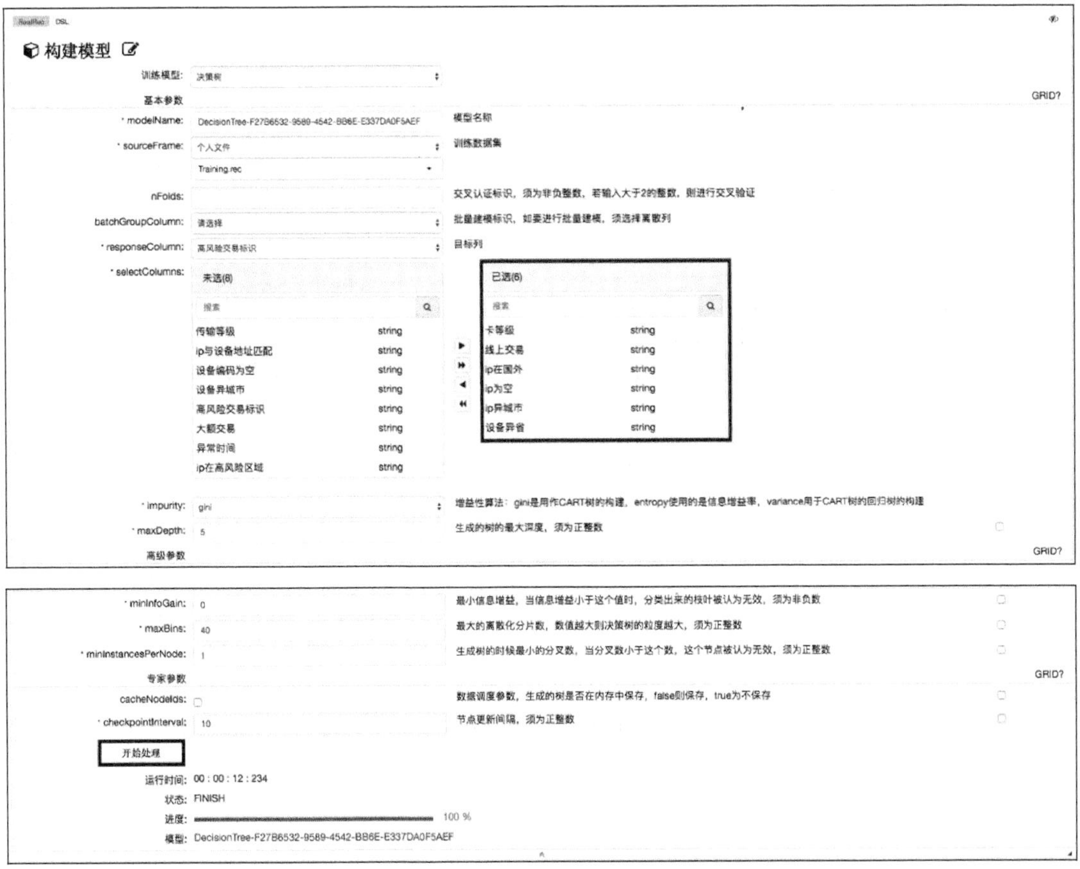

构建模型
训练模型: 决策树
基本参数
modelName: DecisionTree-F27B6532-9589-4542-BB6E-E337DA0F5AEF　模型名称
sourceFrame: 个人文件　Training.rec　训练数据集
nFolds:　交叉认证标识，须为非负整数，若输入大于2的整数，则进行交叉验证
batchGroupColumn: 请选择　批量建模标识，如要进行批量建模，须选择离散列
responseColumn: 高风险交易标识　目标列
selectColumns:
未选(8): 传输等级 string; ip与设备地址匹配 string; 设备编码为空 string; 设备异城市 string; 高风险交易标识 string; 大额交易 string; 异常时间 string; ip在高风险区域 string
已选(6): 卡等级 string; 线上交易 string; ip在国外 string; ip为空 string; ip异城市 string; 设备异省 string
impurity: gini　增益性算法：gini是用作CART树的构建，entropy使用的是信息增益率，variance用于CART树的回归树的构建
maxDepth: 5　生成的树的最大深度，须为正整数
高级参数
minInfoGain: 0　最小信息增益，当信息增益小于这个值时，分类出来的枝叶被认为无效，须为非负数
maxBins: 40　最大的离散化分片数，数值越大则决策树的粒度越大，须为正整数
minInstancesPerNode: 1　生成树的时候最小的分叉数，当分叉数小于这个数，这个节点被认为无效，须为正整数
专家参数
cacheNodeIds:　数据调度参数，生成的树是否在内存中保存，false则保存，true为不保存
checkpointInterval: 10　节点更新间隔，须为正整数
开始处理
运行时间: 00 : 00 : 12 : 234
状态: FINISH
进度: 100 %
模型: DecisionTree-F27B6532-9589-4542-BB6E-E337DA0F5AEF

图 10.125　决策树算法建模(四)

(7) 单击步骤(6)中得到的模型链接，分析模型如图 10.126 所示。

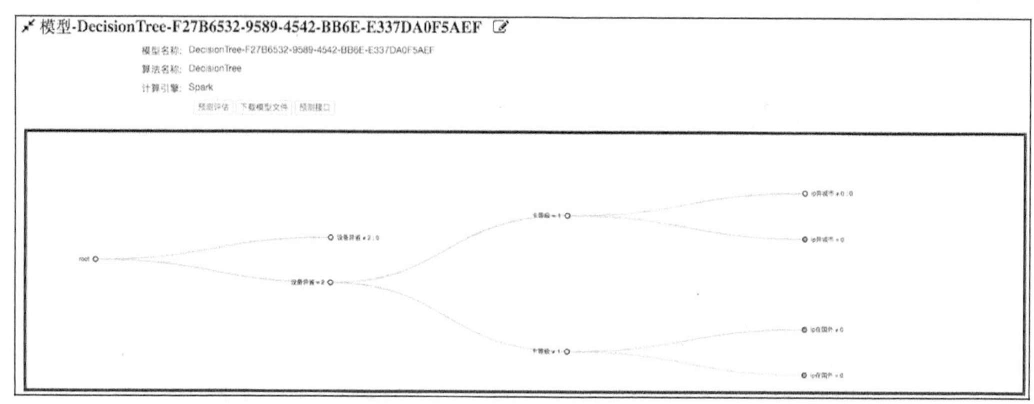

图 10.126　决策树算法建模(五)

(8) 预测评估后得到的结果如图 10.127 所示，可以看到效果差不多，但是 AUC(Area Under Curve，被定义为 ROC 曲线下的面积)可能会低一些。

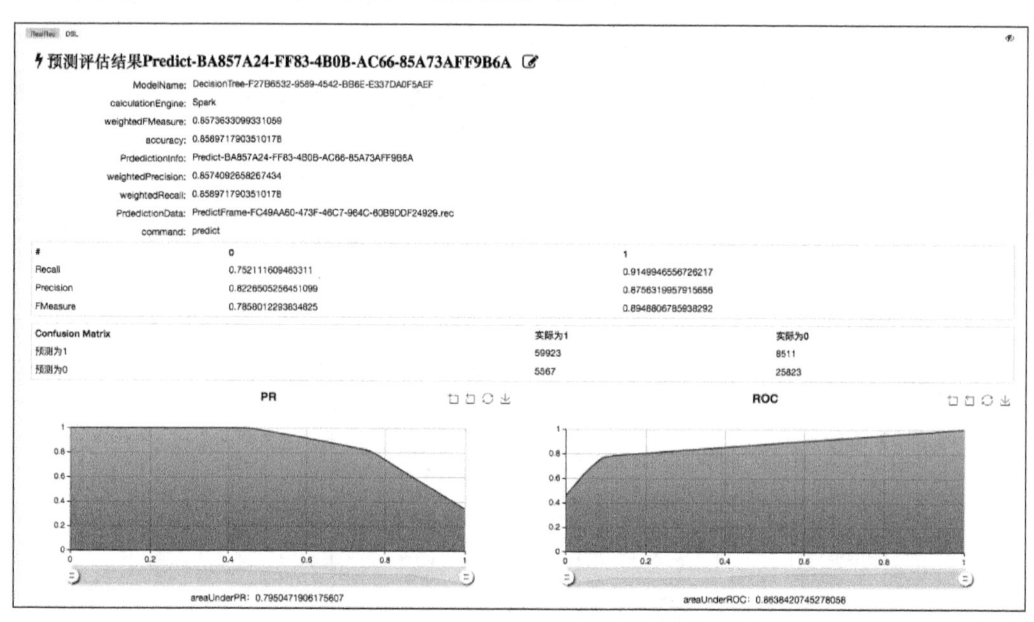

#	0	1
Recall	0.752111609463311	0.9149946556726217
Precision	0.8226505256451099	0.8756319957915656
FMeasure	0.7858012293834825	0.8948806785938292

Confusion Matrix	实际为1	实际为0
预测为1	59923	8511
预测为0	5567	25823

图 10.127　决策树算法建模(六)

本次实验的数据为可以使用线性方程进行概括的，当特征值都为离散的时候也可以使用卡方检验进行关联性分析，由于不确定关联分析结果是否线性，可以使用非线性模型进行建模。

6. 实验总结

通过使用线性关联性分析，采用线性模型方式进行建模得到一个很好的模型；由于数据大部分为离散的，也可以使用卡方检验进行关联分析，对分析的结果进行非线性模型的建立。

7. 课后思考

(1) 通过不同模型的对比实验情况，Pearson 关联系数和卡方分析关联系数都有什么用？

(2) 逻辑回归和决策树分别对应什么数据形式？
(3) 为什么阈值的设定会对逻辑回归的预测产生影响？
(4) 一般的模型选择遵循什么经验规则？
(5) 决策树的层能够提供什么信息？
(6) 一般数据分析或机器学习的流程是什么？

10.4 实验四：电影票房预测

1. 实验简介

某电影公司为了能够准确地预测出某部即将上映的电影在各地的票房，分别在各地安排上映的场次，并在上座率低的影院安排宣讲演出来吸引大量观众观赏，以更大地获取利润，同时给观影者一个合理的推荐，现想通过历史电影票房的数据和上映的地点来进行数据建模，预测某部电影的票房数，并安排电影的场次等。我们首先通过概率分布分析，画出相应的柱状图进行可视化展示，并且对电影票房数据进行一些相关的分析。为解决特征有效性差问题，进行特征构造，然后利用 GLM 算法和随机森林算法建立模型，最后进行预测评估并进行可视化分析对比，便于解释分析结果。

2. 实验目的

(1) 掌握 RealRec 数据科学平台的使用及其操作步骤。
(2) 掌握通过概率分布来体现数据分布的方法。
(3) 熟练掌握随机森林算法的原理及其运用。
(4) 掌握特征构造方法，以提升模型效果。
(5) 提高学生动手操作能力和推导能力。

3. 相关原理与技术

1) 广义线性回归算法

广义线性模型是简单最小二乘回归的扩展，在 OLS 的假设中，响应变量是连续数值数据且服从正态分布，而且响应变量期望值与预测变量之间的关系是线性关系。而广义线性模型则放宽其假设，首先响应变量可以是正整数或分类数据，其分布为某指数分布族。其次响应变量期望值的函数(连接函数)与预测变量之间的关系为线性关系。因此在进行广义线性建模时，需要指定分布类型和连接函数。

2) 随机森林算法

随机森林(Random Forest) 算法是通过训练多个决策树，生成模型，然后综合利用多个决策树的分类结果进行投票，从而实现分类。随机森林算法只需要两个参数：构建的决策树的个数 t、在决策树的每个节点进行分裂时需要考虑的输入特征的个数 m。

4. 实验操作流程

本实验的操作流程如图 10.128 所示。

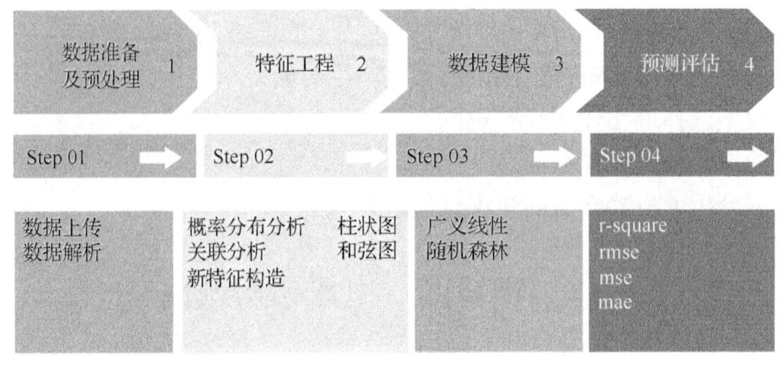

图 10.128　操作流程

5. 实验方案与过程

1) 数据准备及预处理

首先，准备实验需要的数据：film_UTF8.csv。各字段含义及类型如表 10.3 所示。

表 10.3　film_UTF8.csv 数据字典

数据项	类型	数据项含义
film_names	string	电影名称
type_comedy	enum	喜剧片
type_love	enum	爱情片
type_action	enum	动作片
type_suspense	enum	悬疑片
type_science	enum	科幻片
type_fantasy	enum	玄幻片
type_ancient	enum	古装片
type_crime	enum	犯罪片
type_adventure	enum	冒险片
type_animation	enum	动画片
type_plot	enum	剧情片
type_thriller	enum	惊悚片
type_motion	enum	运动片
type_family	enum	家庭片
standard	string	屏幕标准
province	string	省份
city	string	城市
cinema_code	string	影院代码
cinema_names	string	影院名称
movie_hall	double	影厅
release_month	double	上映月份
not_rest	double	未休场
rest	double	休场
shows	double	场次
visits	double	观众
box_office	double	票房收入

(1) 观察数据表格中的各项信息，了解数据的属性，通过各项数据的观影地点等信息来进行票房的分析，如图 10.129 所示，将数据导入 RealRec 科学数据平台，等待数据的上传结果。上传成功如图 10.130 所示。

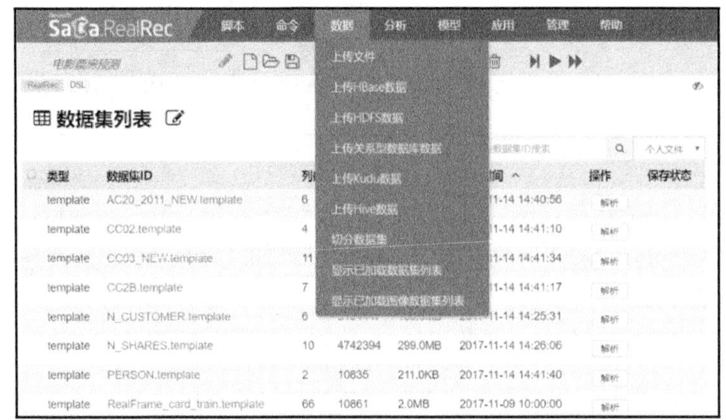

图 10.129　数据上传(一)

上传成功会有如图 10.130 所示的提示。

图 10.130　数据上传(二)

(2) 解析数据的时候需手动选择相应字段的数据类型，根据数据的特点，大部分为 string 类型，单击“开始解析”按钮，结果如图 10.131 所示。

列名	类型	非零个数	空值个数	非重复值	ID相似度	最小值	最大值	均值	标准差
film_names	string	-	0	27	6.272360e-4	-	-	-	-
type_comedy	string	-	0	2	4.646192e-5	-	-	-	-
type_love	string	-	0	2	4.646192e-5	-	-	-	-
type_action	string	-	0	2	4.646192e-5	-	-	-	-
type_suspense	string	-	0	2	4.646192e-5	-	-	-	-
type_science	string	-	0	2	4.646192e-5	-	-	-	-
type_fantasy	string	-	0	2	4.646192e-5	-	-	-	-
type_ancient	string	-	0	2	4.646192e-5	-	-	-	-
type_crime	string	-	0	2	4.646192e-5	-	-	-	-
type_adventure	string	-	0	2	4.646192e-5	-	-	-	-
type_animation	string	-	0	2	4.646192e-5	-	-	-	-
type_plot	string	-	0	2	4.646192e-5	-	-	-	-
type_thriller	string	-	0	2	4.646192e-5	-	-	-	-
type_motion	string	-	0	2	4.646192e-5	-	-	-	-
type_family	string	-	0	2	4.646192e-5	-	-	-	-
standard	string	-	0	11	2.555406e-4	-	-	-	-
province	string	-	0	30	6.969289e-4	-	-	-	-
city	string	-	0	173	0.00402	-	-	-	-
cinema_code	string	-	0	2316	0.05380	-	-	-	-
cinema_names	string	-	0	2315	0.05378	-	-	-	-
movie_hall	double	42735	0	-	-	0	23	7.13990	2.41877
release_month	double	43046	0	-	-	1	12	6.25062	3.11391
not_rest	double	43045	0	-	-	0	77	17.83283	8.95650
rest	double	43038	0	-	-	0	31	7.33985	3.75277
shows	double	43046	0	-	-	1	1228	219.56500	159.02396
visits	double	43046	0	-	-	182	117739	9.479772e+3	1.053643e+4
box_office	double	43046	0	-	-	10000	1.023672e+7	3.459452e+5	4.628399e+5

图 10.131　数据详情

至此，数据上传解析工作完成，将开始特征处理工作。

2)特征工程

由于需要预测电影的票房(box_office)，所以要对整体数据做一些分析，首先通过概率分布(分析方法：Distribution)来分析数据质量，数据设置如下，列为 box_office，方法为 Count，bin sizes 为 30，进行分析。查看结构需进行数据可视化，便于观看分布情况，我们选择柱状图进行观看，维度选择 boundary，度量选择 count。

如果想分析一下各个电影的票房分布情况，该怎样处理？以下步骤(1)~(4)为概率分布分析过程。

(1)单击“多维特征分析”按钮，如图 10.132 所示。

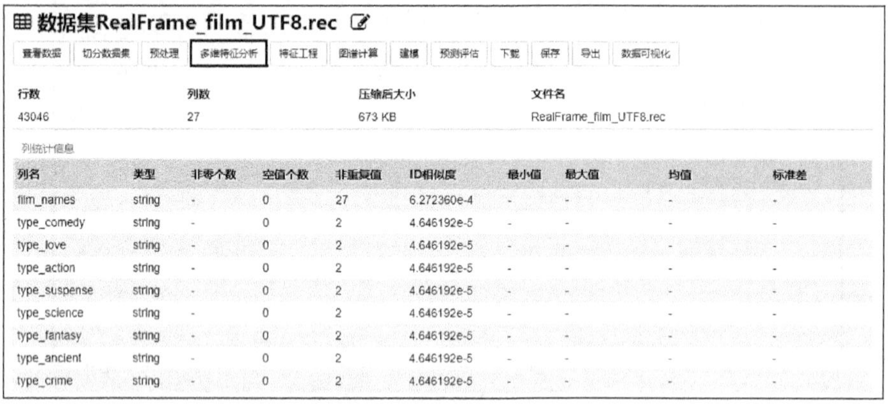

数据集RealFrame_film_UTF8.rec

查看数据 切分数据集 预处理 多维特征分析 特征工程 图谱计算 建模 预测评估 下载 保存 导出 数据可视化

行数	列数	压缩后大小	文件名
43046	27	673 KB	RealFrame_film_UTF8.rec

列统计信息

列名	类型	非零个数	空值个数	非重复值	ID相似度	最小值	最大值	均值	标准差
film_names	string	-	0	27	6.272360e-4	-	-	-	-
type_comedy	string	-	0	2	4.646192e-5	-	-	-	-
type_love	string	-	0	2	4.646192e-5	-	-	-	-
type_action	string	-	0	2	4.646192e-5	-	-	-	-
type_suspense	string	-	0	2	4.646192e-5	-	-	-	-
type_science	string	-	0	2	4.646192e-5	-	-	-	-
type_fantasy	string	-	0	2	4.646192e-5	-	-	-	-
type_ancient	string	-	0	2	4.646192e-5	-	-	-	-
type_crime	string	-	0	2	4.646192e-5	-	-	-	-

图 10.132　概率分布分析(一)

(2)选择分析方法。在此进行如下统计，对 box_office 列从小到大排列，将最小值到最大值分割为 30 个区间，每个区间内计算有多少个数据。执行分析操作，如图 10.133 所示。

图 10.133　概率分布分析(二)

(3)生成分析统计数据如图 10.134 所示。RealRec 首先生成汇总数据，然后需要将汇总数据对接到合适的可视化图表中。

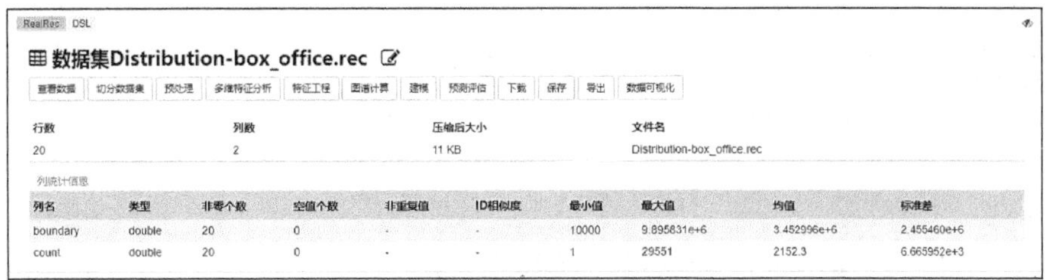

图 10.134　概率分布分析(三)

(4)选择可视化方法。这里选择柱状图来查看数据的分布情况，如图 10.135 和图 10.136 所示。

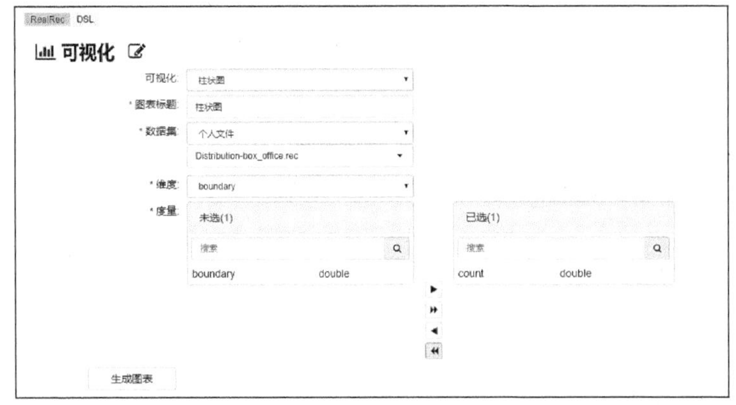

图 10.135　概率分布分析(四)

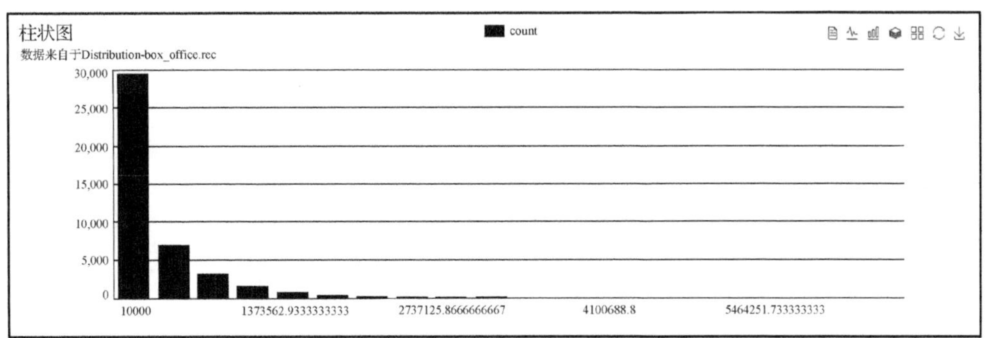

图 10.136　概率分布分析(五)

图 10.136 的意义如下：x 轴代表电影的票房区间，y 轴代表有多少行数据在该票房区间内，由此图可以得知绝大多数的票房收入小于 1 万元(该票房是指某电影某影院的票房，并非电影总票房)，而高票房的电影非常少。由此可以得知，票房的分布服从长尾分布。

什么是长尾理论？在数据分析中对服从长尾分布的数据需要注意什么？
数据中存在着若干电影类型这样的信息，不同类型的电影有什么关系？即哪几种题材同时属于同一部电影的情况比较多，哪些题材的电影能票房大卖？

下面的步骤(5)～(8)为电影数据的相关性分析内容。

(5)如图 10.137 所示，针对数据集 RealFrame_film_UTF8.rec，单击“多维特征分析”按钮。

数据集RealFrame_film_UTF8.rec

查看数据 | 切分数据集 | 预处理 | 多维特征分析 | 特征工程 | 图谱计算 | 建模 | 预测评估 | 下载 | 保存 | 导出 | 数据可视化

行数	列数	压缩后大小	文件名
43046	27	673 KB	RealFrame_film_UTF8.rec

列统计信息

列名	类型	非零个数	空值个数	非重复值	ID相似度	最小值	最大值	均值	标准差
film_names	string	-	0	27	6.272360e-4	-	-	-	-
type_comedy	string	-	0	2	4.646192e-5	-	-	-	-
type_love	string	-	0	2	4.646192e-5	-	-	-	-
type_action	string	-	0	2	4.646192e-5	-	-	-	-
type_suspense	string	-	0	2	4.646192e-5	-	-	-	-
type_science	string	-	0	2	4.646192e-5	-	-	-	-
type_fantasy	string	-	0	2	4.646192e-5	-	-	-	-
type_ancient	string	-	0	2	4.646192e-5	-	-	-	-
type_crime	string	-	0	2	4.646192e-5	-	-	-	-

图 10.137　关联性分析(一)

(6)如图 10.138 所示，“分析方法”选择“关联性分析”，“关联算法”为 Pearson，“边数目”为 20，并且 From 和 To 都是影片类型列，共 14 列。

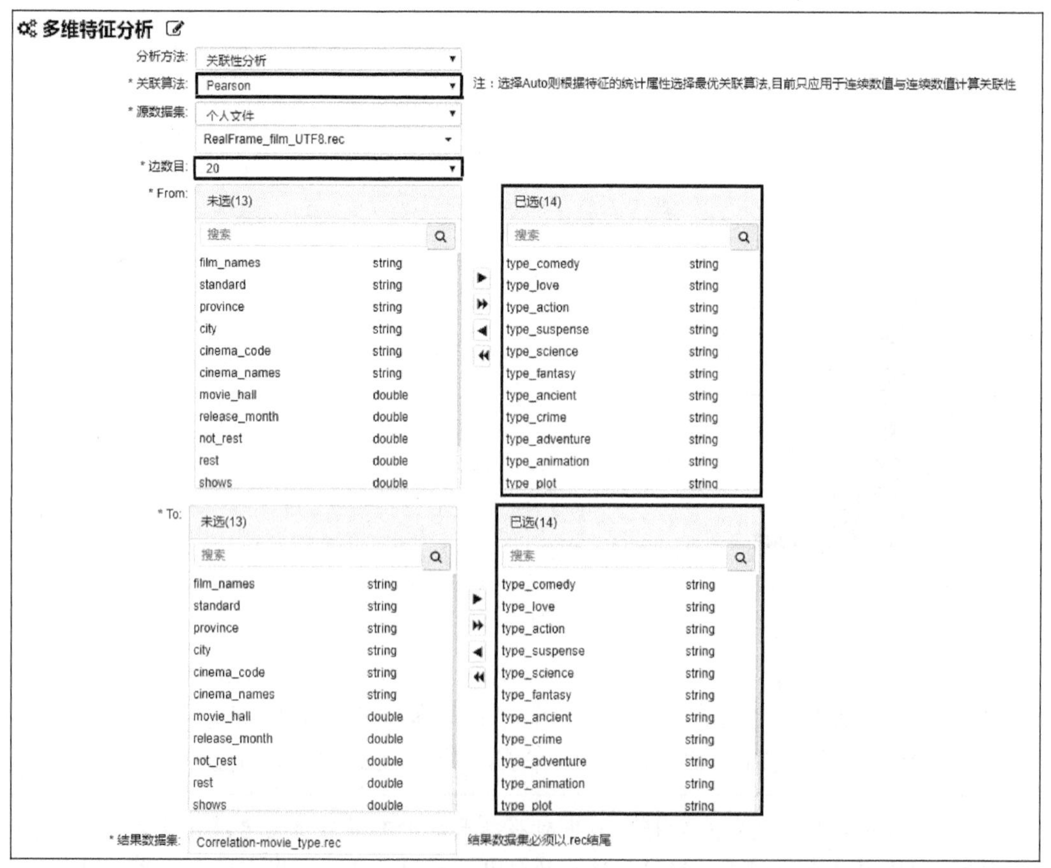

图 10.138　关联性分析(二)

(7) 单击“开始处理”按钮，执行数据分析过程，分析完毕后单击“查看结果”按钮，如图 10.139 所示。

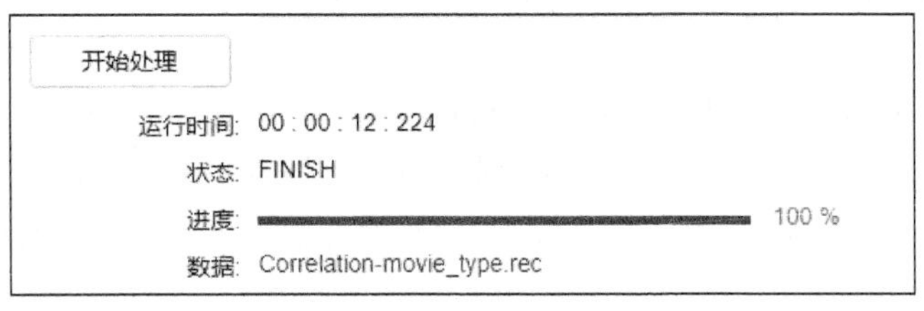

图 10.139　关联性分析(三)

(8) 单击数据，再单击“数据可视化”按钮，“可视化”选择“和弦图”，如图 10.140 和图 10.141 所示。图 10.142 中，曲线越粗，表明二者关联性越高。像玄幻片和古装片(波浪线标记部分)，动作片和冒险片(下划线标记部分)相关性都比较强。

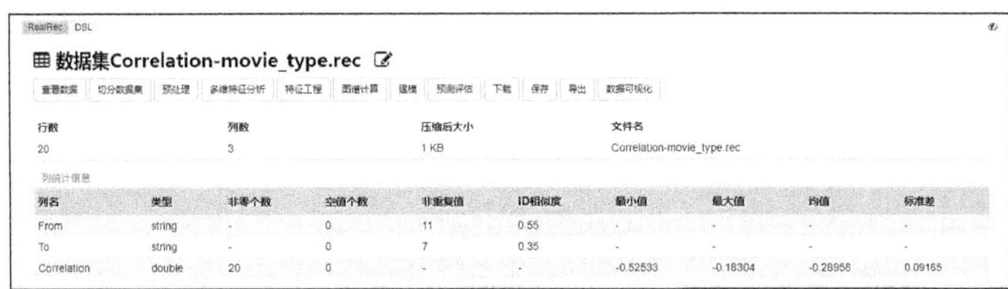

行数	列数	压缩后大小	文件名
20	3	1 KB	Correlation-movie_type.rec

列名	类型	非零个数	空值个数	非重复值	ID相似度	最小值	最大值	均值	标准差
From	string	-	0	11	0.55	-	-	-	-
To	string	-	0	7	0.35	-	-	-	-
Correlation	double	20	0	-	-	-0.52533	-0.18304	-0.28958	0.09165

图 10.140　关联性分析(四)

图 10.141　关联性分析(五)

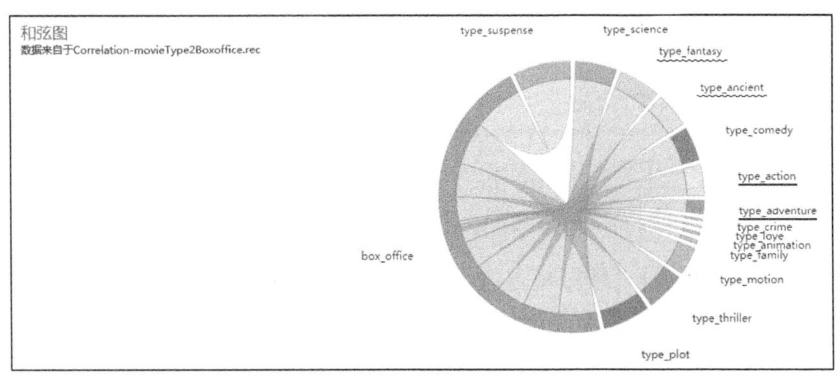

图 10.142　关联性分析(六)

那么电影票房与影片类型会不会有某种关系呢？下面的步骤(9)～(11)利用和弦图展示一下电影票房和影片类型的关系。

(9) 如图 10.143 所示，对获取的数据集 RealFrame_film_UTF8.rec，单击“多维特征分析”按钮。“分析方法”选择“关联性分析”。在关联性分析参数选择中，“关联算法”仍然为 Pearson，“边数目”为 20。From 列为 14 个影片类型列，To 列为票房列(box_office)。

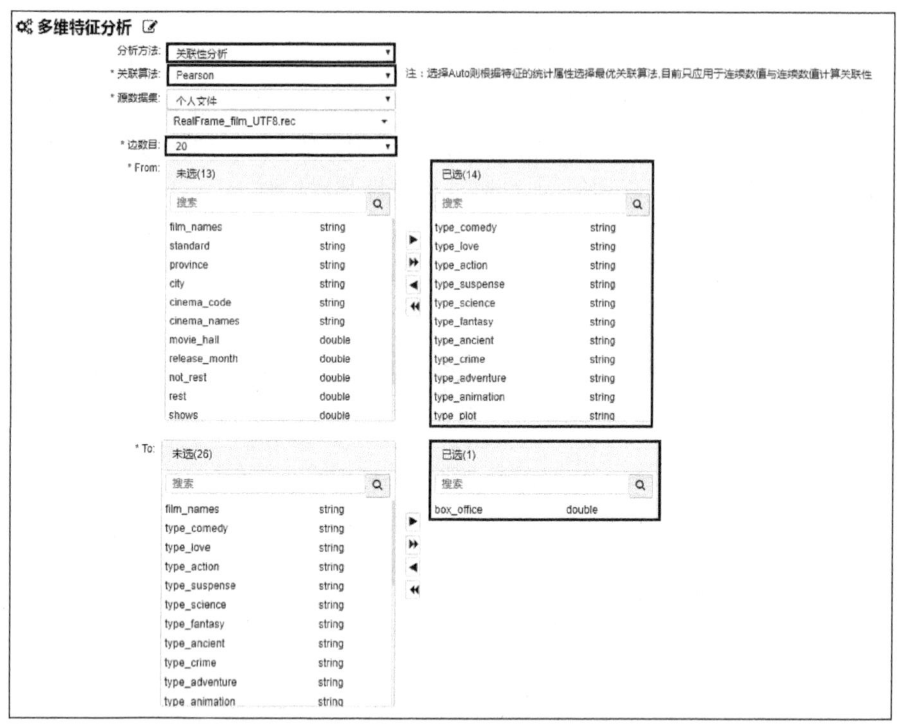

图 10.143　关联性分析(七)

(10) 在图 10.144 中单击“开始处理”按钮，进行数据分析，得到数据链接，单击查看结果。

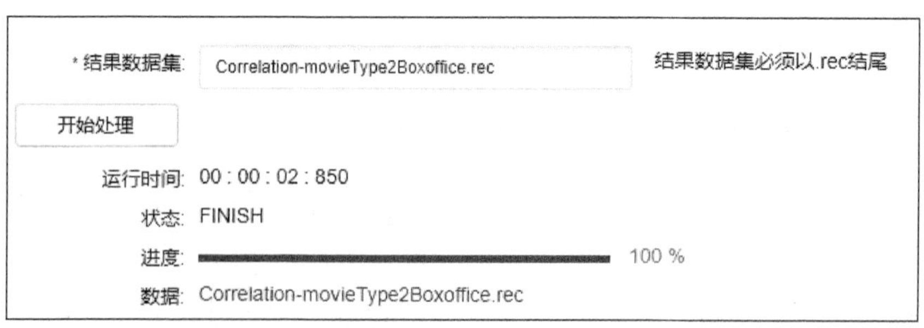

图 10.144　关联性分析(八)

(11) 在图 10.145 中单击“数据可视化”按钮，“可视化”选择“和弦图”，如图 10.146 所示。在该和弦图中，左侧影片类型对应的扇形部分面积越大，与票房越成正相关。由图 10.147 可以看出悬疑片、恐怖片、剧情片等与票房的正相关性较强。

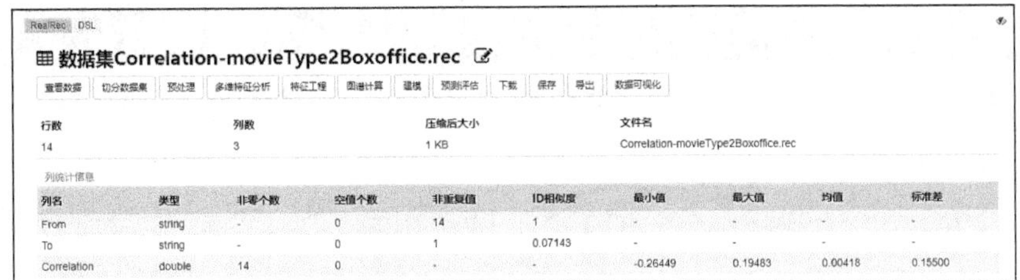

图 10.145　关联性分析(九)

图 10.146　关联性分析(十)

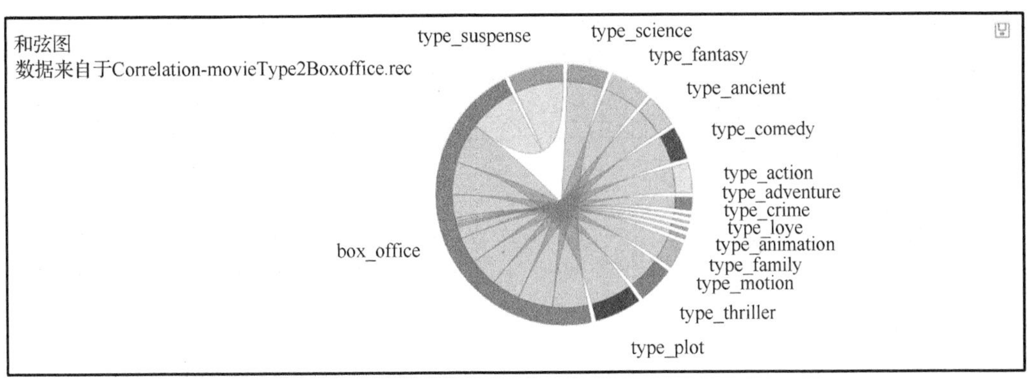

图 10.147　关联性分析(十一)

如果想直观地验证上述结论，该怎么办?

下面的步骤(12)～(14)通过统计影片票房来验证该和弦图的正确性。

(12)图 10.148 是 SQL 语句，对票房按影片进行统计，执行如下 SQL 语句。

```
select sum(box_office) as 票房,film_names as 影片 from
RealFrame_film_UTF8.rec
group by film_names order by 票房
```

图 10.148　SQL 语句(一)

(13)图 10.149 为执行步骤(12)中 SQL 语句后，单击查看结果得到的数据，选择“数据可视化”按钮。

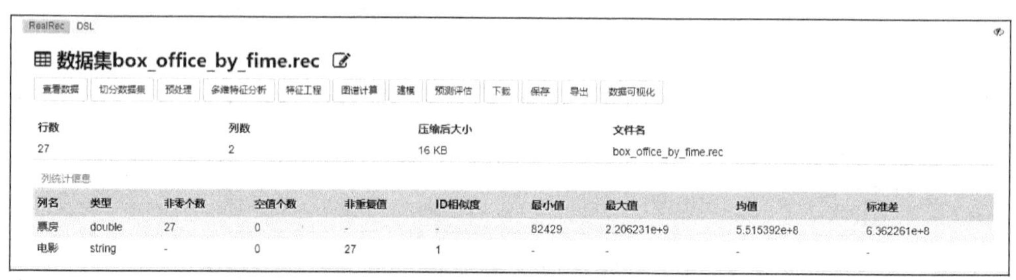

列名	类型	非零个数	空值个数	非重复值	ID相似度	最小值	最大值	均值	标准差
票房	double	27	0	-	-	82429	2.206231e+9	5.515392e+8	6.362261e+8
电影	string	-	0	27	1	-	-	-	-

图 10.149　SQL 执行结果(一)

(14)“可视化”选择“柱状图”，维度为“电影”，“度量”为“票房”。可视化结果如图 10.150 和图 10.151 所示。

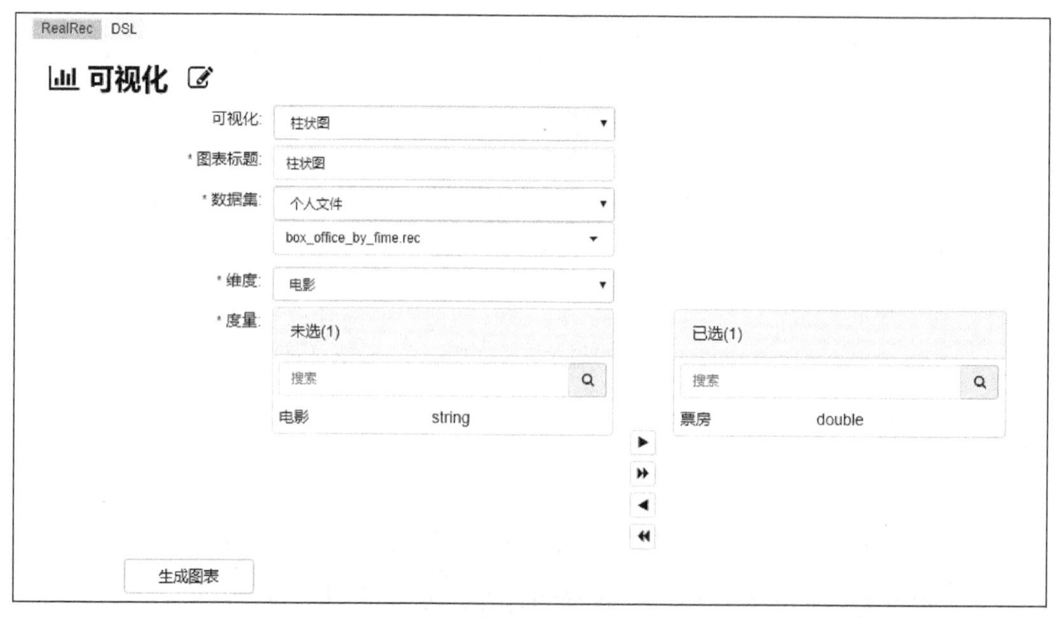

图 10.150　可视化结果(一)

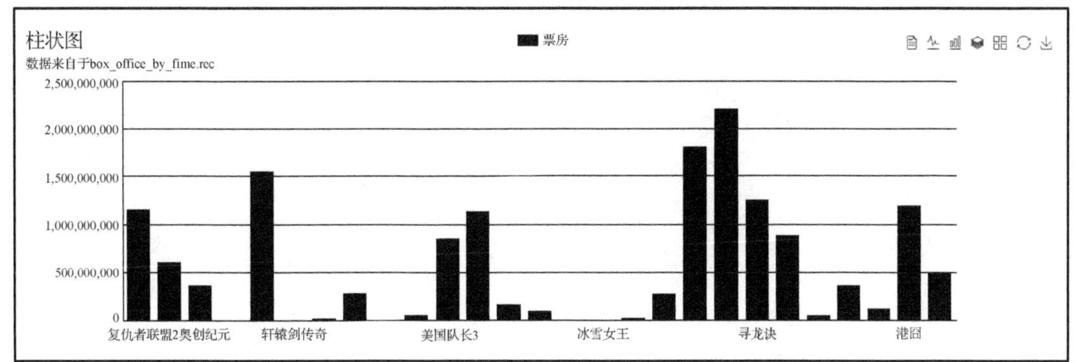

图 10.151　可视化结果(二)

图 10.151 静态展示不太形象，用户可以自己单击柱状图查看一些高票房电影的片名，统计显示具体票房数值。下面分析一下票房与地区之间的关系。

(15)图 10.152 为 SQL 语句，执行如下 SQL 语句，统计各个省份的票房总和。

```
select sum(box_office) as 票房, province as 省份 from RealFrame_film_UTF8.rec
group by province
```

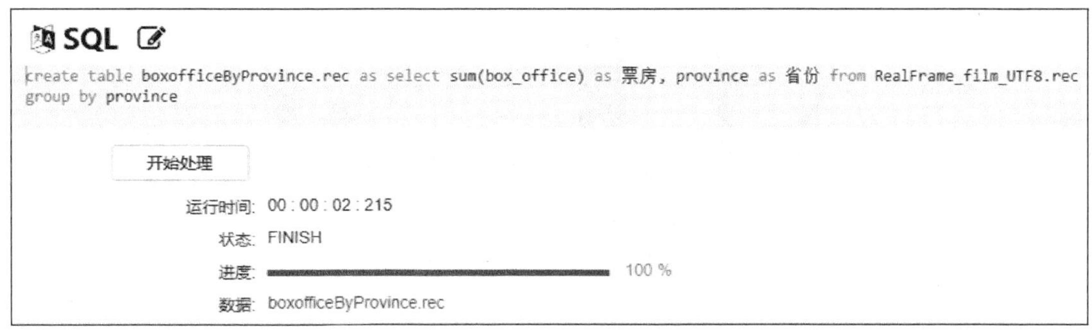

图 10.152　SQL 语句(二)

(16)图 10.153 为执行步骤(15)中 SQL 语句后得到的数据，单击“开始处理”按钮，再单击数据链接，查看数据集，单击“数据可视化”按钮，选择柱状图，如图 10.154 所示。

RealRec　DSL

数据集boxofficeByProvince.rec

查看数据　切分数据集　预处理　多维特征分析　特征工程　图谱计算　建模　预测评估　下载　保存　导出　数据可视化

行数	列数	压缩后大小	文件名
30	2	75 KB	boxofficeByProvince.rec

列统计信息

列名	类型	非零个数	空值个数	非重复值	ID相似度	最小值	最大值	均值	标准差
票房	double	30	0	-	-	2.807827e+7	2.255780e+9	4.963853e+8	5.031971e+8
省份	string	-	0	30	1	-	-	-	-

图 10.153　SQL 执行结果(二)

(17)单击“生成图表”按钮，生成柱状图如图 10.155 所示。

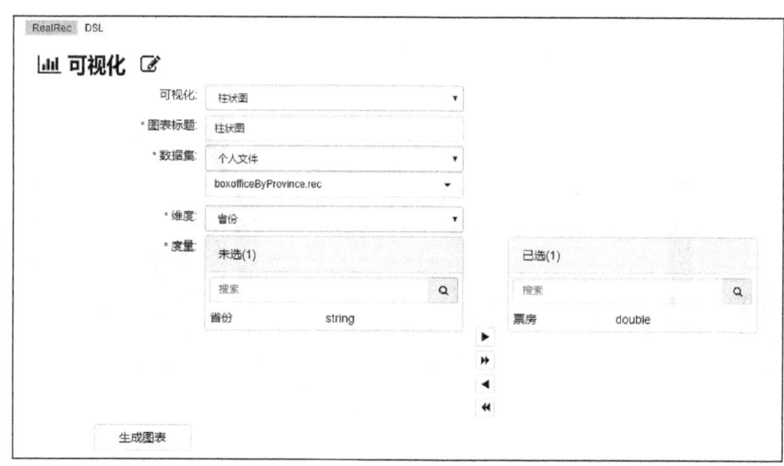

图 10.154 可视化结果(三)

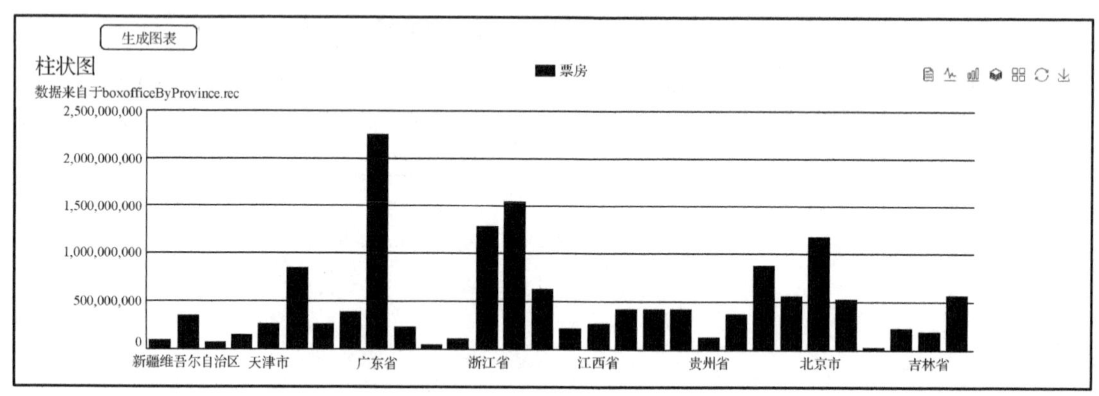

图 10.155 可视化结果(四)

由图 10.155 可以看出，一些经济发达省市：广东省、浙江省、北京市的票房总量比较高，在全国排在前列，而一些经济不发达的西部地区，如新疆、贵州票房总量则不高。因此可以看出，票房与地区的经济发达程度成正相关。

如果我们想知道各个省份的人们更偏好什么题材的电影，该如何分析？

(18) 在特征质量较差的情况下，利用已知特征构造组合特征就显得尤为重要，这里构造两个新特征：每个省份的平均票房以及每个影院的平均票房。构造每个省份的平均总票房 SQL 语句如下，运行结果如图 10.156 所示；构造每个影院的平均票房 SQL 语句如图 10.157 和图 10.158 所示。

```
create table boxofficeByProvince.rec as select sum(box_office) as 总票房, province as 省份, film_names as 电影名 from RealFrame_film_UTF8.rec  group by province, film_names

create table AVGboxofficeByProvince.rec as select  avg(总票房) as 各省平均总票房, 省份 from boxofficeByProvince.rec  group by 省份
```

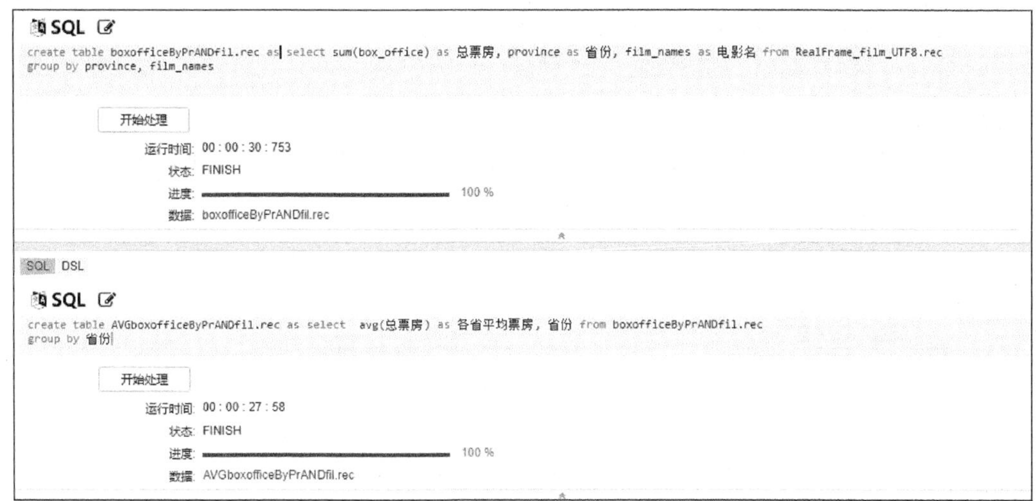

图 10.156　SQL 语句(三)

```
create table boxofficeByCinema_code.rec as select sum(box_office) as 总票房, cinema_code as 影院编号, film_names as 电影名 from RealFrame_film_UTF8.rec group by cinema_code, film_names

create table AVGboxofficeByCinema_code.rec as select avg(总票房) as 各影院平均票房, 影院编号 from boxofficeByCinema_code.rec  group by 影院编号
```

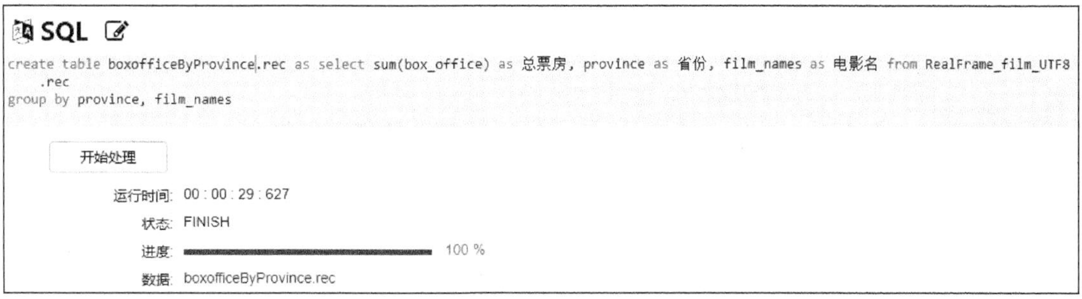

SQL

create table boxofficeByProvince.rec as select sum(box_office) as 总票房, province as 省份, film_names as 电影名 from RealFrame_film_UTF8.rec
group by province, film_names

开始处理

运行时间: 00 : 00 : 29 : 627
状态: FINISH
进度: 100 %
数据: boxofficeByProvince.rec

图 10.157　SQL 语句(四)

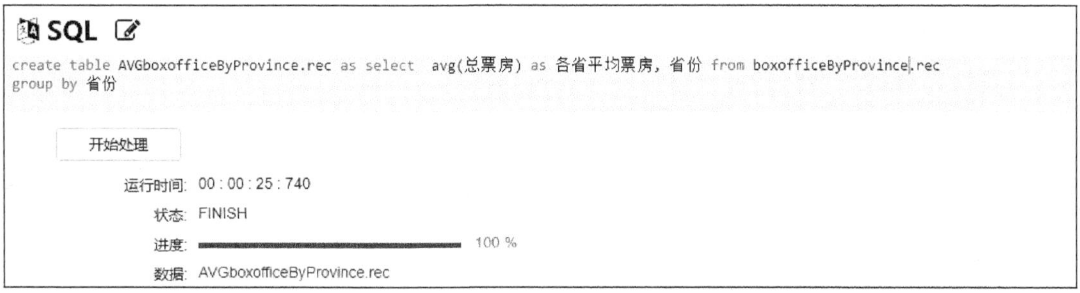

SQL

create table AVGboxofficeByProvince.rec as select avg(总票房) as 各省平均票房, 省份 from boxofficeByProvince.rec
group by 省份

开始处理

运行时间: 00 : 00 : 25 : 740
状态: FINISH
进度: 100 %
数据: AVGboxofficeByProvince.rec

图 10.158　SQL 语句(五)

如图 10.159、图 10.160 所示，把上边构造的两个特征分别连接到原始表中，SQL 语句如下：

```
create table JoinProvince.rec as select * from RealFrame_film_UTF8.rec inner
```

```
join AVGboxofficeByProvince.rec
on RealFrame_film_UTF8.rec.province =AVGboxofficeByProvince.rec.省份
```

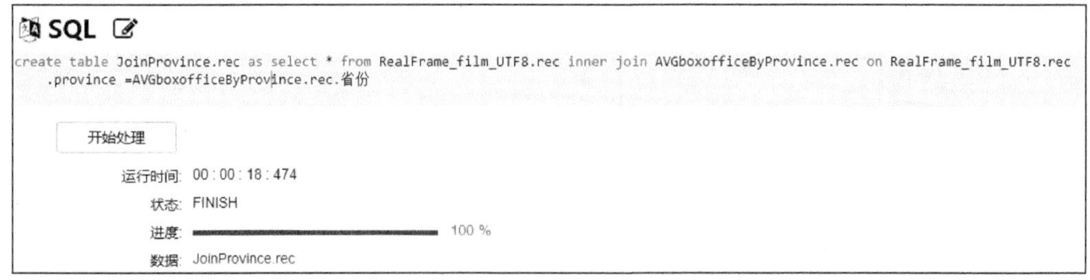

图 10.159　SQL 语句(六)

```
create table JoinProvinceAndCinema_code.rec as select * from JoinProvince.
rec inner join AVGboxofficeByCinema_code.rec
on JoinProvince.rec.cinema_code =AVGboxofficeByCinema_code.rec.影院编号
```

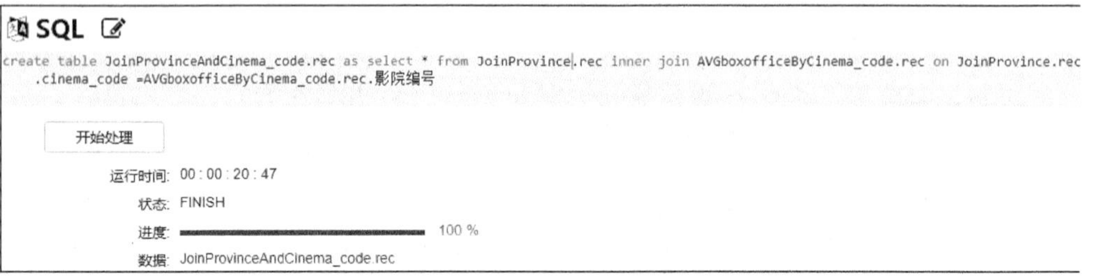

图 10.160　SQL 语句(七)

> 尝试将上述连接操作使用 RealRec 完成。
> 至此，数据分析工作已经完成，下面进入模型构建部分，构建后的模型可以通过训练集数据预测测试集数据的票房。

3) GLM 构建(没有使用新生成特征)

(1) 在创建模型之前，先将 RealFrame_film_UTF8.rec 数据分割为训练集和测试集，因为数据集有 27 部电影，人工选取 3 部作为测试集，其余 24 部作为训练集，SQL 语句如图 10.161 和图 10.162 所示。

```
create table RealFrame_film_UTF8_test.rec as select * from JoinProvince-
AndCinema_code.rec where film_names in
('港囧','疯狂动物','美国队长 3')

create table RealFrame_film_UTF8_train.rec as select * from JoinProvince-
AndCinema_code.rec where film_names not in('港囧','疯狂动物','美国队长 3')
```

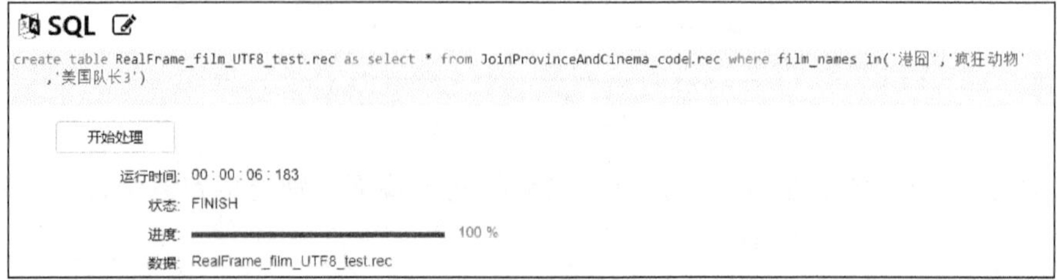

图 10.161　SQL 语句(八)

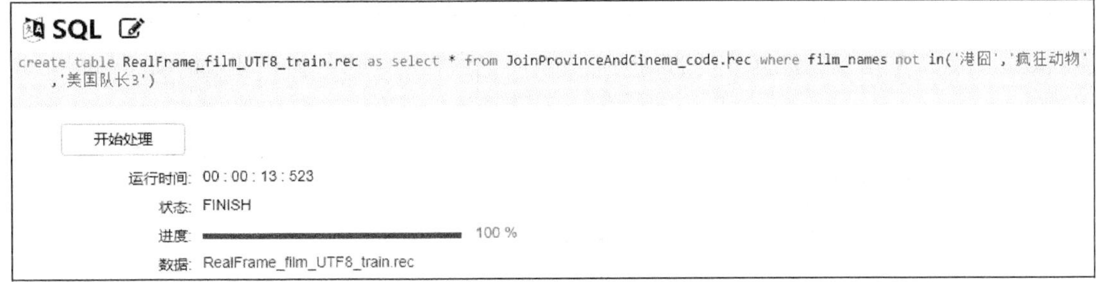

图 10.162　SQL 语句(九)

(2)切分成功后的训练数据集如图 10.163 所示，选择在 RealFrame_film_UTF8_train.rec 数据集上建模。

RealRec DSL

数据集RealFrame_film_UTF8_train.rec

查看数据 | 切分数据集 | 预处理 | 多维特征分析 | 特征工程 | 图谱计算 | 建模 | 预测评估 | 下载 | 保存 | 导出 | 数据可视化

行数	列数	压缩后大小	文件名
36297	31	647 KB	RealFrame_film_UTF8_train.rec

列统计信息

列名	类型	非零个数	空值个数	非重复值	ID相似度	最小值	最大值	均值	标准差
film_names	string	-	0	24	6.612117e-4	-	-	-	-
type_comedy	string	-	0	2	5.510097e-5	-	-	-	-
type_love	string	-	0	2	5.510097e-5	-	-	-	-
type_action	string	-	0	2	5.510097e-5	-	-	-	-
type_suspense	string	-	0	2	5.510097e-5	-	-	-	-
type_science	string	-	0	2	5.510097e-5	-	-	-	-
type_fantasy	string	-	0	2	5.510097e-5	-	-	-	-
type_ancient	string	-	0	2	5.510097e-5	-	-	-	-
type_crime	string	-	0	2	5.510097e-5	-	-	-	-
type_adventure	string	-	0	2	5.510097e-5	-	-	-	-
type_animation	string	-	0	2	5.510097e-5	-	-	-	-
type_plot	string	-	0	2	5.510097e-5	-	-	-	-
type_thriller	string	-	0	2	5.510097e-5	-	-	-	-
type_motion	string	-	0	2	5.510097e-5	-	-	-	-
type_family	string	-	0	2	5.510097e-5	-	-	-	-
standard	string	-	0	9	2.479544e-4	-	-	-	-
province	string	-	0	30	8.265146e-4	-	-	-	-
city	string	-	0	173	0.00477	-	-	-	-
cinema_code	string	-	0	2316	0.06381	-	-	-	-
cinema_names	string	-	0	2315	0.06378	-	-	-	-
movie_hall	double	36044	0	-	-	0	23	7.15883	2.41929
release_month	double	36297	0	-	-	1	12	6.36838	3.20394
not_rest	double	36296	0	-	-	0	77	17.21277	9.19511
rest	double	36289	0	-	-	0	31	7.05469	3.78059
shows	double	36297	0	-	-	1	1228	200.38444	156.35362
visits	double	36297	0	-	-	182	117739	8.746237e+3	1.054261e+4
box_office	double	36297	0	-	-	10000	1.008178e+7	3.226271e+5	4.620159e+5
各省平均票房	double	36297	0	-	-	1.276285e+6	8.676076e+7	3.924451e+7	2.602375e+7
省份	string	-	0	30	8.265146e-4	-	-	-	-
各影院平均票房	double	36297	0	-	-	14855	2.148031e+6	3.491417e+5	2.352844e+5
影院编号	string	-	0	2316	0.06381	-	-	-	-

图 10.163　广义线性算法建模(一)

在对 GLM 准备训练时，是否特征的维度越多越好?

(3)建模时首先选择 GLM，图 10.164 为 GLM 的参数选择。

我们的目标是预测票房，所以目标列选择为 box_office。选择列如图 10.164 所示，在这里我们忽略了电影名称、放映厅，因为认为这些信息是冗余的，从直观感觉上来说不会对影片票房产生影响。去掉休场、未休场、观众、场次等信息，因为这些信息在电影上映前并不能获取。其他一些信息在数据分析的相关性分析中已经表明了影片类型和地区与票房有一定相关性。

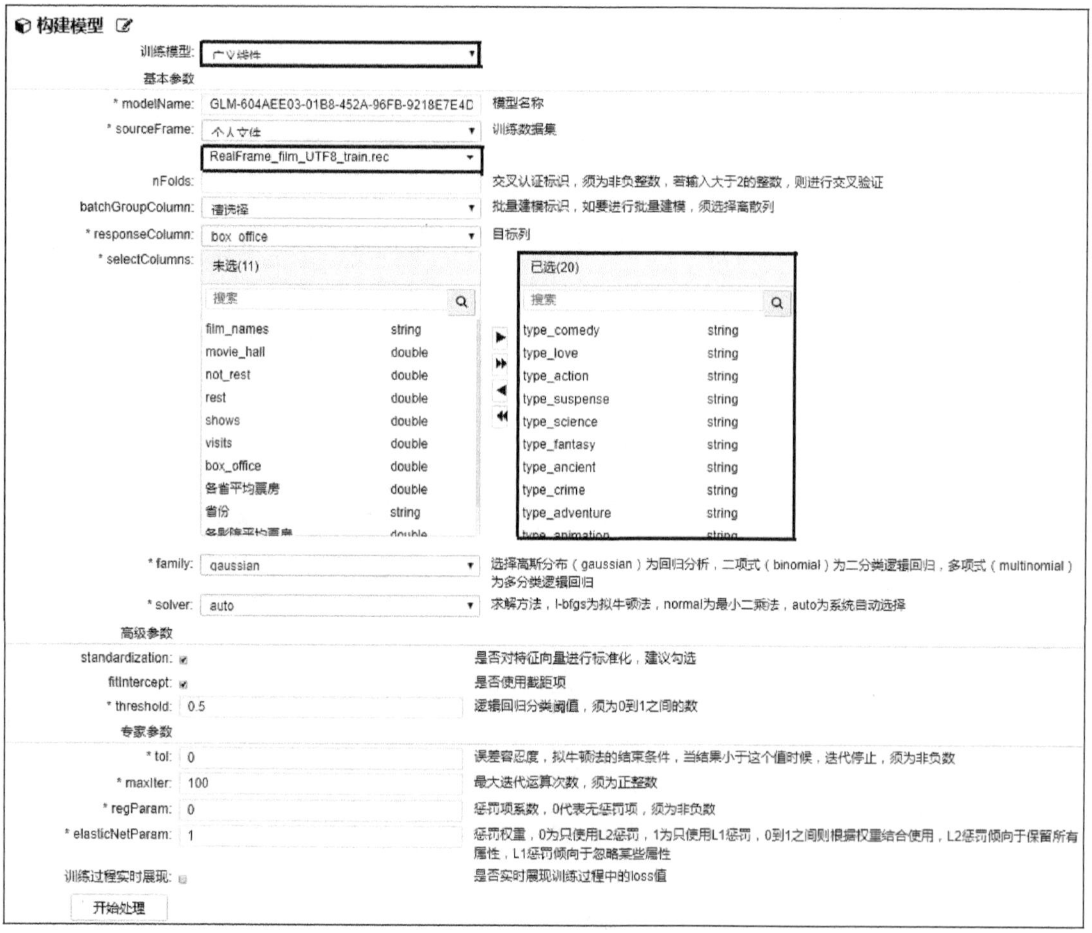

构建模型

训练模型: 广义线性

基本参数

* modelName: GLM-604AEE03-01B8-452A-96FB-9218E7E4D 模型名称

* sourceFrame: 个人文件 训练数据集

RealFrame_film_UTF8_train.rec

nFolds: 交叉认证标识，须为非负整数，若输入大于2的整数，则进行交叉验证

batchGroupColumn: 请选择 批量建模标识，如要进行批量建模，须选择离散列

* responseColumn: box_office 目标列

* selectColumns:

未选(11)

film_names	string
movie_hall	double
not_rest	double
rest	double
shows	double
visits	double
box_office	double
各省平均票房	double
省份	string

已选(20)

type_comedy	string
type_love	string
type_action	string
type_suspense	string
type_science	string
type_fantasy	string
type_ancient	string
type_crime	string
type_adventure	string

* family: gaussian 选择高斯分布（gaussian）为回归分析，二项式（binomial）为二分类逻辑回归，多项式（multinomial）为多分类逻辑回归

* solver: auto 求解方法，l-bfgs为拟牛顿法，normal为最小二乘法，auto为系统自动选择

高级参数

standardization: 是否对特征向量进行标准化，建议勾选

fitIntercept: 是否使用截距项

* threshold: 0.5 逻辑回归分类阈值，须为0到1之间的数

专家参数

* tol: 0 误差容忍度，拟牛顿法的结束条件，当结果小于这个值时候，迭代停止，须为非负数

* maxIter: 100 最大迭代运算次数，须为正整数

* regParam: 0 惩罚项系数，0代表无惩罚项，须为非负数

* elasticNetParam: 1 惩罚权重，0为只使用L2惩罚，1为只使用L1惩罚，0到1之间则根据权重结合使用，L2惩罚倾向于保留所有属性，L1惩罚倾向于忽略某些属性

训练过程实时展现: 是否实时展现训练过程中的loss值

开始处理

图 10.164 广义线性算法建模(二)

如何验证这些忽略的属性对目标列票房的影响不大呢?

(4) 单击“开始处理”按钮，开始进行模型训练，得到模型链接如图 10.165 所示。

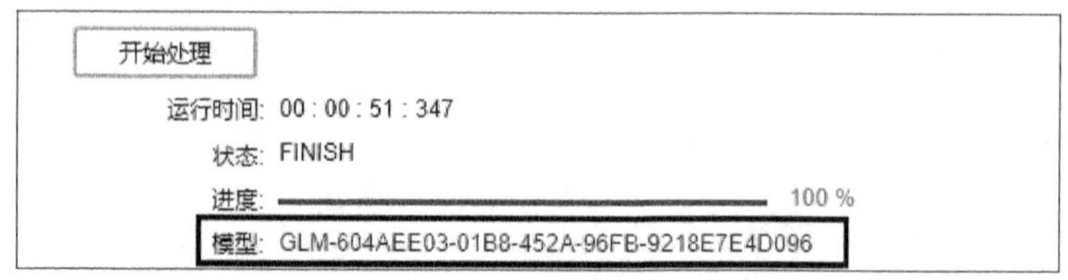

图 10.165 广义线性算法建模(三)

(5) 单击步骤(4)中的模型链接查看模型结果、评估结果、模型参数如图 10.166 和图 10.167 所示。

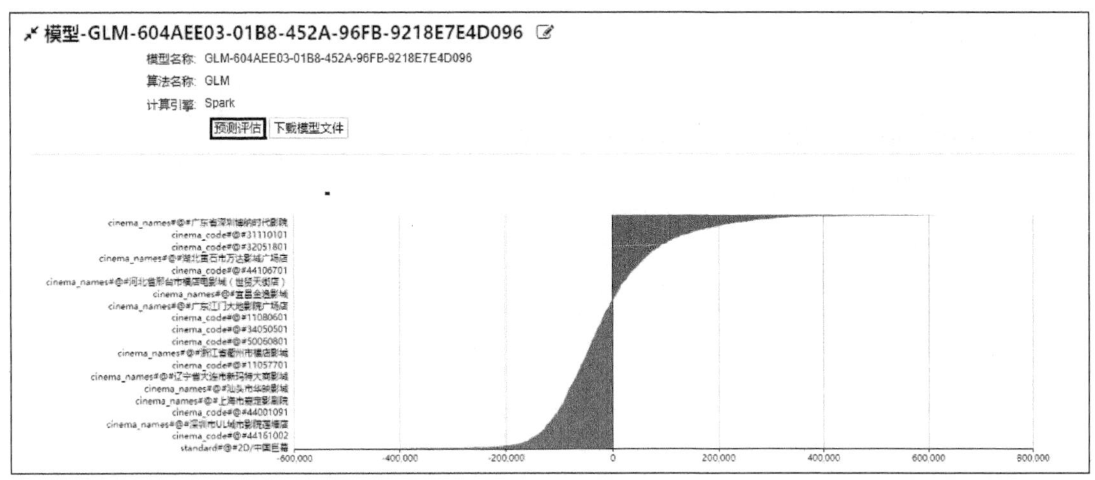

图 10.166　广义线性算法建模(四)

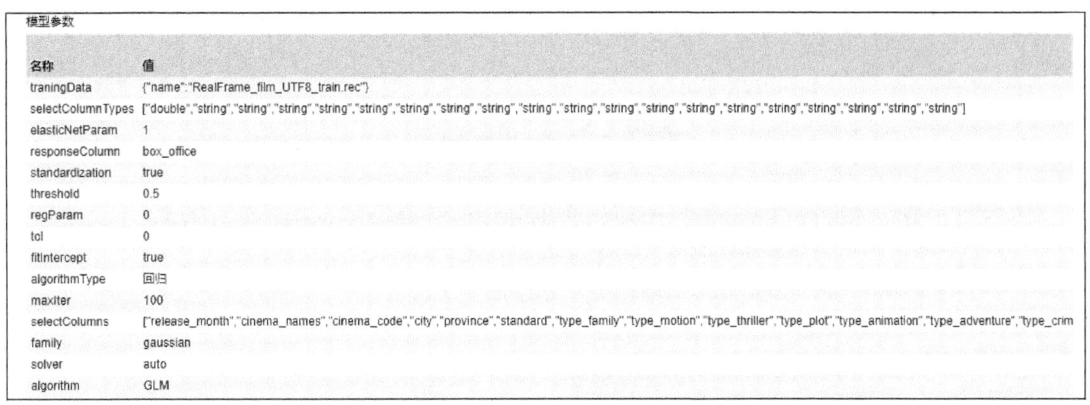

模型参数

名称	值
traningData	{"name":"RealFrame_film_UTF8_train.rec"}
selectColumnTypes	["double","string","string","string","string","string","string","string","string","string","string","string","string","string","string","string","string","string","string","string"]
elasticNetParam	1
responseColumn	box_office
standardization	true
threshold	0.5
regParam	0
tol	0
fitIntercept	true
algorithmType	回归
maxIter	100
selectColumns	["release_month","cinema_names","cinema_code","city","province","standard","type_family","type_motion","type_thriller","type_plot","type_animation","type_adventure","type_crim
family	gaussian
solver	auto
algorithm	GLM

图 10.167　广义线性算法建模(五)

4) 预测评估 GLM(没有使用新生成特征)

(1) 单击上一步骤的“预测评估”按钮。待评估数据集为 RealFrame_film_UTF8_test.rec，单击“开始处理”按钮，如图 10.168 所示。

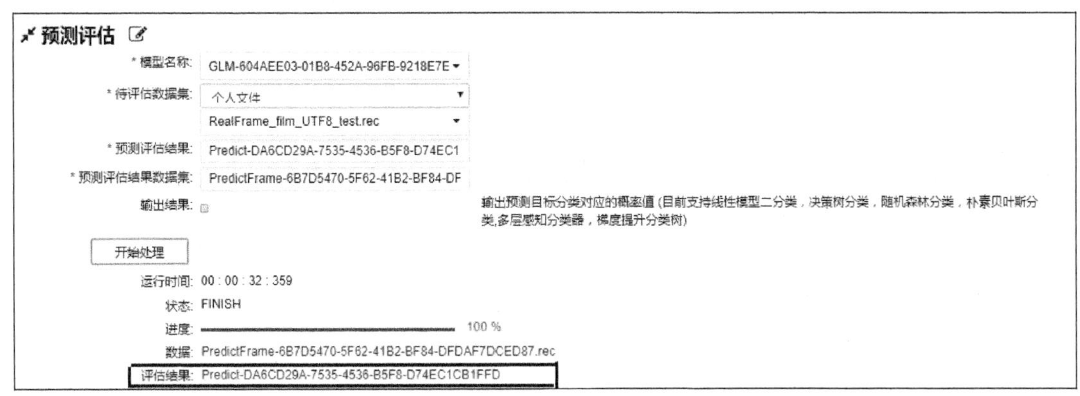

图 10.168　广义线性算法建模(六)

(2) 单击评估结果链接查看预测评估结果，从图 10.169 中可以看到几个预测评估的指标，由于电影的票房之间数值差异比较大。因此 rmse、mae、mse 等指标数值较大，参考性不强。

预测评估结果Predict-DA6CD29A-7535-4536-B5F8-D74EC1CB1FFD

r2:	0.426285277475541
mae:	305830.41733860254
ModelName:	GLM-604AEE03-01B8-452A-96FB-9218E7E4D096
calculationEngine:	Spark
rmse:	403432.8013246802
PrdedictionInfo:	Predict-DA6CD29A-7535-4536-B5F8-D74EC1CB1FFD
PrdedictionData:	PredictFrame-6B7D5470-5F62-41B2-BF84-DFDAF7DCED87.rec
command:	predict
mse:	162758025184.6789

查看预测评估数据集

图 10.169　广义线性算法建模(七)

r_2 是一个 0～1 的评价值，r_2 的中文学名称为确定系数，在介绍确定系数之前，需要介绍另外两个参数 SSR 和 SST，因为确定系数就是由它们决定的。

① SSR：Sum of Squares of the Regression，即预测数据与原始数据均值之差的平方和，公式为

$$\text{SSR} = \sum_{i=1}^{n} w_i(\hat{y}_i - \overline{y}_i)^2$$

② SST：Total Sum of Squares，即原始数据和均值之差的平方和，公式为

$$\text{SST} = \sum_{i=1}^{n} w_i(y_i - \overline{y}_i)^2$$

确定系数定义为

$$R^2 = \frac{\text{SST} - \text{SSE}}{\text{SST}} = 1 - \frac{\text{SSE}}{\text{SST}}$$

其实确定系数是通过数据的变化来表征一个拟合的好坏的。由上面的表达式可以知道确定系数的正常取值范围为[0,1]，越接近 1，表明方程的变量对 y 的解释能力越强，这个模型对数据拟合得也较好。

下面再将其他模型的评价指标也以 r_2 为参考标准。

思考：除了 r_2 评价指标之外的其他评价指标是什么意思呢？适用于何场景进行评价？请读者自行查找。

至此，第一个预测模型已经构建完成，下面会加入新构造的两个特征进行建模，并对模型效果进行对比来分析新增特征的有效性。

5) 构建 GLM(加入新生成特征)

(1) 在 RealFrame_film_UTF8_train.rec 数据集上建模，训练数据集详情如图 10.170 所示。

(2) 构建 GLM，为了证明我们构造生成的两个特征(以方框圈出)的有效性，构建一个其他参数都与第 3) 部分模型相同的 GLM，对比预测结果。参数选择如图 10.171 所示。

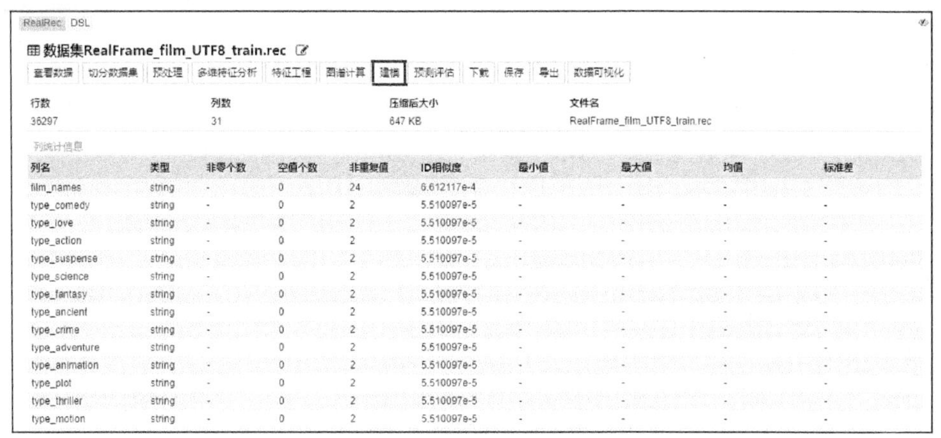

列名	类型	非零个数	空值个数	非重复值	ID相似度	最小值	最大值	均值	标准差
film_names	string	-	0	24	6.612117e-4	-	-	-	-
type_comedy	string	-	0	2	5.510097e-5	-	-	-	-
type_love	string	-	0	2	5.510097e-5	-	-	-	-
type_action	string	-	0	2	5.510097e-5	-	-	-	-
type_suspense	string	-	0	2	5.510097e-5	-	-	-	-
type_science	string	-	0	2	5.510097e-5	-	-	-	-
type_fantasy	string	-	0	2	5.510097e-5	-	-	-	-
type_ancient	string	-	0	2	5.510097e-5	-	-	-	-
type_crime	string	-	0	2	5.510097e-5	-	-	-	-
type_adventure	string	-	0	2	5.510097e-5	-	-	-	-
type_animation	string	-	0	2	5.510097e-5	-	-	-	-
type_plot	string	-	0	2	5.510097e-5	-	-	-	-
type_thriller	string	-	0	2	5.510097e-5	-	-	-	-
type_motion	string	-	0	2	5.510097e-5	-	-	-	-

图 10.170　广义线性算法建模(八)

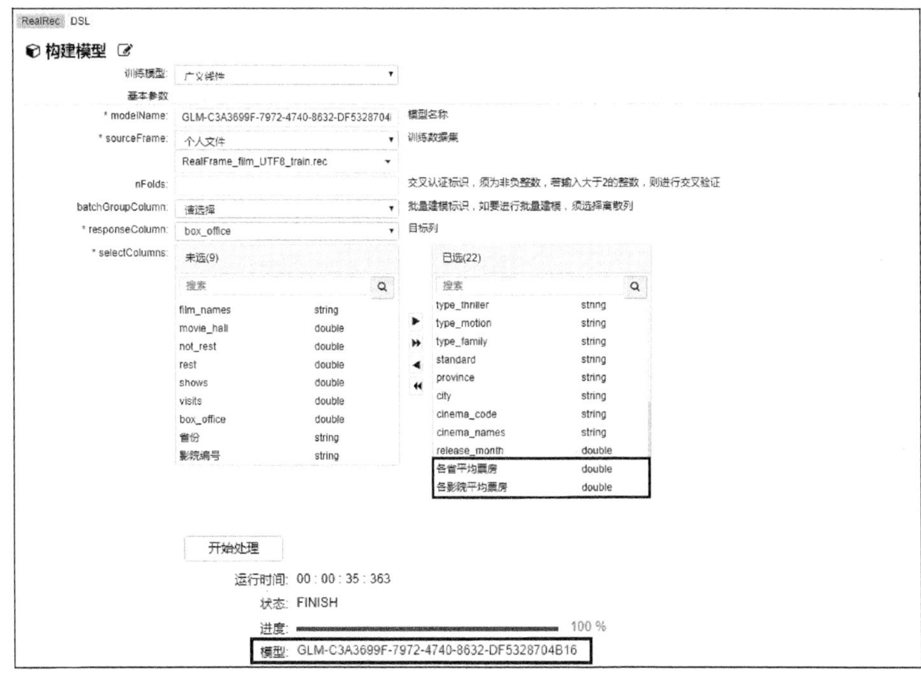

图 10.171　广义线性算法建模(九)

(3) 单击模型链接查看模型结果，图 10.172 和图 10.173 为模型参数。

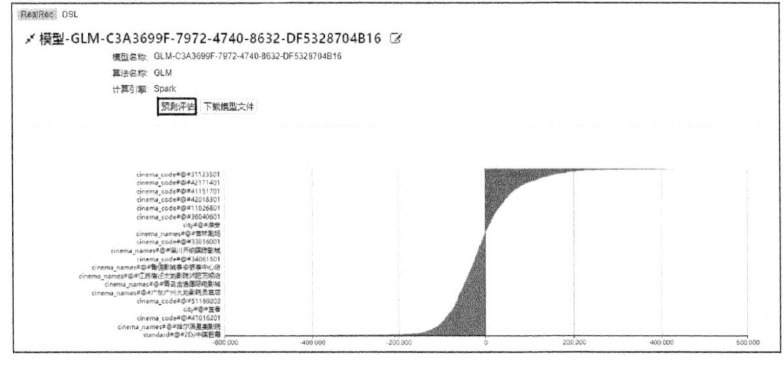

图 10.172　广义线性算法建模(十)

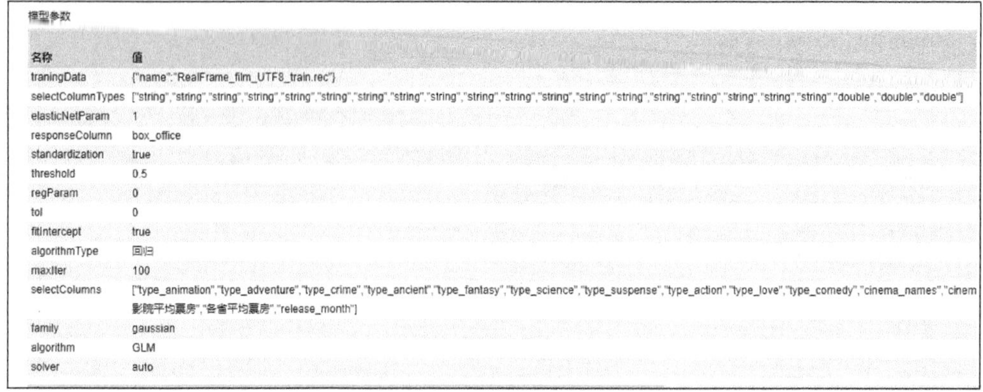

图 10.173　广义线性算法建模(十一)

6) 预测评估 GLM(加入新生成特征)

(1) 单击上一步骤的“预测评估”按钮。待评估数据集为 RealFrame_film_UTF8_test.rec，单击“开始处理”按钮，如图 10.174 所示。

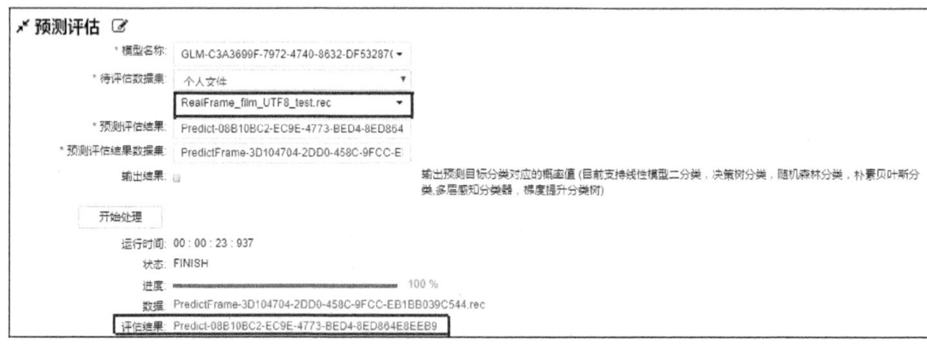

图 10.174　广义线性算法建模(十二)

(2) 单击评估结果链接查看预测评估结果如图 10.175 所示：结果比第 4) 部分的评估结果有一定的提高，证明了构造特征的有效性，可以采取其他方法再构造一些特征以进一步提高预测结果。

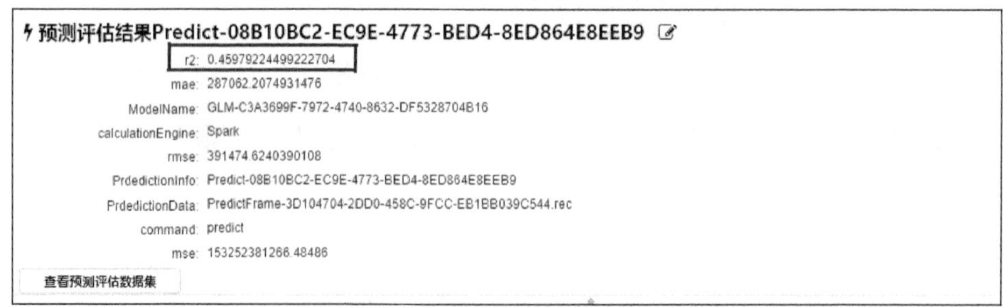

图 10.175　广义线性算法建模(十三)

7) 构建随机森林模型(加入新生成特征)

除了 GLM 可以进行回归预测，还有其他模型可以对连续性变量进行预测吗？下面介绍一下通过随机森林算法构建预测模型的方法以及预测评估结果。

(1) 如图 10.176 所示，对于数据集 RealFrame_film_UTF8_train.rec，单击“建模”按钮。

RealRec DSL

数据集RealFrame_film_UTF8_train.rec

查看数据 | 切分数据集 | 预处理 | 多维特征分析 | 特征工程 | 图谱计算 | 建模 | 预测评估 | 下载 | 保存 | 导出 | 数据可视化

行数	列数	压缩后大小	文件名
36297	31	647 KB	RealFrame_film_UTF8_train.rec

列统计信息

列名	类型	非零个数	空值个数	非重复值	ID相似度	最小值	最大值	均值	标准差
film_names	string	-	0	24	6.612117e-4	-	-	-	-
type_comedy	string	-	0	2	5.510097e-5	-	-	-	-
type_love	string	-	0	2	5.510097e-5	-	-	-	-
type_action	string	-	0	2	5.510097e-5	-	-	-	-
type_suspense	string	-	0	2	5.510097e-5	-	-	-	-
type_science	string	-	0	2	5.510097e-5	-	-	-	-
type_fantasy	string	-	0	2	5.510097e-5	-	-	-	-
type_ancient	string	-	0	2	5.510097e-5	-	-	-	-
type_crime	string	-	0	2	5.510097e-5	-	-	-	-
type_adventure	string	-	0	2	5.510097e-5	-	-	-	-
type_animation	string	-	0	2	5.510097e-5	-	-	-	-
type_plot	string	-	0	2	5.510097e-5	-	-	-	-
type_thriller	string	-	0	2	5.510097e-5	-	-	-	-
type_motion	string	-	0	2	5.510097e-5	-	-	-	-
type_family	string	-	0	2	5.510097e-5	-	-	-	-
standard	string	-	0	9	2.479544e-4	-	-	-	-
province	string	-	0	30	8.265146e-4	-	-	-	-
city	string	-	0	173	0.00477	-	-	-	-
cinema_code	string	-	0	2316	0.06381	-	-	-	-
cinema_names	string	-	0	2315	0.06378	-	-	-	-
movie_hall	double	36044	0	-	-	0	23	7.15883	2.41929
release_month	double	36297	0	-	-	1	12	6.36838	3.20394
not_rest	double	36296	0	-	-	0	77	17.21277	9.19511
rest	double	36289	0	-	-	0	31	7.05469	3.78059
shows	double	36297	0	-	-	1	1228	200.38444	156.35362
visits	double	36297	0	-	-	182	117739	8.746237e+3	1.054261e+4
box_office	double	36297	0	-	-	10000	1.008178e+7	3.226271e+5	4.620159e+5
各省平均票房	double	36297	0	-	-	1.276285e+6	8.676076e+7	3.924451e+7	2.602375e+7
省份	string	-	0	30	8.265146e-4	-	-	-	-
各影院平均票房	double	36297	0	-	-	14855	2.148031e+6	3.491417e+5	2.352844e+5
影院编号	string	-	0	2316	0.06381	-	-	-	-

图 10.176 随机森林算法建模(一)

(2)“训练模型”选择“随机森林”，参数设置及模型链接如图 10.177 所示。需要注意的配置项为 impurity，也就是增益性算法。在这里必须选择 variance，用于 CART 回归树构建。目标列为 box_office。

构建模型

训练模型: 随机森林

基本参数

* modelName: RandomForest-6DE1B1F2-84DF-4FF1-8D17-; 模型名称

* sourceFrame: 个人文件 / RealFrame_film_UTF8_train.rec; 训练数据集

nFolds: 交叉认证标识，须为非负整数，若输入大于2的整数，则进行交叉验证

batchGroupColumn: 请选择; 批量建模标识，如要进行批量建模，须选择离散列

* responseColumn: box_office; 目标列

* selectColumns:

未选(9)	
film_names	string
movie_hall	double
not_rest	double
rest	double
shows	double
visits	double
box_office	double
省份	string
影院编号	string

已选(22)	
type_thriller	string
type_motion	string
type_family	string
standard	string
province	string
city	string
cinema_code	string
cinema_names	string
release_month	double
各省平均票房	double
各影院平均票房	double

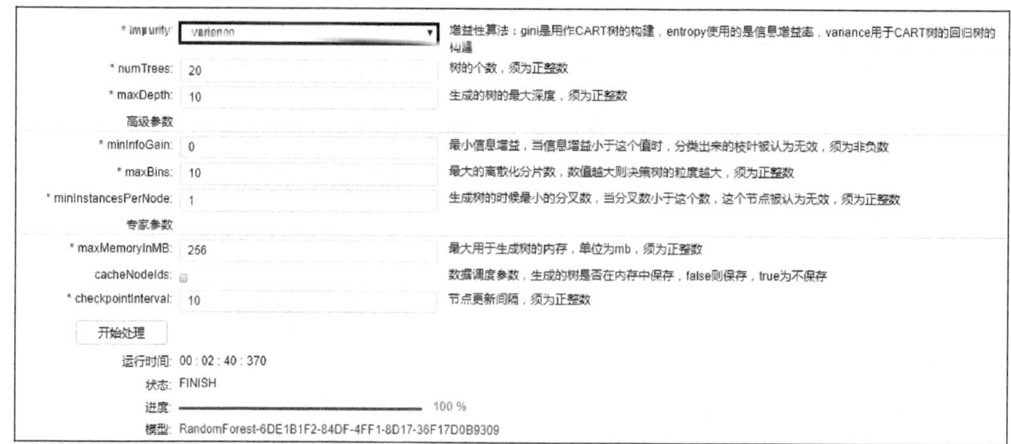

图 10.177　随机森林算法建模(二)

(3)单击模型链接查看模型结果，图 10.178 为模型参数，下面将对随机森林模型进行预测评估。

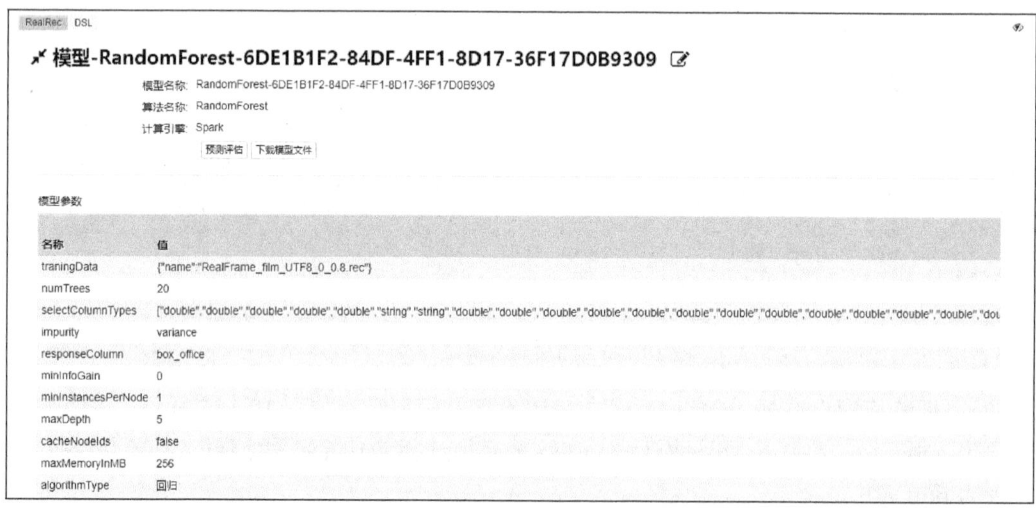

图 10.178　随机森林算法建模(三)

8)预测评估(随机森林模型)

(1)如图 10.179 所示，进行预测评估，注意选择“待评估数据集”，单击“开始处理”按钮。得到评估结果如图 10.180 所示。

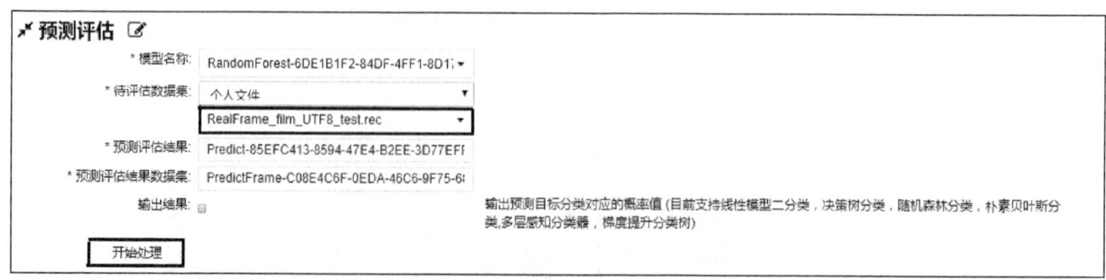

图 10.179　随机森林算法建模(四)

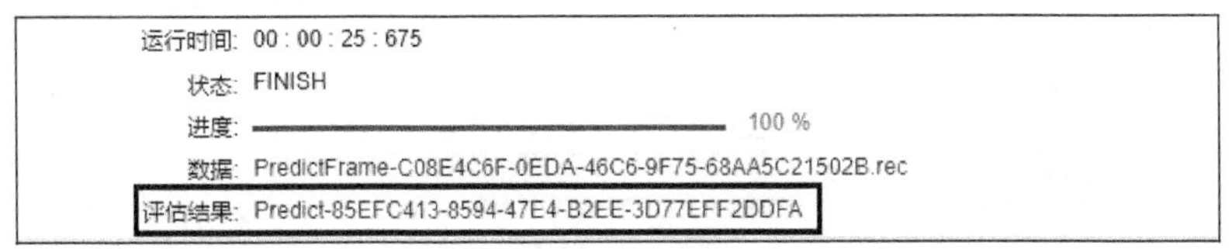

图 10.180　随机森林算法建模(五)

(2)查看预测评估结果，模型各指标如图 10.181 所示，r_2的值约为 0.683，与 GLM 对比来说预测效果有所提升。

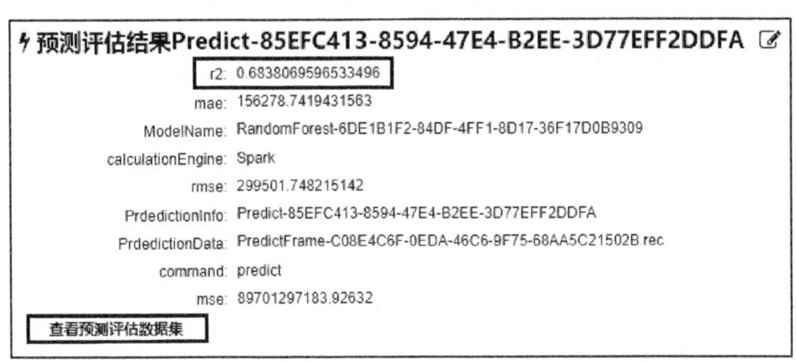

图 10.181　随机森林算法建模(六)

(3)下面对预测结果进行可视化实现：首先单击上一步骤的“查看预测评估结果集”按钮，由于要比较目标实际数据和预测数据之间的关系，所以需要对目标数据加一个序号作为维度。单击“预处理”按钮，如图 10.182 所示，“预处理方法”选择“增加序列号”。

数据集PredictFrame-C08E4C6F-0EDA-46C6-9F75-68AA5C21502B.rec

查看数据　切分数据集　预处理　多维特征分析　特征工程　图谱计算　建模　预测评估　下载　保存　导出　数据可视化

行数	列数	压缩后大小	文件名
2291	32	120 KB	PredictFrame-C08E4C6F-0EDA-46C6-9F75-68AA5C21502B.rec

列统计信息

列名	类型	非零个数	空值个数	非重复值	ID相似度	最小值	最大值	均值	标准差
prediction	double	2291	0	-	-	1.595255e+5	2.909886e+6	4.536924e+5	3.554117e+5
film_names	string	-	0	1	4.364906e-4	-	-	-	-
type_comedy	string	-	0	1	4.364906e-4	-	-	-	-
type_love	string	-	0	1	4.364906e-4	-	-	-	-
type_action	string	-	0	1	4.364906e-4	-	-	-	-
type_suspense	string	-	0	1	4.364906e-4	-	-	-	-
type_science	string	-	0	1	4.364906e-4	-	-	-	-
type_fantasy	string	-	0	1	4.364906e-4	-	-	-	-
type_ancient	string	-	0	1	4.364906e-4	-	-	-	-
type_crime	string	-	0	1	4.364906e-4	-	-	-	-
type_adventure	string	-	0	1	4.364906e-4	-	-	-	-
type_animation	string	-	0	1	4.364906e-4	-	-	-	-
type_plot	string	-	0	1	4.364906e-4	-	-	-	-
type_thriller	string	-	0	1	4.364906e-4	-	-	-	-
type_motion	string	-	0	1	4.364906e-4	-	-	-	-

图 10.182　随机森林算法建模(七)

(4)预处理参数选择如图 10.183 所示，order_by 选择 box_office。方式为“升序”，单击“开始处理”按钮，如图 10.184 所示。

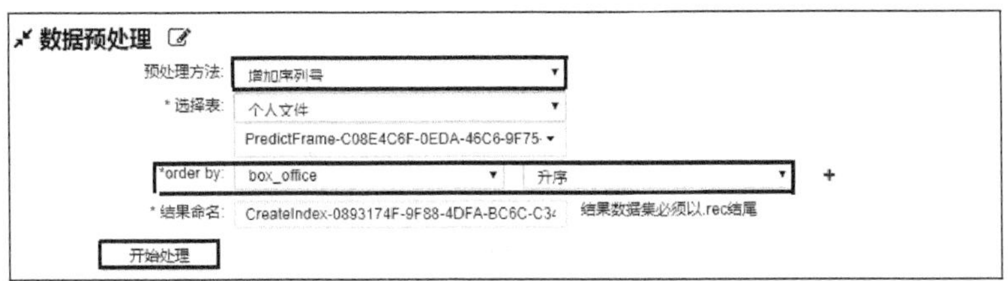

图 10.183　随机森林算法建模(八)

图 10.184　随机森林算法建模(九)

(5)处理后得到图 10.184，点击查看结果，单击“数据可视化”按钮，“可视化”选择“散点图”，“维度”选择 row_num，“度量”选择 box_office 和 prediction，如图 10.185 和图 10.186 所示。从图 10.187 中可以看出，实际数据和预测数据基本吻合。

数据集CreateIndex-0893174F-9F88-4DFA-BC6C-C34DF85B3F50.rec

查看数据 | 切分数据集 | 预处理 | 多维特征分析 | 特征工程 | 图谱计算 | 建模 | 预测评估 | 下载 | 保存 | 导出 | 数据可视化

行数	列数	压缩后大小	文件名
2291	33	137 KB	CreateIndex-0893174F-9F88-4DFA-BC6C-C34DF85B3F50.rec

列统计信息

列名	类型	非零个数	空值个数	非重复值	ID相似度	最小值	最大值	均值	标准差
row_num	double	2291	0	-	-	1	2291	1146	661.49906
prediction	double	2291	0	-	-	1.595255e+5	2.909886e+6	4.536924e+5	3.554117e+5
film_names	string	-	0	1	4.364906e-4	-	-	-	-
type_comedy	string	-	0	1	4.364906e-4	-	-	-	-
type_love	string	-	0	1	4.364906e-4	-	-	-	-
type_action	string	-	0	1	4.364906e-4	-	-	-	-
type_suspense	string	-	0	1	4.364906e-4	-	-	-	-
type_science	string	-	0	1	4.364906e-4	-	-	-	-
type_fantasy	string	-	0	1	4.364906e-4	-	-	-	-
type_ancient	string	-	0	1	4.364906e-4	-	-	-	-
type_crime	string	-	0	1	4.364906e-4	-	-	-	-
type_adventure	string	-	0	1	4.364906e-4	-	-	-	-
type_animation	string	-	0	1	4.364906e-4	-	-	-	-
type_plot	string	-	0	1	4.364906e-4	-	-	-	-
type_thriller	string	-	0	1	4.364906e-4	-	-	-	-
type_motion	string	-	0	1	4.364906e-4	-	-	-	-

图 10.185　随机森林算法建模(十)

可视化

可视化: 散点图
* 图表标题: 散点图
* 数据集: 个人文件
CreateIndex-0893174F-9F88-4DFA-BC6C-C
* 维度: row_num
* 度量:

未选(31)	
row_num	double
film_names	string
type_comedy	string
type_love	string
type_action	string
type_suspense	string
type_science	string
type_fantasy	string
type_ancient	string
type_crime	string
type_adventure	string

已选(2)	
prediction	double
box_office	double

生成图表

图 10.186　随机森林算法建模(十一)

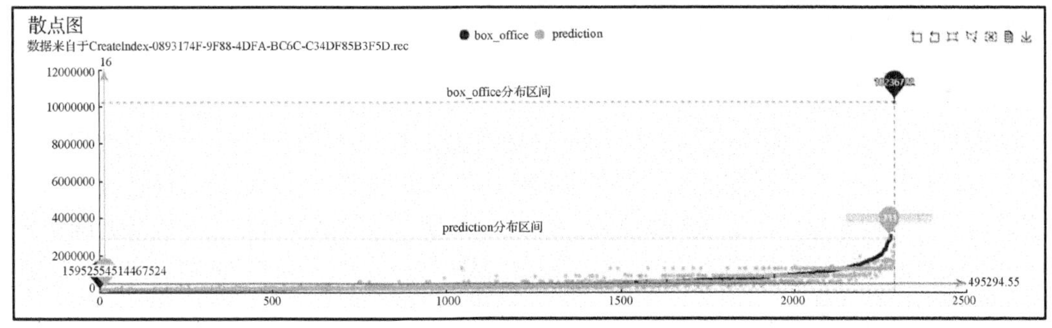

图 10.187　随机森林算法建模(十二)

6. 实验总结

首先，通过学习，读者可对本实验的业务背景、数据准备以及分析思路有所了解。其次，通过学习本实验分析思路，可掌握随机森林算法。最后，通过本实验掌握对 RealRec 数据科学平台的操作，使得进行实验分析时更方便易行，更加快捷地满足业务需求。

需要注意的是，训练集和测试集的分配是随机选择的。这可能导致读者在进行实验的过程中发现预测评估结果与本节实验中的结果不完全一致，但是总体浮动不大，不影响实验整体结果。

7. 课后思考

(1) 我们知道随机森林算法是在决策树的基础上发展起来的，与一般的决策树算法相比，随机森林算法有什么特点与优点？

(2) 在随机森林的参数设置中，增益性算法的几个算子和含义是什么？本实验是否可以使用 variance 之外的其他算子？

(3) 如果使用决策树算法训练模型，效果会如何？

(4) 是否可以构造其他特征并应用到建模中？

10.5　实验五：航空配餐预测

1. 实验简介

某航空公司希望能够准确地为乘客提供足够的餐饮而且要使餐饮没有剩余，节省成本，避免不必要的浪费。航班一般细分为头等舱、商务舱、经济舱，配餐标准也不一致。本实验的目的是通过历史一整年航班数据来进行经济舱数据建模，预测下次航班经济舱的人数，并准备适当的餐饮。首先应通过概率分布分析，画出相应的柱状图形进行可视化展示。然后利用 GLM 算法建立模型，并且引入时间数据和天气数据对 GLM 进行反复训练并达到更好的效果。最后进行预测评估并进行可视化分析，便于解释分析结果。

2. 实验目的

☎1◑熟悉业务内容，将业务要求与机器学习算法结合。

☎2◑掌握数据科学平台 RealRec 的使用及其操作步骤。

☎3◑熟练掌握 GLM 算法的原理及其运用。

☎4）提高学生的动手操作能力和推导能力。

3. 相关原理与技术

GLM 是简单最小二乘回归的扩展，在 OLS 的假设中，响应变量是连续数值数据且服从正态分布，而且响应变量期望值与预测变量之间的关系是线性关系。而广义线性模型则放宽其假设，首先响应变量可以是正整数或分类数据，其分布为某指数分布族。其次响应变量期望值的函数(连接函数)与预测变量之间的关系为线性关系。因此在进行 GLM 建模时，需要指定分布类型和连接函数。

4. 实验操作流程

本实验的操作流程如图 10.188 所示。

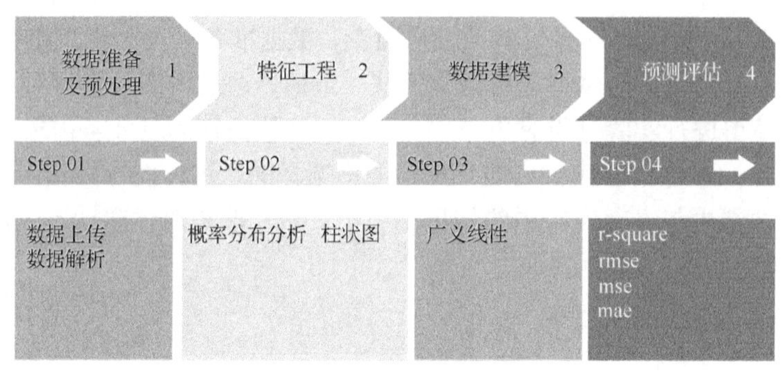

图 10.188 操作流程

5. 实验方案与过程

1)数据准备及预处理

首先，准备实验的数据：airplane_order.csv(航班订单信息)、sys_date.csv(日期信息)和天气数据.csv。三份数据内容如表 10.4 所示。

表 10.4 三份数据的数据字典

airplane_order	sys_date	天气数据
序号	序号	日期
航班号	日期	高温
子订单	年	低温
飞行日期	季	天气状况
头等舱(人数)	月	风
商务舱(人数)	年周数	空气
经济舱(人数)	星期	
其他		
头等舱总数		
商务舱总数		
经济舱总数		
其他总数		

观察数据表格中的各项信息，了解数据的属性，通过各项数据的消费信息属性来进行判断，将数据导入 RealRec 数据科学平台，等待数据的上传结果。

(1) 登录 RealRec 数据科学平台，单击进入数据科学平台。

(2) 执行“数据”→“上传文件”命令，在这里把三个数据文件全部上传，如图 10.189 所示。

图 10.189　上传数据

(3) 对三个数据表进行数据解析的配置工作，字段属性需要将字符型的更改为 String，时间序列需要更改为 Time 类型，其他的为 Numeric，如图 10.190～图 10.192 所示。

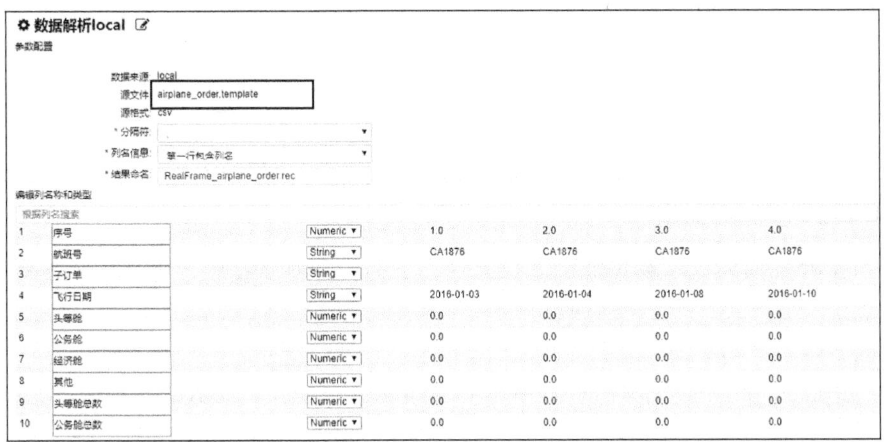

1	序号	Numeric	1.0	2.0	3.0	4.0
2	航班号	String	CA1876	CA1876	CA1876	CA1876
3	子订单	String				
4	飞行日期	String	2016-01-03	2016-01-04	2016-01-08	2016-01-10
5	头等舱	Numeric	0.0	0.0	0.0	0.0
6	公务舱	Numeric	0.0	0.0	0.0	0.0
7	经济舱	Numeric	0.0	0.0	0.0	0.0
8	其他	Numeric	0.0	0.0	0.0	0.0
9	头等舱总数	Numeric	0.0	0.0	0.0	0.0
10	公务舱总数	Numeric	0.0	0.0	0.0	0.0

图 10.190　解析数据(一)

图 10.191　解析数据(二)

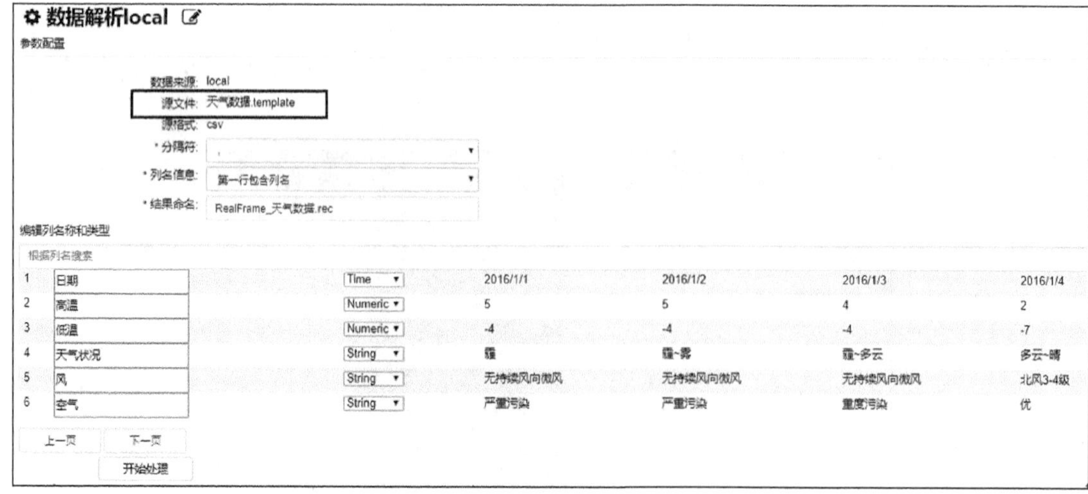

图 10.192　解析数据(三)

(4)对数据进行解析执行，解析完成后，单击“查看数据”按钮，观察数据间的各项联系，如图 10.193 所示。

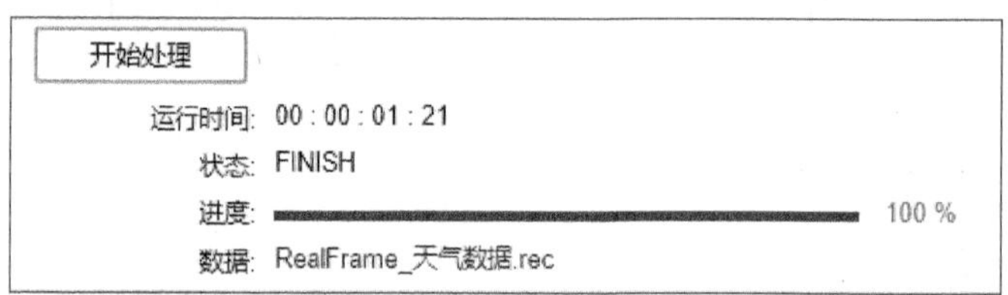

图 10.193　解析数据(四)

至此我们完成了数据解析上传操作，下面开始对数据进行特征分析与处理。

2)特征工程

(1)对 airplane_order 数据集进行订单合并、概率分布统计，参数的配置为，“列”为“经济舱”，“方法”为 Count，结果数据集命名为 Distribution-airplane.rec，如图 10.194 所示。

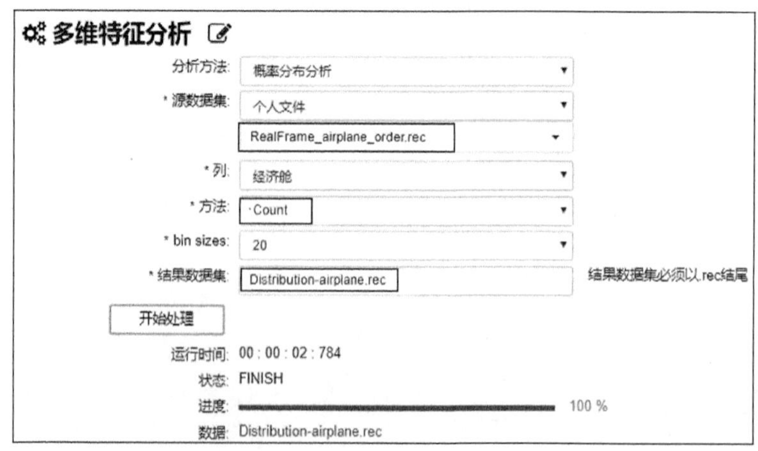

图 10.194　多维特征分析(一)

(2) 将处理后的数据进行可视化处理，选择生成柱状图，如图 10.195 所示。

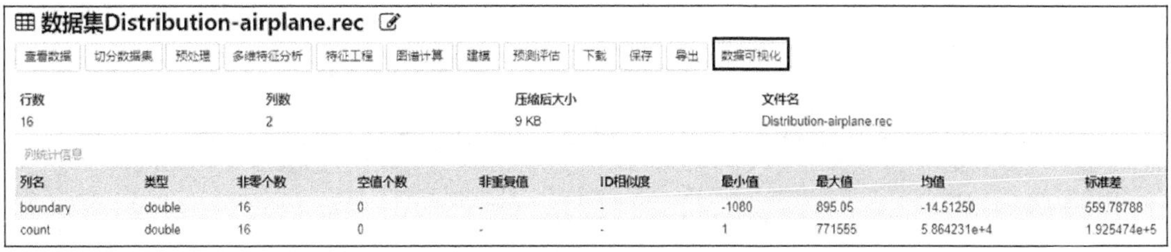

数据集Distribution-airplane.rec

查看数据 切分数据集 预处理 多维特征分析 特征工程 图谱计算 建模 预测评估 下载 保存 导出 数据可视化

行数	列数	压缩后大小	文件名
16	2	9 KB	Distribution-airplane.rec

列统计信息

列名	类型	非零个数	空值个数	非重复值	ID相似度	最小值	最大值	均值	标准差
boundary	double	16	0	-	-	-1080	895.05	-14.51250	559.78788
count	double	16	0	-	-	1	771555	5.864231e+4	1.925474e+5

图 10.195　多维特征分析(二)

(3) 图表类型选择“柱状图”，“维度”为 boundary，“度量”为 count，单击“生成图表”按钮，如图 10.196 所示。

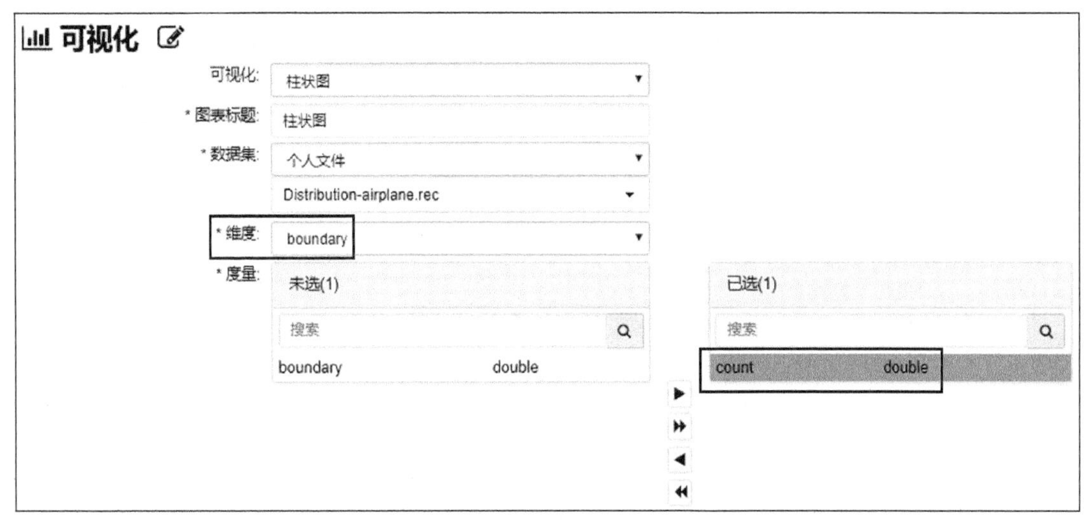

图 10.196　多维特征分析(三)

(4) 生成柱状图，该柱状图可以看出一架航班的经济舱订单的数量非常集中于 144～167 这个区间，在这个区间内有 8 万多次，该柱状图可视化效果不好，并且不利于数据的分析，如图 10.197 所示。

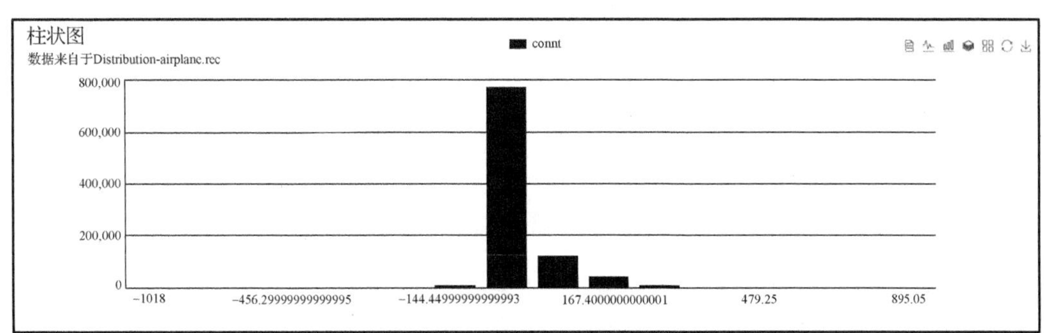

图 10.197　多维特征分析(四)

(5) 统计分析结果显示有很多噪声数据，注意表选择为 RealFrame_airplane_order.rec，如图 10.198～图 10.200 所示。

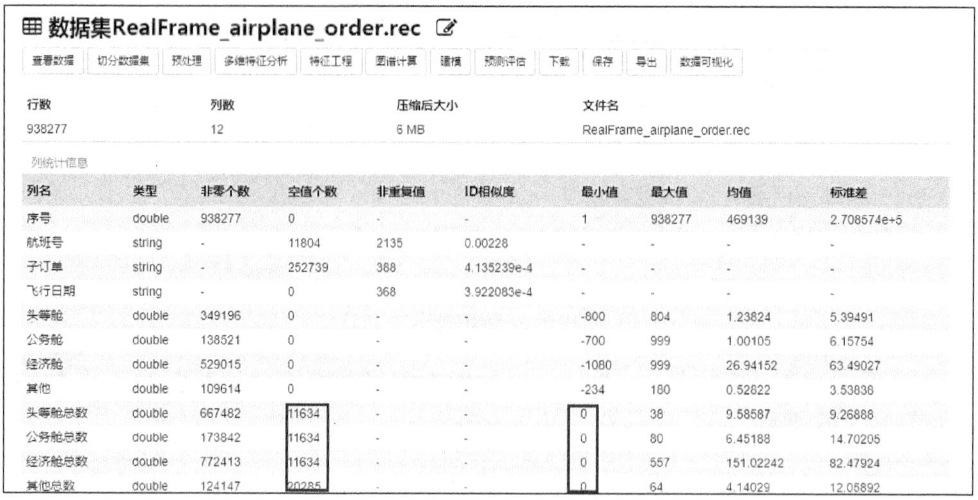

数据集RealFrame_airplane_order.rec

查看数据 切分数据集 预处理 多维特征分析 特征工程 图谱计算 建模 预测评估 下载 保存 导出 数据可视化

行数	列数	压缩后大小	文件名
938277	12	6 MB	RealFrame_airplane_order.rec

列统计信息

列名	类型	非零个数	空值个数	非重复值	ID相似度	最小值	最大值	均值	标准差
序号	double	938277	0	-	-	1	938277	469139	2.708574e+5
航班号	string	-	11804	2135	0.00228	-	-	-	-
子订单	string	-	252739	388	4.135239e-4	-	-	-	-
飞行日期	string	-	0	368	3.922083e-4	-	-	-	-
头等舱	double	349196	0	-	-	-800	804	1.23824	5.39491
公务舱	double	138521	0	-	-	-700	999	1.00105	6.15754
经济舱	double	529015	0	-	-	-1080	999	26.94152	63.49027
其他	double	109614	0	-	-	-234	180	0.52822	3.53838
头等舱总数	double	667482	11634	-	-	0	38	9.58587	9.26888
公务舱总数	double	173842	11634	-	-	0	80	6.45188	14.70205
经济舱总数	double	772413	11634	-	-	0	557	151.02242	82.47924
其他总数	double	124147	20285	-	-	0	64	4.14029	12.05892

图 10.198　数据预处理(一)

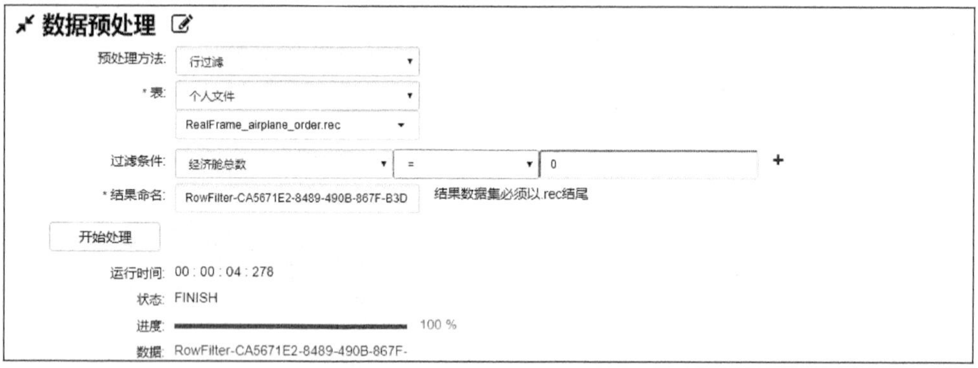

数据预处理

预处理方法: 行过滤

*表: 个人文件

RealFrame_airplane_order.rec

过滤条件: 经济舱总数 = 0 +

*结果命名: RowFilter-CA5671E2-8489-490B-867F-B3D 结果数据集必须以.rec结尾

开始处理

运行时间: 00 : 00 : 04 : 278

状态: FINISH

进度: 100 %

数据: RowFilter-CA5671E2-8489-490B-867F-

图 10.199　数据预处理(二)

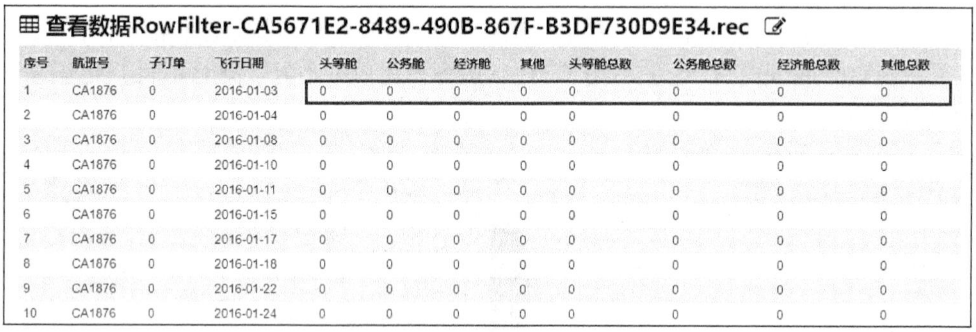

查看数据RowFilter-CA5671E2-8489-490B-867F-B3DF730D9E34.rec

序号	航班号	子订单	飞行日期	头等舱	公务舱	经济舱	其他	头等舱总数	公务舱总数	经济舱总数	其他总数
1	CA1876	0	2016-01-03	0	0	0	0	0	0	0	0
2	CA1876	0	2016-01-04	0	0	0	0	0	0	0	0
3	CA1876	0	2016-01-08	0	0	0	0	0	0	0	0
4	CA1876	0	2016-01-10	0	0	0	0	0	0	0	0
5	CA1876	0	2016-01-11	0	0	0	0	0	0	0	0
6	CA1876	0	2016-01-15	0	0	0	0	0	0	0	0
7	CA1876	0	2016-01-17	0	0	0	0	0	0	0	0
8	CA1876	0	2016-01-18	0	0	0	0	0	0	0	0
9	CA1876	0	2016-01-22	0	0	0	0	0	0	0	0
10	CA1876	0	2016-01-24	0	0	0	0	0	0	0	0

图 10.200　数据预处理(三)

从上面的数据分析结果可以看出数据存在噪声，那么应该如何处理？下面的步骤(6)～(10)介绍数据去噪方法。

(6) 从上面的分析中可以看出经济舱订单的概率分布统计效果并不好，有的经济舱订单为负数，有的订单所有舱位数目都为零。因此要先对数据进行合并，再进行预处理，去掉一些有噪声的数据。需要对同一航班的订单进行合并。经济舱总数还有为 0 的噪声数据，也需要同步过滤掉。这里执行 SQL 命令进行数据预处理，单击导航栏上方的脚本语句执行按钮，执行 SQL 语句，如图 10.201 所示。

```
    create table 航班订单合并.rec as select 航班号,飞行日期,sum(经济舱) as 经济舱,
经济舱总数 from RealFrame_airplane_order.rec where 经济舱总数> 0 and 航班号 is not null
group by 航班号,飞行日期,经济舱总数
```

数据集航班订单合并.rec

查看数据 切分数据集 预处理 多维特征分析 特征工程 图谱计算 建模 预测评估 下载 保存 导出 数据可视化

行数	列数	压缩后大小	文件名
208373	4	2 MB	航班订单合并.rec

列统计信息

列名	类型	非零个数	空值个数	非重复值	ID相似度	最小值	最大值	均值	标准差
航班号	string	-	0	1861	0.00893	-	-	-	-
飞行日期	string	-	0	365	0.00175	-	-	-	-
经济舱	double	166832	0	-	-	-985	1112	120.19874	88.39040
经济舱总数	double	208373	0	-	-	66	557	175.71193	48.83379

图 10.201　数据预处理(四)

从图 10.201 合并后的数据详情中发现，经济舱还是为负数，而且经济舱还有大于经济舱总数的。真实的项目案例数据可能在获取数据过程中产生非常不合理的噪声数据，需要过滤掉，如图 10.202 所示。

```
    create table 航班订单.rec as select 航班号, 飞行日期, 经济舱,经济舱总数 from 航
班订单合并.rec where 经济舱总数>= 经济舱 and 经济舱>0
```

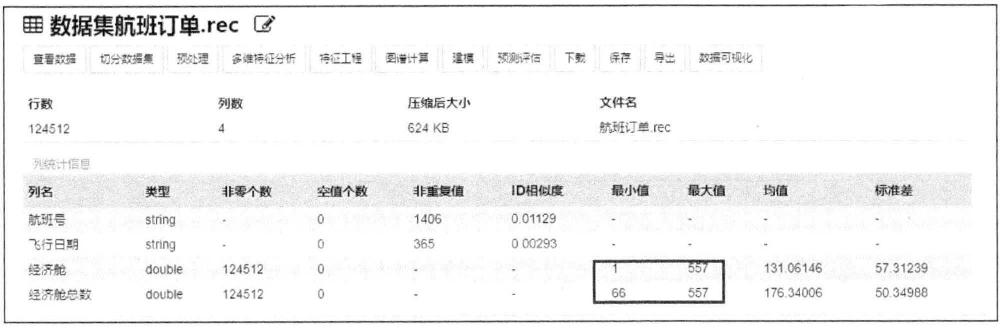

数据集航班订单.rec

查看数据 切分数据集 预处理 多维特征分析 特征工程 图谱计算 建模 预测评估 下载 保存 导出 数据可视化

行数	列数	压缩后大小	文件名
124512	4	624 KB	航班订单.rec

列统计信息

列名	类型	非零个数	空值个数	非重复值	ID相似度	最小值	最大值	均值	标准差
航班号	string	-	0	1406	0.01129	-	-	-	-
飞行日期	string	-	0	365	0.00293	-	-	-	-
经济舱	double	124512	0	-	-	1	557	131.06146	57.31239
经济舱总数	double	124512	0	-	-	66	557	176.34006	50.34988

图 10.202　数据预处理(五)

(7) 对预处理之后的数据再次进行多维特征分析，分析方法仍然是对经济舱做概率分布统计，如图 10.203 所示。

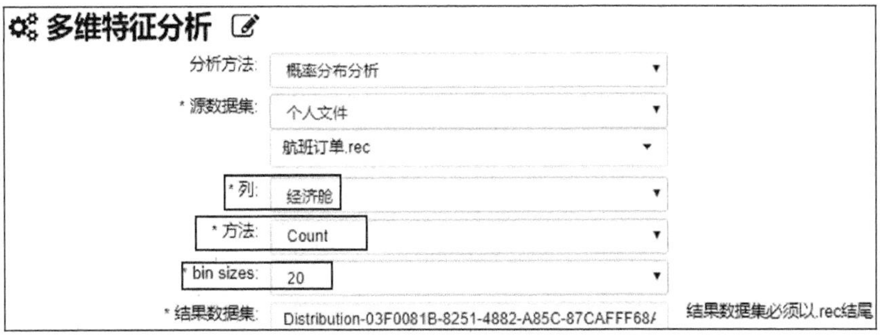

多维特征分析

分析方法: 概率分布分析

* 源数据集: 个人文件

航班订单.rec

* 列: 经济舱

* 方法: Count

* bin sizes: 20

* 结果数据集: Distribution-03F0081B-8251-4882-A85C-87CAFFF68/ 结果数据集必须以.rec结尾

图 10.203　概率分布分析(一)

(8) 单击“开始处理”按钮，数据分析完成后，单击数据链接查看结果，如图 10.204 所示。

图 10.204　概率分布分析(二)

(9) 单击“数据可视化”按钮，选择柱状图对数据进行可视化，“维度”设置为 boundary，“度量”设置为 count，如图 10.205 和图 10.206 所示。

行数	列数	压缩后大小	文件名
18	2	10 KB	Distribution-03F0081B-8251-4882-A85C-87CAFFF68A8D.rec

列统计信息

列名	类型	非零个数	空值个数	非重复值	ID相似度	最小值	最大值	均值	标准差
boundary	double	18	0	-	-	1	529.2	243.47778	158.92997
count	double	18	0	-	-	1	28257	6.917333e+3	9.477150e+3

图 10.205　概率分布分析(三)

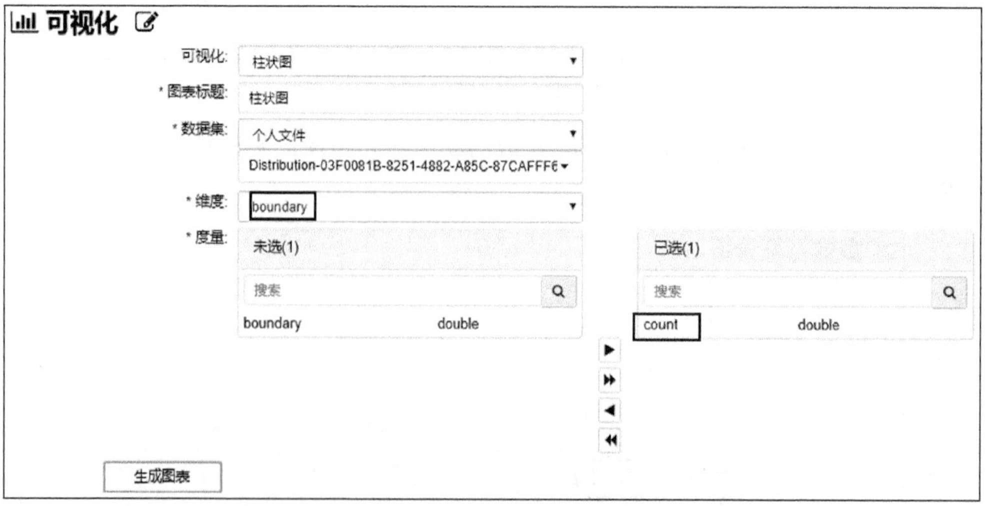

可视化
可视化: 柱状图
* 图表标题: 柱状图
* 数据集: 个人文件
Distribution-03F0081B-8251-4882-A85C-87CAFFF6
* 维度: boundary
* 度量: 未选(1)　　已选(1)
搜索　　搜索
boundary double　　count double
生成图表

图 10.206　概率分布分析(四)

(10) 数据柱状图可视化展示如图 10.207 所示。

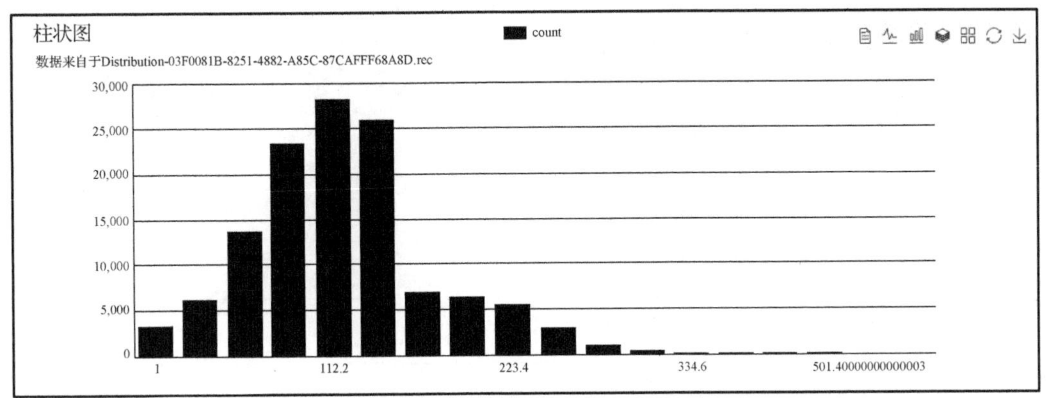

图 10.207　概率分布分析(五)

可见，经济舱订单分布不再显得那么集中，有利于数据的进一步分析。

(11) 对“数据集航班订单.rec”进行数据切分，如图 10.208 所示。

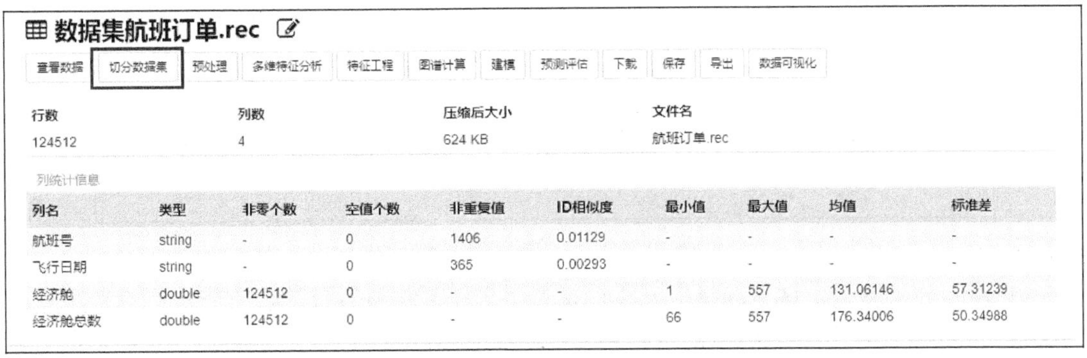

数据集航班订单.rec

查看数据　切分数据集　预处理　多维特征分析　特征工程　图谱计算　建模　预测评估　下载　保存　导出　数据可视化

行数	列数	压缩后大小	文件名
124512	4	624 KB	航班订单.rec

列统计信息

列名	类型	非零个数	空值个数	非重复值	ID相似度	最小值	最大值	均值	标准差
航班号	string	-	0	1406	0.01129	-	-	-	-
飞行日期	string	-	0	365	0.00293	-	-	-	-
经济舱	double	124512	0	-	-	1	557	131.06146	57.31239
经济舱总数	double	124512	0	-	-	66	557	176.34006	50.34988

图 10.208　数据切分(一)

(12) 对航班订单数据集进行切分，遵循机器学习中训练模型常用到的二八分方法，将 80%的数据作为训练集，20%的数据作为测试集，注意分割后数据集的命名，如图 10.209 所示。

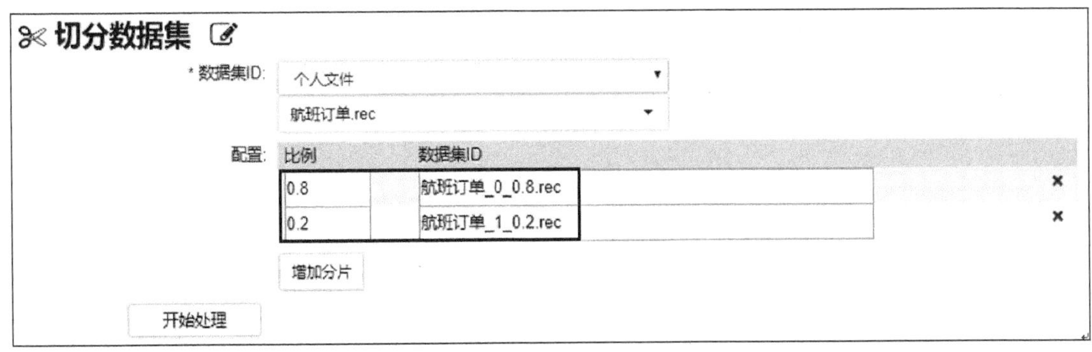

图 10.209　数据切分(二)

(13) 得到的结果如图 10.210 所示。

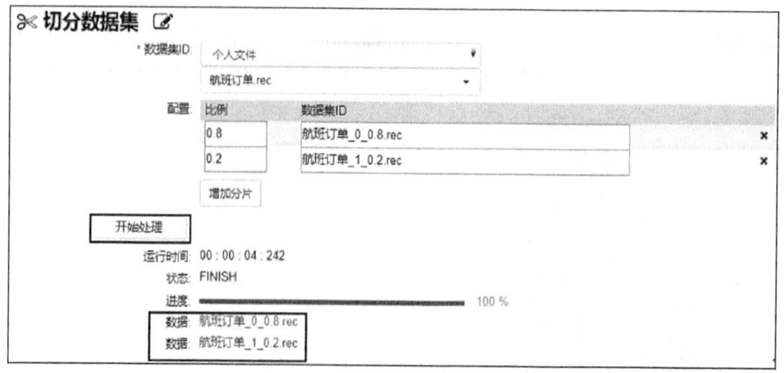

图 10.210　数据切分(三)

至此数据处理完成，我们对数据进行了去噪处理，为构建模型做好了准备。

3) 模型构建(第一个模型)

(1) 在图 10.210 中单击“航班订单_0_0.8.rec”链接，选择建模，如图 10.211 所示。

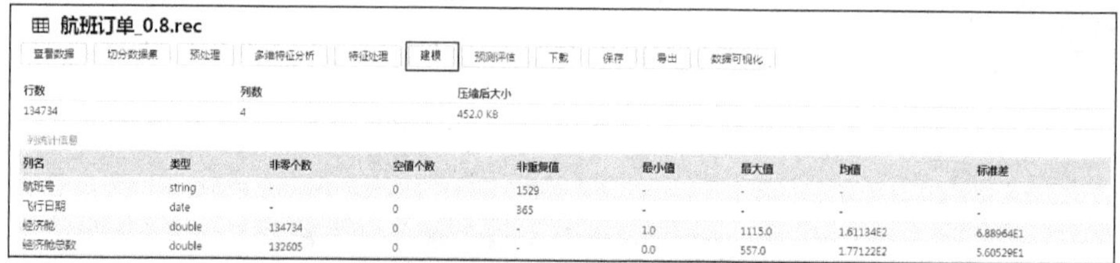

航班订单_0.8.rec

行数	列数	压缩后大小
134734	4	452.0 KB

列名	类型	非零个数	空值个数	非重复值	最小值	最大值	均值	标准差
航班号	string	-	0	1529	-	-	-	-
飞行日期	date	-	0	365	-	-	-	-
经济舱	double	134734	0	-	1.0	1115.0	1.61134E2	6.88964E1
经济舱总数	double	132605	0	-	0.0	557.0	1.77122E2	5.60529E1

图 10.211　广义线性模型(一)

(2) 建立分析模型，这里选择广义线性模型将训练数据进行预测，首先进行参数配置，responseColumn 设置为“经济舱”，选择列为经济舱总数和航班号。我们将对经济舱的配餐量进行预测。然后单击“创建模型”按钮，开始进行模型训练，如图 10.212 所示。

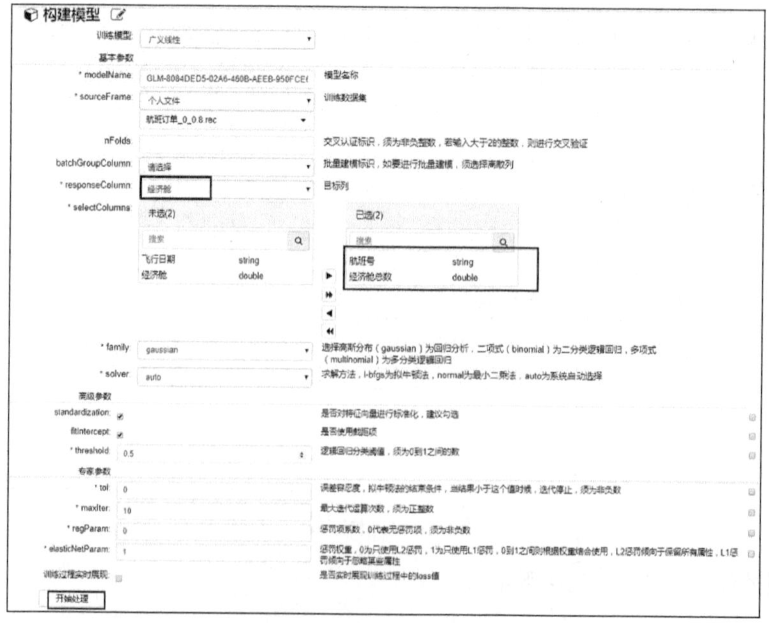

图 10.212　广义线性模型(二)

4) 预测分析（第一个模型）

（1）模型训练完成后，单击“查看模型结果”按钮，模型结果部分如图 10.213 所示，单击“预测评估”按钮。

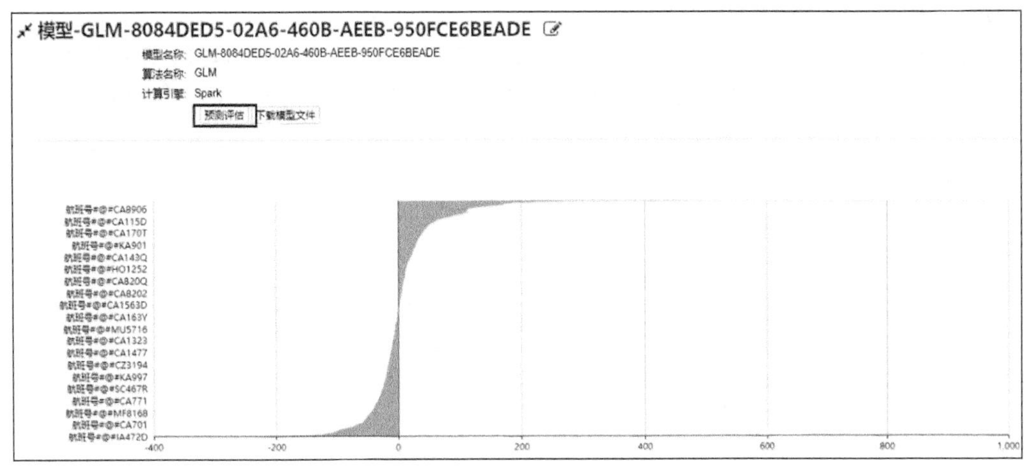

图 10.213　广义线性模型（三）

建模参数选了两个相关列，从模型结果的可视化图中看到了很多的相关列，这是因为在建模过程中我们对航班号进行了 one-hot（独热编码）处理。

（2）选择待评估数据集，然后单击“预测评估”按钮进行预测评估，如图 10.214 所示。

图 10.214　广义线性模型（四）

（3）预测评估结束后，单击“开始处理”按钮查看预测评估结果。

（4）预测评估结果列出了均方根、平均绝对误差、r_2 和均方差几个参数，其中 rmse、mase、mse 的值越小表明模型预测效果越好，r_2 越大表明模型预测效果越好，如图 10.215 所示。

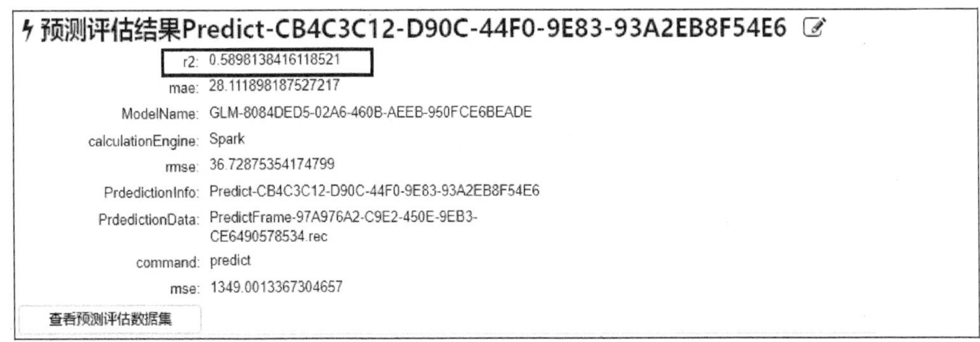

图 10.215　广义线性模型（五）

至此我们完成了第一个 GLM 的构建与评估。

5）模型构建（第二个模型）

（1）通过预测评估发现，只是用航空订单数据集中的一些参数训练 GLM 效果并不佳，因此还需考虑其他因素。我们为“航班订单.rec”数据集的每一条数据增加一个昨日经济舱，也就是相对每条数据的经济舱属性来说，它的前一天的经济舱人数是多少？通过 SQL 语句获得目标数据集，如图 10.216 所示。

SQL 语句执行如下：

```
 create table 航班订单_昨日.rec  as
select a.航班号,a.飞行日期,a.经济舱,a.经济舱总数,b.经济舱 as 昨天经济舱
from 航班订单.rec as a
left join 航班订单.rec as b
on a.航班号=b.航班号
and to_date(a.飞行日期)=date_add(to_date(b.飞行日期),1)
where b.经济舱<> null
```

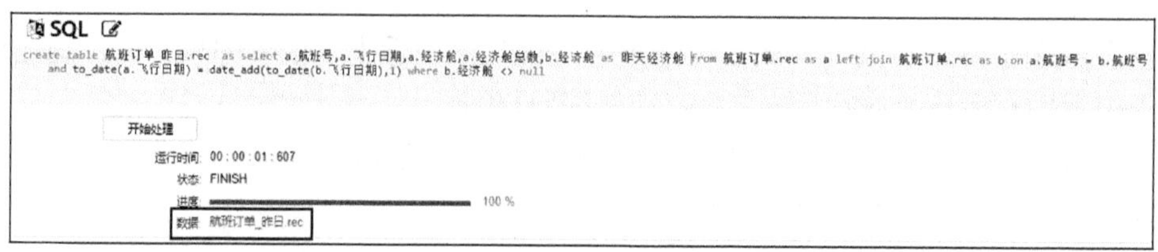

图 10.216　SQL 语句

（2）单击数据链接查看结果，得到数据集，单击“切分数据集”按钮，如图 10.217 所示。

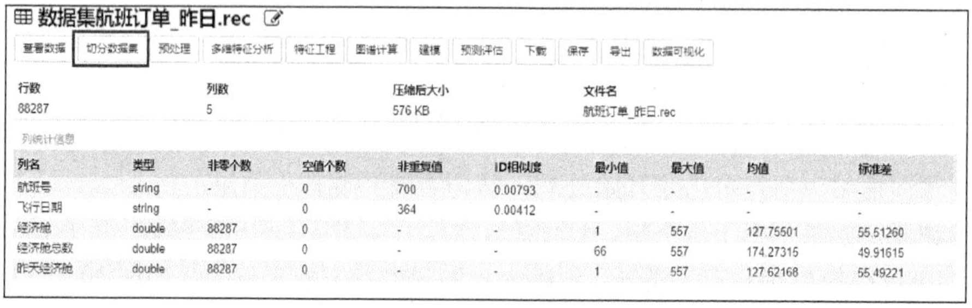

数据集航班订单_昨日.rec

查看数据　切分数据集　预处理　多维特征分析　特征工程　图谱计算　建模　预测评估　下载　保存　导出　数据可视化

行数	列数	压缩后大小	文件名
88287	5	576 KB	航班订单_昨日.rec

列统计信息

列名	类型	非零个数	空值个数	非重复值	ID相似度	最小值	最大值	均值	标准差
航班号	string	-	0	700	0.00793	-	-	-	-
飞行日期	string	-	0	364	0.00412	-	-	-	-
经济舱	double	88287	0	-	-	1	557	127.75501	55.51260
经济舱总数	double	88287	0	-	-	66	557	174.27315	49.91615
昨天经济舱	double	88287	0	-	-	1	557	127.62168	55.49221

图 10.217　切分数据（一）

（3）切分数据时仍然按照二八的比例切分，单击“开始处理”按钮，如图 10.218 所示。

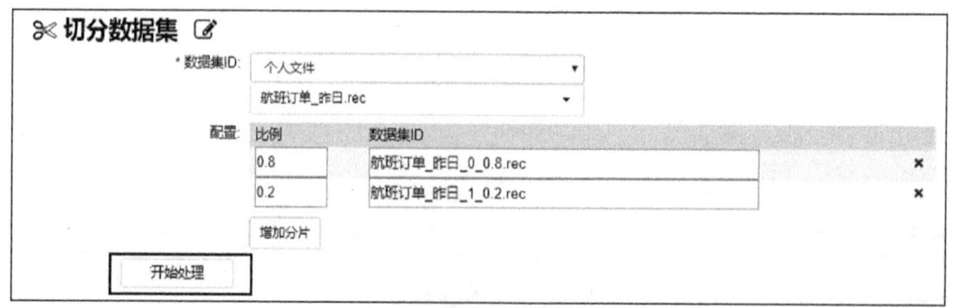

图 10.218　切分数据（二）

(4) 对“航班订单_昨日”进行数据切分操作的结果如图 10.219 所示。

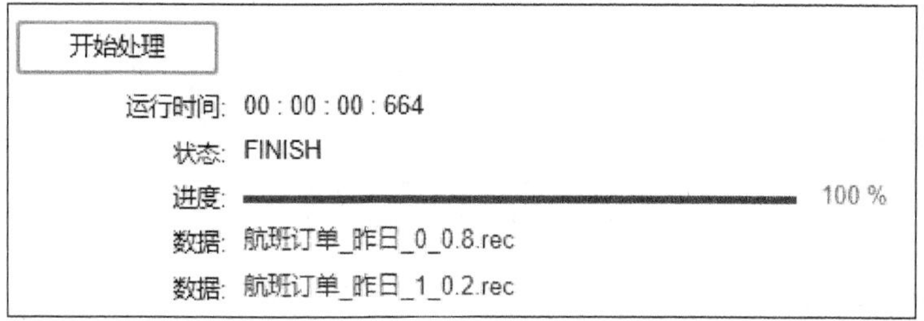

图 10.219 切分数据(三)

(5) 单击数据集 RealFrame_sys_date.rec，查看 sys_date.csv 文件解析后的数据集，如图 10.220 所示。

数据集RealFrame_sys_date.rec

查看数据 切分数据集 预处理 多维特征分析 特征工程 图谱计算 建模 预测评估 下载 保存 导出 数据可视化

行数	列数	压缩后大小	文件名
6210	7	61 KB	RealFrame_sys_date.rec

列统计信息

列名	类型	非零个数	空值个数	非重复值	ID相似度	最小值	最大值	均值	标准差
序号	double	6210	0	-	-	1	6210	3105.5	1.792817e+3
日期	timestamp	-	0	6210	1	-	-	-	-
年	double	6210	0	-	-	2000	2016	2008	4.90003
季	double	6210	0	-	-	1	4	2.50837	1.11723
月	double	6210	0	-	-	1	12	6.52238	3.44913
年周数	double	6210	0	-	-	1	54	27.04622	15.07113
星期	double	6210	0	-	-	1	7	4.00048	2.00036

图 10.220 切分数据(四)

(6) 对“航班订单_昨日”切分的训练数据集“航班订单_昨日_0_0.8”执行 SQL 语句并连接 RealFreame_sys_date 数据集产生新的训练数据集，该数据集在原有“航班订单_昨日_0_0.8”数据集的基础上加入了月份和星期的信息，考虑的日期属性更多，如图 10.221 所示。

SQL 语句实现如下：

```
    create table 航班订单_昨日_星期_0_0.8.rec as select a.*,b.月,b.星期 from 航班订单_昨日_0_0.8.rec as a left join RealFrame_sys_date.rec as b on to_date(飞行日期) =to_date(b.日期)
```

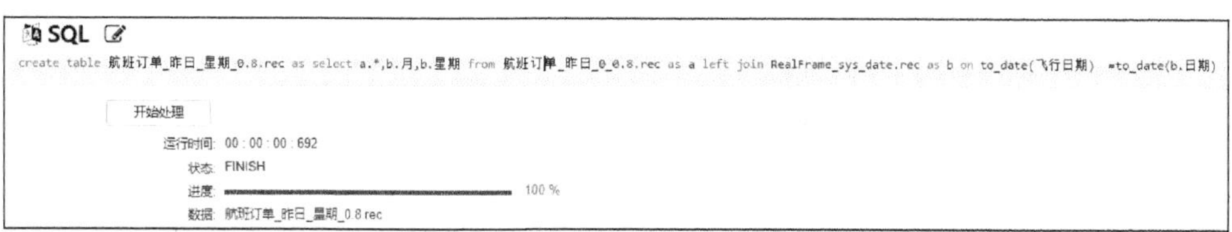

图 10.221 切分数据(五)

(7) 同理，再对“航班订单_昨日”切分的数据集“航班订单_昨日_1_0.2”执行此操作，生成新的测试集，如图 10.222 所示。

SQL 语句执行如下：

```
    create table 航班订单_昨日_星期_1_0.2.rec as select a.*,b.月,b.星期 from 航班订单_昨日_1_0.2.rec as a left join RealFrame_sys_date.rec as b on to_date(飞行日期)=to_date(b.日期)
```

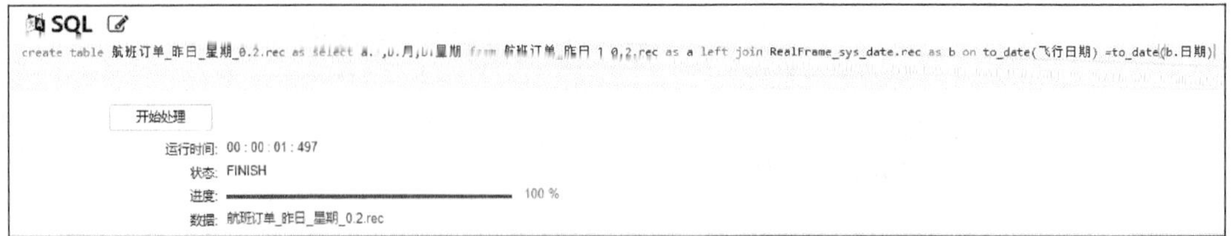

图 10.222　切分数据(六)

(8) 对“航班订单_昨日_星期_0.8”数据集进行 GLM 建模，主要选择参数如下：目标列为“经济舱”，选择列为“星期”“月”“昨天经济舱”“经济舱总数”“航班号”。参数选好后，单击“创建模型”按钮，如图 10.223 所示。

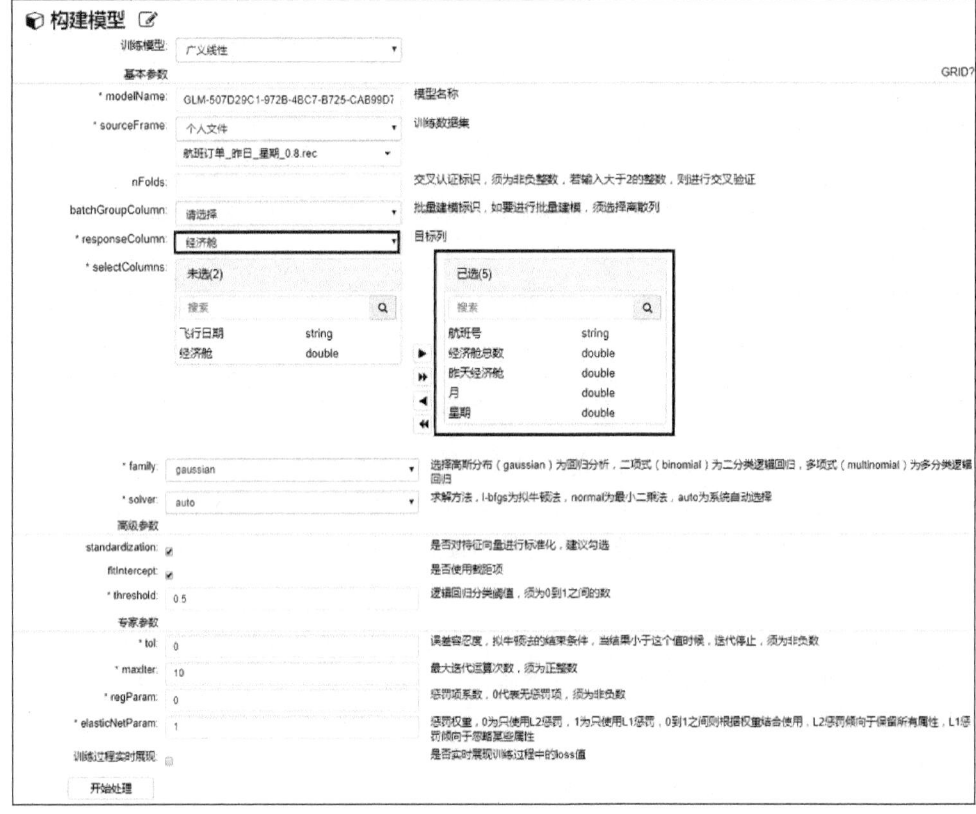

图 10.223　广义线性模型(一)

6) 预测分析(第二个模型)

(1) 训练模型结束后，单击“开始处理”按钮查看模型结果，如图 10.224 所示。

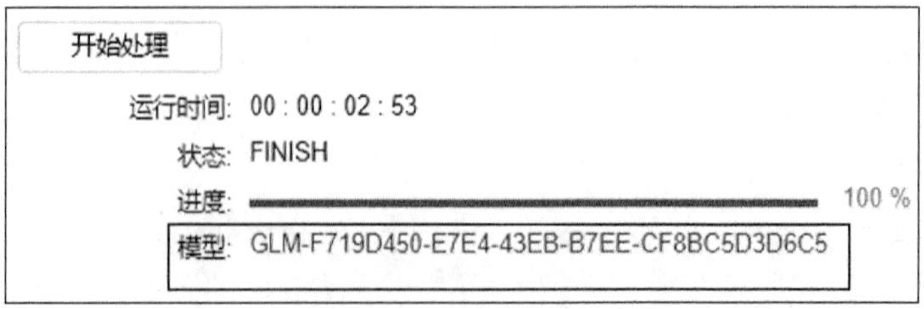

图 10.224　广义线性模型(二)

(2) 单击“预测评估”按钮，待评估数据集为“航班订单_昨日_星期_0.2.rec”，如图 10.225 和图 10.226 所示。

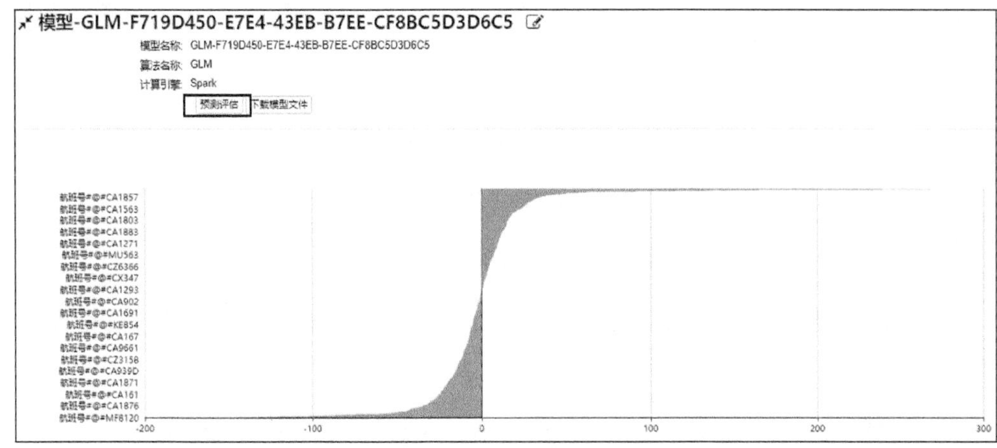

图 10.225 广义线性模型(三)

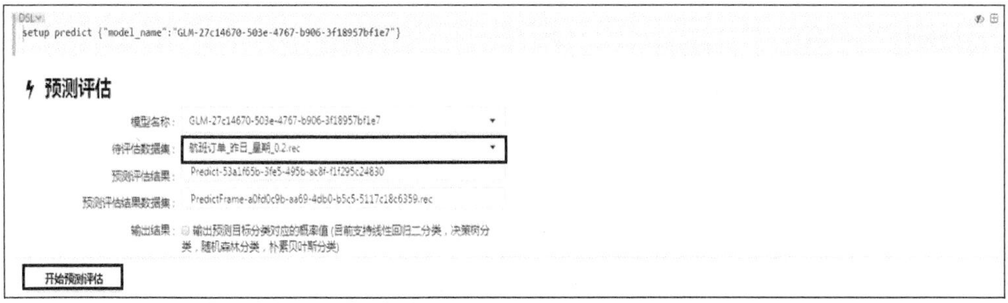

图 10.226 广义线性模型(四)

训练模型的参数如图 10.227 所示。

模型参数

名称	值	描述
traningData	{"name":"航班订单_昨日_星期_0.8.rec"}	
selectColumnTypes	["double","double","double","double","string"]	
elasticNetParam	1	
responseColumn	经济舱	
standardization	true	
threshold	0.5	
regParam	0	
tol	0.0000010	
fitIntercept	true	
algorithmType	回归	
maxIter	100	
selectColumns	["星期","月","昨天经济舱","经济舱总数","航班号"]	
family	gaussian	
algorithm	GLM	
solver	auto	

图 10.227 广义线性模型(五)

(3) 单击“开始预测评估”按钮，评估完成后，单击“查看预测评估结果”按钮，如图10.228所示。

开始处理

运行时间: 00 : 00 : 03 : 176

状态: FINISH

进度: 100 %

数据: PredictFrame-BE752CA2-DD61-4294-9370-CC6522A54779.rec

评估结果: Predict-D1C3B9F7-D48F-4491-A33C-0E63CC06D0AF

图 10.228　广义线性模型(六)

(4) 预测评估结果如图10.229所示，可以看到，相对于图10.215的预测评估结果，各项评估指标表明增加了新特征的模型的预测效果更好一些。

预测评估结果Predict-2E4AAB32-5E85-4420-BBF1-C96D815FD3AE
r2: 0.5964980882573316
mae: 26.602488662305078
ModelName: GLM-507D29C1-972B-4BC7-B725-CAB99D79487C
calculationEngine: Spark
rmse: 35.22189452404627
PrdedictionInfo: Predict-2E4AAB32-5E85-4420-BBF1-C96D815FD3AE
PrdedictionData: PredictFrame-17C4A55E-0B96-4CF8-B147-CCE471842757.rec
command: predict
mse: 1240.5818538630413
查看预测评估数据集

图 10.229　广义线性模型(七)

至此我们完成了第二个GLM的构建与评估。

7) 模型构建(第三个模型)

若加入其他因素，模型预测能力还会提升吗？下面加入天气的数据集，再使用GLM训练，观察评估结果会有何变化。

(1) 将航班当天的一些天气特征加入“航班订单_昨日_星期_0.8.rec”这个训练数据集中，得到新的训练数据集“航班订单_昨日_星期_天气_0.8.rec”，如图10.230所示。

本过程SQL语句如下：

```
create table 航班订单_昨日_星期_天气_0.8.rec  as
select *
from 航班订单_昨日_星期_0.8.rec as a
left join RealFrame_天气数据.rec as b
on to_date(飞行日期)=to_date(b.日期)
where 航班号<> null
```

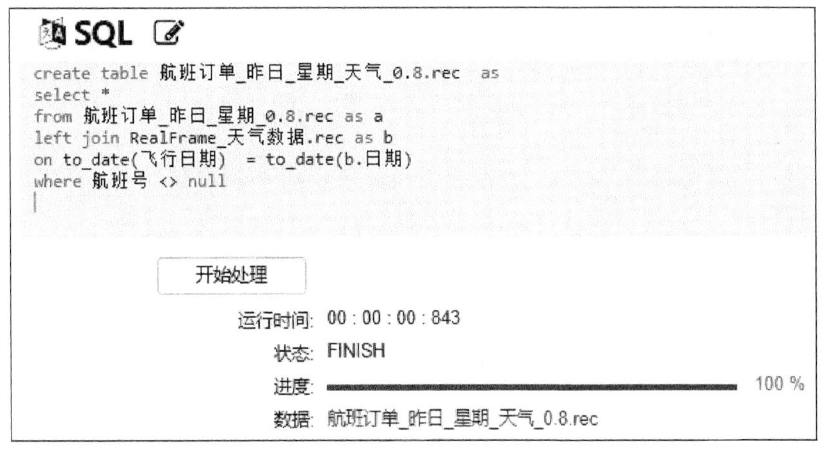

图 10.230　SQL 语句(一)

(2) 同样，使用 SQL 语句对“航班订单_昨日_星期_0.2.rec”和“RealFrame_天气数据.rec”衍生新的数据集，如图 10.231 所示。

SQL 语句如下：

```
create table 航班订单_昨日_星期_天气_0.2.rec as
select *
from 航班订单_昨日_星期_0.2.rec as a
left join RealFrame_天气数据.rec as b
on to_date(飞行日期)=to_date(b.日期)
where 航班号<> null
```

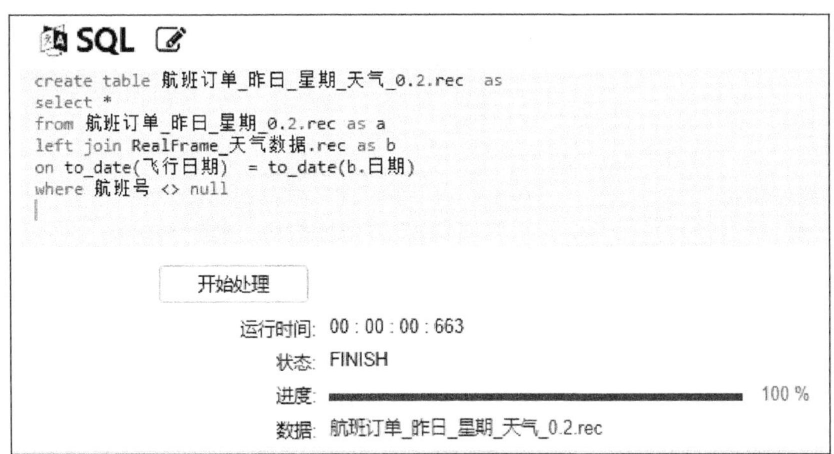

图 10.231　SQL 语句(二)

(3) 执行 run getDataSummary {"source_frame":"航班订单_昨日_星期_天气_0.8.rec"}指令，单击“建模”按钮，“训练模型”选择“广义线性”，如图 10.232 所示。

(4) 依旧使用广义线性模型训练“航班订单_昨日_星期_天气_0.8.rec”数据，如图 10.233 所示。

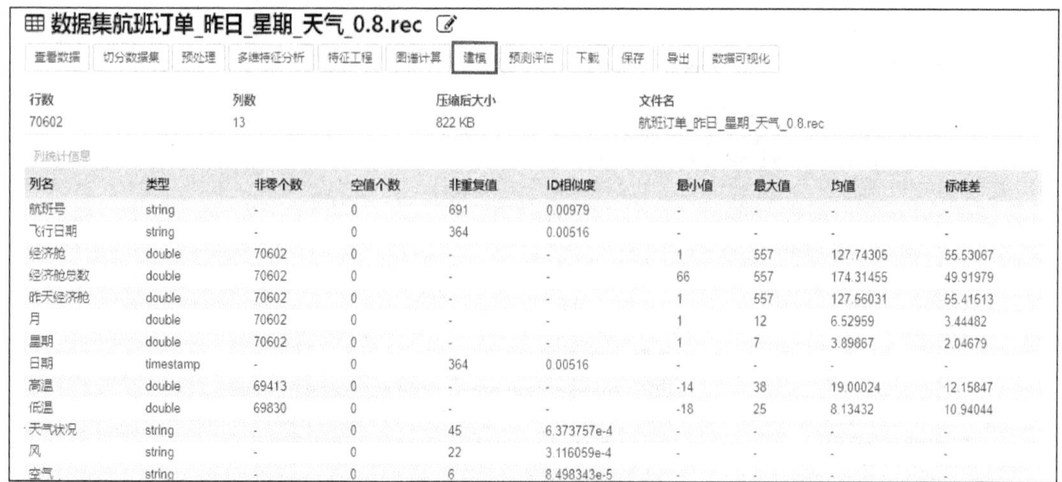

数据集航班订单_昨日_星期_天气_0.8.rec

查看数据 切分数据集 预处理 多维特征分析 特征工程 图谱计算 建模 预测评估 下载 保存 导出 数据可视化

行数	列数	压缩后大小	文件名
70602	13	822 KB	航班订单_昨日_星期_天气_0.8.rec

列统计信息

列名	类型	非零个数	空值个数	非重复值	ID相似度	最小值	最大值	均值	标准差
航班号	string	-	0	691	0.00979	-	-	-	-
飞行日期	string	-	0	364	0.00516	-	-	-	-
经济舱	double	70602	0	-	-	1	557	127.74305	55.53067
经济舱总数	double	70602	0	-	-	66	557	174.31455	49.91979
昨天经济舱	double	70602	0	-	-	1	557	127.56031	55.41513
月	double	70602	0	-	-	1	12	6.52959	3.44482
星期	double	70602	0	-	-	1	7	3.89867	2.04679
日期	timestamp	-	0	364	0.00516	-	-	-	-
高温	double	69413	0	-	-	-14	38	19.00024	12.15847
低温	double	69830	0	-	-	-18	25	8.13432	10.94044
天气状况	string	-	0	45	6.373757e-4	-	-	-	-
风	string	-	0	22	3.116059e-4	-	-	-	-
空气	string	-	0	6	8.498343e-5	-	-	-	-

图 10.232 广义线性模型(一)

构建模型

训练模型: 广义线性

基本参数 GRID?

参数	值	说明
* modelName:	GLM-320B1DB0-3B09-4460-9B1C-2EDDFAE	模型名称
* sourceFrame:	个人文件 / 航班订单_昨日_星期_天气_0.8.rec	训练数据集
nFolds:		交叉认证标识，须为非负整数，若输入大于2的整数，则进行交叉验证
batchGroupColumn:	请选择	批量建模标识，如要进行批量建模，须选择离散列
* responseColumn:	经济舱	目标列

* selectColumns:

未选(1)：飞行日期 string

已选(12)：航班号 string；经济舱 double；经济舱总数 double；昨天经济舱 double；月 double；星期 double；日期 timestamp；高温 double；低温 double；天气状况 string；风 string

参数	值	说明
* family:	gaussian	选择高斯分布（gaussian）为回归分析，二项式（binomial）为二分类逻辑回归，多项式（multinomial）为多分类逻辑回归
* solver:	auto	求解方法，l-bfgs为拟牛顿法，normal为最小二乘法，auto为系统自动选择

高级参数

参数	值	说明
standardization:	☑	是否对特征向量进行标准化，建议勾选
fitIntercept:	☑	是否使用截距项
* threshold:	0.5	逻辑回归分类阈值，须为0到1之间的数

专家参数

参数	值	说明
* tol:	0	误差容忍度，拟牛顿法的结束条件，当结果小于这个值时候，迭代停止，须为非负数
* maxIter:	10	最大迭代运算次数，须为正整数
* regParam:	0	惩罚项系数，0代表无惩罚项，须为非负数
* elasticNetParam:	1	惩罚权重，0为只使用L2惩罚，1为只使用L1惩罚，0到1之间则根据权重结合使用，L2惩罚倾向于保留所有属性，L1惩罚倾向于忽略某些属性
训练过程实时展现:	☐	是否实时展现训练过程中的loss值

开始处理

图 10.233 广义线性模型(二)

(5) 单击“创建模型”按钮，开始训练模型，训练结束后，查看模型结果，如图 10.234 所示。

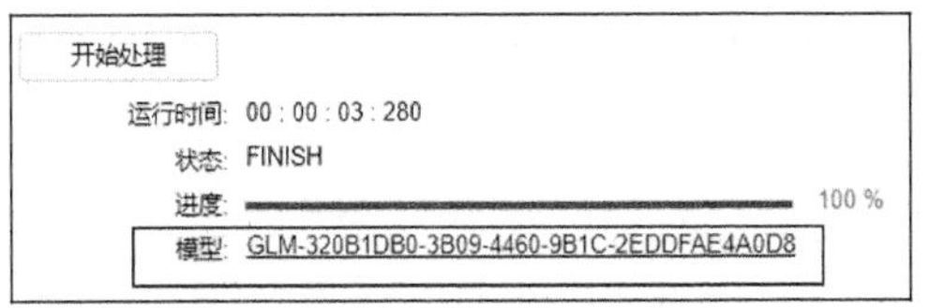

图 10.234　广义线性模型(三)

8) 预测分析(第三个模型)

(1) 查看模型结果如图 10.235 所示，单击“预测评估”按钮。

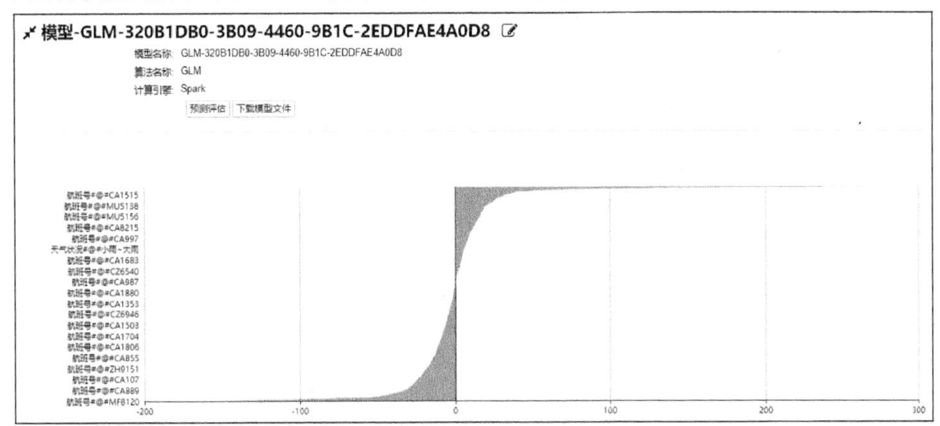

图 10.235　广义线性模型(四)

训练模型的参数如图 10.236 所示。

模型参数

名称	值	描述
traningData	{"name":"航班订单_昨日_星期_天气_0.8.rec"}	
selectColumnTypes	["string","string","string","double","double","timestamp","double","double","double","double","string"]	
elasticNetParam	1	
responseColumn	经济舱	
standardization	true	
threshold	0.5	
regParam	0	
tol	0	
fitIntercept	true	
algorithmType	回归	
maxIter	10	
selectColumns	["空气","风","天气状况","低温","高温","日期","星期","月","昨天经济舱","经济舱总数","航班号"]	
family	gaussian	
solver	auto	
algorithm	GLM	

图 10.236　广义线性模型(五)

(2) 对该模型进行预测评估，测试数据为“航班订单_昨日_星期_天气_0.2.rec”，单击“开始处理”按钮，如图 10.237 所示。

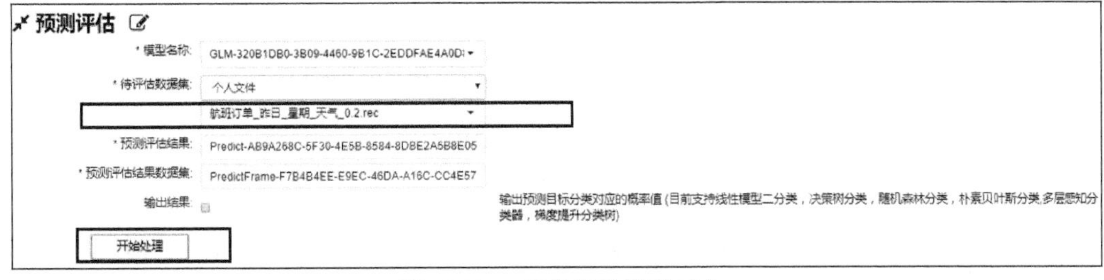

图 10.237　广义线性模型(六)

(3) 评估完成后，查看预测评估结果，如图 10.238 和图 10.239 所示。

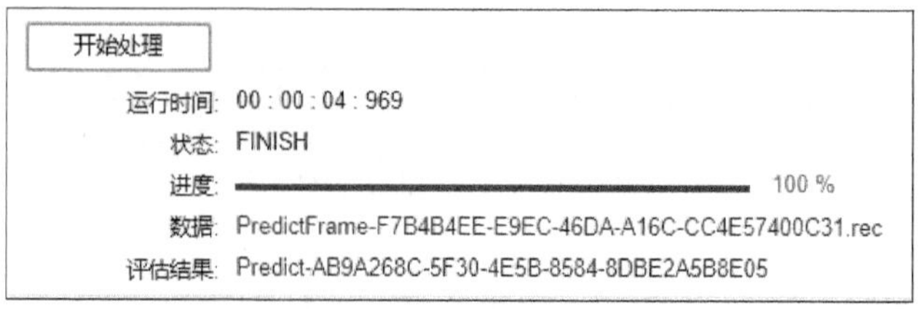

图 10.238　广义线性模型(七)

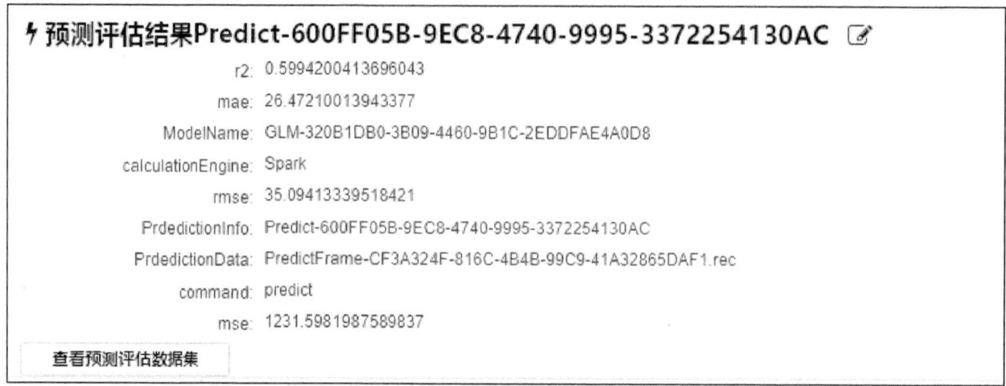

图 10.239　广义线性模型(八)

通过图 10.239 的预测评估结果可以看出，几项评估指标相对于第二个 GLM 的预测结果有一定的提高，但是整体提高不多。

至此我们完成了第三个 GLM 的构建与评估。

(4) 查看预测评估数据集，并执行 SQL 语句，对测试集结果进行排序，生成排序数据，如图 10.240 所示。

SQL 语句如下：

```
create table 预测结果_排序.rec as select row_number() over (order by 经济舱 asc)as row_num,航班号,飞行日期,经济舱,经济舱总数,昨天经济舱,月,星期,日期,高温,低温,天气状况,风,空气,prediction from predictframe-5d39e492-f280-4600-be81-7850bdac91c8.rec
```

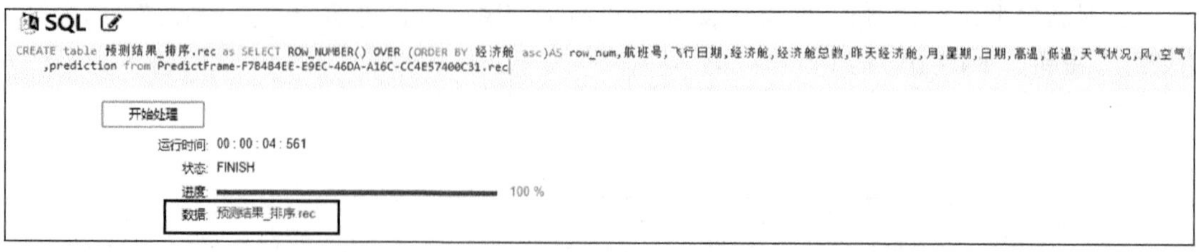

图 10.240　SQL 语句

(5) 单击“查看结果”按钮，获取结果数据集，单击“数据可视化”按钮，如图 10.241 所示。

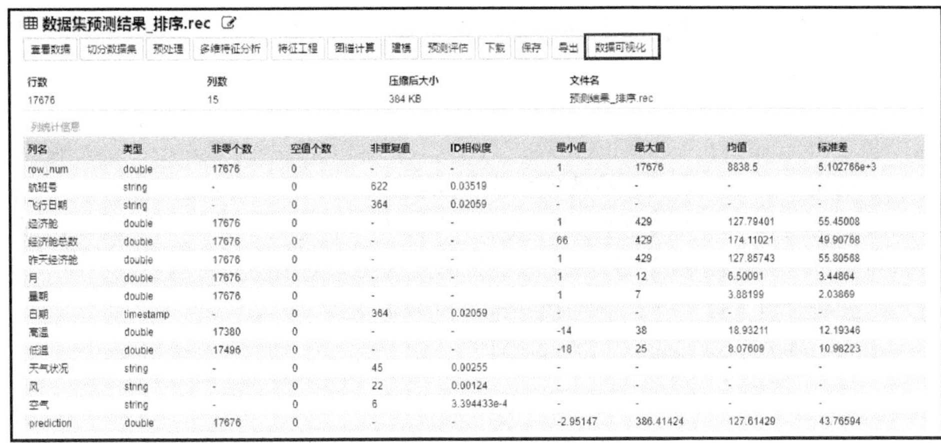

数据集预测结果_排序.rec

查看数据 | 切分数据集 | 预处理 | 多维特征分析 | 特征工程 | 图谱计算 | 建模 | 预测评估 | 下载 | 保存 | 导出 | 数据可视化

行数	列数	压缩后大小	文件名
17676	15	384 KB	预测结果_排序.rec

列统计信息

列名	类型	非零个数	空值个数	非重复值	ID相似度	最小值	最大值	均值	标准差
row_num	double	17676	0	-	-	1	17676	8838.5	5.102766e+3
航班号	string	-	0	622	0.03519	-	-	-	-
飞行日期	string	-	0	364	0.02059	-	-	-	-
经济舱	double	17676	0	-	-	1	429	127.79401	55.45008
经济舱总数	double	17676	0	-	-	66	429	174.11021	49.90768
昨天经济舱	double	17676	0	-	-	1	429	127.85743	55.80568
月	double	17676	0	-	-	1	12	6.50091	3.44864
星期	double	17676	0	-	-	1	7	3.88199	2.03869
日期	timestamp	-	0	364	0.02059	-	-	-	-
高温	double	17380	0	-	-	-14	38	18.93211	12.19346
低温	double	17496	0	-	-	-18	25	8.07609	10.98223
天气状况	string	-	0	45	0.00255	-	-	-	-
风	string	-	0	22	0.00124	-	-	-	-
空气	string	-	0	6	3.394433e-4	-	-	-	-
prediction	double	17676	0	-	-	-2.95147	386.41424	127.61429	43.76594

图 10.241　数据可视化(一)

(6) 对该数据集作散点图，比较实际值和预测结果，如图 10.242 和图 10.243 所示。

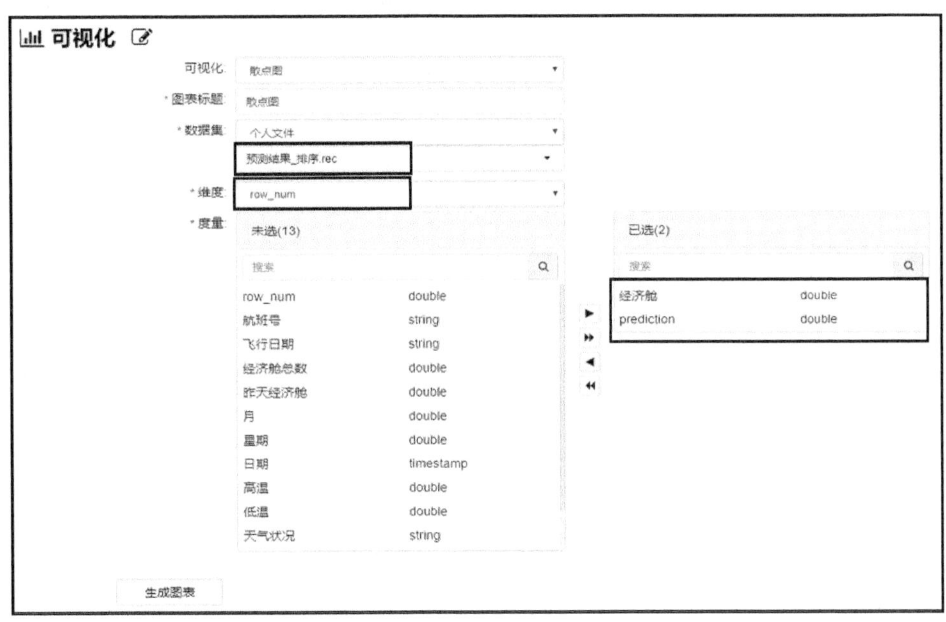

图 10.242　数据可视化(二)

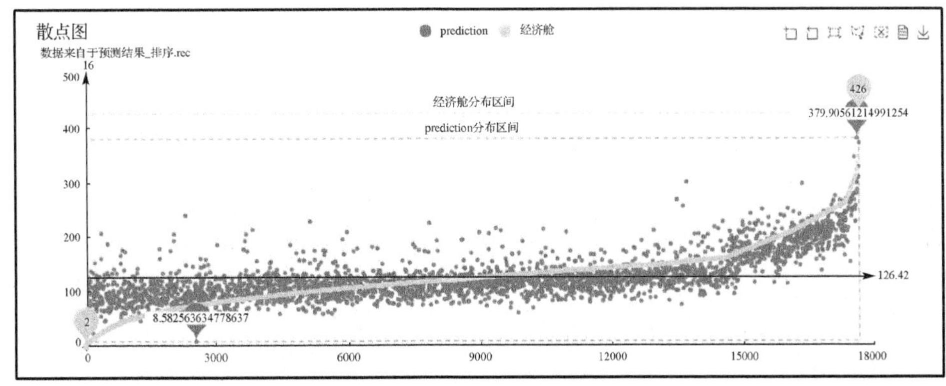

图 10.243　数据可视化(三)

图 10.243 中曲线上的点代表预测值，散点代表实际值，通过可视化结果不难发现，预测结果曲线基本符合实际的趋势。

6. 实验总结

至此，已经完成了航空配餐预测的案例操作实验。

首先，读者可对本实验的业务背景、数据准备以及分析思路有所了解。其次，通过学习本实验分析思路，可掌握 GLM 算法。最后，通过本实验掌握对 RealRec 数据科学平台的操作，使得进行实验分析时更方便易行，更加快捷地满足业务需求。

注意，该实验涉及的数据较多，请准确使用。

7. 课后思考

(1)加入了一些属性后，为什么预测的效果会更好，如果再加入一些属性呢？是否属性加入得越多越好？

(2)在多维特征分析的概率分布统计分析中，bin_size 属性有何意义？bin_size 换作其他值会有如何变化？

(3)除了使用 GLM 方法，还可以用什么方法进行预测？

10.6 实验六：个性化推荐

1. 实验简介

随着电商网站的兴起，越来越多的人在网上购物。随着网站上的物品增多，如何帮助用户找到自己想要的物品是电商网站面临的实际问题。给用户推荐他们喜欢的物品，既方便用户找到自己喜欢的物品，又可以提高网站的成交量。

在用户浏览购物网站的时候，网站会记录用户对某件物品的一些行为日志，如单击、收藏、加购物车以及购买等，本实验中将使用这些行为日志，借助推荐算法中的交替最小二乘(ALS)算法，来判断用户对某具体物品的喜好程度。

2. 实验目的

☎1◑了解对网站行为日志的分析方法。

☎2◑熟悉协同过滤算法的应用。

☎3◑掌握推荐系统的运行流程。

3. 相关原理与技术

1)基于用户(User)的协同过滤算法

用相似统计的方法得到具有相似爱好或者兴趣的相邻用户，所以称为基于用户(User-based)的协同过滤或基于邻居的协同过滤(Neighbor-based Collaborative Filtering)。

简单来说，基于用户的协同过滤的基本思想是基于用户对物品的偏好找到相邻用户，然后将邻居用户喜欢的物品推荐给当前用户。计算上，就是将一个用户对所有物品的偏好作为一个向量来计算用户之间的相似度，找到 K 个邻居后，根据邻居的相似度权重以及他们对物品的偏好，预测当前用户没表示偏好的未涉及物品，计算得到一个排序的物品列表作为推荐。

如表 10.5 所示，对于用户 A，根据用户的历史偏好，这里只计算得到一个邻居用户 C，然后将用户 C 喜欢的物品 D 推荐给用户 A。

表 10.5　基于用户的推荐表

用户/物品	物品 A	物品 B	物品 C	物品 D
用户 A	√		√	推荐
用户 B		√		
用户 C	√		√	√

算法步骤如下。

(1) 收集用户信息。

(2) 最近邻搜索 (Nearest Neighbor Search，NNS)。

(3) 产生推荐结果。

2) 基于物品 (Item) 的协同过滤算法

基于用户的协同过滤推荐算法随着用户数量的增多，计算的时间就会变长，所以在 2001 年 Sarwar 提出了基于物品的协同过滤推荐算法 (Item-based Collaborative Filtering Algorithms)。以物品为基础的协同过滤算法有一个基本的假设“能够引起用户兴趣的物品，必定与该用户之前评分高的物品相似”，通过计算物品之间的相似性来代替用户之间的相似性。

简单来说，基于物品的协同过滤算法，是在计算邻居时采用物品本身，而不是从用户的角度，即基于用户对物品的偏好找到相似的物品，然后根据用户的历史偏好，推荐相似的物品给他。从计算的角度看，就是将所有用户对某个物品的偏好作为一个向量来计算物品之间的相似度，得到相似物品后，根据用户历史的偏好预测当前用户还没有表示偏好的物品，计算得到一个排序的物品列表作为推荐。

如表 10.6 所示，对于物品 A，根据所有用户的历史偏好，喜欢物品 A 的用户都喜欢物品 C，得出物品 A 和物品 C 比较相似，而用户 C 喜欢物品 A，那么可以推断出用户 C 可能也喜欢物品 C。

表 10.6　基于物品的推荐表

用户/物品	物品 A	物品 B	物品 C
用户 A	√		√
用户 B	√	√	√
用户 C	√		推荐

算法步骤如下。

(1) 收集用户信息。

(2) 针对项目的最近邻搜索。

(3) 产生推荐结果。

3) ALS

从协同过滤的分类来说，ALS 算法属于 User-Item CF (基于用户的协同过滤算法)，也称为混合协同过滤，它同时考虑了 User (用户) 和 Item (物品) 两个方面。用户和物品的关系，可以抽象为三元组 (User,Item,Rating)。其中，Rating 是用户对物品的评分，表征用户对该物品的喜好程度。

用户对物品的打分行为可以表示成一个评分矩阵 $A(m\times n)$，表示 m 个用户对 n 个物品的打分情况，如表 10.7 所示。

表 10.7　评分矩阵

	项目 1	项目 2	项目 3	项目 4	项目 5
用户 1	3	2	?	3	4
用户 2	4	?	5	?	?
用户 3	?	4	?	3	5

其中，$A(I,j)$表示用户 User i 对物品 Item j 的打分。但是，用户不会对所有物品打分，表中“?”表示用户没有打分的情况，所以这个矩阵 A 很多元素都是空的，A 是稀疏矩阵，我们称缺失的评分为“缺失值”。在推荐系统中，我们希望得到用户对所有物品的打分情况，如果用户没有对一个物品打分，那么就需要预测用户是否会对该物品打分，以及会打多少分。这就是“矩阵补全”。

4) 协同过滤算法中的用户行为分类

显性反馈行为：用户明确表示对物品喜好的行为，能明显区分是喜欢还是不喜欢。例如，对商品、电影和音乐等的评分与评价，其数值代表偏好程度。

隐性反馈行为：不能明确反映用户喜好的行为。隐性反馈数值代表置信度，无法判断用户是否喜欢。例如，用户在线购买某物品，在用户评价之前并不能根据购买行为确定用户是否喜欢该物品。类似的还有用户单击、收藏甚至移动鼠标等。

4. 实验操作流程

实验操作流程如图 10.244 所示。

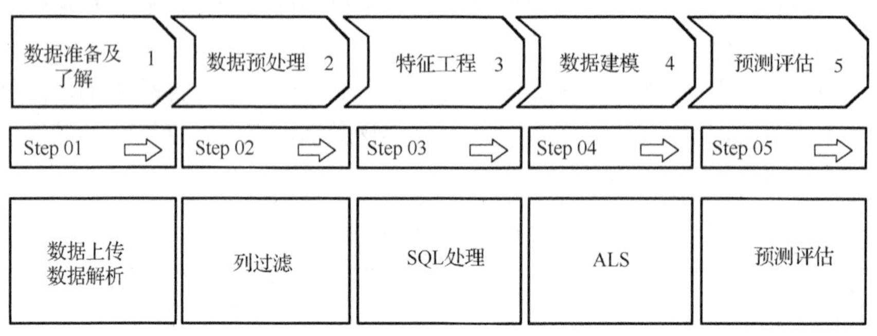

图 10.244　实验操作流程

5. 实验方案与过程

1) 数据上传及解析

首先来了解一下数据格式：个性化推荐.csv (网站用户行为数据)。

用户行为数据因为数量大，并行写入速度快，一般存储在 HBase 中，这个文件中的数据是从 HBase 中导出的。文件中的字段及类型如表 10.8 所示。

表 10.8　个性化推荐.csv 数据字典

特征名称	特征类型	内容
rowkey	string	主键值
action_value	float	操作次数
itemid	string	商品 id

续表

特征名称	特征类型	内容
action_time	float	操作时间
unify_uid	string	用户 id
event_id	string	操作类型

(1) 登录数据平台 RealRec，单击进入数据科学平台。

(2) 执行“数据”→“上传文件”命令，如图 10.245 所示。

图 10.245　上传数据（一）

(3) 在本地选择要上传的文件，选择后单击“开始上传”按钮（这里请选择“个性化推荐.csv”文件），如图 10.246 所示。

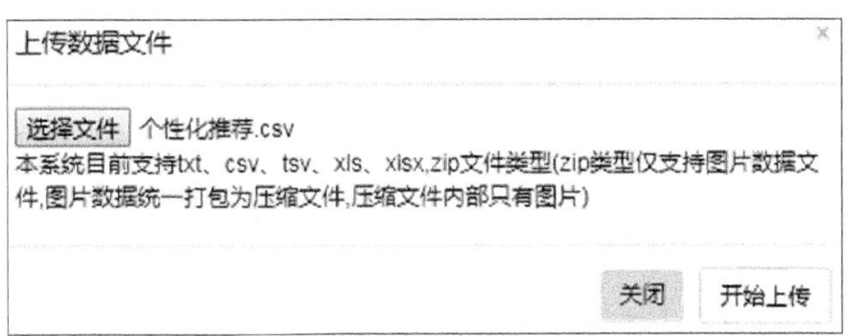

图 10.246　上传数据（二）

(4) 上传成功后跳到解析配置页面并出现提示框显示“上传成功”，如图 10.247 所示。

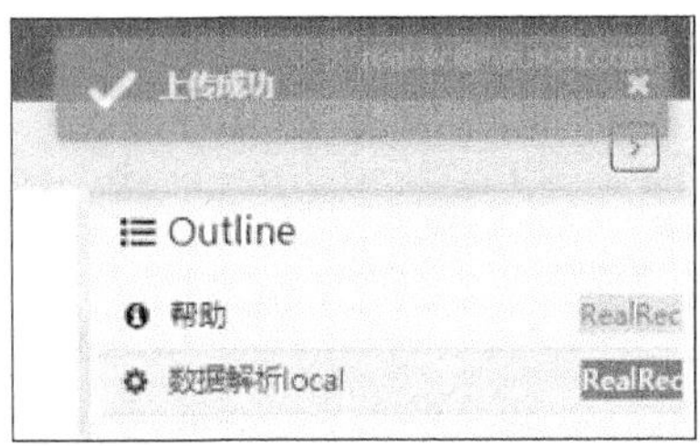

图 10.247　上传数据（三）

(5) 解析数据：需要对每个数据项设置对应的数据类型，rowkey、itemid、unify_uid 和 event_id 为 String 类型，action_value 和 action_time 为 Numeric 类型，如图 10.248 所示。

图 10.248　数据解析(一)

(6)数据解析成功后单击查看结果，此时可以看到数据的质量，如是否有空值、最大值、最小值、均值等，可对数据有初步的认识，如图 10.249 所示。

数据集RealFrame_个性化推荐.rec

查看数据 | 切分数据集 | 预处理 | 多维特征分析 | 特征工程 | 图谱计算 | 建模 | 预测评估 | 下载 | 保存 | 导出 | 数据可视化

行数	列数	压缩后大小	文件名
20000	6	1 MB	RealFrame_个性化推荐.rec

列统计信息

列名	类型	非零个数	空值个数	非重复值	ID相似度	最小值	最大值	均值	标准差
rowkey	string	-	0	20000	1	-	-	-	-
action_value	double	20000	0	-	-	1	1	1	0
itemid	string	-	0	6795	0.33975	-	-	-	-
action_time	double	20000	0	-	-	1.468117e+9	1.497281e+9	1.481518e+9	8.978806e+6
unify_uid	string	-	0	4174	0.2087	-	-	-	-
event_id	string	-	0	4	0.0002	-	-	-	-

图 10.249　数据解析(二)

2) 数据预处理

我们需要将原始数据中错误的数据和无用的数据进行清洗，防止在训练时造成干扰。本实验数据集中 rowkey(主键值)和 action_time(操作时间)这些特征可以进行过滤。

(1)执行“分析”→“预处理”→“列过滤”命令，选择图中的保留字段，结果命名为“Column-个性化推荐.rec”，如图 10.250 所示。

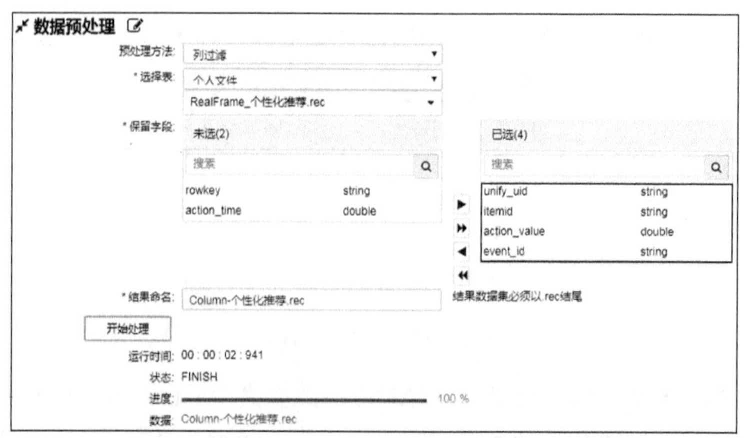

图 10.250　数据预处理(一)

(2) 得到处理结果，如图 10.251 所示。

数据集Column-个性化推荐.rec

查看数据 切分数据集 预处理 多维特征分析 特征工程 图谱计算 建模 预测评估 下载 保存 导出 数据可视化

行数	列数	压缩后大小	文件名
20000	4	397 KB	Column-个性化推荐.rec

列统计信息

列名	类型	非零个数	空值个数	非重复值	ID相似度	最小值	最大值	均值	标准差
unify_uid	string	-	0	4174	0.2087	-	-	-	-
itemid	string	-	0	6795	0.33975	-	-	-	-
action_value	double	20000	0	-	-	1	1	1	0
event_id	string	-	0	4	0.0002	-	-	-	-

图 10.251　数据预处理(二)

3) 特征工程

由于不同的操作，如单击(CLICK)、收藏(FAVORITE)、加购物车(CART)以及购买(BUY)等行为在形成用户的打分矩阵时，具有不同的权重数值，因此需要先用 SQL 语句统计各个操作的出现频率，以此为依据赋予权重。

(1) 在 RealRec 平台上编写 SQL 代码，并确定各操作的权重数值，如图 10.252 所示。

SQL 代码如下：

```
CREATE table 操作频次表.rec as
SELECT event_id, count(*) as counts
from Column-个性化推荐.rec
group by event_id
```

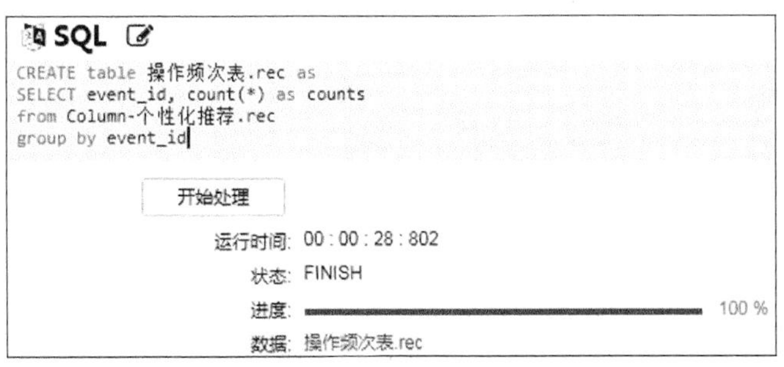

图 10.252　特征工程(一)

(2) 表格创建成功后单击查看结果，此时可以看到数据的各个属性，如图 10.253 所示。

数据集操作频次表.rec

查看数据 切分数据集 预处理 多维特征分析 特征工程 图谱计算 建模 预测评估 下载 保存 导出 数据可视化

行数	列数	压缩后大小	文件名
4	2	71 KB	操作频次表.rec

列统计信息

列名	类型	非零个数	空值个数	非重复值	ID相似度	最小值	最大值	均值	标准差
event_id	string	-	0	4	1	-	-	-	-
counts	double	4	0	-	-	912	14262	5000	6.270303e+3

图 10.253　特征工程(二)

(3) 单击查看数据，根据不同操作的频次来确定权重，如图 10.254 所示。

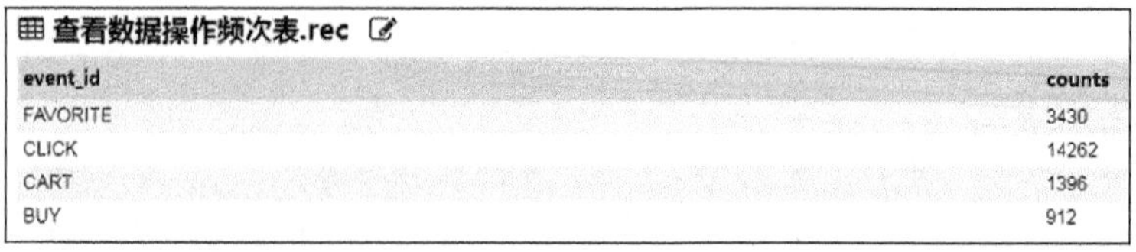

查看数据操作频次表.rec

event_id	counts
FAVORITE	3430
CLICK	14262
CART	1396
BUY	912

图 10.254　特征工程(三)

可以看到频次(counts)从高到低依次为单击(CLICK)、收藏(FAVORITE)、加购物车(CART)以及购买(BUY)。根据用户在电商网站中浏览商品时的操作习惯来判断，频率最高的操作如单击(CLICK)是最普通的操作，而频率最低的操作如购买(BUY)，更加能表达用户的喜好。因此确定权重分别为：单击(CLICK)0.5；收藏(FAVORITE)0.6；加购物车(CART)0.8；以及购买(BUY)1。

(4)在 RealRec 平台上编写 SQL 代码生成权重表，单击菜单栏里运行按钮。

根据上一步确定的权重值，编写 SQL 代码生成权重表，如图 10.255 所示。

```
CREATE table 权重表.rec as
SELECT unify_uid,itemid,
  case when event_id='CLICK' then 0.5
       when event_id='FAVORITE' then 0.6
       when event_id='CART' then 0.8
       when event_id='BUY' then 1
       else 0 end as weights
from Column-个性化推荐.rec
```

SQL

```
CREATE table 权重表.rec as
SELECT
  unify_uid,
  itemid,
  case when event_id = 'CLICK' then 0.5
       when event_id = 'FAVORITE' then 0.6
       when event_id = 'CART' then 0.8
       when event_id = 'BUY' then 1
       else 0 end as weights
from
  Column-个性化推荐.rec
```

开始处理

运行时间: 00 : 00 : 02 : 502

状态: FINISH

进度: 100 %

数据: 权重表.rec

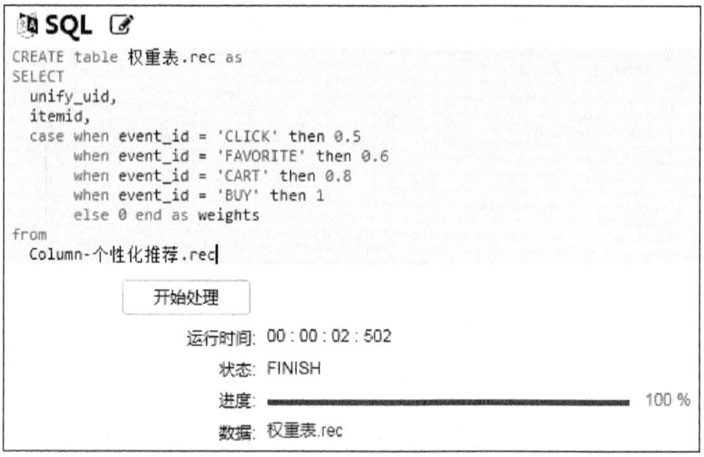

图 10.255　特征工程(四)

(5)表格创建成功后单击查看结果，此时可以看到数据的各个属性，如图 10.256 所示。

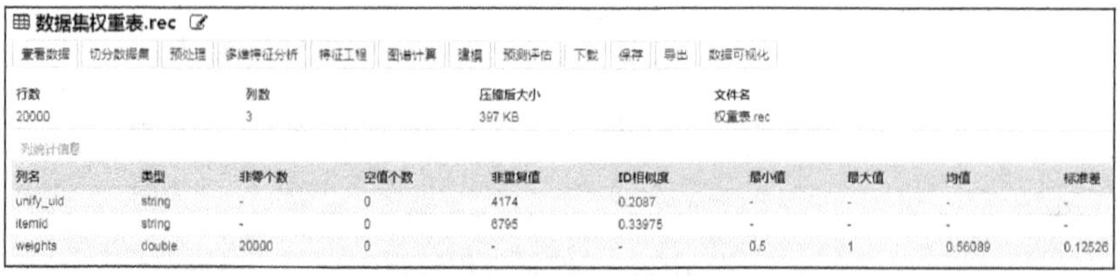

数据集权重表.rec

查看数据 | 切分数据集 | 预处理 | 多维特征分析 | 特征工程 | 图谱计算 | 建模 | 预测评估 | 下载 | 保存 | 导出 | 数据可视化

行数	列数	压缩后大小	文件名
20000	3	397 KB	权重表.rec

列统计信息

列名	类型	非零个数	空值个数	非重复值	ID相似度	最小值	最大值	均值	标准差
unify_uid	string	-	0	4174	0.2087	-	-	-	-
itemid	string	-	0	6795	0.33975	-	-	-	-
weights	double	20000	0	-	-	0.5	1	0.56089	0.12526

图 10.256　特征工程(五)

(6)在 RealRec 平台上编写 SQL 代码生成评分矩阵，单击菜单栏里运行按钮，如图 10.257 所示。

```
CREATE table 评分矩阵.rec as
SELECT unify_uid, itemid, sum(weights) as action_values
from 权重表.rec
group by
  unify_uid,
  itemid
```

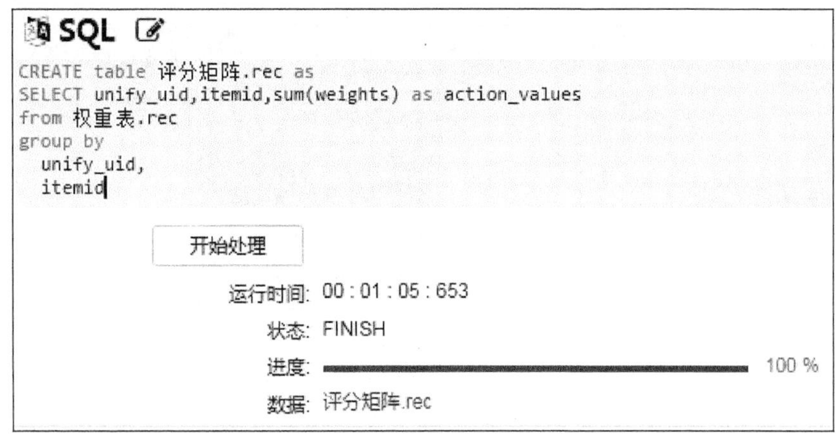

图 10.257　特征工程(六)

最终可以得到本实验所提供的数据集：评分矩阵.csv。

数据集中的字段及类型如表 10.9 所示。

表 10.9　评分矩阵.csv 数据字典

特征名称	特征类型	内容
action_values	float	得分
itemid	string	商品 id
unify_uid	string	用户 id

(7) 训练集的构建方法。对前面所提到并已生成的稀疏矩阵进行操作，将评分矩阵中的真值去除 N 个即可得到训练集，然后利用训练集训练模型，用测试集预测空值，看模型是否能够借助矩阵中的其他值来预测这个空的位置。

表 10.10 中加粗位置为真值所在位置，在去掉这个位置的值之前，需要考虑同行、同列的其他位置是否有值。因为只有这样，在去掉该值之后，才能保证 Item4 和 User2 出现在最终的训练集合中，保证模型会给出最终的预测结果。

表 10.10　评分矩阵

	商品 1	商品 2	商品 3	商品 4	商品 5
用户 1	3	2	?	3	4
用户 2	4	?	5	**2**	?
用户 3	?	4	?	3	5

本实验所提供的训练集 train_data.csv：其筛选条件是“至少有 50 条操作记录的用户，被该用户打过分的物品，同样存在至少 50 条操作记录”，筛选得到符合条件的 24 条数据，从这 24 条数据中选取 10 条去除后，得到训练集。

本实验所提供的测试集 test_data.csv：在构建训练集的过程中被除去的 10 条数据。

思考题：筛选训练集时，设置的两个阈值可以不同吗，是否越大越好？筛选训练集时，有更加精确的筛选方法吗？

(8) 执行“数据”→“上传文件”命令，如图 10.258 所示。

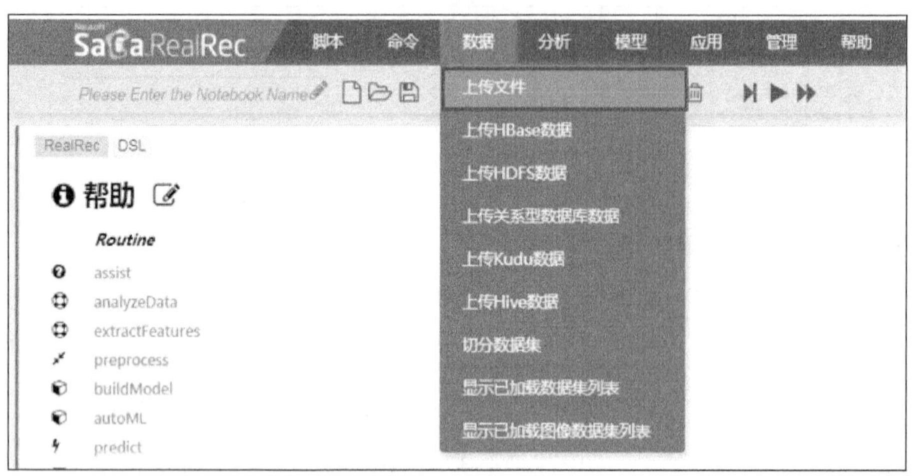

图 10.258　上传数据(四)

(9) 在本地选择要上传的文件，选择后单击“开始上传”按钮(这里请选择 train_data.csv 文件)，如图 10.259 所示。

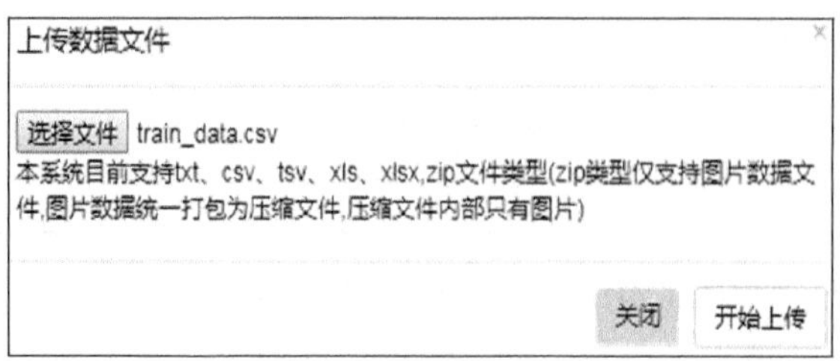

图 10.259　上传数据(五)

(10) 在本地选择要上传的文件，选择后单击“开始上传”按钮(这里请选择 test_data.csv 文件)，如图 10.260 所示。

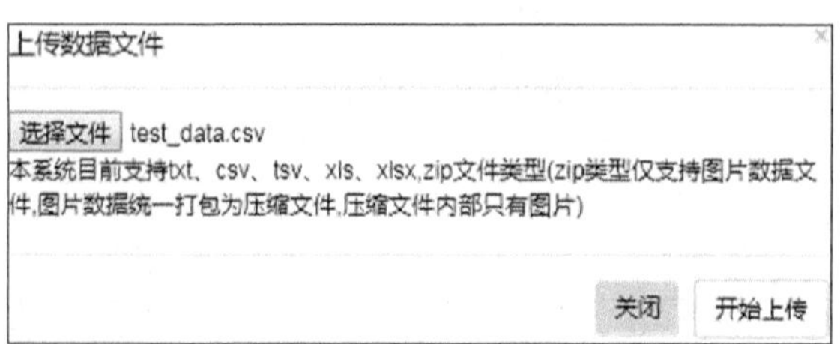

图 10.260　上传数据(六)

(11) 上传成功后跳到解析配置页面并出现提示框显示“上传成功”，如图 10.261 所示。

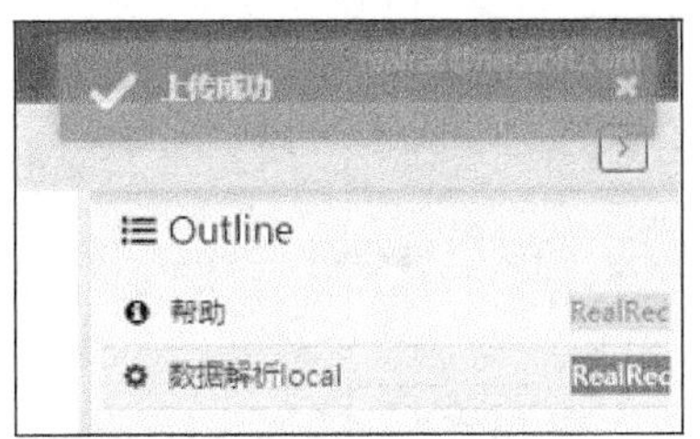

图 10.261　上传数据(七)

(12)解析数据：需要对每个数据项设置对应的数据类型，itemid 和 unify_uid 为 String 类型，action_values 为 Numeric 类型，如图 10.262 和图 10.263 所示。

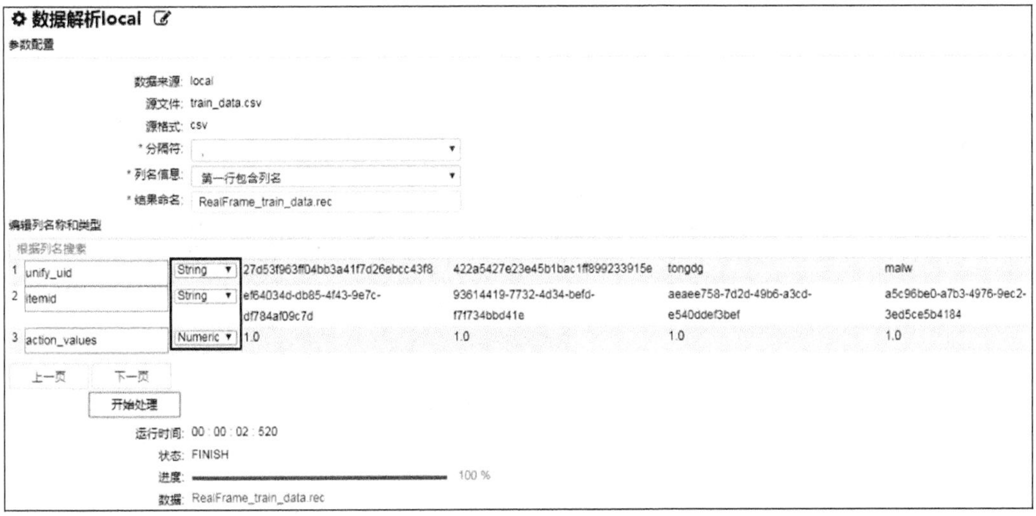

数据解析local
参数配置
数据来源: local
源文件: train_data.csv
源格式: csv
* 分隔符: ,
* 列名信息: 第一行包含列名
* 结果命名: RealFrame_train_data.rec
编辑列名称和类型
根据列名搜索
1 unify_uid String 27d53f963ff04bb3a41f7d26ebcc43f8 422a5427e23e45b1bac1ff899233915e tongdg malw
2 itemid String ef64034d-db85-4f43-9e7c-df784af09c7d 93614419-7732-4d34-befd-f7f734bbd41e aeaee758-7d2d-49b6-a3cd-e540ddef3bef a5c96be0-a7b3-4976-9ec2-3ed5ce5b4184
3 action_values Numeric 1.0 1.0 1.0 1.0
上一页 下一页
开始处理
运行时间: 00 : 00 : 02 : 520
状态: FINISH
进度: 100 %
数据: RealFrame_train_data.rec

图 10.262　解析数据(一)

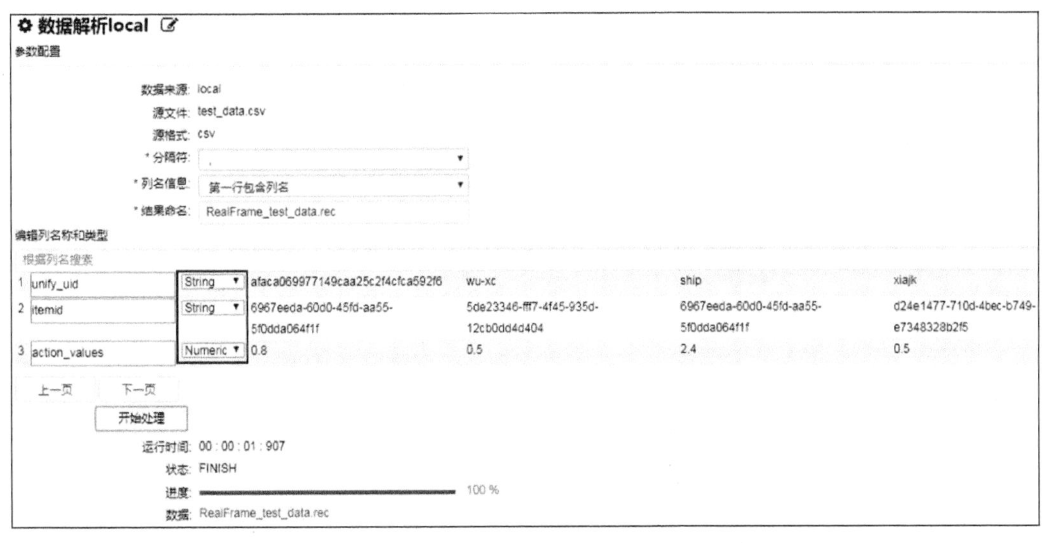

图 10.263　解析数据(二)

(13)数据解析成功后单击查看结果，此时可以看到数据的质量，如是否有空值、最大值、最小值、均值等，可对数据有初步的认识，如图 10.264 和图 10.265 所示。

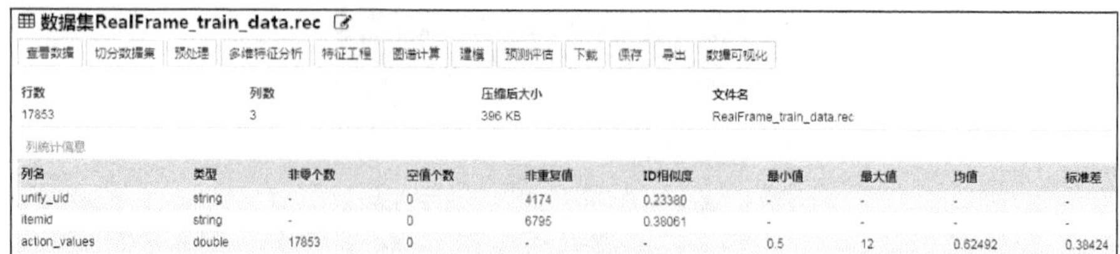

数据集RealFrame_train_data.rec

查看数据 | 切分数据集 | 预处理 | 多维特征分析 | 特征工程 | 图谱计算 | 建模 | 预测评估 | 下载 | 保存 | 导出 | 数据可视化

行数	列数	压缩后大小	文件名
17853	3	396 KB	RealFrame_train_data.rec

列统计信息

列名	类型	非零个数	空值个数	非重复值	ID相似度	最小值	最大值	均值	标准差
unify_uid	string	-	0	4174	0.23380	-	-	-	-
itemid	string	-	0	6795	0.38061	-	-	-	-
action_values	double	17853	0	-	-	0.5	12	0.62492	0.38424

图 10.264　解析数据(三)

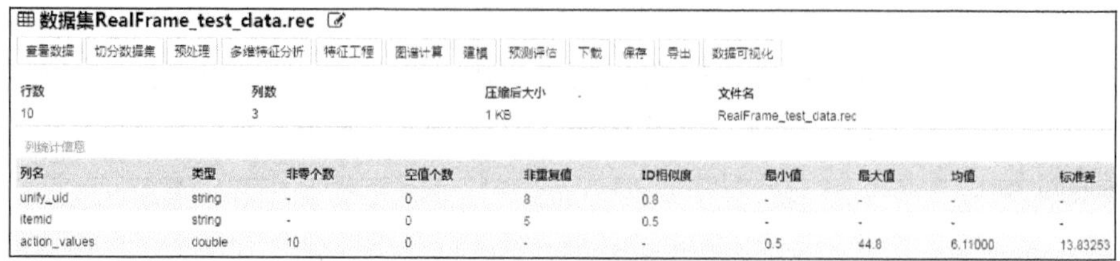

数据集RealFrame_test_data.rec

查看数据 | 切分数据集 | 预处理 | 多维特征分析 | 特征工程 | 图谱计算 | 建模 | 预测评估 | 下载 | 保存 | 导出 | 数据可视化

行数	列数	压缩后大小	文件名
10	3	1 KB	RealFrame_test_data.rec

列统计信息

列名	类型	非零个数	空值个数	非重复值	ID相似度	最小值	最大值	均值	标准差
unify_uid	string	-	0	8	0.8	-	-	-	-
itemid	string	-	0	5	0.5	-	-	-	-
action_values	double	10	0	-	-	0.5	44.8	6.11000	13.83253

图 10.265　解析数据(四)

4)数据模型

(1)选择 ALS 协同过滤模型，如图 10.266 所示。

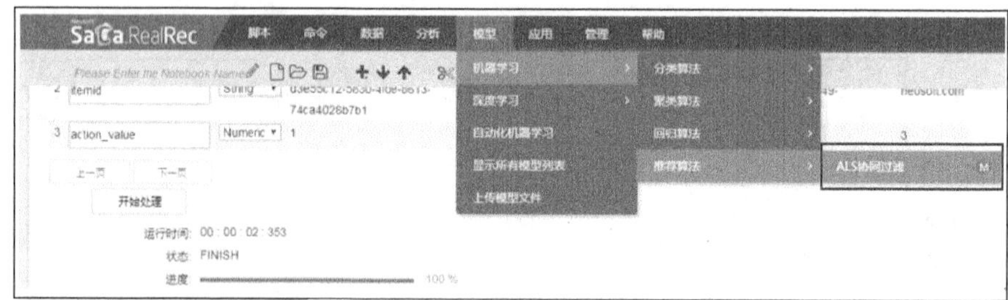

图 10.266　协同过滤模型(一)

(2)构建模型，如图 10.267 所示。

构建模型

训练模型: ALS协同过滤

基本参数

参数	值	说明
* modelName:	ALS-37E1BD6E-EA60-4343-BF19-8FAFA17B136	模型名称
* sourceFrame:	个人文件 / RealFrame_train_data.rec	训练数据集
* responseColumn:	action_values	目标列
* UserID:	unify_uid	用户ID列
* ItemID:	itemid	物品ID列
* iterations:	20	最大迭代运算次数，须为正整数

高级参数

参数	值	说明
implicitPrefs:	☑	是否使用隐性反馈
* blocks:	-1	分块个数，须为-1或正整数，-1代表自动计算
* lambda:	0.01	正则化参数，须为非负数
* rank:	20	模型中隐性因子的个数，须为正整数

专家参数

参数	值	说明
nonnegative:	☐	是否需要非负约束
* alpha:	0.2	隐式偏好中的alpha参数，须为非负数
checkpointInterval:	-1	检查点间隔，须为-1或正整数

开始处理

运行时间: 00 : 00 : 07 : 574

状态: FINISH

进度: 100 %

模型: ALS-37E1BD6E-EA60-4343-BF19-8FAFA17B1367

图 10.267　协同过滤模型(二)

单击“开始处理”按钮创建模型。

(3) 查看所构建模型的各项参数，如图 10.268 所示。

图 10.268　协同过滤模型(三)

5) 预测评估

(1) 单击“预测评估”按钮，在评估模型时选择之前上传的测试集：RealFrame_test_data.rec，如图 10.269 所示。

图 10.269　协同过滤模型(四)

单击方框内的数据链接，查看数据，如图 10.270 所示。

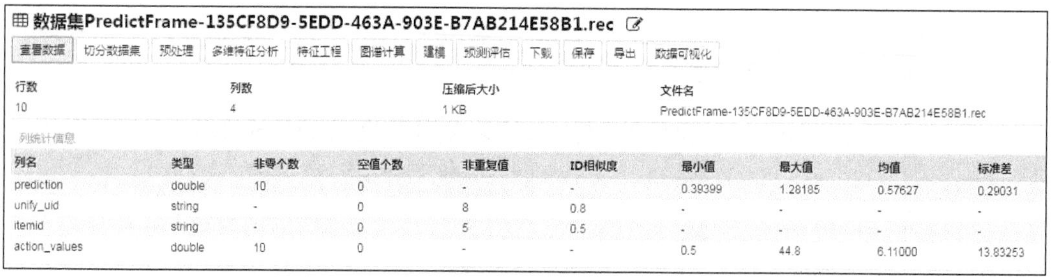

数据集PredictFrame-135CF8D9-5EDD-463A-903E-B7AB214E58B1.rec

查看数据 切分数据集 预处理 多维特征分析 特征工程 图谱计算 建模 预测评估 下载 保存 导出 数据可视化

行数	列数	压缩后大小	文件名
10	4	1 KB	PredictFrame-135CF8D9-5EDD-463A-903E-B7AB214E58B1.rec

列统计信息

列名	类型	非零个数	空值个数	非重复值	ID相似度	最小值	最大值	均值	标准差
prediction	double	10	0	-	-	0.39399	1.28185	0.57627	0.29031
unify_uid	string	-	0	8	0.8	-	-	-	-
itemid	string	-	0	5	0.5	-	-	-	-
action_values	double	10	0	-	-	0.5	44.8	6.11000	13.83253

图 10.270　协同过滤模型(五)

(2) 找到真值比对差异，如图 10.271 所示。

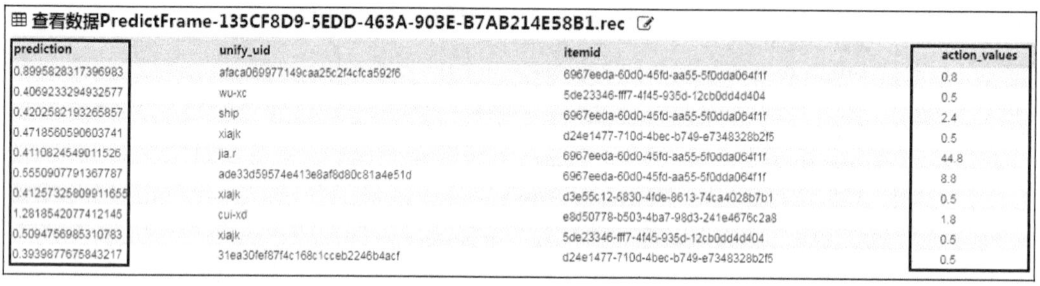

查看数据PredictFrame-135CF8D9-5EDD-463A-903E-B7AB214E58B1.rec

prediction	unify_uid	itemid	action_values
0.8995828317396983	afaca069977149caa25c2f4cfca592f6	6967eeda-60d0-45fd-aa55-5f0dda064f1f	0.8
0.4069233294932577	wu-xc	5de23346-fff7-4f45-935d-12cb0dd4d404	0.5
0.4202582193265857	ship	6967eeda-60d0-45fd-aa55-5f0dda064f1f	2.4
0.4718560590603741	xiajk	d24e1477-710d-4bec-b749-e7348328b2f5	0.5
0.4110824549011526	jia.r	6967eeda-60d0-45fd-aa55-5f0dda064f1f	44.8
0.5550907791367787	ade33d59574e413e8af8d80c81a4e51d	6967eeda-60d0-45fd-aa55-5f0dda064f1f	8.8
0.4125732580991165	xiajk	d3e55c12-5830-4fde-8613-74ca4028b7b1	0.5
1.2818542077412145	cui-xd	e8d50778-b503-4ba7-98d3-241e4676c2a8	1.8
0.5094756985310783	xiajk	5de23346-fff7-4f45-935d-12cb0dd4d404	0.5
0.3939877675843217	31ea30fef87f4c168c1cceb2246b4acf	d24e1477-710d-4bec-b749-e7348328b2f5	0.5

图 10.271　协同过滤模型(六)

prediction 列为预测值，查看该列与原值 action_values 的区别。

6. 实验总结

到这里，已经完成个性化推荐的案例操作实验。

在本实验中读者应已掌握数据科学平台的操作，并熟练掌握了协同过滤算法的原理及其操作方法。

7. 课后思考

(1) 上面数据中用户对商品有几种操作？它们之间是否有主次关系？

(2) 上面的打分规则是否合理？用户的不同操作在打分时是否具有不同的权重，权重是否可以根据用户的操作频率来确定？请自己动手试一试。

(3) 请根据以上实验内容进行扩充，画出一个网站推荐系统的流程图。

10.7　实验七：风机预测性维护

1. 实验简介

风能作为一种清洁的可再生能源，越来越受到世界各国的重视。目前，风电行业已经成为最具发展潜力且技术成熟的新能源行业。但风能获取的特殊性决定了大量风机需布置在高纬度、高海拔的寒冷地区。而工作在寒冷地区的风机受霜冰、雨凇和湿雪等气象条件影响，极易发生叶片结冰现象，进而引发一系列后果。在风机运行过程中，掌握其工作状态可提前对风机进行预测性维护，对减少损失和降低故障发生率具有很重要的意义。

本次实验主要探索了功率与风速间的关系，定义风机运行状态，运用广义线性算法构建模型，从而识别风机的工作状态，判断风机叶片是否为结冰状态，为风机维护和管理提供决策支持。

2. 实验目的

(1) 熟练掌握 GLM 算法的原理及其运用。

(2) 掌握机器学习在加工制造场景中的应用。

3. 相关原理与技术

1) 皮尔逊相关系数

皮尔逊相关系数(Pearson correlation coefficient)也称皮尔逊积矩相关系数(Pearson product-moment correlation coefficient)，是一种线性相关系数。皮尔逊相关系数是用来反映两个变量线性相关程度的统计量。相关系数用 r 表示，r 的绝对值越大表明相关性越强，如下：

$$r=\frac{\sum_{i=1}^{n}(X_i-\bar{X})(Y_i-\bar{Y})}{\sqrt{\sum_{i=1}^{n}(X_i-\bar{X})^2}\sqrt{\sum_{i=1}^{n}(Y_i-\bar{Y})^2}}$$

2) GLM 算法

GLM 是简单最小二乘回归的扩展，在 OLS 的假设中，响应变量是连续数值数据且服从正态分布，而且响应变量期望值与预测变量之间的关系是线性关系。而广义线性模型则放宽其假设，首先响应变量可以是正整数或分类数据，其分布为某指数分布族。其次响应变量期望值的函数(连接函数)与预测变量之间的关系为线性关系。因此在进行 GLM 建模时，需要指定分布类型和连接函数。

4. 实验操作流程

本实验操作流程如图 10.272 所示。

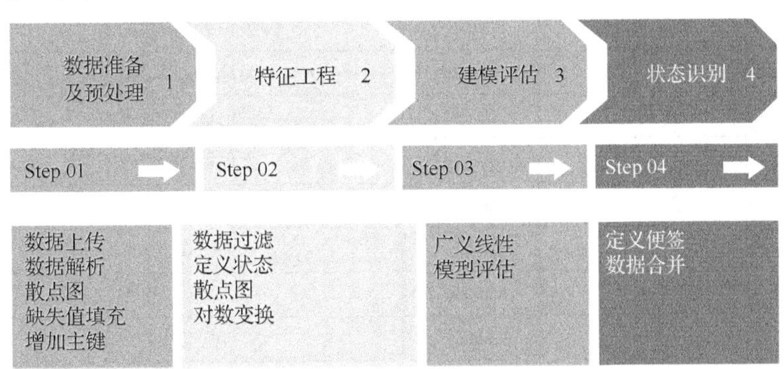

图 10.272 实验流程

5. 实验方案与过程

1) 数据准备及预处理

首先，准备数据：realrec_fengdian.csv(风机预测的数据集——1 台风机 1 年的数据)。

本实验使用的数据是风机每 10min 返回一次的结果集，其中涉及最大值或最小值的字段是指 10min 范围内的最大值或最小值。观察表 10.11 中的各项信息，了解数据的属性，将数据 realrec_fengdian.csv 导入 RealRec 数据科学平台，等待数据上传成功后，进行数据解析的配置工作，数据集的类型根据需要进行修改。

表 10.11　realrec_fengdian.csv 数据字典

字段名	字段类型	字段名	字段类型
风机 ID	string	机舱气象站风速最大值	double
记录时间	data	机舱气象站风速最小值	double
总解缆转数	double	机舱气象站风速标准差	double
总偏航次数	double	风向绝对值	double
轮毂转速	double	风向绝对值最大值	double
轮毂转速最大值	double	风向绝对值最小值	double
轮毂转速最小值	double	变频器电网侧有功功率	double
轮毂角度	double	变频器电网侧有功功率最大值	double
轮毂角度最大值	double	变频器电网侧有功功率最小值	double
轮毂角度最小值	double	变频器发电机侧功率	double
叶片 1 角度	double	变频器发电机侧功率最大值	double
叶片 1 角度最大值	double	变频器发电机侧功率最小值	double
叶片 1 角度最小值	double	发电机转矩	double
叶片 2 角度	double	发电机转矩最大值	double
叶片 2 角度最大值	double	发电机转矩最小值	double
叶片 2 角度最小值	double	发电机定子温度 1	double
叶片 3 角度	double	发电机定子温度 2	double
叶片 3 角度最大值	double	发电机定子温度 3	double
叶片 3 角度最小值	double	发电机定子温度 4	double
超速传感器转速检测值	double	发电机定子温度 5	double
超速传感器转速检测值最大值	double	发电机定子温度 6	double
超速传感器转速检测值最小值	double	发电机空气温度 1	double
5 秒偏航对风平均值	double	发电机空气温度 2	double
5 秒偏航对风平均值最大值	double	主轴承温度 1	double
5 秒偏航对风平均值最小值	double	主轴承温度 2	double
x 方向振动值	double	机舱温度	double
x 方向振动值最大值	double	变频器 INU 温度	double
x 方向振动值最小值	double	变频器 ISU 温度	double
y 方向振动值	double	变频器 INU RMIO 温度	double
y 方向振动值最大值	double	风机当前状态值	double
y 方向振动值最小值	double	变频器控制状态	double
机舱气象站风速	double		

(1)登录 RealRec 数据科学平台，单击进入。

(2)执行“数据”→“上传文件”命令，如图 10.273 所示。

图 10.273　上传文件(一)

(3)在本地选择要上传的文件，选择后单击“开始上传”按钮(这里请选择 realrec_fengdian.csv 文件)，如图 10.274 所示。

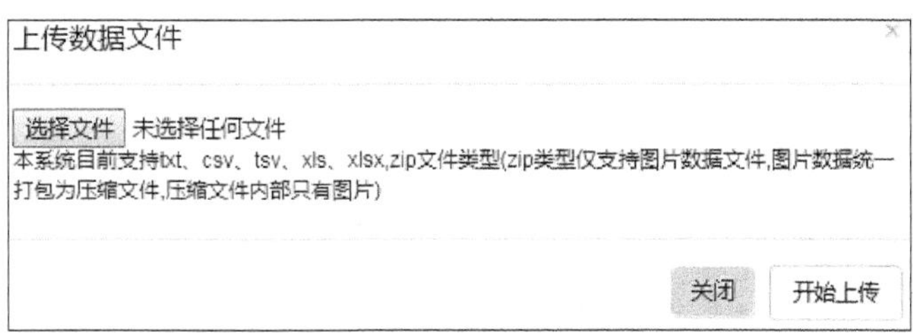

图 10.274　上传文件(二)

(4)上传成功后跳到解析配置页面并出现提示框显示“上传成功”，如图 10.275 所示。

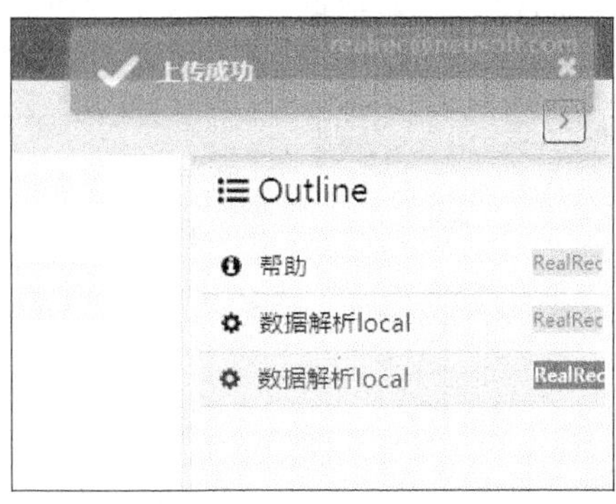

图 10.275　上传文件(三)

(5)解析数据，设置数据格式，“风机 ID”为 String，“记录时间”为 Time，其他都为 Numeric，如图 10.276 所示。

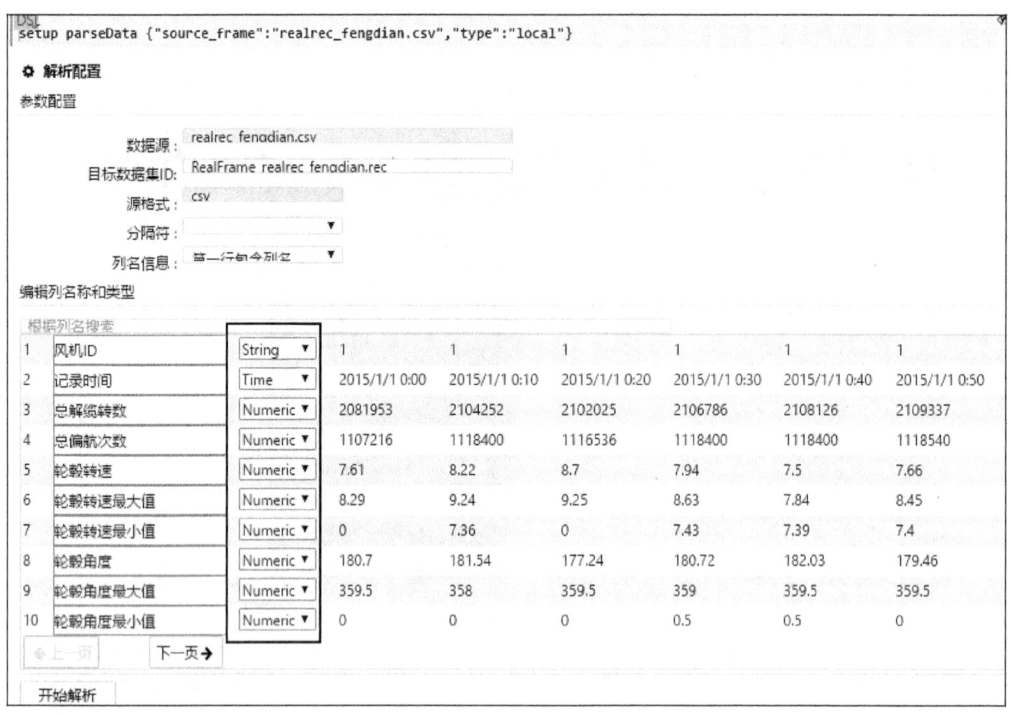

DSL
setup parseData {"source_frame":"realrec_fengdian.csv","type":"local"}
解析配置
参数配置
数据源： realrec fengdian.csv
目标数据集ID: RealFrame realrec fengdian.rec
源格式： csv
分隔符：
列名信息：
编辑列名称和类型
根据列名搜索
1 风机ID String 1 1 1 1 1 1
2 记录时间 Time 2015/1/1 0:00 2015/1/1 0:10 2015/1/1 0:20 2015/1/1 0:30 2015/1/1 0:40 2015/1/1 0:50
3 总解缆转数 Numeric 2081953 2104252 2102025 2106786 2108126 2109337
4 总偏航次数 Numeric 1107216 1118400 1116536 1118400 1118400 1118540
5 轮毂转速 Numeric 7.61 8.22 8.7 7.94 7.5 7.66
6 轮毂转速最大值 Numeric 8.29 9.24 9.25 8.63 7.84 8.45
7 轮毂转速最小值 Numeric 0 7.36 0 7.43 7.39 7.4
8 轮毂角度 Numeric 180.7 181.54 177.24 180.72 182.03 179.46
9 轮毂角度最大值 Numeric 359.5 358 359.5 359 359.5 359.5
10 轮毂角度最小值 Numeric 0 0 0 0.5 0.5 0
上一页
下一页
开始解析

图 10.276　数据解析(一)

(6)得到解析结果，如图 10.277 所示。

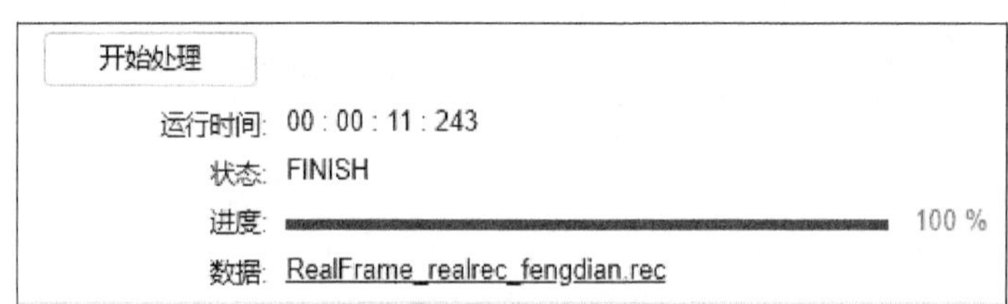

图 10.277　数据解析(二)

(7)此时可以看到数据的汇总信息，如是否有空值、最大值、最小值、均值、标准差等，可以对数据有整体的认识，发现许多属性存在空值，如图 10.278 所示。

数据集RealFrame_realrec_fengdian.rec

查看数据　切分数据集　预处理　多维特征分析　特征工程　图谱计算　建模　预测评估　下载　保存　导出　数据可视化

行数	列数	压缩后大小	文件名
52555	63	5 MB	RealFrame_realrec_fengdian.rec

列统计信息

列名	类型	非零个数	空值个数	非重复值	ID相似度	最小值	最大值	均值	标准差
风机ID	string	-	0	1	1.902769e-5	-	-	-	-
记录时间	timestamp	-	0	52555	1	-	-	-	-
总解缆转数	double	52369	154	-	-	0	2.058720e+7	1.348988e+7	4.947925e+6
总偏航次数	double	52369	154	-	-	0	5.497800e+7	2.834704e+7	1.580262e+7
轮毂转速	double	46218	154	-	-	-0.04	14.47	7.68368	4.01685
轮毂转速最大值	double	48905	154	-	-	0	16.98	8.43566	4.31849
轮毂转速最小值	double	42215	154	-	-	-0.4	14.2	5.99148	4.26610
轮毂角度	double	52245	154	-	-	0	359.99	176.77750	46.94286
轮毂角度最大值	double	52246	154	-	-	0	360	323.15652	85.71689
轮毂角度最小值	double	19754	154	-	-	0	359.99	26.39690	73.70290
叶片1角度	double	52301	154	-	-	-19.25	196	14.77773	30.80652
叶片1角度最大值	double	52300	154	-	-	-19.25	196.02	16.75763	32.85945
叶片1角度最小值	double	44803	154	-	-	-19.25	192.12	11.10363	27.93730
叶片2角度	double	52274	154	-	-	-32.5	88.05	14.71509	30.72840
叶片2角度最大值	double	52272	154	-	-	-32.5	89.19	16.71034	32.80196
叶片2角度最小值	double	44765	154	-	-	-89.44	88.05	11.03131	27.85709
叶片3角度	double	52287	154	-	-	-27.77	88.05	14.74093	30.76110
叶片3角度最大值	double	52285	154	-	-	-27.77	88.54	16.72808	32.81622
叶片3角度最小值	double	44790	154	-	-	-27.77	88.05	11.07071	27.89603

叶片3角度最小值	double	44790	154	-	-	-27.77	88.05	11.07071	27.89603
超速传感器转速检测值	double	52277	154	-	-	0	14.53	7.72170	4.01915
超速传感器转速检测值最大值	double	52287	154	-	-	0	41.32	8.56767	4.37899
超速传感器转速检测值最小值	double	38194	154	-	-	0	14.22	5.98833	4.25944
5秒偏航对风平均值	double	52297	154	-	-	-173.77	172.78	0.16148	19.13264
5秒偏航对风平均值最大值	double	51841	154	-	-	-170.4	180	22.12810	26.16220
5秒偏航对风平均值最小值	double	52025	154	-	-	-180	169.4	-19.99548	24.16039
x方向振动值	double	39609	154	-	-	-10	0.01	-0.10610	0.08570
x方向振动值最大值	double	46925	154	-	-	-10	3.3	0.01713	0.10017
x方向振动值最小值	double	52369	154	-	-	-10	0	-0.24476	0.37865
y方向振动值	double	50681	154	-	-	-9.3	2.11	-0.10828	0.08148
y方向振动值最大值	double	48420	154	-	-	-0.14	9.98	0.06619	0.37809
y方向振动值最小值	double	52369	154	-	-	-10	0	-0.27579	0.15064
机舱气象站风速	double	52310	154	-	-	0	19.16	4.71243	2.14168
机舱气象站风速最大值	double	52320	154	-	-	0	32.9	6.45349	3.03962
机舱气象站风速最小值	double	43818	154	-	-	0	9.9	2.59327	1.84571
机舱气象站风速标准差	double	52320	154	-	-	0	7.47129	0.64755	0.39506
风向绝对值	double	52369	154	-	-	0	359.99856	177.44214	120.90753
风向绝对值最大值	double	52369	154	-	-	0	360	216.14005	118.49384
风向绝对值最小值	double	38925	154	-	-	0	355	123.10680	120.40008
变频器电网侧有功功率	double	43347	154	-	-	0	2081	405.70403	464.18034
变频器电网侧有功功率最大值	double	43498	154	-	-	0	2316	551.02160	588.43761
变频器电网侧有功功率最小值	double	40253	154	-	-	0	2038	269.89193	337.70534
变频器发电机侧功率	double	43351	154	-	-	0	2166	436.88124	498.59096
变频器发电机侧功率最大值	double	43499	154	-	-	0	2397	585.14603	624.01777
变频器发电机侧功率最小值	double	34853	154	-	-	0	2140	255.11448	356.92631
发电机转矩	double	43375	154	-	-	0	1371	350.40627	325.50727
发电机转矩最大值	double	43499	154	-	-	0	1402	442.58438	388.57760
发电机定子温度1	double	52369	154	-	-	0	134.1	38.11841	16.58736
发电机定子温度2	double	52369	154	-	-	0	132.8	39.73390	16.38264
发电机定子温度3	double	52369	154	-	-	0	129.7	38.65602	16.23527
发电机定子温度4	double	52369	154	-	-	0	135.8	40.24713	16.17474
发电机定子温度5	double	52369	154	-	-	0	132.5	40.21955	16.23236
发电机定子温度6	double	52369	154	-	-	0	129.6	36.48450	16.18077
发电机空气温度1	double	52369	154	-	-	0	107.9	35.95733	13.81779
发电机空气温度2	double	52369	154	-	-	0	131.1	37.26926	16.53041
主轴承温度1	double	52369	154	-	-	0	74.1	51.82480	10.95023
主轴承温度2	double	52369	154	-	-	0	79.3	55.90217	11.43550
机舱温度	double	52369	154	-	-	0	44.2	26.35568	7.65772
变频器INU温度	double	52211	154	-	-	0	35.5	34.83582	2.20247
变频器ISU温度	double	52211	154	-	-	0	36.6	34.83577	2.20240
变频器INU_RMIO温度	double	52211	154	-	-	0	35	34.83558	2.20259
风机当前状态值	double	52244	154	-	-	0	6	5.26101	1.35383
变频器控制状态	double	51822	154	-	-	0	2	1.77821	0.44125

图 10.278　数据解析(三)

观察上面数据的空值分布，可以看出除“风机 ID”和“记录时间”外所有的数据字段都有 154 个空值。假设：这 154 条数据为无效数据(即数据为空)，则可以认为这 154 条数据是“故障”标签数据；如果不是无效数据则需要使用缺失值填充方法，为后续数据处理做准备。

(8) 查看空值数据是否为无效丢失数据，如图 10.279 所示。

```
create table MissingValues.rec as select * from RealFrame_realrec_fengdian.rec where 总解缆转数 is null
```

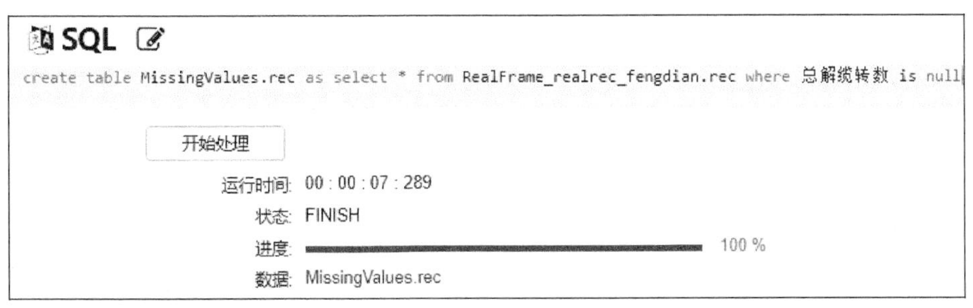

图 10.279　数据预处理(一)

如图 10.280 所示，从结果可以看出存在空值的 154 条数据是故障数据。

(9) 设置主键，执行“分析”→“预处理”→“增加序列号”命令，order by 处选择“记录时间”，“升序”排列，命名为CreateIndex-fengji-setNum.rec，如图 10.281 所示。

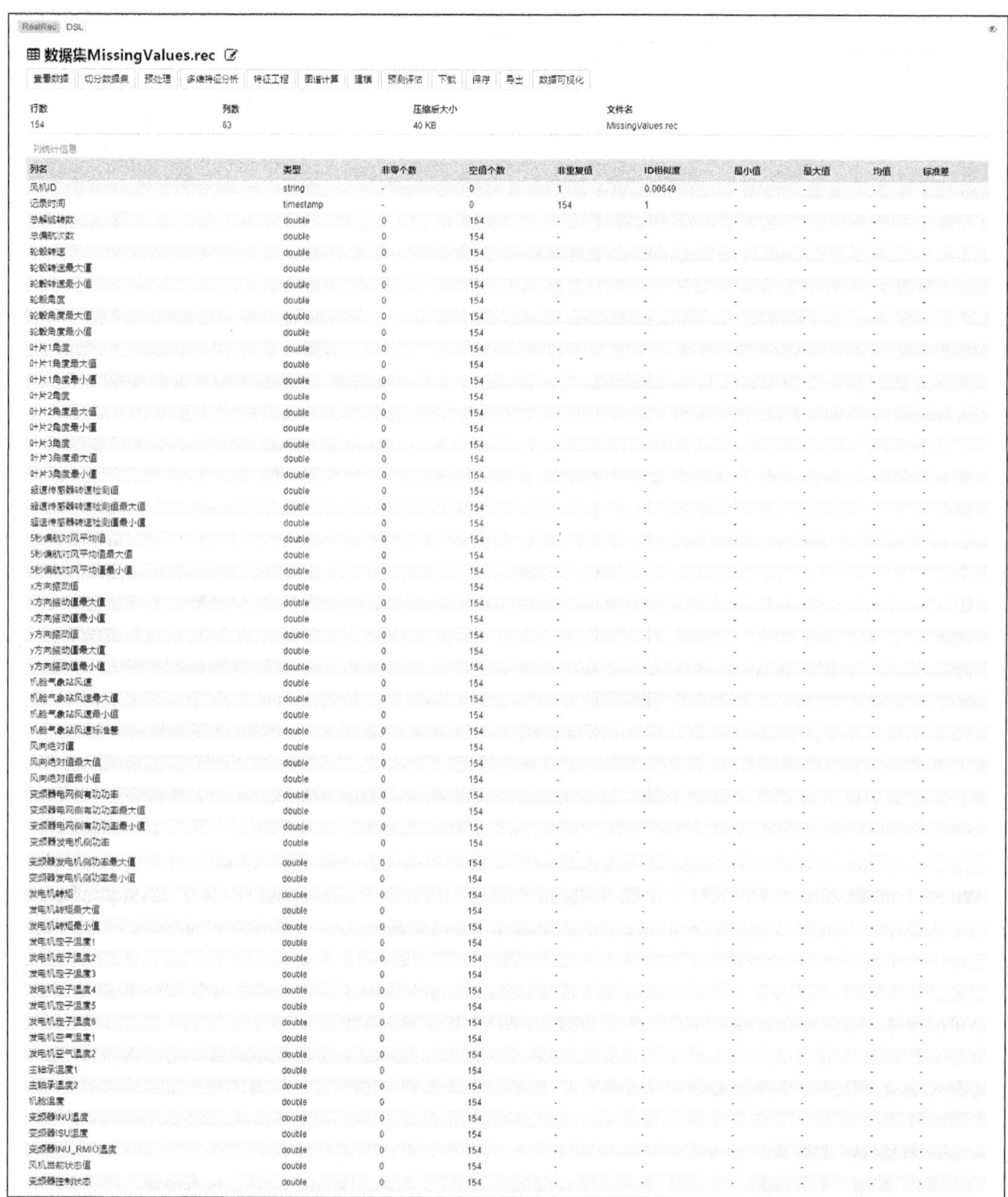

RealRec DSL

数据集MissingValues.rec

查看数据 切分数据集 预处理 多维特征分析 特征工程 图谱计算 建模 预测评估 下载 保存 导出 数据可视化

行数	列数	压缩后大小	文件名
154	63	40 KB	MissingValues.rec

列统计信息

列名	类型	非零个数	空值个数	非重复值	ID相似度	最小值	最大值	均值	标准差
风机ID	string	-	0	1	0.00649	-	-	-	-
记录时间	timestamp	-	0	154	1	-	-	-	-
总解缆转数	double	0	154	-	-	-	-	-	-
总偏航次数	double	0	154	-	-	-	-	-	-
轮毂转速	double	0	154	-	-	-	-	-	-
轮毂转速最大值	double	0	154	-	-	-	-	-	-
轮毂转速最小值	double	0	154	-	-	-	-	-	-
轮毂角度	double	0	154	-	-	-	-	-	-
轮毂角度最大值	double	0	154	-	-	-	-	-	-
轮毂角度最小值	double	0	154	-	-	-	-	-	-
叶片1角度	double	0	154	-	-	-	-	-	-
叶片1角度最大值	double	0	154	-	-	-	-	-	-
叶片1角度最小值	double	0	154	-	-	-	-	-	-
叶片2角度	double	0	154	-	-	-	-	-	-
叶片2角度最大值	double	0	154	-	-	-	-	-	-
叶片2角度最小值	double	0	154	-	-	-	-	-	-
叶片3角度	double	0	154	-	-	-	-	-	-
叶片3角度最大值	double	0	154	-	-	-	-	-	-
叶片3角度最小值	double	0	154	-	-	-	-	-	-
超速传感器转速检测值	double	0	154	-	-	-	-	-	-
超速传感器转速检测值最大值	double	0	154	-	-	-	-	-	-
超速传感器转速检测值最小值	double	0	154	-	-	-	-	-	-
5秒偏航对风平均值	double	0	154	-	-	-	-	-	-
5秒偏航对风平均值最大值	double	0	154	-	-	-	-	-	-
5秒偏航对风平均值最小值	double	0	154	-	-	-	-	-	-
x方向振动值	double	0	154	-	-	-	-	-	-
x方向振动值最大值	double	0	154	-	-	-	-	-	-
x方向振动值最小值	double	0	154	-	-	-	-	-	-
y方向振动值	double	0	154	-	-	-	-	-	-
y方向振动值最大值	double	0	154	-	-	-	-	-	-
y方向振动值最小值	double	0	154	-	-	-	-	-	-
机舱气象站风速	double	0	154	-	-	-	-	-	-
机舱气象站风速最大值	double	0	154	-	-	-	-	-	-
机舱气象站风速最小值	double	0	154	-	-	-	-	-	-
机舱气象站风速标准差	double	0	154	-	-	-	-	-	-
风向绝对值	double	0	154	-	-	-	-	-	-
风向绝对值最大值	double	0	154	-	-	-	-	-	-
风向绝对值最小值	double	0	154	-	-	-	-	-	-
变频器电网侧有功功率	double	0	154	-	-	-	-	-	-
变频器电网侧有功功率最大值	double	0	154	-	-	-	-	-	-
变频器电网侧有功功率最小值	double	0	154	-	-	-	-	-	-
变频器发电机侧功率	double	0	154	-	-	-	-	-	-
变频器发电机侧功率最大值	double	0	154	-	-	-	-	-	-
变频器发电机侧功率最小值	double	0	154	-	-	-	-	-	-
发电机转矩	double	0	154	-	-	-	-	-	-
发电机转矩最大值	double	0	154	-	-	-	-	-	-
发电机转矩最小值	double	0	154	-	-	-	-	-	-
发电机定子温度1	double	0	154	-	-	-	-	-	-
发电机定子温度2	double	0	154	-	-	-	-	-	-
发电机定子温度3	double	0	154	-	-	-	-	-	-
发电机定子温度4	double	0	154	-	-	-	-	-	-
发电机定子温度5	double	0	154	-	-	-	-	-	-
发电机定子温度6	double	0	154	-	-	-	-	-	-
发电机空气温度1	double	0	154	-	-	-	-	-	-
发电机空气温度2	double	0	154	-	-	-	-	-	-
主轴承温度1	double	0	154	-	-	-	-	-	-
主轴承温度2	double	0	154	-	-	-	-	-	-
机舱温度	double	0	154	-	-	-	-	-	-
变频器INU温度	double	0	154	-	-	-	-	-	-
变频器ISU温度	double	0	154	-	-	-	-	-	-
变频器INU_RMIO温度	double	0	154	-	-	-	-	-	-
风机当前状态值	double	0	154	-	-	-	-	-	-
变频器控制状态	double	0	154	-	-	-	-	-	-

图 10.280　数据预处理(二)

数据预处理

预处理方法: 增加序列号

* 选择表: 个人文件

RealFrame_realrec_fengdian.rec

*order by: 记录时间　升序　+

* 结果命名: CreateIndex-fengji-setNum.rec　结果数据集必须以.rec结尾

开始处理

图 10.281　数据预处理(三)

2) 特征工程

(1) 数据过滤，按照业务规则将能够定义的数据过滤并添加相应的标签，对剩下的不能添加标签的数据进行建模分析，分类打标。

业务规则如表 10.12 所示。

表 10.12　业务规则

规则	状态
风速等于 0	故障(fault)
功率小于等于 1	启停状态(startUpOrShutDown)
功率为额定功率(额定功率为 2000)的 0.3～0.8 倍，叶片角度大于 5 且风速大于 9	限功率状态(PowerLimit)
功率大于额定功率	正常状态(good)
其他数据	其他(others)

按照规则对数据过滤添加标签列表示状态，1 表示正常，–1 表示欠功率，2 表示限功率，3 表示故障，4 表示启停。将其他数据放入表 others.rec。

(2) 定义故障状态数据表 FaultData.rec，添加如下 SQL 语句，单击执行，如图 10.282 所示。

```
CREATE table FaultData.rec as SELECT *,3 as label from `CreateIndex-fengji-setNum.rec` WHERE (机舱气象站风速=0) or 机舱气象站风速 is null
```

SQL
CREATE table FaultData.rec as SELECT *,3 as label from `CreateIndex-fengji-setNum.rec` WHERE (机舱气象站风速 = 0) or 机舱气象站风速 is null
开始处理
运行时间: 00 : 00 : 07 : 134
状态: FINISH
进度: 100 %
数据: FaultData.rec

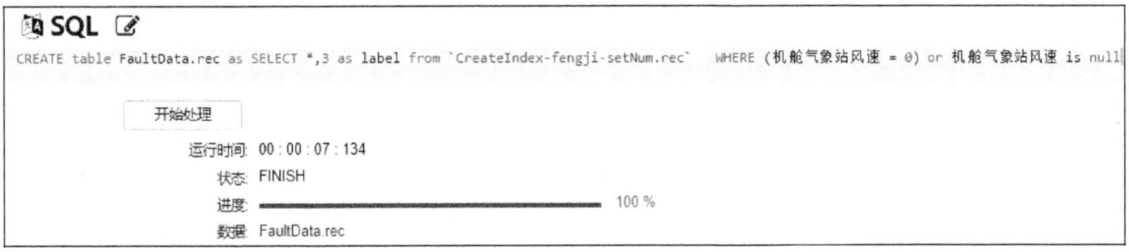

图 10.282　SQL 语句(一)

(3) 定义启停状态并保存到表 startUpOrShutDown.rec，添加如下 SQL 语句，单击执行，如图 10.283 所示。

```
CREATE table startOrShutDown.rec as SELECT *,4 as label from `CreateIndex-fengji-setNum.rec` WHERE(变频器电网侧有功功率<=1) and (机舱气象站风速!=0)
```

SQL
CREATE table startOrShutDown.rec as SELECT *,4 as label from `CreateIndex-fengji-setNum.rec` WHERE(变频器电网侧有功功率<=1) and (机舱气象站风速 != 0)
开始处理
运行时间: 00 : 00 : 12 : 482
状态: FINISH
进度: 100 %
数据: startOrShutDown.rec

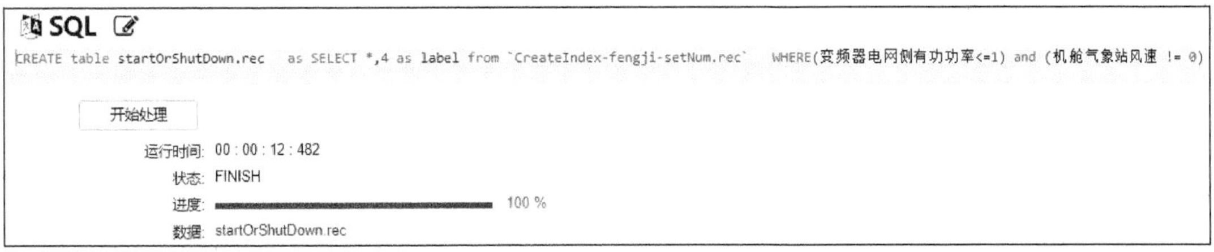

图 10.283　SQL 语句(二)

(4) 定义限功率状态并保存到表 PowerLimit.rec，添加如下 SQL 语句，单击执行，如图 10.284 所示。

```
CREATE table PowerLimit.rec as
```

```
SELECT *,2 as label from CreateIndex-fengji-setNum.rec WHERE (机舱气象站风速>9 and 变频器电网侧有功功率<=0.8*2000 and 变频器电网侧有功功率>=0.3*2000 and (叶片 1 角度>5 or 叶片 2 角度>5 or 叶片 3 角度>5))
```

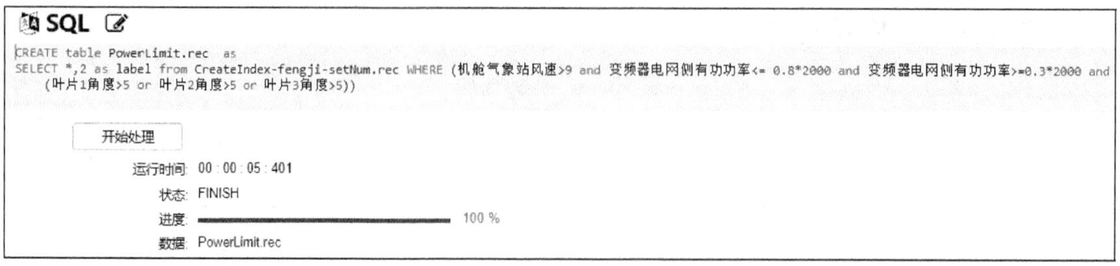

图 10.284　SQL 语句(三)

(5)定义正常状态数据表 NormalData.rec，添加如下 SQL 语句，单击执行，如图 10.285 所示。

```
CREATE table NormalData.rec as
SELECT *,1 as label from CreateIndex-fengji-setNum.rec WHERE 变频器电网侧有功功率>=2000 and (机舱气象站风速!=0)
```

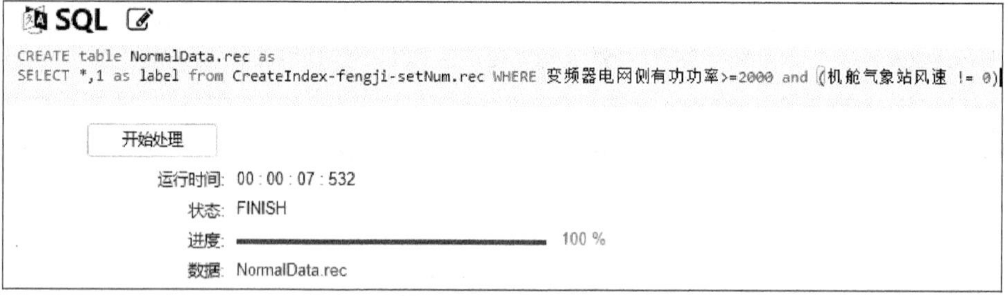

图 10.285　SQL 语句(四)

(6)定义"其他"状态并保存到表 others.rec，添加如下 SQL 语句，单击执行，如图 10.286 所示。

```
CREATE table others.rec as SELECT * from CreateIndex-fengji-setNum.rec WHERE row_num not in (select row_num from FaultData.rec) and row_num not in (select row_num from startOrShutDown.rec) and row_num not in (select row_num from PowerLimit.rec) and row_num not in (select row_num from NormalData.rec)
```

SQL

CREATE table others.rec as SELECT * from CreateIndex-fengji-setNum.rec
WHERE row_num not in (select row_num from FaultData.rec) and row_num not in (select row_num from startOrShutDown.rec) and row_num not in (select row_num from PowerLimit.rec) and row_num not in (select row_num from NormalData.rec)

开始处理

运行时间: 00 : 01 : 25 : 785

状态: FINISH

进度: 100 %

数据: others.rec

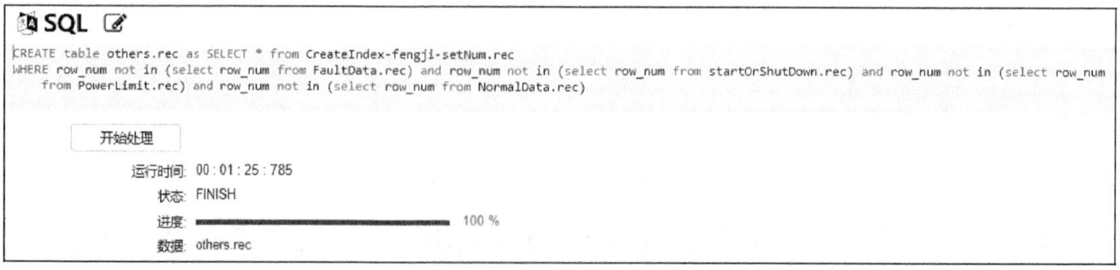

图 10.286　SQL 语句(五)

(7) 选择 others.rec 数据集，进行多维特征分析，From 选择“机舱气象站风速”，To 选择“轮毂转速”等 27 个维度，如图 10.287 和图 10.288 所示。

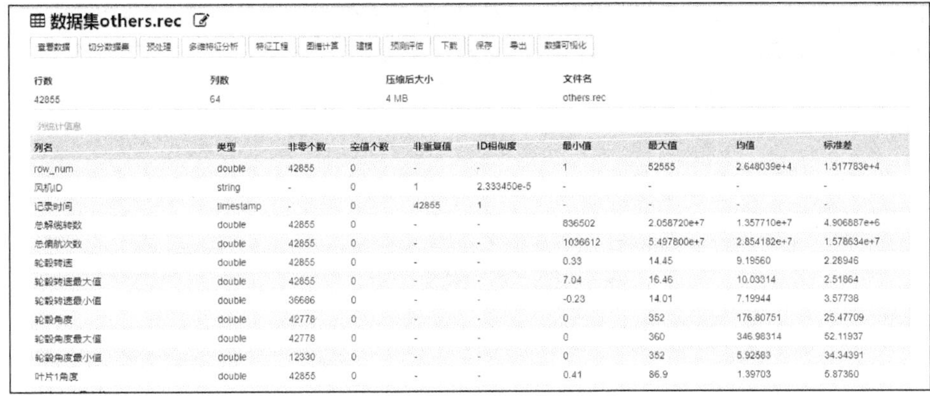

数据集others.rec

查看数据 切分数据集 预处理 多维特征分析 特征工程 图谱计算 建模 预测评估 下载 保存 导出 数据可视化

行数	列数	压缩后大小	文件名
42855	64	4 MB	others.rec

列统计信息

列名	类型	非零个数	空值个数	非重复值	ID相似度	最小值	最大值	均值	标准差
row_num	double	42855	0	-	-	1	52555	2.648039e+4	1.517783e+4
风机ID	string	-	0	1	2.333450e-5	-	-	-	-
记录时间	timestamp	-	0	42855	1	-	-	-	-
总解缆转数	double	42855	0	-	-	836502	2.058720e+7	1.357710e+7	4.906887e+6
总偏航次数	double	42855	0	-	-	1036612	5.497800e+7	2.854182e+7	1.578634e+7
轮毂转速	double	42855	0	-	-	0.33	14.45	9.19560	2.28946
轮毂转速最大值	double	42855	0	-	-	7.04	16.46	10.03314	2.51864
轮毂转速最小值	double	36686	0	-	-	-0.23	14.01	7.19944	3.57738
轮毂角度	double	42778	0	-	-	0	352	176.80751	25.47709
轮毂角度最大值	double	42778	0	-	-	0	360	346.98314	52.11937
轮毂角度最小值	double	12330	0	-	-	0	352	5.92583	34.34391
叶片1角度	double	42855	0	-	-	0.41	86.9	1.39703	5.87360

图 10.287　数据展示(一)

多维特征分析

分析方法: 关联性分析

* 关联算法: Pearson　注：选择Auto则根据特征的统计属性选择最优关联算法,目前只应用于连续数值与连续数值计算关联性

* 源数据集: 个人文件　others.rec

* 边数目: ALL

* From: 未选(63)　已选(1)

未选	类型
row_num	double
风机ID	string
记录时间	timestamp
总解缆转数	double
总偏航次数	double
轮毂转速	double
轮毂转速最大值	double
轮毂转速最小值	double
轮毂角度	double
轮毂角度最大值	double
轮毂角度最小值	double
叶片1角度	double

已选	类型
机舱气象站风速	double

* To: 未选(37)　已选(27)

未选	类型
row_num	double
风机ID	string
记录时间	timestamp
轮毂转速最大值	double
轮毂转速最小值	double
轮毂角度最大值	double
轮毂角度最小值	double
叶片1角度最大值	double
叶片1角度最小值	double
叶片2角度最大值	double
叶片2角度最小值	double
叶片3角度最大值	double

已选	类型
总解缆转数	double
总偏航次数	double
轮毂转速	double
轮毂角度	double
叶片1角度	double
叶片2角度	double
叶片3角度	double
超速传感器转速检测值	double
x方向振动值	double
y方向振动值	double
变频器电网侧有功功率	double
变频器发电机侧功率	double

* 结果数据集: Correlation-C1F80EA4-9F2F-4010-87BF-BC　结果数据集必须以.rec结尾

开始处理

运行时间: 00 : 00 : 04 : 581

状态: FINISH

进度: 100 %

数据: Correlation-C1F80EA4-9F2F-4010-87BF-BC473BCCA733.rec

图 10.288　多维特征分析(一)

从图 10.289 和图 10.290 的数据以及图 10.291 和图 10.292 的分析结果，可以看出皮尔逊相关系数最高的数值是 0.9501004286461819，对应的一组变量是：风速与发动机转矩。对相关系数大于 0.2 的数据，通过散点图的方式分析数据的分布情况，如图 10.293～图 10.301 所示。

数据集Correlation-C1F80EA4-9F2F-4010-87BF-BC473BCCA733.rec

查看数据 | 切分数据集 | 预处理 | 多维特征分析 | 特征工程 | 图谱计算 | 建模 | 预测评估 | 下载 | 保存 | 导出 | 数据可视化

行数	列数	压缩后大小	文件名
27	3	30 KB	Correlation-C1F80EA4-9F2F-4010-87BF-BC473BCCA733.rec

列统计信息

列名	类型	非零个数	空值个数	非重复值	ID相似度	最小值	最大值	均值	标准差
From	string	-	0	1	0.03704	-	-	-	-
To	string	-	0	27	1	-	-	-	-
Correlation	double	27	0	-	-	-0.20706	0.95010	0.37280	0.41441

图 10.289　多维特征分析(二)

查看数据Correlation-C1F80EA4-9F2F-4010-87BF-BC473BCCA733.rec

From	To	Correlation
机舱气象站风速	超速传感器转速检测值	0.8997863619802281
机舱气象站风速	变频器电网侧有功功率	0.928713402761786
机舱气象站风速	变频器发电机侧功率	0.9276622421619389
机舱气象站风速	变频器INU_RMIO温度	-0.000877440792640555
机舱气象站风速	发电机定子温度5	0.6569050596243943
机舱气象站风速	发电机定子温度4	0.6438914905348183
机舱气象站风速	发电机空气温度2	0.6736732751284462
机舱气象站风速	发电机定子温度2	0.6428096203504653
机舱气象站风速	发电机定子温度6	0.6611784498909224
机舱气象站风速	发电机定子温度1	0.6464613248413534
机舱气象站风速	发电机空气温度1	0.6338203124748876
机舱气象站风速	发电机定子温度3	0.649722126771502
机舱气象站风速	变频器INU温度	-0.0009411816871810097
机舱气象站风速	变频器ISU温度	-0.0008272886436510525
机舱气象站风速	主轴承温度2	0.4791069606137984
机舱气象站风速	y方向振动值	-0.08002870577617822
机舱气象站风速	x方向振动值	-0.08157827163639457
机舱气象站风速	主轴承温度1	0.4930753998454868
机舱气象站风速	总解缆转数	-0.1964725827930082
机舱气象站风速	总偏航次数	-0.20706440976593063
机舱气象站风速	发电机转矩	0.9501004286461939
机舱气象站风速	叶片3角度	-0.029957612188124247
机舱气象站风速	叶片1角度	-0.03019243944407597
机舱气象站风速	叶片2角度	-0.029663479937611734
机舱气象站风速	轮毂转速	0.8998845805528936
机舱气象站风速	轮毂角度	0.03283216557091994
机舱气象站风速	机舱温度	-0.09643583615244843

图 10.290　多维特征分析(三)

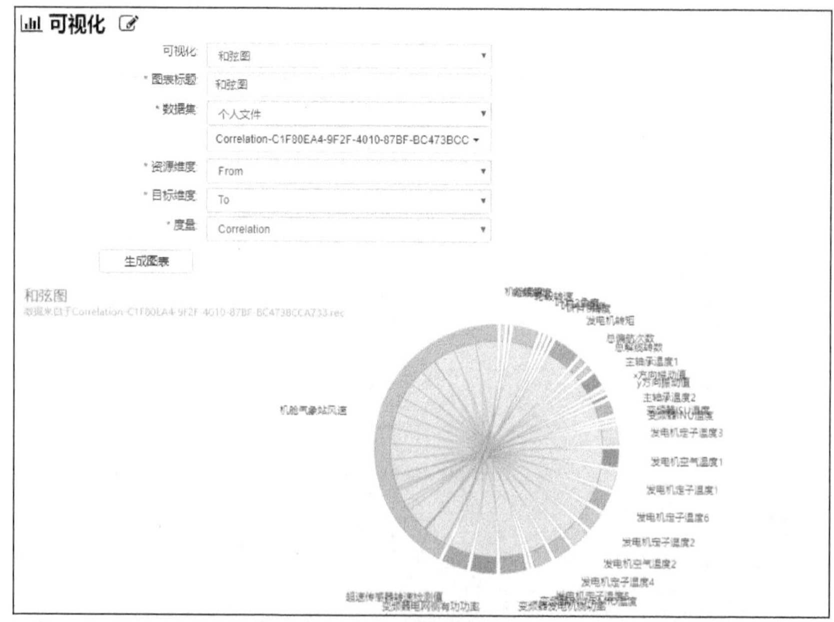

图 10.291　多维特征分析(四)

图 10.292　多维特征分析(五)

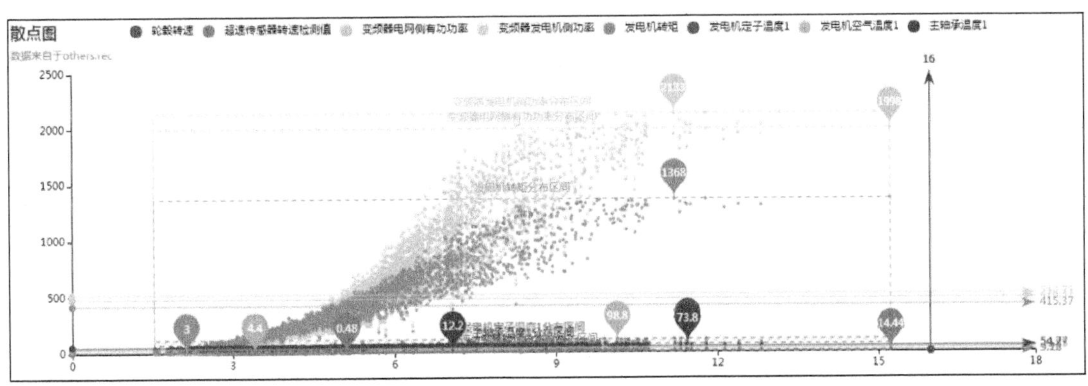

图 10.293　总体效果图

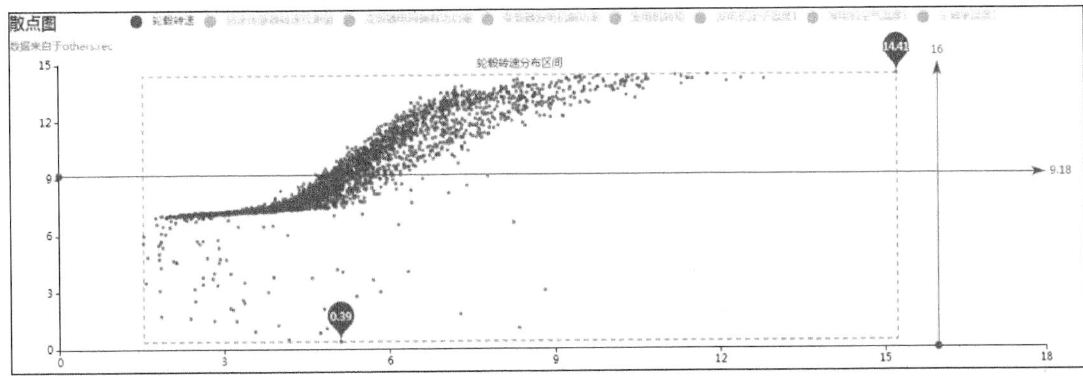

图 10.294　轮毂转速图

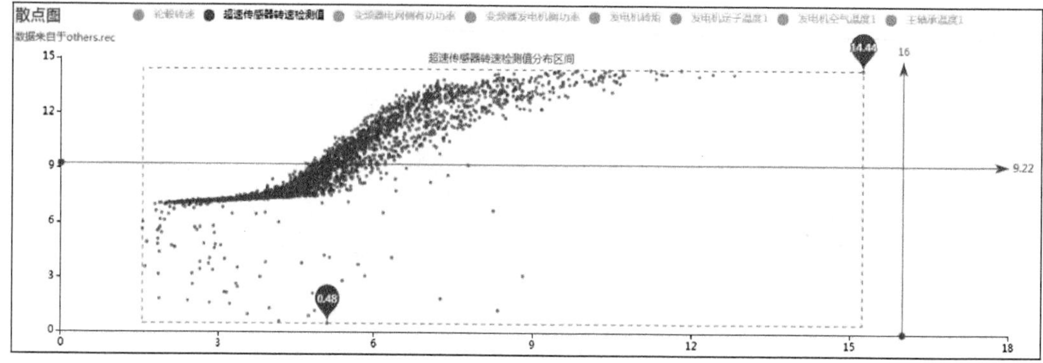

图 10.295　超速传感器转速检测值

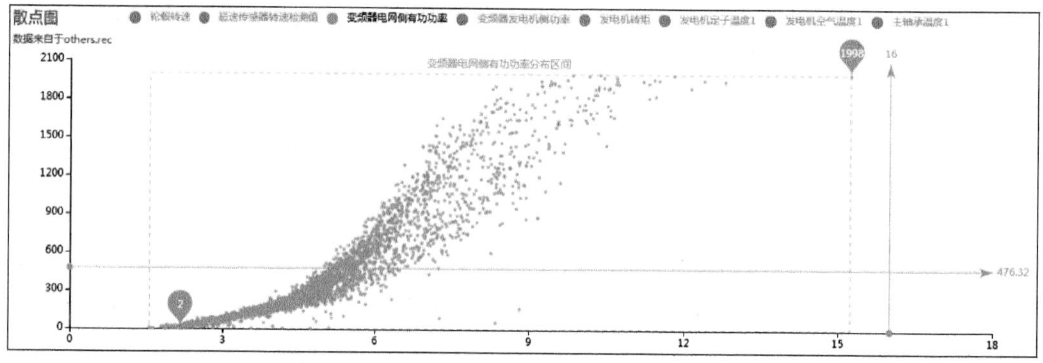

图 10.296　变频器电网侧有功功率

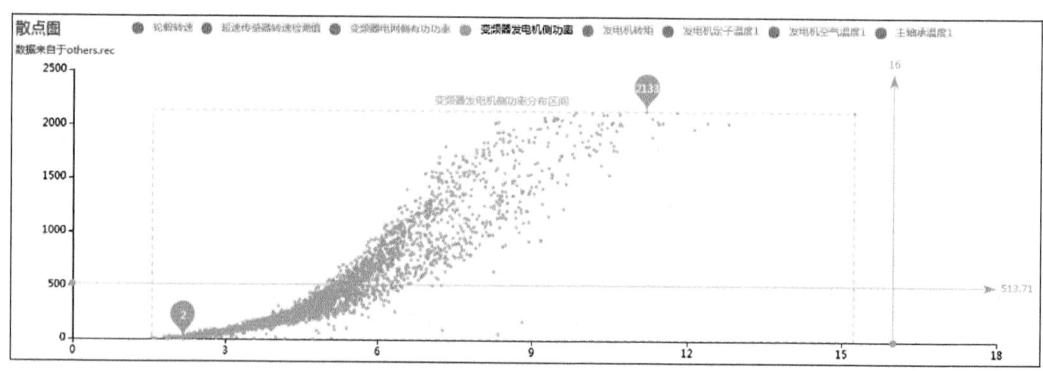

图 10.297　变频器发电机侧功率

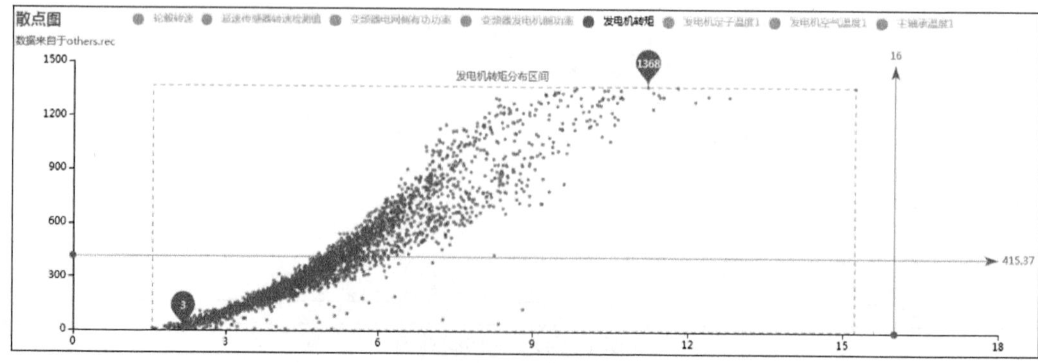

图 10.298　发电机转矩

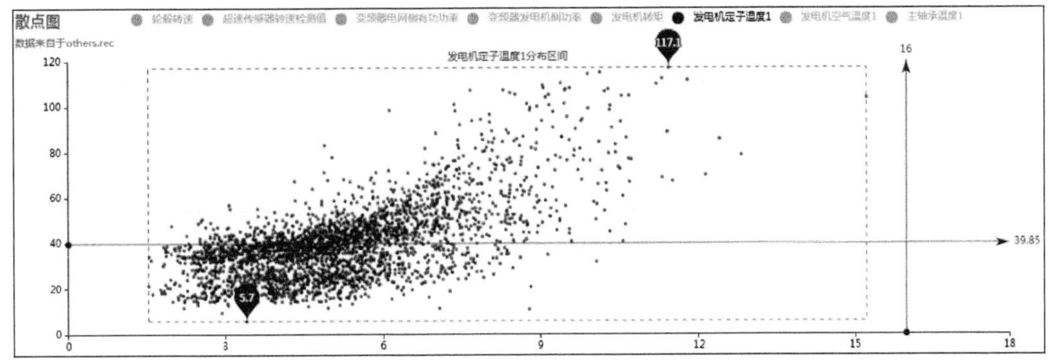

图 10.299　发电机定子温度 1

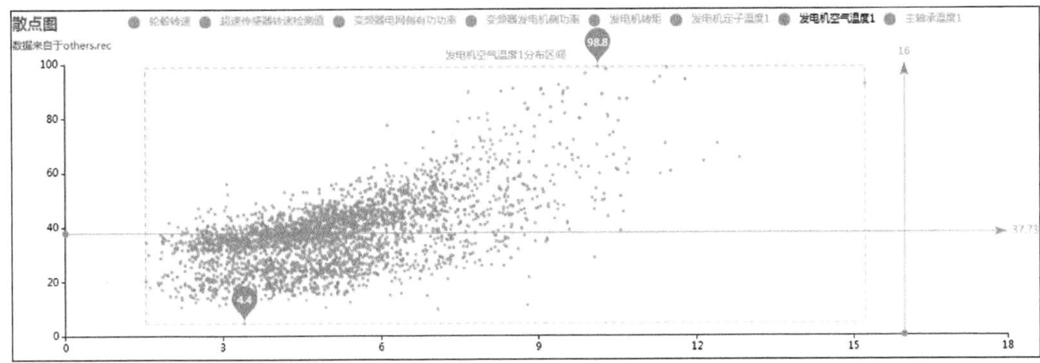

图 10.300　发电机空气温度 1

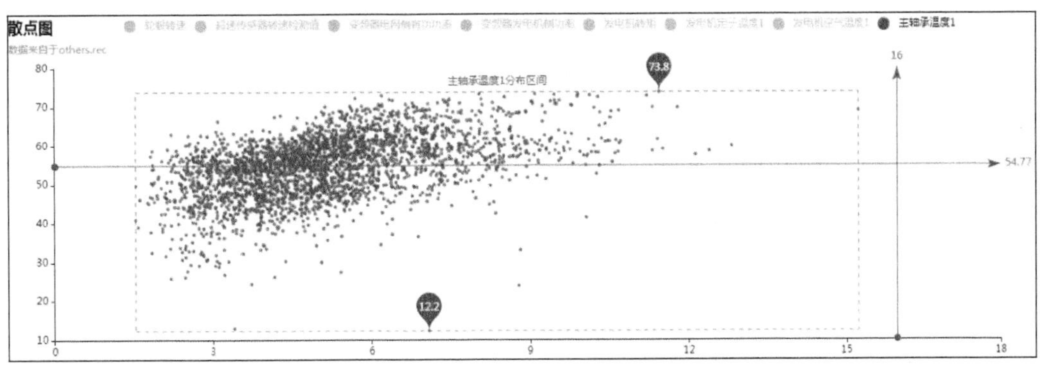

图 10.301　主轴承温度 1

分别查看散点图数据的分布可知，各个变量与风速之间的关系是非线性的，需要对数据做出变换后再通过分析查看相关系数大小。

(8) 进行对数变换得到表 fengdian_bianhuan.rec，添加 SQL 语句并执行，如图 10.302 所示。

```
CREATE table fengdian_bianhuan.rec as SELECT  row_num, log(机舱气象站风速) as 风速, log(发电机转矩) as 发电机转矩,log(变频器电网侧有功功率) as 电网侧功率, log(变频器发电机侧功率) as 发电机侧功率,log(轮毂转速) as 轮毂转速, log(超速传感器转速检测值) as 超速传感器转速检测值,log(发电机定子温度 1) as 发电机定子温度,log(发电机空气温度 1) as 发电机空气温度,log(主轴承温度 1) as 主轴承温度 from others.rec
```

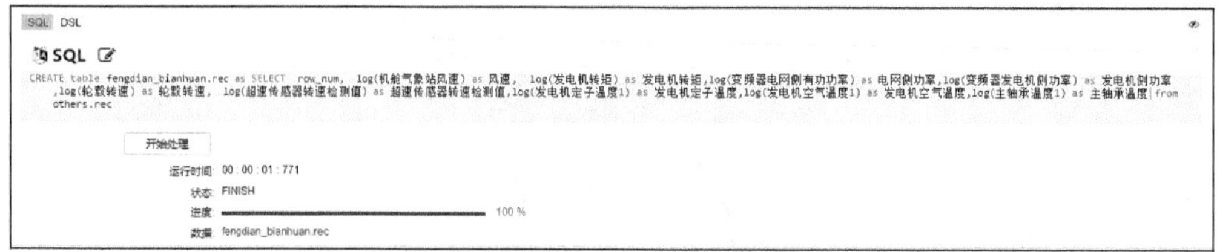

图 10.302　SQL 语句(六)

(9)得到变换后的结果，如图 10.303 所示。

数据集fengdian_bianhuan.rec

查看数据 切分数据集 预处理 多维特征分析 特征工程 图谱计算 建模 预测评估 下载 保存 导出 数据可视化

行数	列数	压缩后大小	文件名
42855	10	768 KB	fengdian_bianhuan.rec

列统计信息

列名	类型	非零个数	空值个数	非重复值	ID相似度	最小值	最大值	均值	标准差
row_num	double	42855	0	-	-	1	52555	2.653189e+4	1.517276e+4
风速	double	42855	0	-	-	-0.07257	2.89093	1.58301	0.35373
发电机转矩	double	42855	0	-	-	0.69315	7.22330	5.71122	0.91700
电网侧功率	double	42855	0	-	-	0.69315	7.60040	5.67407	1.11968
发电机侧功率	double	42854	0	-	-	0	7.66856	5.74244	1.12946
轮毂转速	double	42855	0	-	-	-1.10866	2.67069	2.18569	0.26859
超速传感器转速检测值	double	42855	0	-	-	-0.86750	2.67415	2.19001	0.26720
发电机定子温度	double	42855	0	-	-	1.66771	4.89859	3.61435	0.38958
发电机空气温度	double	42855	0	-	-	1.28093	4.68120	3.57524	0.35393
主轴承温度	double	42855	0	-	-	2.17475	4.30542	3.99212	0.15684

图 10.303　数据展示(二)

(10)单击“多维特征分析”按钮，进行相关性特征分析，From 选择“风速”，To 选择“发电机转矩”等 8 个维度，如图 10.304 所示。

图 10.304　多维特征分析(六)

(11)单击“开始处理”按钮生成数据集，如图 10.305 所示。

数据集Correlation-BB76266D-2453-48B9-B33E-A46F56579A5B.rec

查看数据 切分数据集 预处理 多维特征分析 特征工程 图谱计算 建模 预测评估 下载 保存 导出 数据可视化

行数	列数	压缩后大小	文件名
8	3	7 KB	Correlation-BB76266D-2453-48B9-B33E-A46F56579A5B.rec

列统计信息

列名	类型	非零个数	空值个数	非重复值	ID相似度	最小值	最大值	均值	标准差
From	string	-	0	1	0.125	-	-	-	-
To	string	-	0	8	1	-	-	-	-
Correlation	double	8	0	-	-	0.47917	0.95407	0.75159	0.20198

图 10.305 多维特征分析(七)

从图 10.305 和图 10.306 的数据以及图 10.307 的分析结果，可以看出皮尔逊相关系数最高的数值是 0.9540699491190462，对应的一组变量是：风速与发动机侧功率。

对比步骤(7)得到的发动机转矩和风速之间的相关系数 0.9501004286461939，发动机侧功率的相关系数更高。

查看数据Correlation-BB76266D-2453-48B9-B33E-A46F56579A5B.rec

From	To	Correlation
风速	超速传感器转速检测值	0.8043592904842445
风速	发电机空气温度	0.537004184554696
风速	发电机定子温度	0.5437374583200193
风速	发电机侧功率	0.9540699491190462
风速	主轴承温度	0.4791665384135347
风速	发电机转矩	0.9382273778945456
风速	电网侧功率	0.9538793905436482
风速	轮毂转速	0.8022513195859639

图 10.306 多维特征分析(八)

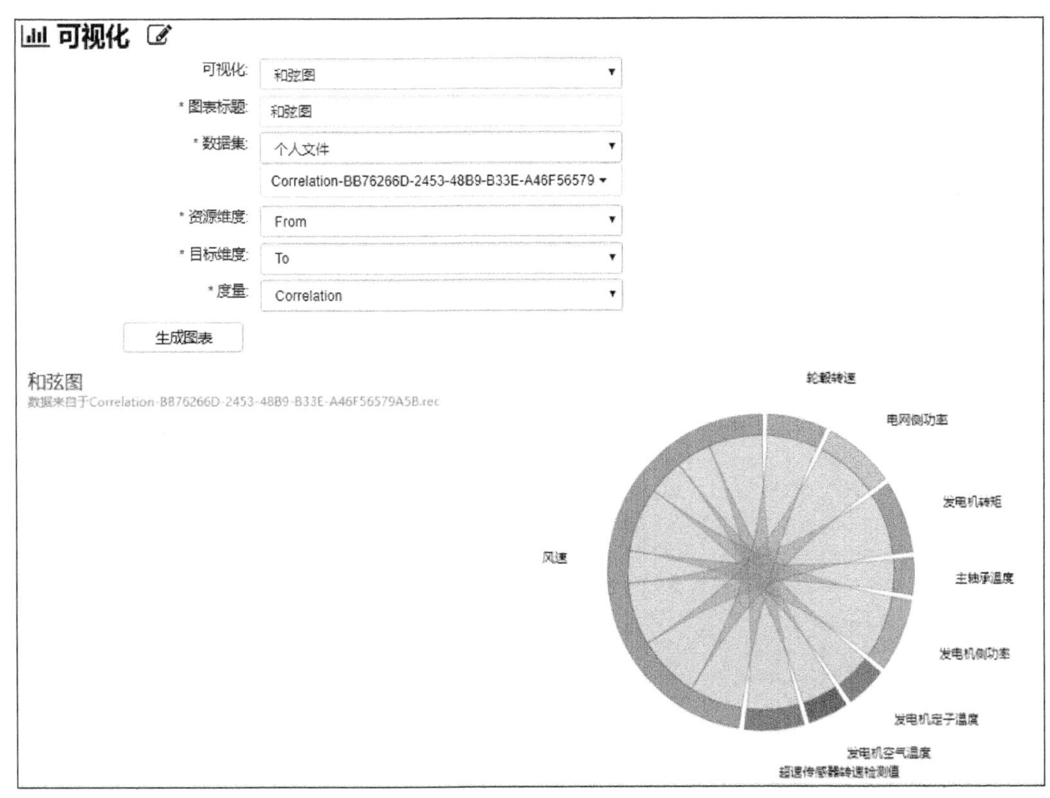

图 10.307 多维特征分析(九)

(12) 单击 fengdian_bianhuan.rec 数据集进行可视化，选择散点图，“维度”选择“风速”，“度量”选择“发电机侧功率”，如图 10.308、图 10.309 所示。

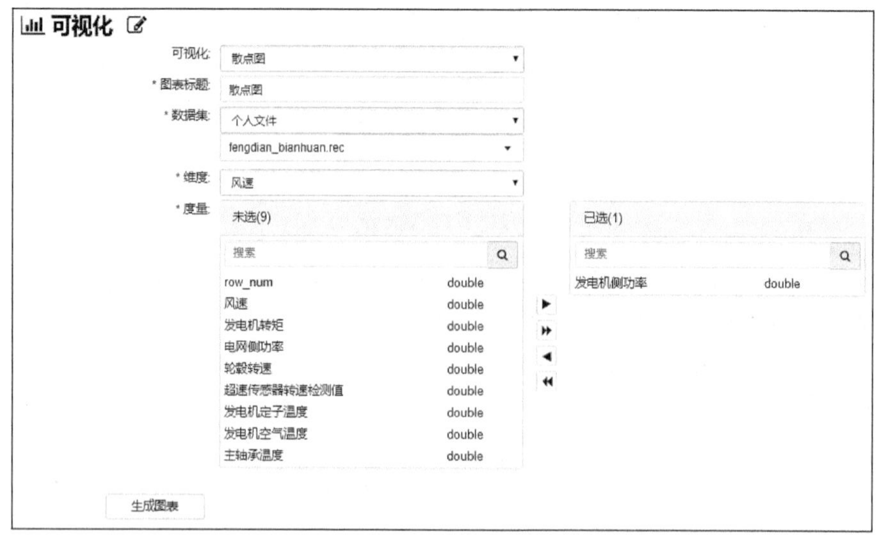

图 10.308 多维特征分析(十)

单击“生成图表”按钮，生成散点图。

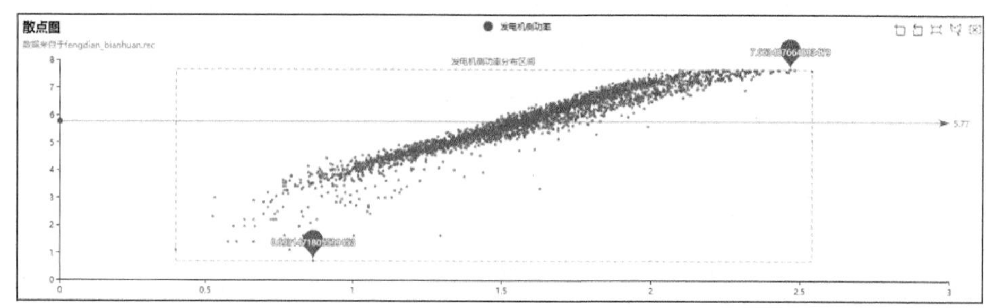

图 10.309 多维特征分析(十一)

3) 建模评估

(1) 模型构建，执行“模型”→“机器学习”→“分类算法”命令，选择“广义线性模型”，进行参数配置。选择“数据集”，目标列为“功率”，选择列为“风速”，如图 10.310 所示。

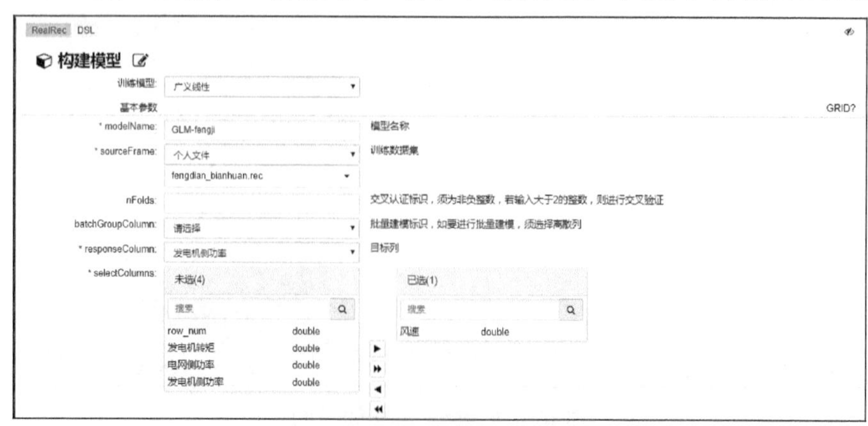

图 10.310 广义线性模型(一)

(2) 还可以设置“高级参数”和“专家参数”，这里为默认参数，单击“创建模型”按钮，如图 10.311 所示。

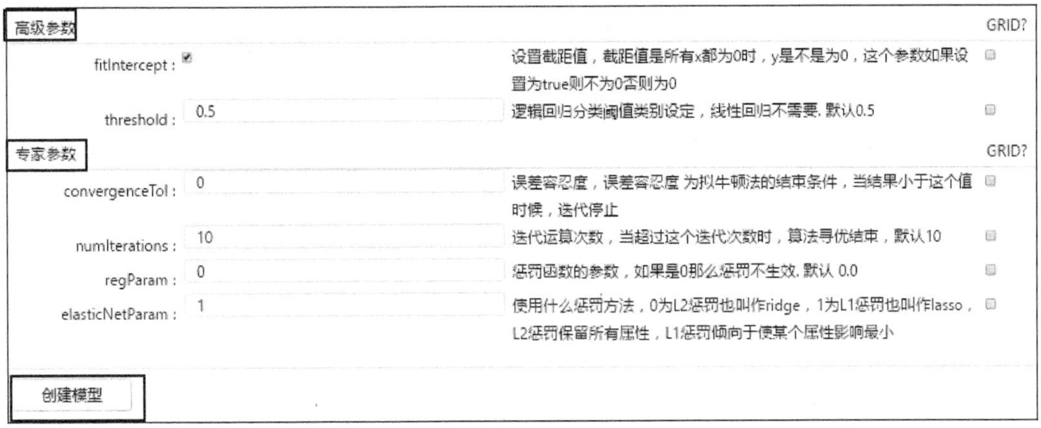

高级参数			GRID?
fitIntercept :	☑	设置截距值，截距值是所有x都为0时，y是不是为0，这个参数如果设置为true则不为0否则为0	☐
threshold :	0.5	逻辑回归分类阈值类别设定，线性回归不需要. 默认0.5	☐
专家参数			GRID?
convergenceTol :	0	误差容忍度，误差容忍度 为拟牛顿法的结束条件，当结果小于这个值时候，迭代停止	☐
numIterations :	10	迭代运算次数，当超过这个迭代次数时，算法寻优结束，默认10	☐
regParam :	0	惩罚函数的参数，如果是0那么惩罚不生效. 默认 0.0	☐
elasticNetParam :	1	使用什么惩罚方法，0为L2惩罚也叫作ridge，1为L1惩罚也叫作lasso，L2惩罚保留所有属性，L1惩罚倾向于使某个属性影响最小	☐

创建模型

图 10.311　广义线性模型(二)

(3) 单击训练结果中的预测模型，选择数据(训练集和测试集一致)，单击“开始处理”按钮进行预测评估，如图 10.312 所示。

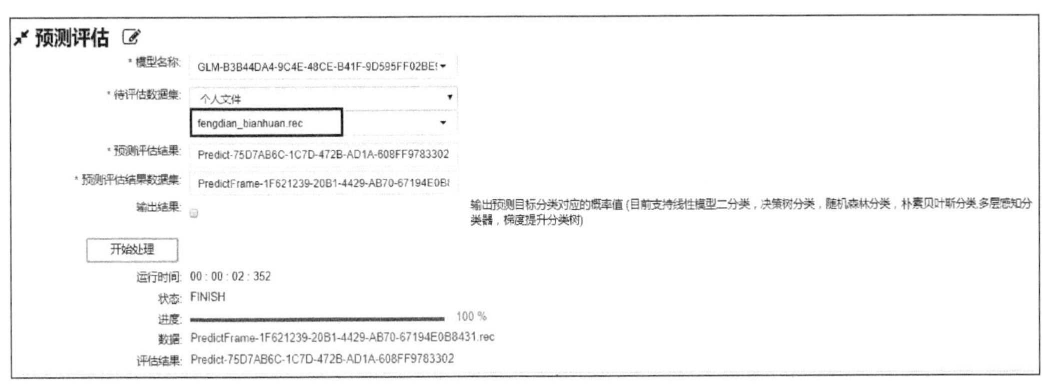

图 10.312　广义线性模型(三)

(4) 得到评估结果，确定系数 r_2 约为 0.910，效果较好，如图 10.313 所示。

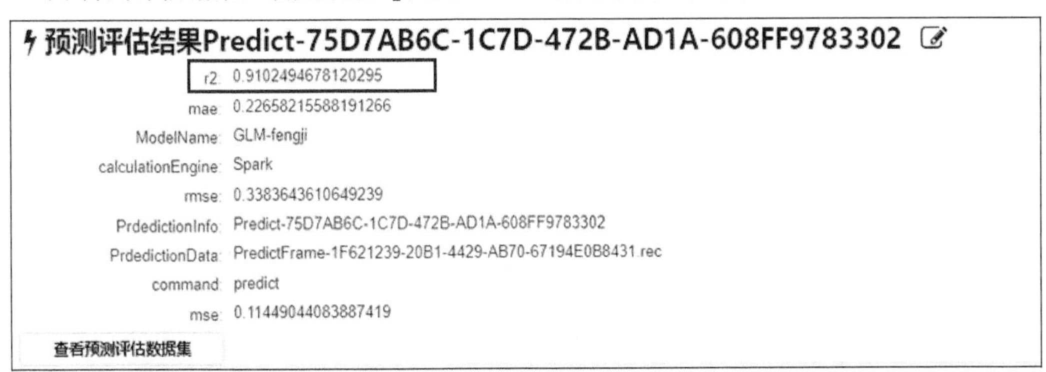

图 10.313　广义线性模型(四)

(5) 查看数据集，prediction 列为功率的预测值，如图 10.314 所示。

RealRec DSL

数据集PredictFrame-1F621239-20B1-4429-AB70-67194E0B8431.rec

查看数据 切分数据集 预处理 多维特征分析 特征工程 图谱计算 建模 预测评估 下载 保存 导出 数据可视化

行数	列数	压缩后大小	文件名
42855	6	515 KB	PredictFrame-1F621239-20B1-4429-AB70-67194E0B8431.rec

列统计信息

列名	类型	非零个数	空值个数	非重复值	ID相似度	最小值	最大值	均值	标准差
prediction	double	42855	0	-	-	0.69893	9.72685	5.74244	1.07758
row_num	double	42855	0	-	-	1	52555	2.648039e+4	1.517783e+4
风速	double	42855	0	-	-	-0.07257	2.89093	1.58301	0.35373
发电机转矩	double	42855	0	-	-	0.69315	7.22330	5.71122	0.91700
电网侧功率	double	42855	0	-	-	0.69315	7.60040	5.67407	1.11968
发电机侧功率	double	42854	0	-	-	0	7.66856	5.74244	1.12946

图 10.314 广义线性模型(五)

4) 状态识别

对于每一个样本均可以计算出真实值与预测值的误差，同时和模型中的参数 rmse 进行对比，将真实值与预测值之差大于 rmse 的点认为是欠功率点，其他的为正常状态的数据。将欠功率数据筛选出来并存入表 bad.rec 中，将正常数据存入表 good1.rec 中，并将过滤掉的数据合并到一个表中，SQL 语句如下所示。

(1) 定义欠功率数据表 UnderPower.rec，添加如下 SQL 语句并执行，如图 10.315 所示。

```
CREATE table UnderPower.rec as
SELECT *,-1 as labelfrom others.rec where row_num in ( select row_num
fromPredictFrame-1F621239-20B1-4429-AB70-67194E0B8431.rec Where
prediction - 发电机侧功率> 0.3383643610649239)
```

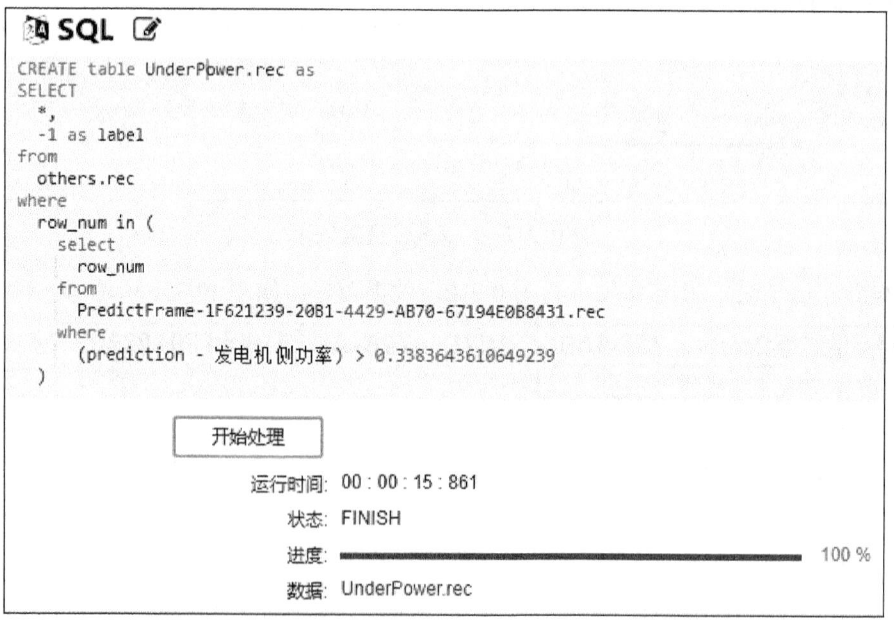

图 10.315 SQL 语句(七)

(2) 定义正常数据表 NormalData1.rec，添加 SQL 语句并执行，如图 10.316 所示。

```
CREATE table NormalData1.rec as
SELECT *, 1 as label from others.rec where row_num not in (select row_num
```

```
from bad.rec)
```

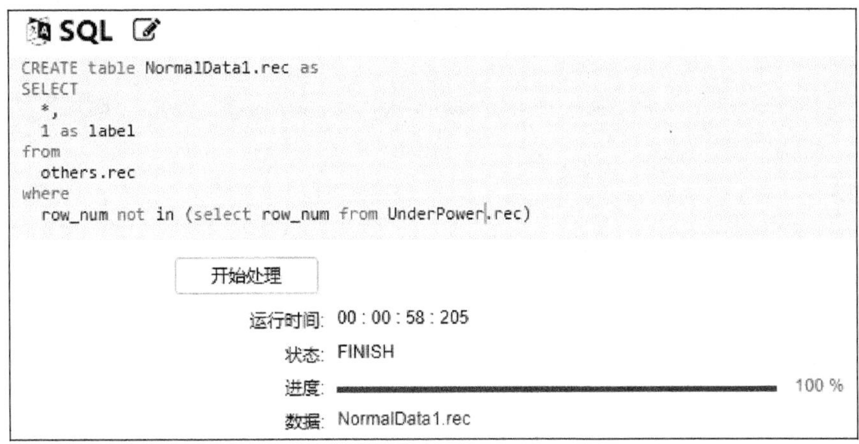

图 10.316 SQL 语句(八)

(3) 将滤掉的数据合并到数据集 allData.rec，添加如下 SQL 语句并执行，如图 10.317 所示。

```
CREATE table allData.rec as
SELECT * from NormalData.recunion all select * from NormalData1.recunion
all SELECT * from UnderPower.recunion all SELECT * from FaultData.recunion
all SELECT * from startOrShutDown.recunion all SELECT * from PowerLimit.rec
```

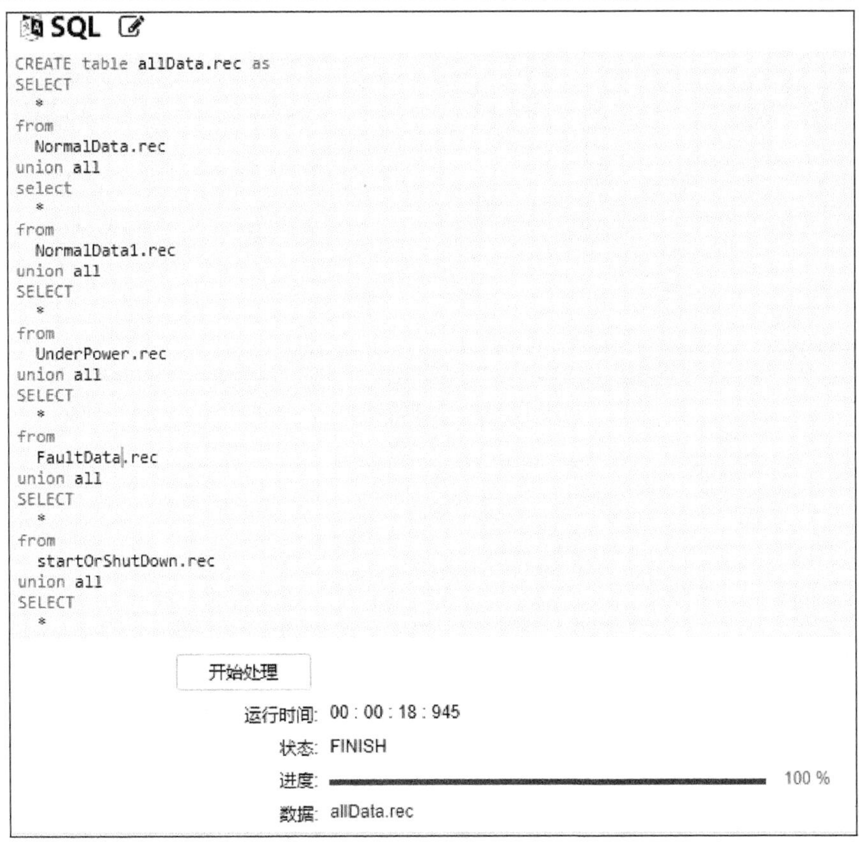

图 10.317 SQL 语句(九)

(4) 单击查看数据，得到状态识别的结果，如图 10.318 和图 10.319 所示。

RealRec DSL

数据集allData.rec

查看数据 | 切分数据集 | 预处理 | 多维特征分析 | 特征工程 | 图谱计算 | 建模 | 预测评估 | 下载 | 保存 | 导出 | 数据可视化

行数	列数	压缩后大小	文件名
52555	65	5 MB	allData.rec

列统计信息

列名	类型	非零个数	空值个数	非重复值	ID相似度	最小值	最大值	均值	标准差
row_num	double	52555	0	-	-	1	52555	26278	1.517147e+4
风机ID	string	-	0	1	1.902769e-5	-	-	-	-
记录时间	timestamp	-	0	52555	1	-	-	-	-
总解缆转数	double	52369	154	-	-	0	2.058720e+7	1.348988e+7	4.947925e+6
总偏航次数	double	52369	154	-	-	0	5.497800e+7	2.834704e+7	1.580262e+7
轮毂转速	double	46218	154	-	-	-0.04	14.47	7.68368	4.01685
轮毂转速最大值	double	48905	154	-	-	0	16.98	8.43566	4.31849
轮毂转速最小值	double	42215	154	-	-	-0.4	14.2	5.99148	4.26610
轮毂角度	double	52245	154	-	-	0	359.99	176.77750	46.94286
轮毂角度最大值	double	52246	154	-	-	0	360	323.15552	85.71689
轮毂角度最小值	double	19754	154	-	-	0	359.99	26.39690	73.70290
叶片1角度	double	52301	154	-	-	-19.25	196	14.77773	30.80652
叶片1角度最大值	double	52300	154	-	-	-19.25	196.02	16.76763	32.85945
叶片1角度最小值	double	44803	154	-	-	-19.25	192.12	11.10363	27.93730
叶片2角度	double	52274	154	-	-	-32.5	88.06	14.71509	30.72840
叶片2角度最大值	double	52272	154	-	-	-32.5	89.19	16.71034	32.80196
叶片2角度最小值	double	44765	154	-	-	-89.44	88.05	11.03131	27.85709
叶片3角度	double	52287	154	-	-	-27.77	88.06	14.74093	30.76110
叶片3角度最大值	double	52285	154	-	-	-27.77	88.54	16.72808	32.81622
叶片3角度最小值	double	44790	154	-	-	-27.77	88.05	11.07071	27.89603
超速传感器转速检测值	double	52277	154	-	-	0	14.53	7.72170	4.01915
超速传感器转速检测值最大值	double	52287	154	-	-	0	41.32	8.56767	4.37899
超速传感器转速检测值最小值	double	38194	154	-	-	0	14.22	5.98833	4.25944
5秒偏航对风平均值	double	52297	154	-	-	-173.77	172.78	0.16148	19.13264
5秒偏航对风平均值最大值	double	51841	154	-	-	-170.4	180	22.12810	26.16220
5秒偏航对风平均值最小值	double	52025	154	-	-	-180	169.4	-19.99548	24.16039
x方向振动值	double	39609	154	-	-	-10	0.01	-0.10610	0.08570
x方向振动值最大值	double	46925	154	-	-	-10	3.3	0.01713	0.10017
x方向振动值最小值	double	52369	154	-	-	-10	0	-0.24476	0.37865
y方向振动值	double	50681	154	-	-	-9.3	2.11	-0.10828	0.08148
y方向振动值最大值	double	48420	154	-	-	-0.14	9.98	0.06619	0.37809
y方向振动值最小值	double	52369	154	-	-	-10	0	-0.27579	0.15064
机舱气象站风速	double	52310	154	-	-	0	19.16	4.71243	2.14168
机舱气象站风速最大值	double	52320	154	-	-	0	32.9	6.45349	3.03962
机舱气象站风速最小值	double	43818	154	-	-	0	9.9	2.59327	1.84571
机舱气象站风速标准差	double	52320	154	-	-	0	7.47129	0.64755	0.39506
风向绝对值	double	52369	154	-	-	0	359.99856	177.44214	120.90763
风向绝对值最大值	double	52369	154	-	-	0	360	216.14005	118.49384
变频器发电机侧功率	double	43351	154	-	-	0	2166	436.68124	498.59096
变频器发电机侧功率最大值	double	43499	154	-	-	0	2397	585.14603	624.01777
变频器发电机侧功率最小值	double	34853	154	-	-	0	2140	255.11448	356.92631
发电机转矩	double	43375	154	-	-	0	1371	350.40627	325.50727
发电机转矩最大值	double	43499	154	-	-	0	1402	442.58438	388.57760
发电机转矩最小值	double	34866	154	-	-	0	1357	222.61936	259.46885
发电机定子温度1	double	52369	154	-	-	0	134.1	38.11841	16.58736
发电机定子温度2	double	52369	154	-	-	0	132.8	39.73390	16.38264
发电机定子温度3	double	52369	154	-	-	0	129.7	38.65602	16.23527
发电机定子温度4	double	52369	154	-	-	0	135.8	40.24713	16.17474
发电机定子温度5	double	52369	154	-	-	0	132.5	40.21955	16.23236
发电机定子温度6	double	52369	154	-	-	0	129.6	36.48450	16.18077
发电机空气温度1	double	52369	154	-	-	0	107.9	35.96733	13.81779
发电机空气温度2	double	52369	154	-	-	0	131.1	37.26926	16.53041
主轴承温度1	double	52369	154	-	-	0	74.1	51.82480	10.95023
主轴承温度2	double	52369	154	-	-	0	79.3	55.90217	11.43560
机舱温度	double	52369	154	-	-	0	44.2	26.35568	7.65772
变频器INU温度	double	52211	154	-	-	0	35.5	34.83582	2.20247
变频器ISU温度	double	52211	154	-	-	0	36.6	34.83577	2.20240
变频器INU_RMIO温度	double	52211	154	-	-	0	35	34.83558	2.20259
风机当前状态值	double	52244	154	-	-	0	6	5.26101	1.35383
变频器控制状态	double	51822	154	-	-	0	2	1.77821	0.44125
label	double	52555	0	-	-	-1	4	1.35272	1.33782

图 10.318　数据展示(三)

方向振动值	y方向振动值最大值	y方向振动值最小值	机舱气象站风速	机舱气象站风速最大值	机舱气象站风速最小值	机舱气象站风速标准差	风向绝对值	风向绝对值最大值	风向绝对值最小值	变频器电网侧有功功率	变频器电网侧有功功率最大值	变频器电网侧有功功率最小值	变频器发电机侧功率	变频器发电机侧功率最大值	变频器发电机侧功率最小值	发电机转矩	发电机转矩最大值	发电机转矩最小值	发电机定子温度1	发电机定子温度2	发电机定子温度3	发电机定子温度4	发电机定子温度5	发电机定子温度6	发电机空气温度1	发电机空气温度2	主轴承温度1	主轴承温度2	机舱温度	变频器INU温度	变频器ISU温度	变频器INU_RMIO温度	风机当前状态值	变频器控制状态	label
0.14	0.19	-0.56	4.56	7.3	0	1.132630663	196.6194607	206	0	201	294	66	237	337	0	248	327	0	24.3	25.9	24.9	27.2	27.4	23.8	26.9	25.7	53.3	56.9	17	34.9	34.9	34.9	5	1	1
0.14	0.21	-0.4	5.55	7.6	3.4	0.808964365	194.9639501	204	186	282	407	146	335	471	183	323	408	197	23.2	24.8	23.7	26.3	26.7	23	25.7	24.7	52.8	56.5	16.9	35	35	35	6	2	1
0.14	0.02	-0.3	5.68	7.6	0	0.664578623	198.10022	202	0	336	408	269	396	475	0	363	408	0	23.1	24.6	23.7	26.3	26.6	23	25.4	24.3	52.4	56.1	16.8	34.9	34.9	34.9	5	1	1
0.14	0.04	-0.29	5.16	7.3	3.8	0.596875187	197.8322327	203	189	252	332	175	300	382	222	301	355	237	22.7	24.3	23.5	25.7	25.8	22.4	25	24	52.1	55.9	16.8	35	35	35	6	2	1
0.14	0.01	-0.27	4.88	6.1	3.9	0.389499022	196.2970179	201	190	205	255	162	246	289	204	259	293	220	22	23.6	22.8	24.7	25	21.4	24.3	22.8	51.6	55.3	16.7	35	35	35	6	2	1
0.14	0.06	-0.36	5.76	7.9	4.4	0.588639221	206.0761599	214	201	331	406	256	391	470	319	360	406	314	21.4	23.1	22.4	24.2	24.5	20.9	23.5	22.4	50.9	54.6	16.3	35	35	35	6	2	1
0.14	0.05	-0.32	5.81	8	3.8	0.730110107	207.1725893	219	198	323	411	221	382	481	272	354	412	284	20.6	22.2	21.6	23.6	23.9	20.3	22.9	21.8	50.6	54.1	16	35	35	35	6	2	1
0.14	0	-0.31	5.71	7.1	4.1	0.488024193	204.0400175	208	200	320	397	277	378	469	339	352	401	329	20.5	22.1	21.5	23	23.3	19.8	22.7	21.6	50.4	53.9	15.9	35	35	35	6	2	1
0.14	0.01	-0.32	5.95	7.6	0	0.583006904	206.3989405	215	0	382	438	339	450	507	0	395	426	0	20.5	22.2	21.6	23.4	23.6	20.2	22.7	21.6	50.3	53.7	15.7	34.9	34.9	34.9	5	1	1
0.14	0	-0.26	6.61	8.5	5.3	0.516589534	212.9546777	219	210	612	793	448	718	919	535	536	631	442	20.5	22.1	21.5	23.7	24	20.5	23.2	21.9	50.6	54	15.5	35	35	35	6	2	1

-0.34	9.59	11.7	5.7	0.836439908	7.018193782	11	4	921	1285	0	982	1371	0	666	892	0	48.2	49.3	48.2	49.2	49.7	46.1	44.9	47.3	60	64.5	25.2	35	35	35	5	1	2
-0.41	9.25	11.7	4.3	1.078814027	5.675075415	360	0	769	1364	0	820	1456	0	548	954	0	46.6	47.8	46.7	48.1	48.4	44.8	44.8	46.7	59.4	63.7	25.1	35	35	35	5	1	2
-0.61	9.24	14.4	3.8	2.027168721	242.311164	257	228	900	2138	0	954	2214	0	647	1402	0	64.7	65.8	64.8	66.6	67.4	64	57.8	67	57.3	61.2	15.5	35	35	35	5	1	2
-0.57	11.45	15.2	5.2	2.08866083	264.831133	274	256	1438	2232	0	1491	2310	0	955	1388	0	62.4	63	61.4	64	64.2	60.1	51.6	61	58.3	62.9	14	35	35	35	5	1	2
-0.41	9.57	15.7	5.5	1.857479099	259.4960529	274	246	1258	2172	0	1333	2249	0	900	1389	0	60.7	61.6	59.9	61.9	62.1	58.1	52.4	61.3	57.7	62.2	17.5	35	35	35	5	1	2
-0.45	10.96	18.8	4.1	3.590338175	148.0847673	169	131	1441	2129	464	1501	2204	496	1004	1386	451	34.6	35.4	35	36	36.5	33.4	33.3	34.5	52.2	56.9	18.5	35	35	35	6	2	2
-0.44	10.66	15.3	0	2.184496799	272.5043005	283	0	1301	2117	0	1346	2192	0	862	1389	0	68.4	69.4	68.6	69.9	70.8	67.9	60.5	70.9	56.7	59.8	16.4	34.9	34.9	34.9	4	1	2
-0.52	9.23	13.6	4.2	1.647348116	275.8020266	296	267	1158	2119	0	1217	2194	0	802	1402	0	49.5	50.7	49	51.3	51.2	47.2	42.5	47.2	51.1	54.6	18.1	35	35	35	5	2	2
-0.43	9.32	14.1	4	1.747194261	269.6069608	286	258	824	1583	0	879	1688	0	589	1108	0	54.7	56.8	54.4	56.1	57.3	52.7	49.1	56.7	57.7	60.2	16.9	35	35	36	4	2	2
-0.59	11.83	16.5	5	1.932497692	206.2368791	226	190	1439	2130	0	1496	2204	0	968	1393	0	98.2	98.5	97	99.8	99.2	96.1	80.4	98.3	60.4	65	23.6	35	35	35	4	2	2

.14	0.08	-0.32	5.27	7.2	3.8	0.584383846	207.3087244	217	197	222	314	166	265	362	208	274	341	222	21.6	23.1	22.4	24.4	24.6	21	23.5	22.3	51.1	54.9	16.7	35	35	35	6	2	-1
.14	0.17	-0.35	5.52	8	3.8	0.771584076	211.9154233	217	205	251	388	146	299	450	185	298	397	196	20.9	22.5	21.7	24	24.1	20.5	23.2	22	50.8	54.4	16.2	35	35	35	6	2	-1
.14	0.02	-0.3	5.86	8.5	4.4	0.539747643	209.0367645	212	204	330	431	268	390	499	329	359	422	324	20.6	22.2	21.6	23.6	23.9	20.3	22.9	21.8	50.6	54	15.9	35	35	35	6	2	-1
.14	0.02	-0.27	6.45	8.1	0	0.653212173	218.1778719	230	0	380	463	333	447	532	0	393	440	0	20.1	21.8	21.1	23	23.3	19.9	22.7	21.5	50.3	53.7	15.7	34.9	34.9	34.9	5	1	-1
.14	0.07	-0.31	4.87	6.1	3.8	0.428043653	215.8113722	222	211	168	214	128	200	253	166	213	265	178	19.5	21.1	20.3	23.1	23.4	20.1	22.6	21.4	50.8	54.1	15.3	35	35	35	6	2	-1
.14	-0.02	-0.29	4.37	5.7	3.2	0.453706555	213.7445737	221	205	131	175	97	148	198	105	170	209	136	19.5	21.2	20.7	22.8	23	19.6	21.7	20.9	50.2	53.6	15.4	35	35	35	6	2	-1
.14	-0.04	-0.24	3.88	4.7	3	0.362145803	181.0741794	186	170	94	132	56	99	131	68	127	167	89	15.8	17.6	17.5	18.7	19	15.9	18	16.2	46.8	50.4	14.8	35	35	35	6	2	-1
.14	-0.08	-0.2	4.97	5.8	4	0.31869936	206.3637136	218	198	195	234	154	234	263	194	246	273	208	14.4	16.2	15.8	17.6	17.8	14.7	17.1	15.2	45.6	49.3	14.4	35	35	35	6	2	-1
.14	-0.07	-0.21	5.5	6.5	4.8	0.305941853	213.9432813	219	209	268	314	219	318	356	273	312	337	285	14.5	16.4	15.8	17.7	17.9	14.8	17.5	15.8	45.7	49.3	14.4	35	35	35	6	2	-1
.14	-0.04	-0.23	3.95	4.8	3.1	0.238034464	200.8200968	208	192	98	133	76	102	128	88	131	162	114	14.2	16.2	15.6	17.6	17.7	14.4	16.5	14.9	45.1	48.7	14.5	35	35	35	6	2	-1

图 10.319　数据展示(四)

6. 实验总结

至此，已经完成风机维护性预测的案例操作实验。通过本实验的学习，我们可以对风机运行状态与风速的关系有一定的了解，也可以通过风机的监控数据判断风机的运行状态，为风机的维护做出科学的判断，同时掌握了广义线性模型的原理及操作，以及 SQL 语句创建衍生变量和数据可视化方法。

7. 实验思考

(1) 本实验最终选择了“风机侧功率”作为建模变量，能否使用其他的变量作为替代？
(2) 欠功率数据还可以通过什么方式判断定义？
(3) 本实验使用广义线性拟合模型，能否使用其他的模型进行风机的状态预测？

10.8　实验八：医保欺诈

1. 实验简介

人社领域拥有覆盖广泛的数据资源，蕴藏着广阔的应用前景和创新潜能，特别是社会保险数据规模巨大，现已覆盖数亿参保人群，内容包罗养老、失业、医疗、工伤、生育等方面，具有典型的大数据特征，将成为“互联网＋人社”发展创新的重要基础。近年来，随着全民医保的基本实现以及即时结算等工作的推进，医疗服务监管的形势出现了一些新特点，欺诈骗保等现象有所增多，人社部门利用数据比对、诊疗规则筛查等手段，加强对门诊、住院、购药等各类医疗服务行为的智能监控，取得了一定成效，但数据应用方式较为传统，在大数据应用理念、方法、技术等方面存在进一步改进和提升的空间。

本实验旨在推动大数据、人工智能等技术在基本医疗保险医疗服务智能监控领域的应用，实现对欺诈骗保行为的准确识别，进一步提高医保智能监控的针对性和有效性。在此基础上，调动全社会的创新力量，为“互联网＋人社”提供创新方案和创意点子，形成一批可借鉴、可复制、可推广的应用模式和建设方案。

2. 实验要求

完成数据算法模型的开发设计，实现对各类医疗保险基金欺诈违规行为的准确识别，以进一步丰富现行医保智能监控的医保规则和医学规则，提高医保智能监控的针对性和有效性。

违规行为举例如下。

(1)为了获得不当利益，部分人员从各种途径收集医疗保险参保人员的社保卡，通过社保卡到医院进行虚假诊疗，套取医保基金。

(2)在门诊特殊疾病的诊疗中，部分人员通过编造病历、诊疗过程，套取医保基金。

本实验中，将上述两种违规人员统称为涉嫌造假人员。请读者基于给定的训练集数据得到模型，然后使用模型判定测试集中的人员是否为涉嫌造假人员。读者可以用训练数据集自行训练模型和离线评估，获得最优的模型，用获得的模型对测试数据集进行预测。

最终会针对测试数据集的预测结果进行评分，看看哪个模型得到的准确率最高。

3. 数据字典

数据字典提供对原始数据列的解释，原始数据中大部分数据列有中文解释。现将没有中文解释的列说明一下，如表 10.13 所示。

表 10.13　数据字典

列名	解释
R_YP_SUM	药品在总金额中的占比
R_YP_GR	个人支付的药品占比
R_JC_SUM	检查总费用在总金额中的占比
R_JC_GR	个人支付的检查费用占比
R_ZL_SUM	治疗费用在总金额中的占比
R_ZL_GR	个人支付的治疗费用占比
LENTH_MAX	出院诊断字符串长度最大值
RES	结果是否是涉嫌造假人员

第 11 章　开放性实验

11.1　实验一：就业局就业与失业大数据分析

1. 实验简介

利用某省就失业数据和缴纳社保数据，通过多维分析、机器学习等大数据分析手段，分析不同类别的人员在停发公益性岗位补贴后的就业能力，并对停发补贴后的人员就业能力进行预测，为停发或减少补贴的人员类别相关决策提供支持，优化补贴资源配置。

2. 实验目的

(1) 熟练掌握通过 SQL 进行数据处理的方法。
(2) 掌握数据科学平台 RealRec 的使用及其操作步骤。
(3) 熟练掌握决策树与 GBDT 算法的原理及其运用。

3. 相关原理与技术

1) SQL 处理过程

SQL 作为操作关系型数据的标准语言，应用广泛。在业务中，经常需要将不同的数据表连接到一起，生成新的衍生表，在筛选字段和产生衍生变量的时候尤其重要。本实验中运用了大量的 SQL 处理过程。

2) 数据的父子关系

在此次分析中为了提取最终的特征产生了许多中间表和中间变量，请在实验过程中记录这些变量之间的关系，有助于对数据的流转和继承关系加深印象，分析中经常需要记录这些数据的来源。

3) 决策树

决策树是一种基本的分类与回归方法。决策树模型呈树形结构，在分类问题中，表示基于特征对实例进行分类的过程。它可以认为是 if-then 规则的集合，也可以认为是定义在特征空间与类空间上的条件概率分布。其主要优点是模型具有可读性，分类速度快。学习时，利用训练数据，根据损失函数最小化的原则建立决策树模型。预测时，对新的数据，利用决策树模型进行分类。决策树学习通常包括 3 个步骤：特征选择、决策树的生成和决策树的修剪。

4) GBDT

GBDT 是一种迭代的决策树算法，该算法由多棵决策树组成，所有树的预测结果累加起来作为最终答案。即先用一个初始值学习一棵决策树，叶子处得到预测的值以及预测之后的残差，然后后面的决策树就要基于前面决策树的残差来学习，直到预测值和真实值的残差为零。最终对于测试样本的预测值，就是前面许多棵决策树预测值的累加。整个过程都是每次学习一点(真实值的一部分)，最后累加。

4. 实验操作流程

实验操作流程如图 11.1 所示。

图 11.1 实验操作流程

5. 实验方案与过程

1) 业务理解

如果想预测公益性岗位补贴停发后，人员的就业与失业情况，就必须准确地标记历史数据中，在停发补贴后人员的就业与失业的状态。所以，理解就业与失业的判别规则是做好预测模型的第一步。以下是就业与失业状态的判定规则，如图 11.2 所示。

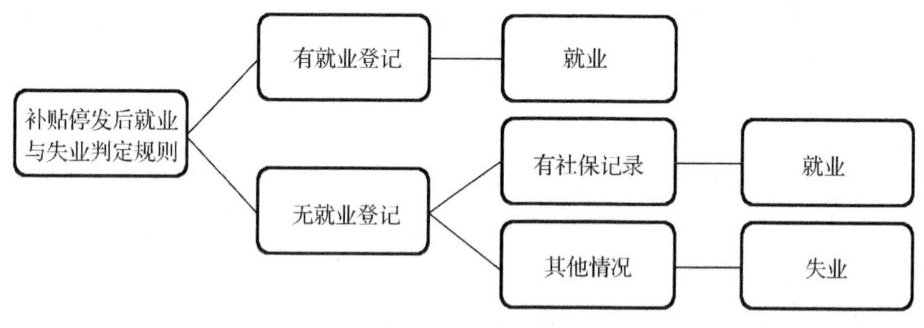

图 11.2 业务逻辑

基于以上规则，需要准备公益性岗位补贴数据表、就业登记表、失业登记数据表、社保人员基本信息表、社保缴费信息表。

(1) 数据表结构。公益性岗位补贴数据表结构如表 11.1 所示。

表 11.1 公益性岗位补贴数据表

特征名称	特征类型
身份编号	string
补贴类别	float
补贴金额合计	float
就业困难对象类别	float
年龄	float
性别	float
岗位补贴结束年月	int

就业登记表结构如表 11.2 所示。

表 11.2 就业登记表

特征名称	特征类型
社保编号	string
就业失业登记编号	string
就业形式	string
身份编号	string
出生日期	time
文化程度	int
户口性质	int
单位名称	string
就业时间	time
岗位补贴结束年月	time
联系电话	string

失业登记数据表结构如表 11.3 所示。

表 11.3 失业登记数据表

特征名称	特征类型
身份编号	string
户口性质	int
文化程度	int
失业时间	time

社保人员基本信息表结构如表 11.4 所示。

表 11.4 社保人员基本信息表

特征名称	特征类型
身份编号	string
社保编号	string

社保缴费信息表结构如表 11.5 所示。

表 11.5 社保缴费信息表

特征名称	特征类型
社保编号	string
户口性质	int
文化程度	int
缴费金额	float
单位编号	string
费用所属期	time

(2) 数据表关系梳理。根据之前的就失业状态判定规则，可以梳理出，在补贴停发后有就业能力的人有两种，第一种是补贴停发后有就业登记的人，这部分人需要通过关联“公益性岗位补贴数据表”和“就业登记表”获得。

第二种是补贴停发后缴纳社保的人，这部分人需要通过关联“公益性岗位补贴数据表”“社保人员基本信息表”“社保缴费信息表”获得。

其他的人员，将被标记为停发补贴后没有就业能力。当然，在实际业务中，很有可能要排除一些录入错误的数据，避免混入错误数据造成后续建模误差，而这些错误信息的查找很可能通过关联其他的信息表获得，如失业登记表。

2) 数据预处理

(1) 上传“公益性岗位补贴数据表”，数据上传完成后，即得到.rec 文件的数据，我们可查看具体的数据质量情况，如图 11.3 和图 11.4 所示。

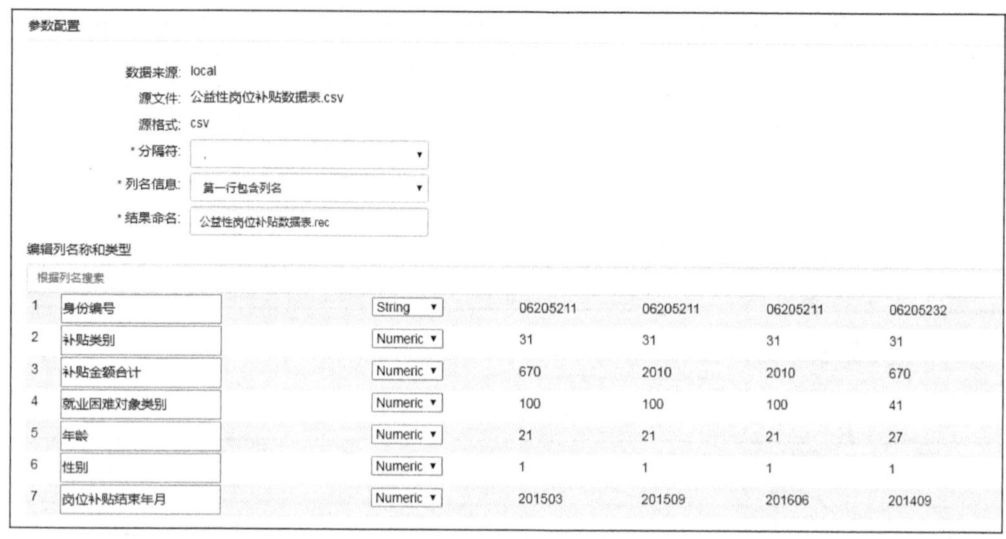

图 11.3　数据预处理(一)

数据集公益性岗位补贴数据表.rec

查看数据 切分数据集 预处理 多维特征分析 特征工程 图谱计算 建模 预测评估 下载 保存 导出 数据可视化

行数	列数	压缩后大小	文件名
277828	7	1 MB	公益性岗位补贴数据表.rec

列统计信息

列名	类型	非零个数	空值个数	非重复值	ID相似度	最小值	最大值	均值	标准差
身份编号	string	-	0	88994	0.32032	-	-	-	-
补贴类别	double	277828	0	-	-	31	31	31	0
补贴金额合计	double	275578	0	-	-	0	46800	2.912043e+3	2.482935e+3
就业困难对象类别	double	277828	0	-	-	10	990	240.41163	368.88440
年龄	double	277828	0	-	-	16	61	39.11977	10.42442
性别	double	277828	0	-	-	1	2	1.48696	0.49983
岗位补贴结束年月	double	277828	0	-	-	201012	201804	2.015097e+5	100.12178

图 11.4　数据预处理(二)

(2) 由于存在 1 人多次申报补贴的情况，所以通过 SQL 语句按照个人最后一次领取补贴的时间选取唯一的补贴记录，如图 11.5 所示。

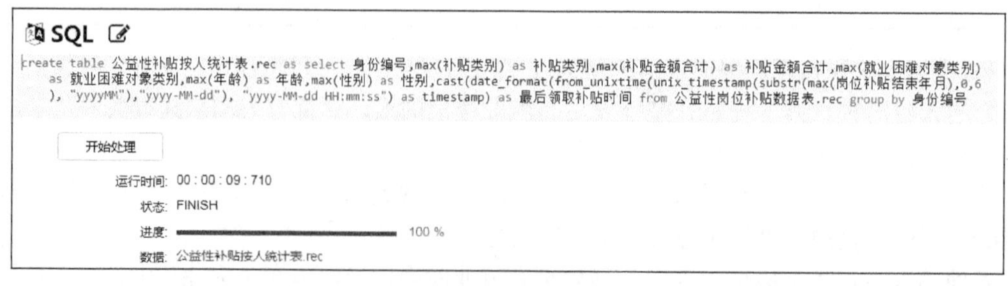

图 11.5　数据预处理(三)

SQL 语句实现如下：

```
create table 公益性补贴按人统计表.rec as
select 身份编号,max(补贴类别) as 补贴类别,max(补贴金额合计) as 补贴金额合计,max(就业困难对象类别)as 就业困难对象类别,max(年龄)as 年龄,max(性别)as 性别,cast(date_format(from_unixtime(unix_timestamp(substr(max(岗位补贴结束年月),0,6), "yyyyMM"), "yyyy-MM-dd"), "yyyy-MM-dd HH:mm:ss") as timestamp)as 最后领取补贴时间 from 公益性岗位补贴数据表.rec group by 身份编号
```

(3)语句执行完成后，会看到行数明显减少了，现在的数据每一条代表1个人最后一次接受补贴的记录，如图11.6所示。

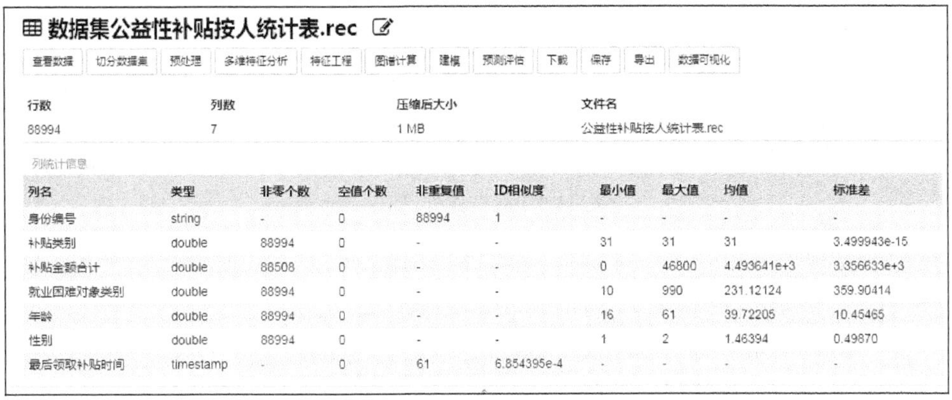

数据集公益性补贴按人统计表.rec

查看数据 | 切分数据集 | 预处理 | 多维特征分析 | 特征工程 | 图谱计算 | 建模 | 预测评估 | 下载 | 保存 | 导出 | 数据可视化

行数	列数	压缩后大小	文件名
88994	7	1 MB	公益性补贴按人统计表.rec

列统计信息

列名	类型	非零个数	空值个数	非重复值	ID相似度	最小值	最大值	均值	标准差
身份编号	string	-	0	88994	1	-	-	-	-
补贴类别	double	88994	0	-	-	31	31	31	3.499943e-15
补贴金额合计	double	88508	0	-	-	0	46800	4.493641e+3	3.356633e+3
就业困难对象类别	double	88994	0	-	-	10	990	231.12124	359.90414
年龄	double	88994	0	-	-	16	61	39.72205	10.45465
性别	double	88994	0	-	-	1	2	1.46394	0.49870
最后领取补贴时间	timestamp	-	0	61	6.854395e-4	-	-	-	-

图11.6 数据预处理(四)

(4)上传“失业登记数据表”，并设置各个字段的属性后进行解析，如图11.7和图11.8所示。

数据来源: local
源文件: 失业登记数据表.csv
源格式: csv
* 分隔符: ,
* 列名信息: 第一行包含列名
* 结果命名: RealFrame_失业登记数据表.rec

编辑列名称和类型

根据列名搜索

	列名	类型				
1	身份编号	String	01063224	04076810	1018564X	01068611
2	户口性质	String	11	11	21	11
3	文化程度	String	20	20	20	20
4	失业时间	Time	2013-07-01T00:00:00.000+08:00	2013-11-29T00:00:00.000+08:00	2013-07-01T00:00:00.000+08:00	2008-06-23T00:00:00.000+08:00

上一页 下一页

图11.7 数据预处理(五)

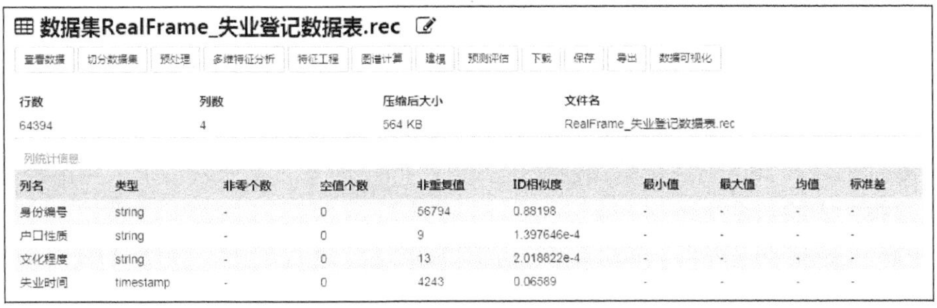

数据集RealFrame_失业登记数据表.rec

查看数据 | 切分数据集 | 预处理 | 多维特征分析 | 特征工程 | 图谱计算 | 建模 | 预测评估 | 下载 | 保存 | 导出 | 数据可视化

行数	列数	压缩后大小	文件名
64394	4	564 KB	RealFrame_失业登记数据表.rec

列统计信息

列名	类型	非零个数	空值个数	非重复值	ID相似度	最小值	最大值	均值	标准差
身份编号	string	-	0	56794	0.88198	-	-	-	-
户口性质	string	-	0	9	1.397646e-4	-	-	-	-
文化程度	string	-	0	13	2.018822e-4	-	-	-	-
失业时间	timestamp	-	0	4243	0.06589	-	-	-	-

图11.8 数据预处理(六)

(5)通过 SQL 语句过滤掉当前公益性岗位补贴数据表中的错误数据，根据业务经验，领取公益性岗位补贴的人员不可能是本科(10)、硕士(11)、博士(14)、研究生以上(20)等，户口性质也不可能是港澳台(40)和外籍人士(30)，因此将这些数据按条件过滤掉，如图 11.9 所示。

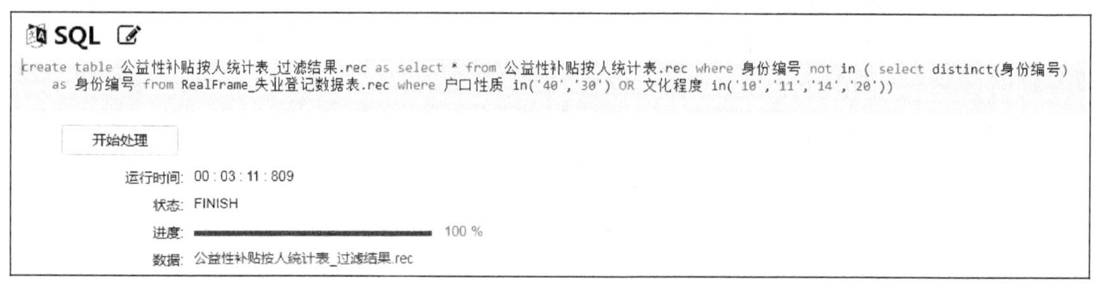

图 11.9　数据预处理(七)

SQL 语句实现如下：

```
create table 公益性补贴按人统计表_过滤结果.rec as
select * from 公益性补贴按人统计表.rec where 身份编号 not in (select distinct(身
份编号) as 身份编号 from RealFrame_失业登记数据表.rec where 户口性质
in('40','30') OR 文化程度 in('10','11','14','20'))
```

(6)通过 SQL 语句过滤掉错误数据后，可以看到数量从 88994 条减少到 80104 条，过滤掉错误数据后，数据已经达到了进一步标记就业和失业状态的要求，如图 11.10 所示。

数据集公益性补贴按人统计表_过滤结果.rec

查看数据　切分数据集　预处理　多维特征分析　特征工程　图谱计算　建模　预测评估　下载　保存　导出　数据可视化

行数	列数	压缩后大小	文件名
80104	7	809 KB	公益性补贴按人统计表_过滤结果.rec

列统计信息

列名	类型	非零个数	空值个数	非重复值	ID相似度	最小值	最大值	均值	标准差
身份编号	string	-	0	80104	1	-	-	-	-
补贴类别	double	80104	0	-	-	31	31	31	0
补贴金额合计	double	79665	0	-	-	0	46800	4.447806e+3	3.319949e+3
就业困难对象类别	double	80104	0	-	-	10	990	228.02168	358.16221
年龄	double	80104	0	-	-	16	61	39.97609	10.37974
性别	double	80104	0	-	-	1	2	1.45724	0.49817
最后领取补贴时间	timestamp	-	0	60	7.490263e-4	-	-	-	-

图 11.10　数据预处理(八)

3)特征工程

接下来一个重要的工作是标记公益性岗位补贴停发后，人员的就业和失业的状态，只有准确地标记了状态，才可以进行进一步的预测分析。按照上面业务理解的判定规则，我们需要关联就业登记表和社保信息筛选出就业的人员，再在剩下的失业人员中采样出部分失业数据，组成建模所需的数据集。

(1)上传“就业登记表”，并设置各个字段的属性后进行解析，如图 11.11 和图 11.12 所示。

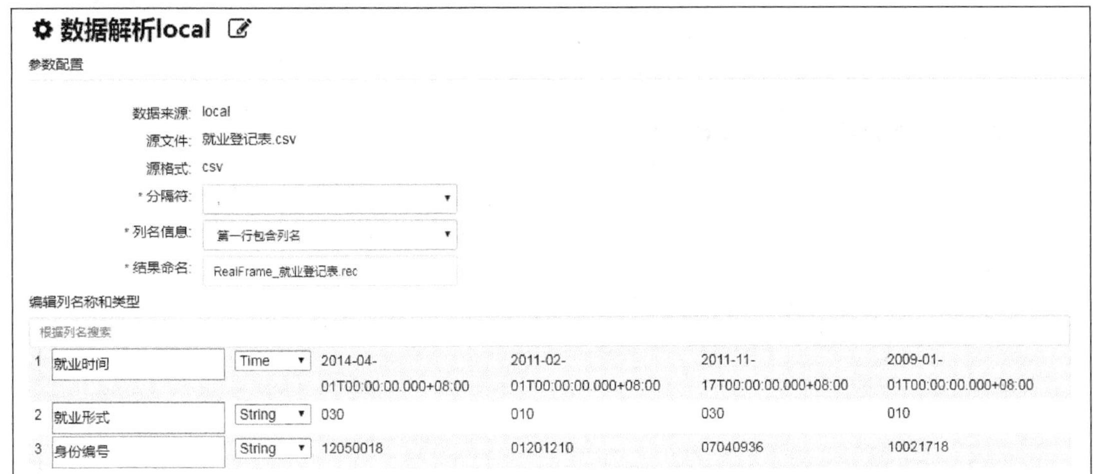

图 11.11　特征工程(一)

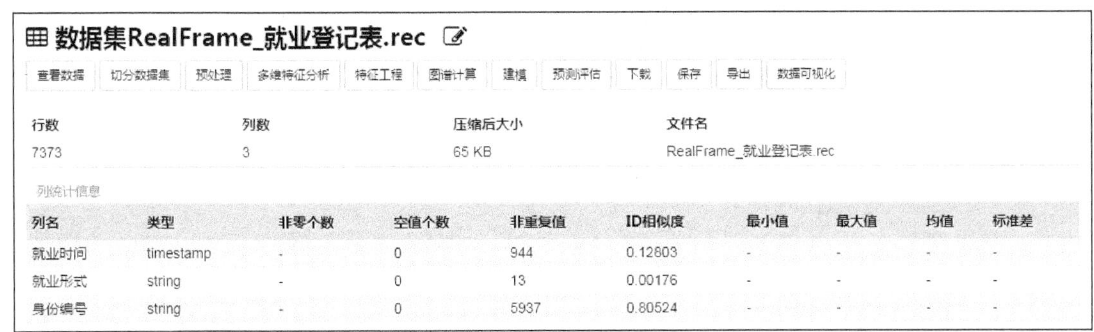

图 11.12　特征工程(二)

(2)通过 SQL 语句关联补贴表和就业登记表，并通过时间作为过滤条件，筛选出在补贴停发后进行过就业登记的人员，这部分人在停发补贴后具备就业能力，就业状态标记为就业“1”，如图 11.13 所示。

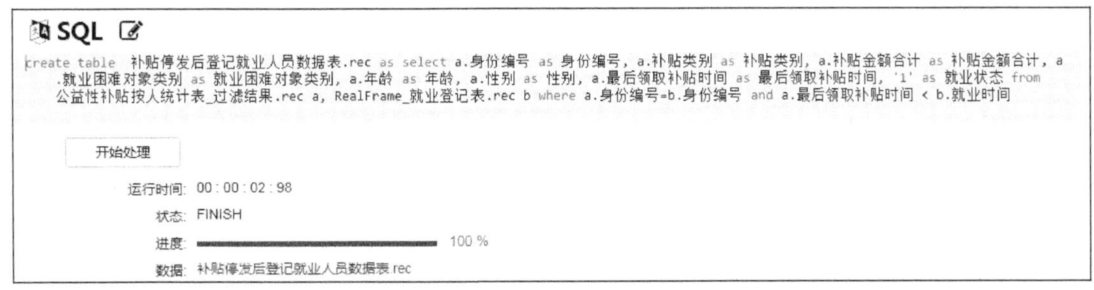

图 11.13　特征工程(三)

SQL 语句实现如下：

```
create table 补贴停发后登记就业人员数据表.rec as select a.身份编号 as 身份编号,
a.补贴类别 as 补贴类别, a.补贴金额合计 as 补贴金额合计, a.就业困难对象类别 as 就业
困难对象类别, a.年龄 as 年龄, a.性别 as 性别, a.最后领取补贴时间 as 最后领取补贴
时间, '1' as 就业状态 from 公益性补贴按人统计表_过滤结果.rec a, RealFrame_就业
登记表.rec b where a.身份编号=b.身份编号 and a.最后领取补贴时间< b.就业时间
```

(3) SQL 语句执行完成后，就得到了补贴停发后登记就业的人，共 324 人，如图 11.14 所示。

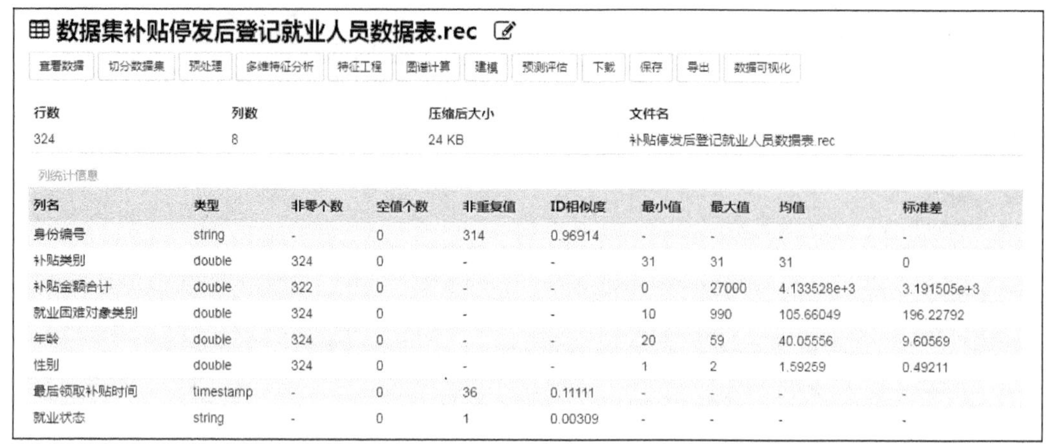

行数	列数	压缩后大小	文件名
324	8	24 KB	补贴停发后登记就业人员数据表.rec

列名	类型	非零个数	空值个数	非重复值	ID相似度	最小值	最大值	均值	标准差
身份编号	string	-	0	314	0.96914	-	-	-	-
补贴类别	double	324	0	-	-	31	31	31	0
补贴金额合计	double	322	0	-	-	0	27000	4.133528e+3	3.191505e+3
就业困难对象类别	double	324	0	-	-	10	990	105.66049	196.22792
年龄	double	324	0	-	-	20	59	40.05556	9.60569
性别	double	324	0	-	-	1	2	1.59259	0.49211
最后领取补贴时间	timestamp	-	0	36	0.11111	-	-	-	-
就业状态	string	-	0	1	0.00309	-	-	-	-

图 11.14　特征工程(四)

(4) 上传“社保人员基本信息表”，并设置各个字段的属性后进行解析，如图 11.15 和图 11.16 所示。

图 11.15　特征工程(五)

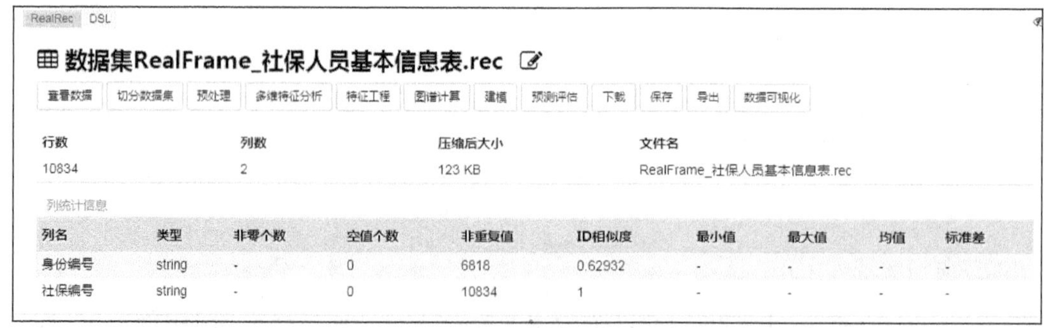

行数	列数	压缩后大小	文件名
10834	2	123 KB	RealFrame_社保人员基本信息表.rec

列名	类型	非零个数	空值个数	非重复值	ID相似度	最小值	最大值	均值	标准差
身份编号	string	-	0	6818	0.62932	-	-	-	-
社保编号	string	-	0	10834	1	-	-	-	-

图 11.16　特征工程(六)

(5) 关联补贴表和社保人员基本信息表，如图 11.17 所示。

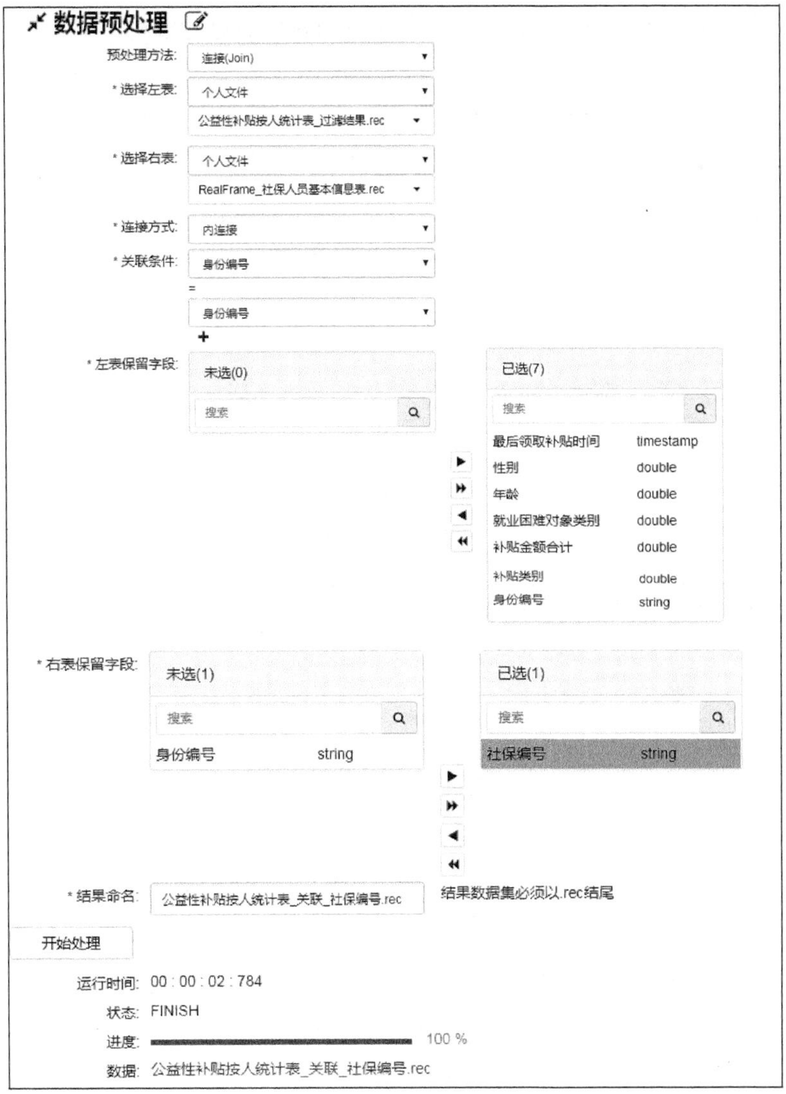

数据预处理

预处理方法: 连接(Join)

* 选择左表: 个人文件

公益性补贴按人统计表_过滤结果.rec

* 选择右表: 个人文件

RealFrame_社保人员基本信息表.rec

* 连接方式: 内连接

* 关联条件: 身份编号

=

身份编号

* 左表保留字段: 未选(0)

已选(7)

最后领取补贴时间	timestamp
性别	double
年龄	double
就业困难对象类别	double
补贴金额合计	double
补贴类别	double
身份编号	string

* 右表保留字段: 未选(1)

身份编号 string

已选(1)

社保编号 string

* 结果命名: 公益性补贴按人统计表_关联_社保编号.rec 结果数据集必须以.rec结尾

开始处理

运行时间: 00 : 00 : 02 : 784

状态: FINISH

进度: 100 %

数据: 公益性补贴按人统计表_关联_社保编号.rec

图 11.17 特征工程(七)

(6)得到的关联结果中，原来的补贴表增加了社保编号，如图 11.18 所示。

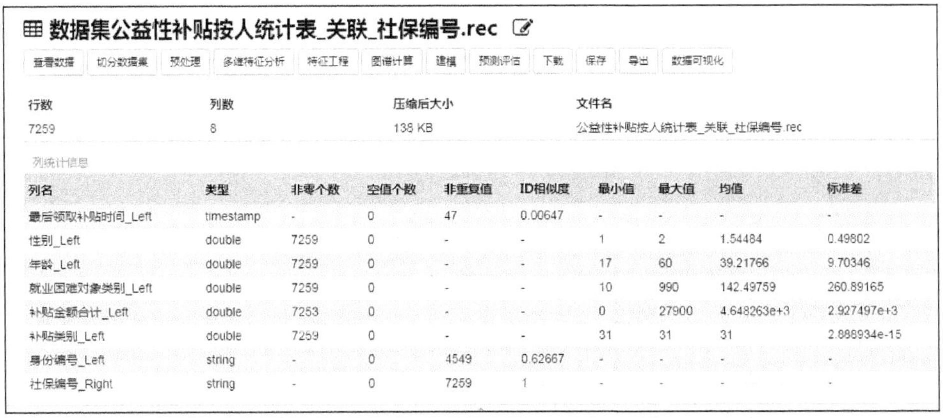

数据集公益性补贴按人统计表_关联_社保编号.rec

查看数据 切分数据集 预处理 多维特征分析 特征工程 图谱计算 建模 预测评估 下载 保存 导出 数据可视化

行数	列数	压缩后大小	文件名
7259	8	138 KB	公益性补贴按人统计表_关联_社保编号.rec

列统计信息

列名	类型	非零个数	空值个数	非重复值	ID相似度	最小值	最大值	均值	标准差
最后领取补贴时间_Left	timestamp	-	0	47	0.00647	-	-	-	-
性别_Left	double	7259	0	-	-	1	2	1.54484	0.49802
年龄_Left	double	7259	0	-	-	17	60	39.21766	9.70346
就业困难对象类别_Left	double	7259	0	-	-	10	990	142.49759	260.89165
补贴金额合计_Left	double	7253	0	-	-	0	27900	4.648263e+3	2.927497e+3
补贴类别_Left	double	7259	0	-	-	31	31	31	2.888934e-15
身份编号_Left	string	-	0	4549	0.62667	-	-	-	-
社保编号_Right	string	-	0	7259	1	-	-	-	-

图 11.18 特征工程(八)

(7) 上传“社保缴费信息表”，并设置各个字段的属性后进行解析，如图 11.19 和图 11.20 所示。

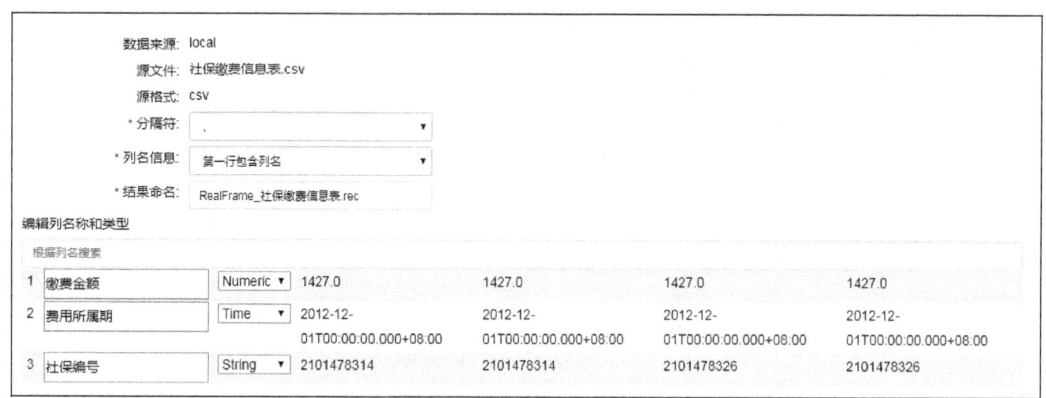

图 11.19　特征工程(九)

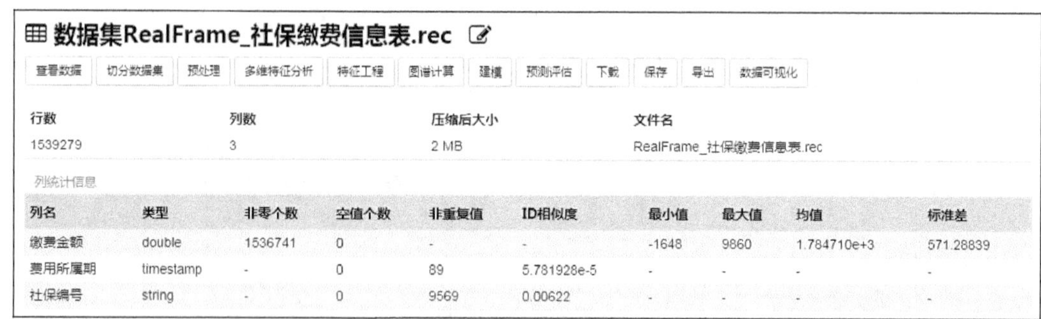

列名	类型	非零个数	空值个数	非重复值	ID相似度	最小值	最大值	均值	标准差
缴费金额	double	1536741	0	-	-	-1648	9860	1.784710e+3	571.28839
费用所属期	timestamp	-	0	89	5.781928e-5	-	-	-	-
社保编号	string	-	0	9569	0.00622	-	-	-	-

图 11.20　特征工程(十)

(8) 进一步通过社保编号和社保缴费信息表关联，筛选出在停发补贴后，缴纳过社保的人员，这部分人在停发补贴后具备就业能力，就业状态标记为就业“1”，如图 11.21 所示。

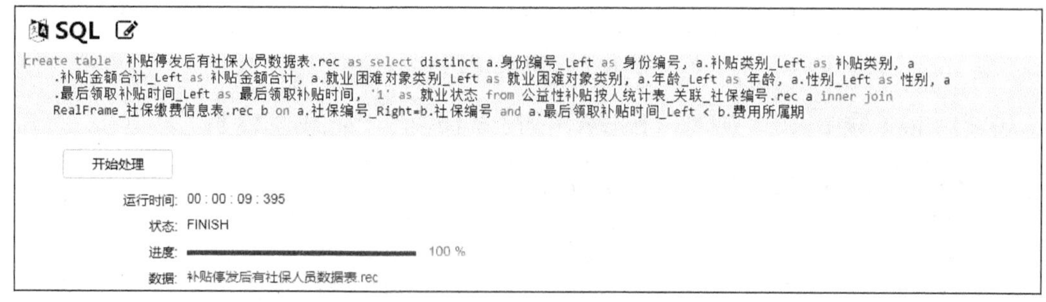

图 11.21　特征工程(十一)

SQL 语句实现如下：

```
create table 补贴停发后有社保人员数据表.rec as select distinct a.身份编号_Left
as 身份编号, a.补贴类别_Left as 补贴类别, a.补贴金额合计_Left as 补贴金额合计, a.
就业困难对象类别_Left as 就业困难对象类别, a.年龄_Left as 年龄, a.性别_Left as 性别,
a.最后领取补贴时间_Left as 最后领取补贴时间, '1' as 就业状态 from 公益性补贴按人
统计表_关联_社保编号.rec a inner join RealFrame_社保缴费信息表.rec b on a.社
保编号_Right=b.社保编号 and a.最后领取补贴时间_Left < b.费用所属期
```

(9) SQL 语句执行完成后，就得到了补贴停发后缴纳社保的人，共 3192 人，如图 11.22 所示。

数据集补贴停发后有社保人员数据表.rec

查看数据 | 切分数据集 | 预处理 | 多维特征分析 | 特征工程 | 图谱计算 | 建模 | 预测评估 | 下载 | 保存 | 导出 | 数据可视化

行数	列数	压缩后大小	文件名
3192	8	534 KB	补贴停发后有社保人员数据表.rec

列统计信息

列名	类型	非零个数	空值个数	非重复值	ID相似度	最小值	最大值	均值	标准差
身份编号	string	-	0	3192	1	-	-	-	-
补贴类别	double	3192	0	-	-	31	31	31	3.498435e-15
补贴金额合计	double	3189	0	-	-	0	27000	4.858750e+3	2.811262e+3
就业困难对象类别	double	3192	0	-	-	10	990	139.62437	251.67112
年龄	double	3192	0	-	-	18	60	38.25125	9.94939
性别	double	3192	0	-	-	1	2	1.54668	0.49789
最后领取补贴时间	timestamp	-	0	46	0.01441	-	-	-	-
就业状态	string	-	0	1	3.132832e-4	-	-	-	-

图 11.22　特征工程(十二)

(10) 合并停发补贴后有就业登记和有社保记录的人员数据，如图 11.23 所示。

图 11.23　特征工程(十三)

(11)构造停发补贴后有就业能力人员的数据集，如图 11.24 所示。

数据集补贴停发后就业人员数据表.rec

查看数据　切分数据集　预处理　多维特征分析　特征工程　图谱计算　建模　预测评估　下载　保存　导出　数据可视化

行数	列数	压缩后大小	文件名
3240	8	536 KB	补贴停发后就业人员数据表.rec

列统计信息

列名	类型	非零个数	空值个数	非重复值	ID相似度	最小值	最大值	均值	标准差
就业状态	string	-	0	1	3.086420e-4	-	-	-	-
最后领取补贴时间	timestamp	-	0	46	0.01420	-	-	-	-
性别	double	3240	0	-	-	1	2	1.54506	0.49804
年龄	double	3240	0	-	-	18	60	38.23457	9.96591
就业困难对象类别	double	3240	0	-	-	10	990	140.28735	252.60530
补贴金额合计	double	3237	0	-	-	0	27000	4.863741e+3	2.838772e+3
补贴类别	double	3240	0	-	-	31	31	31	0
身份编号	string	-	0	3240	1	-	-	-	-

图 11.24　特征工程(十四)

(12)构造停发补贴后失业人员数据集，根据经验，我们采样和标记为就业人员数量相同的 3240 个数据作为建模的失业样本数据，通过 SQL 语句实现，如图 11.25 所示。

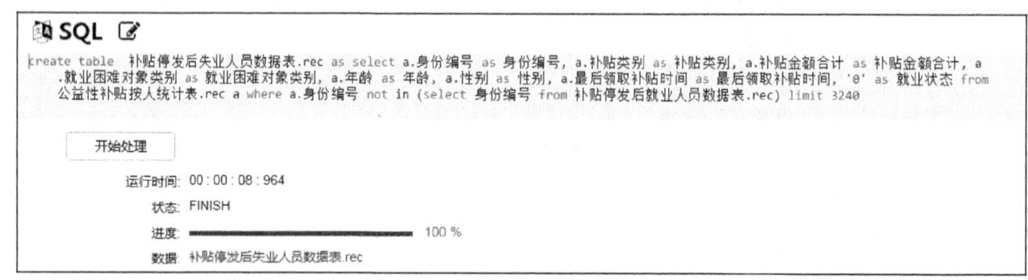

图 11.25　特征工程(十五)

SQL 语句实现如下：

```
create table 补贴停发后失业人员数据表.rec as select a.身份编号 as 身份编号, a.补贴类别 as 补贴类别, a.补贴金额合计 as 补贴金额合计, a.就业困难对象类别 as 就业困难对象类别, a.年龄 as 年龄, a.性别 as 性别, a.最后领取补贴时间 as 最后领取补贴时间, '0' as 就业状态 from 公益性补贴按人统计表.rec a where a.身份编号 not in (select 身份编号 from 补贴停发后就业人员数据表.rec) limit 3240
```

(13)SQL 语句执行完成后，如图 11.26 所示。

数据集补贴停发后失业人员数据表.rec

查看数据　切分数据集　预处理　多维特征分析　特征工程　图谱计算　建模　预测评估　下载　保存　导出　数据可视化

行数	列数	压缩后大小	文件名
3240	8	35 KB	补贴停发后失业人员数据表.rec

列统计信息

列名	类型	非零个数	空值个数	非重复值	ID相似度	最小值	最大值	均值	标准差
身份编号	string	-	0	3240	1	-	-	-	-
补贴类别	double	3240	0	-	-	31	31	31	0
补贴金额合计	double	3216	0	-	-	0	32400	4.411128e+3	3.355886e+3
就业困难对象类别	double	3240	0	-	-	10	990	239.13642	366.02892
年龄	double	3240	0	-	-	17	60	39.95340	10.39658
性别	double	3240	0	-	-	1	2	1.46481	0.49884
最后领取补贴时间	timestamp	-	0	53	0.01636	-	-	-	-
就业状态	string	-	0	1	3.086420e-4	-	-	-	-

图 11.26　特征工程(十六)

(14) 合并标记的就业人员样本和失业人员样本，如图 11.27 所示。

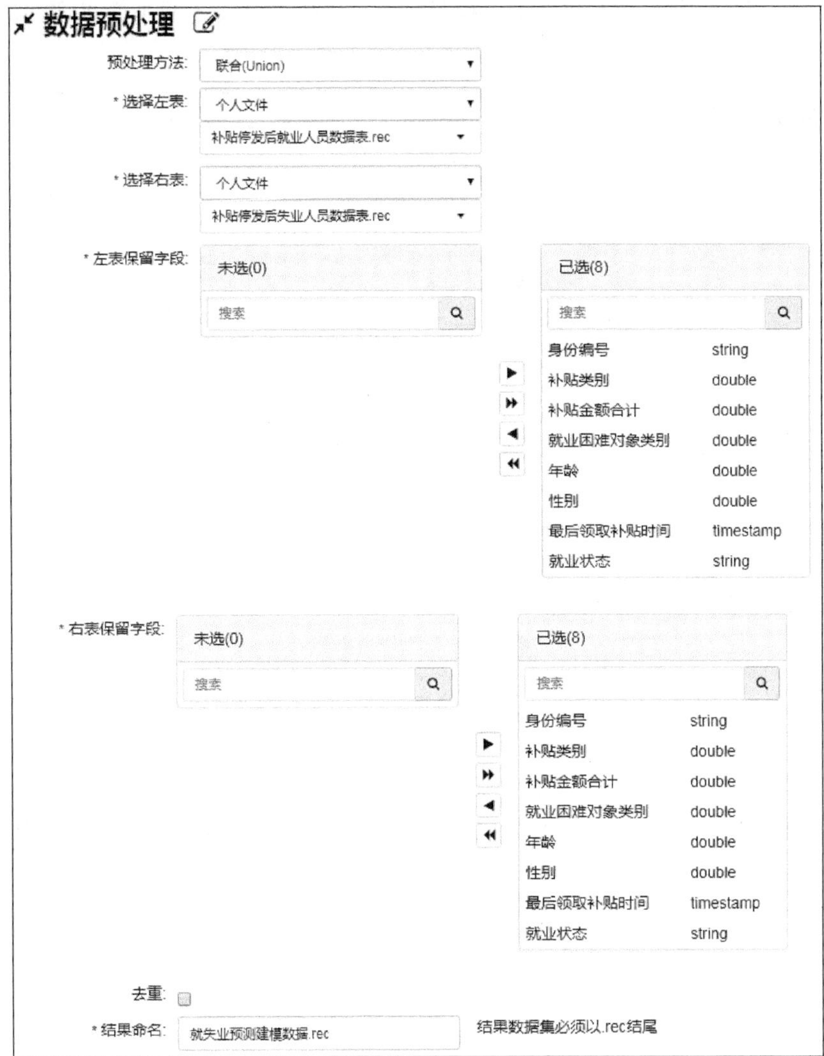

图 11.27 特征工程(十七)

(15) 最终组成建模数据集，如图 11.28 所示。

数据集就失业预测建模数据.rec

查看数据 切分数据集 预处理 多维特征分析 特征工程 图谱计算 建模 预测评估 下载 保存 导出 数据可视化

行数	列数	压缩后大小	文件名
6480	8	91 KB	就失业预测建模数据.rec

列统计信息

列名	类型	非零个数	空值个数	非重复值	ID相似度	最小值	最大值	均值	标准差
身份编号	string	-	0	6480	1	-	-	-	-
补贴类别	double	6480	0	-	-	31	31	31	0
补贴金额合计	double	6467	0	-	-	0	32400	4.666104e+3	3.110540e+3
就业困难对象类别	double	6480	0	-	-	10	990	182.88565	311.54035
年龄	double	6480	0	-	-	17	60	38.97022	10.33315
性别	double	6480	0	-	-	1	2	1.49830	0.50004
最后领取补贴时间	timestamp	-	0	54	0.00833	-	-	-	-
就业状态	string	-	0	2	3.086420e-4	-	-	-	-

图 11.28 特征工程(十八)

4）构建训练集与测试集

对数据进行切分处理，80%数据用于模型训练，20%数据用于模型效果评估，如图 11.29 所示。

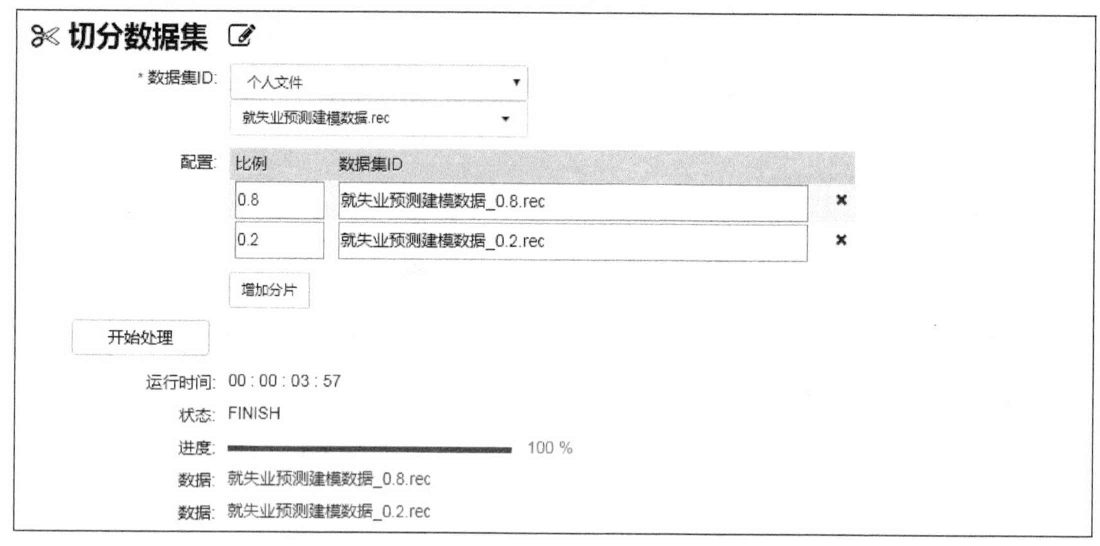

图 11.29　切分数据集

5）模型构建

（1）根据公益性岗位补贴停发后的人员就业和失业情况，构建就失业预测模型，预测有自主就业能力人群，指导补贴合理利用。

建立分析模型，这里选择决策树对数据进行训练。构建模型，进行参数配置。我们给予的例子中的参数配置为：选择算法为“决策树”，目标列为“就业状态”，选择列为“性别”“年龄”“就业困难对象类别”“补贴金额合计”，如图 11.30 所示。

构建模型

训练模型: 决策树

基本参数

* modelName: DecisionTree-3F99D989-5595-4A96-8470-1　模型名称

* sourceFrame: 个人文件 / 就失业预测建模数据_0.8.rec　训练数据集

nFolds:　交叉认证标识，须为非负整数，若输入大于2的整数，则进行交叉验证

batchGroupColumn: 请选择　批量建模标识，如要进行批量建模，须选择离散列

* responseColumn: 就业状态　目标列

* selectColumns:

未选(4)	
最后领取补贴时间	timestamp
补贴类别	double
身份编号	string
就业状态	string

已选(4)	
性别	double
年龄	double
就业困难对象类别	double
补贴金额合计	double

* impurity:	gini	增益性算法：gini是用作CART树的构建，entropy使用的是信息增益率，variance用于CART树的回归树的构建
* maxDepth:	5	生成的树的最大深度，须为正整数
高级参数		
* minInfoGain:	0	最小信息增益，当信息增益小于这个值时，分类出来的枝叶被认为无效，须为非负数
* maxBins:	32	最大的离散化分片数，数值越大则决策树的粒度越大，须为正整数
* minInstancesPerNode:	1	生成树的时候最小的分叉数，当分叉数小于这个数，这个节点被认为无效，须为正整数
专家参数		
cacheNodeIds:		数据调度参数，生成的树是否在内存中保存，false则保存，true为不保存
* checkpointInterval:	10	节点更新间隔，须为正整数

开始处理

运行时间: 00 : 00 : 06 : 327

状态: FINISH

进度: 100 %

模型: DecisionTree-3F99D989-5595-4A96-8470-10B67C272B6B

图 11.30　模型构建(一)

(2) 构建好的模型详细信息如图 11.31 所示。

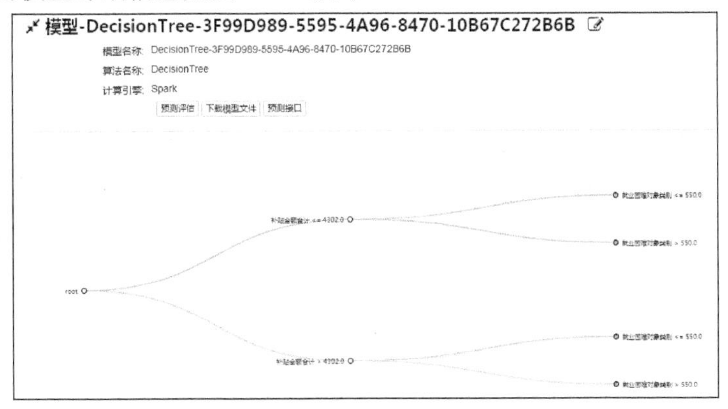

图 11.31　模型构建(二)

6) 数据预测

训练模型构建完成后，选取给定的作为预测的数据集，加载数据，利用训练的模型进行预测，观察预测后的数据结果，看哪些人员属于停发补贴后容易就业的人员。本例的预测结果如图 11.32 和图 11.33 所示。

图 11.32　数据预测(一)

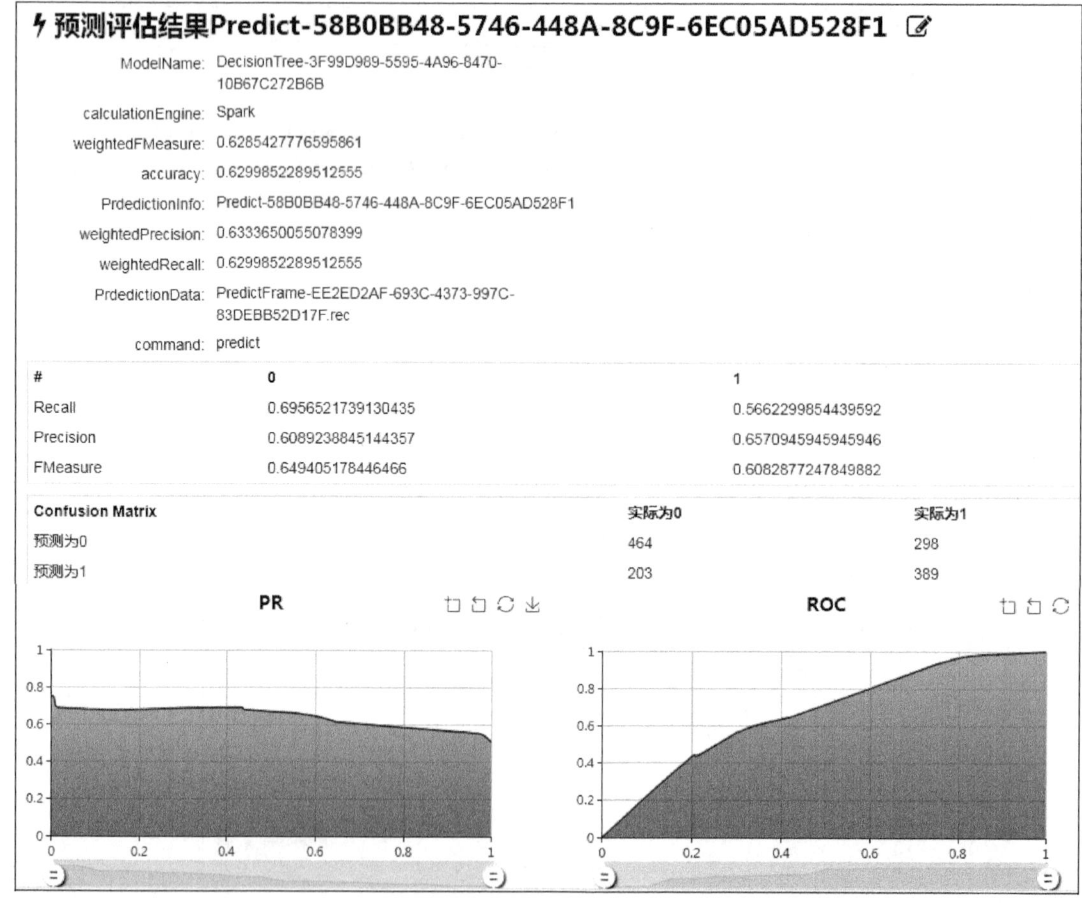

图 11.33　数据预测(二)

7) 模型优化

(1) 决策树模型的预测效果并不理想，F 值只有 0.6 左右，我们尝试使用更复杂的 GBDT 算法来构建模型，看是否可以进一步优化模型的预测效果，如图 11.34 所示。

构建模型

训练模型: 梯度提升树

基本参数

* modelName: GBT-B8AA1465-5C18-4FC4-9B93-29AA002　模型名称

* sourceFrame: 个人文件　训练数据集

就失业预测建模数据_0.8.rec

nFolds: 　交叉认证标识，须为非负整数，若输入大于2的整数，则进行交叉验证

batchGroupColumn: 请选择　批量建模标识，如要进行批量建模，须选择离散列

* responseColumn: 就业状态　目标列

* selectColumns:

未选(4)		已选(4)	
身份编号	string	性别	double
补贴类别	double	年龄	double
最后领取补贴时间	timestamp	就业困难对象类别	double
就业状态	string	补贴金额合计	double

* lossType:	logistic	损失类型，logistic用于二分类，squared用于回归
* maxIter:	20	最大迭代运算次数，须为正整数
* maxDepth:	5	生成的树的最大深度，须为正整数
高级参数		
* minInfoGain:	0	最小信息增益，当信息增益小于这个值时，分类出来的枝叶被认为无效，须为非负数
* maxBins:	32	最大的离散化分片数，数值越大则决策树的粒度越大，须为正整数
* minInstancesPerNode:	1	生成树的时候最小的分叉数，当分叉数小于这个数，这个节点被认为无效，须为正整数
* subsamplingRate:	1	用于每棵树训练抽取数据的大小百分比，须为0-1之间的数
* stepSize:	0.1	步长，即学习速度，须为0.01到1之间的数
专家参数		
cacheNodeIds:	☐	数据调度参数，生成的树是否在内存中保存
* checkpointInterval:	10	节点更新间隔，须为正整数

开始处理

运行时间: 00 : 00 : 20 : 77

状态: FINISH

进度: 100 %

图 11.34　模型优化(一)

(2) 构建好的模型详细信息如图 11.35 所示。

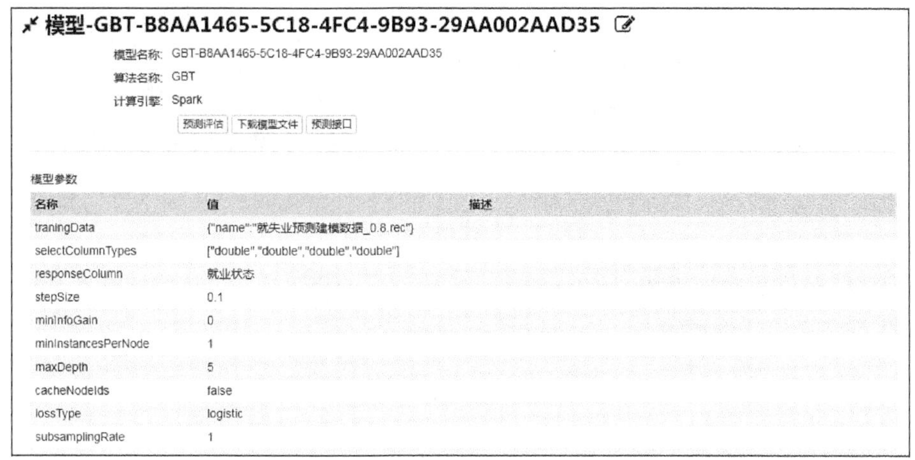

名称	值	描述
traningData	{"name":"就业预测建模数据_0.8.rec"}	
selectColumnTypes	["double","double","double","double"]	
responseColumn	就业状态	
stepSize	0.1	
minInfoGain	0	
minInstancesPerNode	1	
maxDepth	5	
cacheNodeIds	false	
lossType	logistic	
subsamplingRate	1	

图 11.35　模型优化(二)

(3) 模型构建之后，使用相同的测试数据集进行评估，如图 11.36 和图 11.37 所示。

图 11.36　模型优化(三)

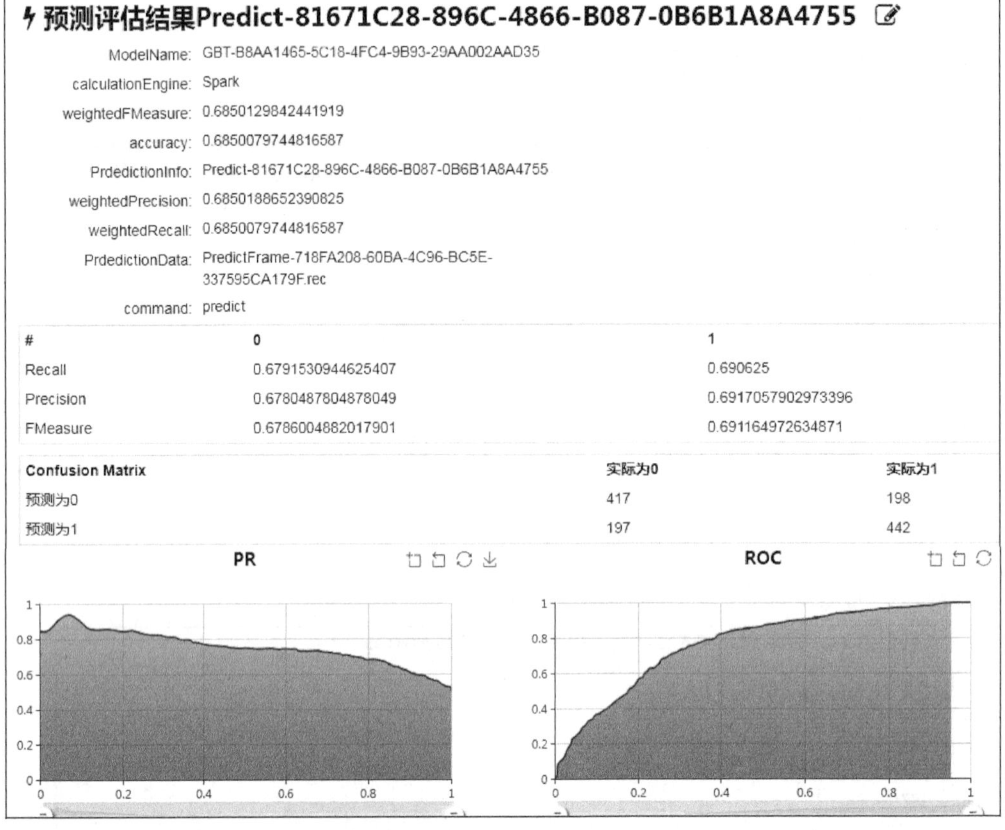

图 11.37　模型优化(四)

从图 11.37 的结果可以看出，使用 GBDT 算法构建的模型，F 值可以达到 0.685 以上，基本达到了生产环境上线的要求。

6. 实验总结

本次实验涉及五个数据表和多种连表操作。
同时利用决策树、GBDT 分类器进行模型构建工作，最终得出的模型 F 值比较高。

7. 实验思考

(1) 为什么要去掉学历高的人？社会属性筛选特征是否能作为模型特征选择的一部分？
(2) 请选用其他模型来进行最后的预测分析，并和 GBDT 方法进行 F 值对比。
(3) 还能想到引入什么数据特征有可能提高模型的预测效果？
(4) 模型评价指标除了 F 值还有哪些指标需要关注？各种指标在什么情况下更适用？

11.2　实验二：客户流失大数据分析

1. 实验简介

从一位老客户中得到的收益要大于一位新客户，同时吸引一位新客户的成本要比挽留一位即将流失的老客户多得多，因此建立流失预测模型具有重要的意义。本实验通过机器学习方法建立客户流失预测模型，从而帮助营销运营人员识别和挽留将要流失的客户，保护优质客户。

经过前期调研可知，流失一般包括长期持仓量为 0 以及持续减仓的客户，前者可以用统计方法直接找出。本实验针对第二种流失，选取 2013 年 5 月 1 日至 2014 年 1 月 1 日的数据，定义后两个月持续减仓的客户为流失，使用前六个月的数据预测后两个月客户是否会流失。

2. 实验目的

☎1◑熟练掌握广义线性模型和随机森林算法的原理及其运用。

☎2◑熟练运用 SQL 语句进行数据选取、创建衍生变量。

☎3◑掌握数据可视化的方法。

3. 相关原理与技术

1◑广义线性分类

广义线性模型是简单最小二乘回归的扩展，在 OLS 的假设中，响应变量是连续数值数据且服从正态分布，而且响应变量期望值与预测变量之间的关系是线性关系。而广义线性模型则放宽其假设，首先响应变量可以是正整数或分类数据，其分布为某指数分布族。其次响应变量期望值的函数(连接函数)与预测变量之间的关系为线性关系。因此在进行广义线性建模时，需要指定分布类型和连接函数。

2◑随机森林分类

随机森林算法通过训练多个决策树，生成模型，然后综合利用多个决策树的分类结果进行投票，从而实现分类。随机森林算法只需要两个参数：构建的决策树的个数 t、在决策树的每个节点进行分裂时需要考虑的输入特征的个数 m。

4. 实验操作流程

实验操作流程如图 11.38 所示。

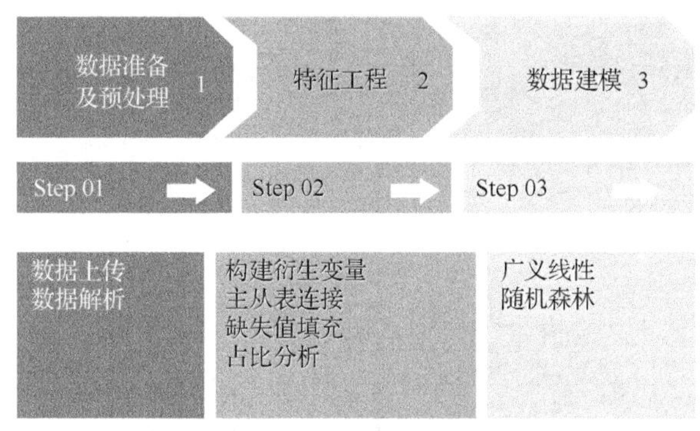

图 11.38 实验操作流程

5. 实验方案与过程

1) 数据准备及预处理

首先，准备数据：N_CUSTOMER.csv(客户信息表)和 N_SHARES.csv(交易持仓信息表)。列名与含义见表 11.6 和表 11.7。

表 11.6　N_CUSTOMER.csv（客户信息表）数据字典

特征	类型	含义
C_CUSTNO	string	客户编号(关联字段)
C_CUSTTYPE	string	客户类型 1：个人；0：机构
C_ZIPCODE	string	邮编
C_ADDRESS	string	地址
C_SEX	string	性别 1：男；0：女
C_BIRTHDAY	string	出生日期
label	string	客户是否流失的标签(1 为流失)

表 11.7　N_SHARES.csv（交易持仓信息表）数据字典

特征	类型	含义
D_CDATE	time	交易日期(2013-05-01 至 2014-1-1 是有效的)
C_BUSINFLAG	string	交易类型(关联不大)
C_CUSTNO	string	客户编号(关联字段)
C_CUSTTYPE	string	客户类型 1：个人；0：机构
C_FUNDCODE	string	基金代码
C_AGENCYNO	string	渠道
C_NETNO	string	网点
F_OCCURSHARES	numeric	该笔交易的购买份额，正为买入，负为卖出，0 可忽略
F_LASTSHARES	numeric	剩余份额
D_SHAREVALIDDATE	time	时间

(1)登录 RealRec 数据科学平台，单击“进入”按钮进入数据科学平台，如图 11.39 所示。

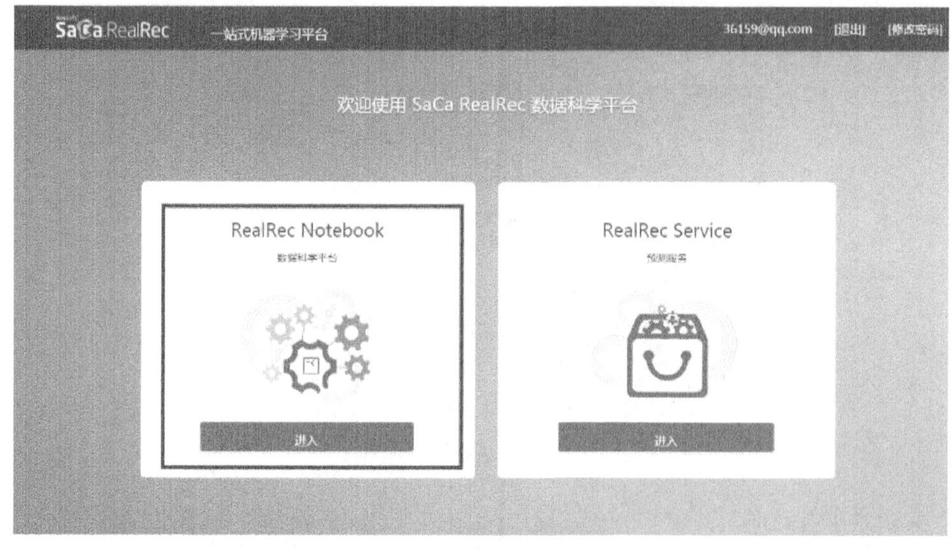

图 11.39　系统登录界面

(2)执行“数据”→“上传文件”命令，如图 11.40 所示。

图 11.40　数据上传(一)

(3) 在本地选择要上传的文件，选择后单击“开始上传”按钮(这里请选择 N_CUSTOMER.csv 和 N_SHARES.csv 文件)，如图 11.41 所示。

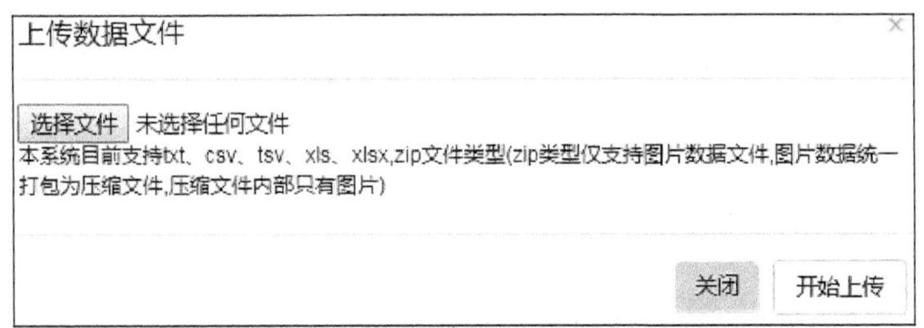

图 11.41　数据上传(二)

(4) 上传成功后跳到解析配置页面并出现提示框显示“上传成功”，如图 11.42 所示。

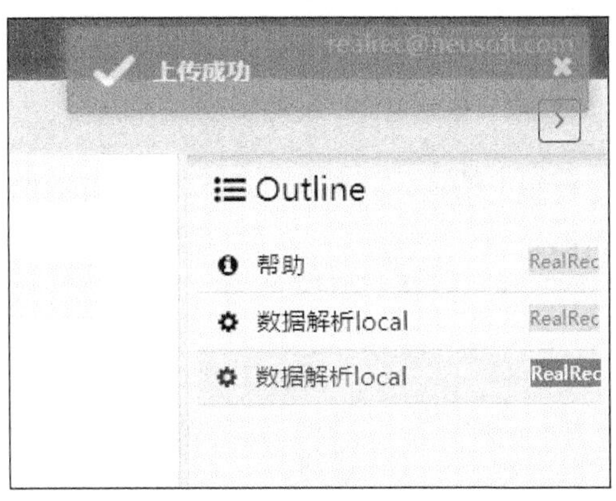

图 11.42　数据上传(三)

(5) 解析数据：“列名信息”选择“第一行包含列名”，分别对 N_CUSTOMER.csv 和 N_SHARES.csv 文件添加特征名称及类型，如图 11.43、图 11.44 所示。

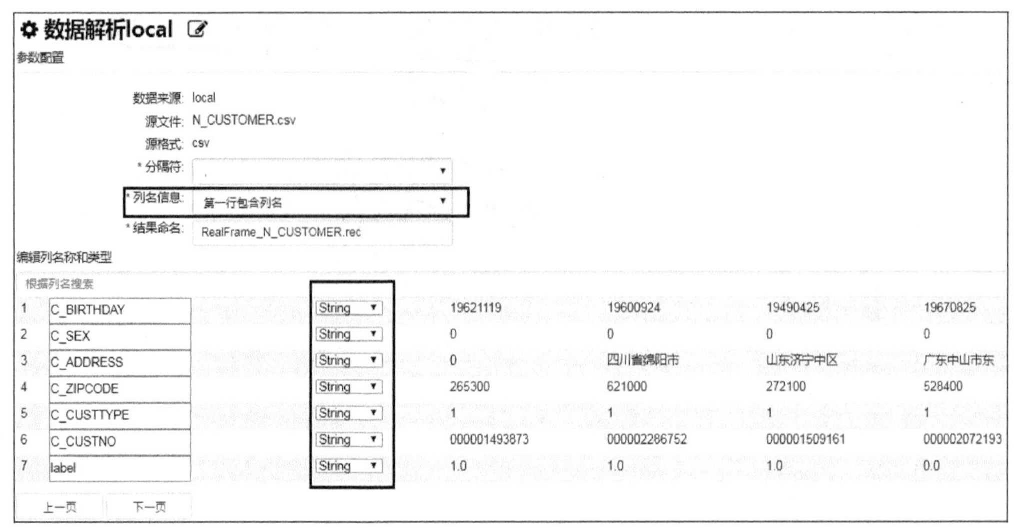

图 11.43 数据预处理(一)

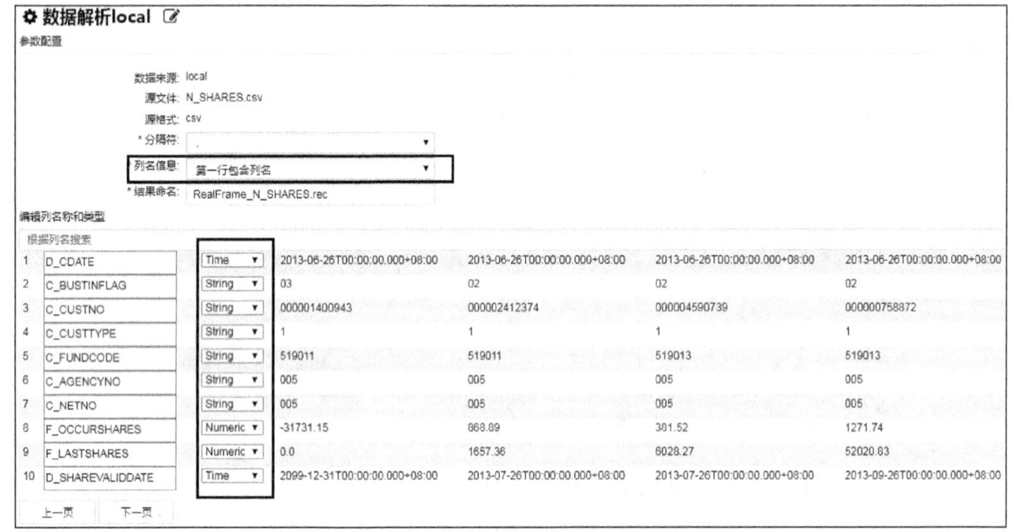

图 11.44 数据预处理(二)

(6) 数据解析成功后单击查看结果，此时可以看到数据的质量，如是否有空值、最大值、最小值、均值等，可对数据有初步的认识，如图 11.45、图 11.46 所示。

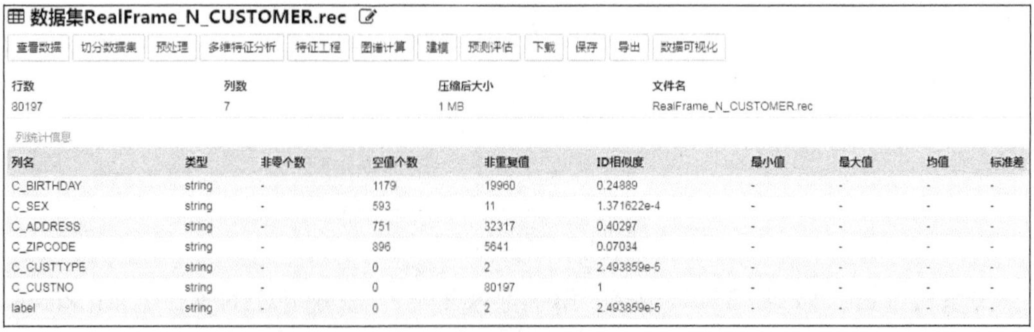

数据集RealFrame_N_CUSTOMER.rec

查看数据 切分数据集 预处理 多维特征分析 特征工程 图谱计算 建模 预测评估 下载 保存 导出 数据可视化

行数	列数	压缩后大小	文件名
80197	7	1 MB	RealFrame_N_CUSTOMER.rec

列统计信息

列名	类型	非零个数	空值个数	非重复值	ID相似度	最小值	最大值	均值	标准差
C_BIRTHDAY	string	-	1179	19960	0.24889	-	-	-	-
C_SEX	string	-	593	11	1.371622e-4	-	-	-	-
C_ADDRESS	string	-	751	32317	0.40297	-	-	-	-
C_ZIPCODE	string	-	896	5641	0.07034	-	-	-	-
C_CUSTTYPE	string	-	0	2	2.493859e-5	-	-	-	-
C_CUSTNO	string	-	0	80197	1	-	-	-	-
label	string	-	0	2	2.493859e-5	-	-	-	-

图 11.45 数据预处理(三)

数据集RealFrame_N_SHARES.rec

查看数据 切分数据集 预处理 多维特征分析 特征工程 图谱计算 建模 预测评估 下载 保存 导出 数据可视化

行数	列数	压缩后大小	文件名
643456	10	11 MB	RealFrame_N_SHARES.rec

列统计信息

列名	类型	非零个数	空值个数	非重复值	ID相似度	最小值	最大值	均值	标准差
D_CDATE	timestamp	-	0	122	1.896012e-4	-	-	-	-
C_BUSTINFLAG	string	-	0	14	2.175751e-5	-	-	-	-
C_CUSTNO	string	-	0	173938	0.27032	-	-	-	-
C_CUSTTYPE	string	-	0	2	3.108216e-6	-	-	-	-
C_FUNDCODE	string	-	0	45	6.993485e-5	-	-	-	-
C_AGENCYNO	string	-	0	122	1.896012e-4	-	-	-	-
C_NETNO	string	-	0	865	0.00134	-	-	-	-
F_OCCURSHARES	double	628659	0	-	-	-6.000000e+8	1.200000e+9	-307.46999	3.573815e+6
F_LASTSHARES	double	501482	0	-	-	-1.800000e+6	1.779100e+9	1.563358e+5	5.642568e+6
D_SHAREVALIDDATE	timestamp	-	0	453	7.040108e-4	-	-	-	-

图 11.46　数据预处理(四)

以上完成了数据预处理工作。

2)特征工程

本部分用 SQL 语句构建衍生变量，交易表统计各个用户在不同时间段内卖出次数、卖出金额、买入次数、买入金额，作为交易信息表。将主表与交易信息表进行连接。

(1)我们需要根据 2013 年 5 月到 2013 年 10 月间的交易记录来判定客户是否会流失。因为时间跨度较长，我们统计各个用户在不同时间段内卖出次数、卖出金额、买入次数、买入金额，作为训练特征。两个月作为一个时间段，使用 SQL 语句统计五、六月份各个用户的交易信息，如图 11.47 所示。

```
CREATE TABLE 五六月交易信息.rec as
SELECT C_CUSTNO
,sum(case when F_OCCURSHARES < 0 then 1 else 0 end) as 五六月卖出次数
,sum(case when F_OCCURSHARES > 0 then 1 else 0 end) as 五六月买入次数
,sum(case when F_OCCURSHARES < 0 then -F_OCCURSHARES else 0 end) as 五六
月卖出金额
,sum(case when F_OCCURSHARES > 0 then F_OCCURSHARES else 0 end) as 五六
月买入金额
from RealFrame_N_SHARES.rec
WHERE D_CDATE > "2013-05-01 00:00:00" and D_CDATE < "2013-07-01 00:00:00"
group by C_CUSTNO
```

(2)得到各个用户五、六月份的交易信息，如图 11.48 所示。

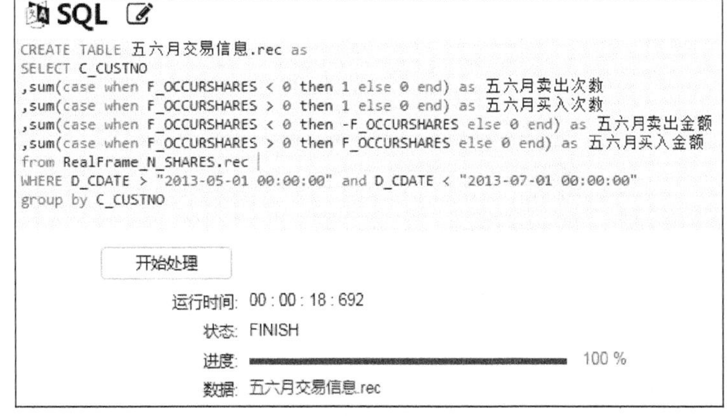

图 11.47　特征工程(一)

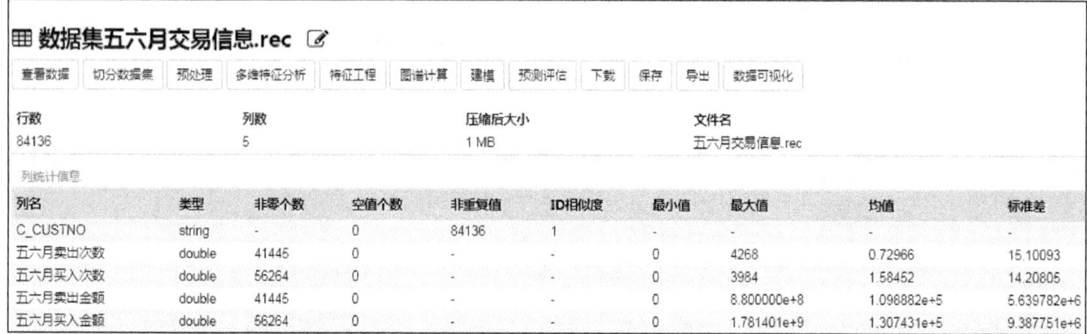

数据集五六月交易信息.rec

查看数据 切分数据集 预处理 多维特征分析 特征工程 图谱计算 建模 预测评估 下载 保存 导出 数据可视化

行数	列数	压缩后大小	文件名
84136	5	1 MB	五六月交易信息.rec

列统计信息

列名	类型	非零个数	空值个数	非重复值	ID相似度	最小值	最大值	均值	标准差
C_CUSTNO	string	-	0	84136	1	-	-	-	-
五六月卖出次数	double	41445	0	-	-	0	4268	0.72966	15.10093
五六月买入次数	double	56264	0	-	-	0	3984	1.58452	14.20805
五六月卖出金额	double	41445	0	-	-	0	8.800000e+8	1.098882e+5	5.639782e+6
五六月买入金额	double	56264	0	-	-	0	1.781401e+9	1.307431e+5	9.387751e+6

图 11.48　特征工程(二)

(3)同理得到七、八月份与九、十月份的交易信息，如图 11.49～图 11.52 所示。

```
CREATE TABLE 七八月交易信息.rec as
SELECT C_CUSTNO
,sum(case when F_OCCURSHARES < 0 then 1 else 0 end) as 七八月卖出次数
,sum(case when F_OCCURSHARES > 0 then 1 else 0 end) as 七八月买入次数
,sum(case when F_OCCURSHARES < 0 then -F_OCCURSHARES else 0 end) as 七八
月卖出金额
,sum(case when F_OCCURSHARES>0 then F_OCCURSHARES else 0 end) as 七八
月买入金额
from RealFrame_N_SHARES.rec
WHERE D_CDATE > "2013-07-01 00:00:00" and D_CDATE < "2013-09-01 00:00:00"
group by C_CUSTNO
```

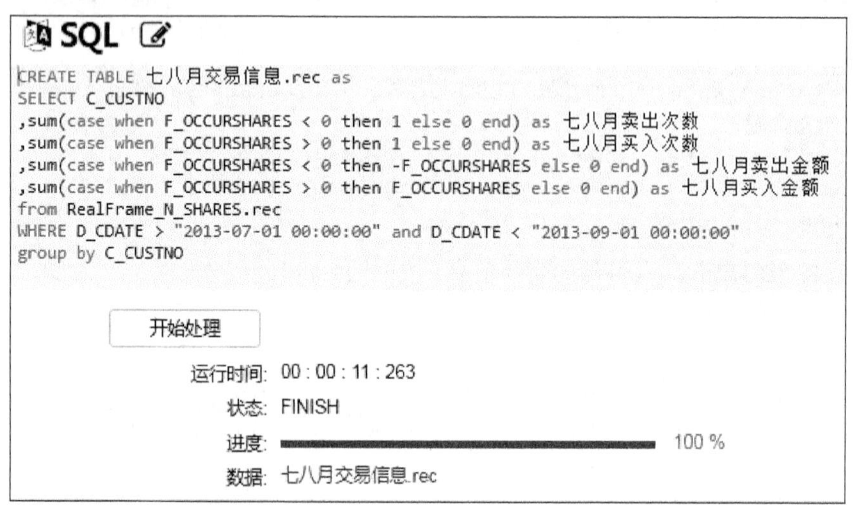

图 11.49　特征工程(三)

```
CREATE TABLE 九十月交易信息.rec as
SELECT C_CUSTNO
,sum(case when F_OCCURSHARES < 0 then 1 else 0 end) as 九十月卖出次数
,sum(case when F_OCCURSHARES > 0 then 1 else 0 end) as 九十月买入次数
```

```
,sum(case when F_OCCURSHARES < 0 then -F_OCCURSHARES else 0 end) as 九十月卖出金额
,sum(case when F_OCCURSHARES > 0 then F_OCCURSHARES else 0 end) as 九十月买入金额
from RealFrame_N_SHARES.rec
WHERE D_CDATE > "2013-09-01 00:00:00" and D_CDATE < "2013-11-01 00:00:00"
group by C_CUSTNO
```

数据集七八月交易信息.rec

查看数据 | 切分数据集 | 预处理 | 多维特征分析 | 特征工程 | 图谱计算 | 建模 | 预测评估 | 下载 | 保存 | 导出 | 数据可视化

行数	列数	压缩后大小	文件名
78488	5	1 MB	七八月交易信息.rec

列统计信息

列名	类型	非零个数	空值个数	非重复值	ID相似度	最小值	最大值	均值	标准差
C_CUSTNO	string	-	0	78488	1	-	-	-	-
七八月卖出次数	double	43129	0	-	-	0	4547	0.91047	19.77034
七八月买入次数	double	51185	0	-	-	0	12086	1.78375	44.60593
七八月卖出金额	double	43129	0	-	-	0	7.650000e+8	6.007944e+4	3.602831e+6
七八月买入金额	double	51185	0	-	-	0	3.002357e+8	3.794498e+4	1.994325e+6

图 11.50　特征工程(四)

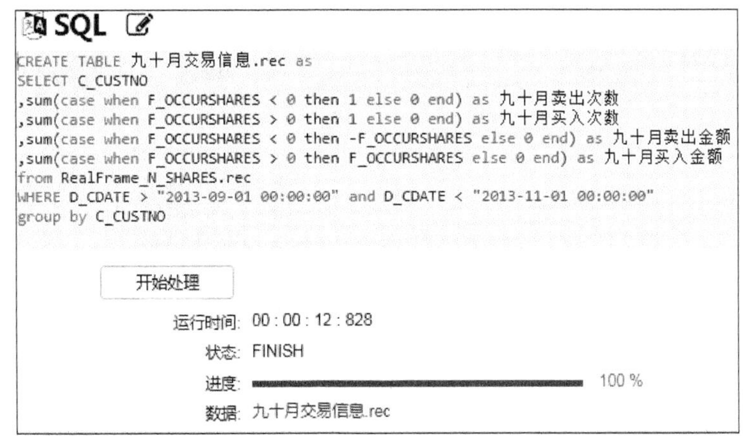

图 11.51　特征工程(五)

数据集九十月交易信息.rec

查看数据 | 切分数据集 | 预处理 | 多维特征分析 | 特征工程 | 图谱计算 | 建模 | 预测评估 | 下载 | 保存 | 导出 | 数据可视化

行数	列数	压缩后大小	文件名
100920	5	1 MB	九十月交易信息.rec

列统计信息

列名	类型	非零个数	空值个数	非重复值	ID相似度	最小值	最大值	均值	标准差
C_CUSTNO	string	-	0	100920	1	-	-	-	-
九十月卖出次数	double	51148	0	-	-	0	1840	0.72835	6.45911
九十月买入次数	double	65055	0	-	-	0	11706	1.47626	37.32953
九十月卖出金额	double	51148	0	-	-	0	2.950000e+8	3.836734e+4	1.519062e+6
九十月买入金额	double	65055	0	-	-	0	6.620711e+8	3.623497e+4	2.506658e+6

图 11.52　特征工程(六)

(4) 将各个时间段的交易信息与主表 RealFrame_N_CUSTOMER.rec 做连接，主键选择客

户编号。请注意，因为不是每个用户都在这个时间段有交易记录，所以“连接方式”选择“左连接”，保证主表中的数据不丢失，如图 11.53 所示。

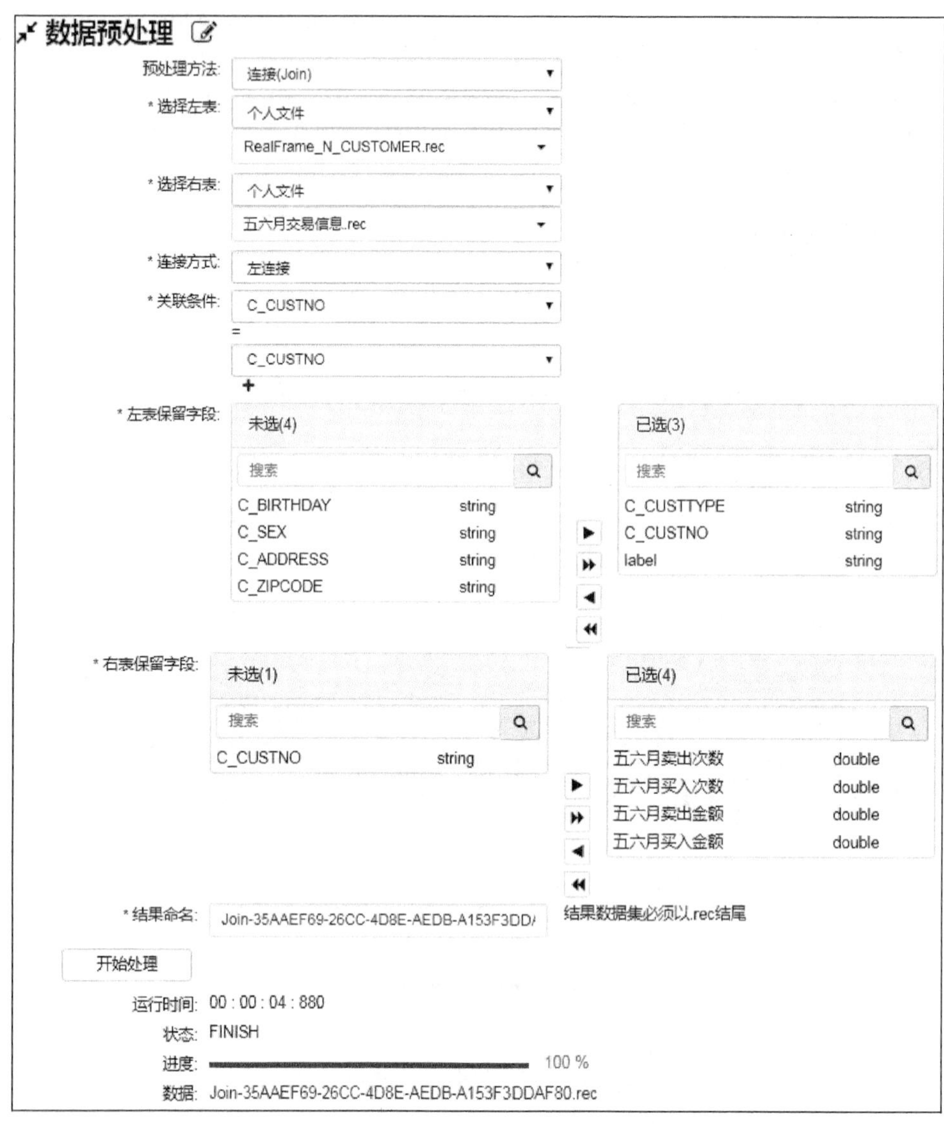

图 11.53　特征工程(七)

(5) 得到连接结果如图 11.54 所示。

数据集Join-35AAEF69-26CC-4D8E-AEDB-A153F3DDAF80.rec

查看数据 | 切分数据集 | 预处理 | 多维特征分析 | 特征工程 | 图谱计算 | 建模 | 预测评估 | 下载 | 保存 | 导出 | 数据可视化

行数	列数	压缩后大小	文件名
80197	7	765 KB	Join-35AAEF69-26CC-4D8E-AEDB-A153F3DDAF80.rec

列统计信息

列名	类型	非零个数	空值个数	非重复值	ID相似度	最小值	最大值	均值	标准差
label_Left	string	-	0	2	2.493859e-5	-	-	-	-
C_CUSTNO_Left	string	-	0	80197	1	-	-	-	-
C_CUSTTYPE_Left	string	-	0	2	2.493859e-5	-	-	-	-
五六月买入金额_Right	double	30083	49639	-	-	0	1.781401e+9	1.691273e+5	1.257405e+7
五六月卖出金额 _Right	double	4454	49639	-	-	0	8.800000e+8	1.207421e+5	7.662116e+6
五六月买入次数 _Right	double	30083	49639	-	-	0	3764	2.60793	22.18098
五六月卖出次数 _Right	double	4454	49639	-	-	0	4203	0.44146	24.60629

图 11.54　特征工程(八)

(6)将七、八月的交易信息连接到主表上，结果如图 11.55、图 11.56 所示。

图 11.55 特征工程(九)

数据集Join-9AE11C98-72E2-4358-A77B-5132A0A1339F.rec

查看数据 切分数据集 预处理 多维特征分析 特征工程 图谱计算 建模 预测评估 下载 保存 导出 数据可视化

行数	列数	压缩后大小	文件名
80197	11	1 MB	Join-9AE11C98-72E2-4358-A77B-5132A0A1339F.rec

列统计信息

列名	类型	非零个数	空值个数	非重复值	ID相似度	最小值	最大值	均值	标准差
五六月卖出次数_Right_Left	double	4454	49639	-	-	0	4203	0.44146	24.60629
五六月买入次数_Right_Left	double	30083	49639	-	-	0	3764	2.60793	22.18098
五六月卖出金额_Right_Left	double	4454	49639	-	-	0	8.800000e+8	1.207421e+5	7.662116e+6
五六月买入金额_Right_Left	double	30083	49639	-	-	0	1.781401e+9	1.691273e+5	1.257405e+7
C_CUSTTYPE_Left_Left	string	-	0	2	2.493859e-5	-	-	-	-
C_CUSTNO_Left_Left	string	-	0	80197	1	-	-	-	-
label_Left_Left	string	-	0	2	2.493859e-5	-	-	-	-
七八月买入金额_Right	double	33474	46137	-	-	0	3.002357e+8	4.794680e+4	2.293145e+6
七八月卖出金额_Right	double	6714	46137	-	-	0	7.650000e+8	8.235499e+4	5.380568e+6
七八月买入次数_Right	double	33474	46137	-	-	0	12086	2.99753	67.67461
七八月卖出次数_Right	double	6714	46137	-	-	0	4547	0.69234	29.98533

图 11.56 特征工程(十)

(7)将九、十月的交易信息连接到主表上，结果如图 11.57、图 11.58 所示。

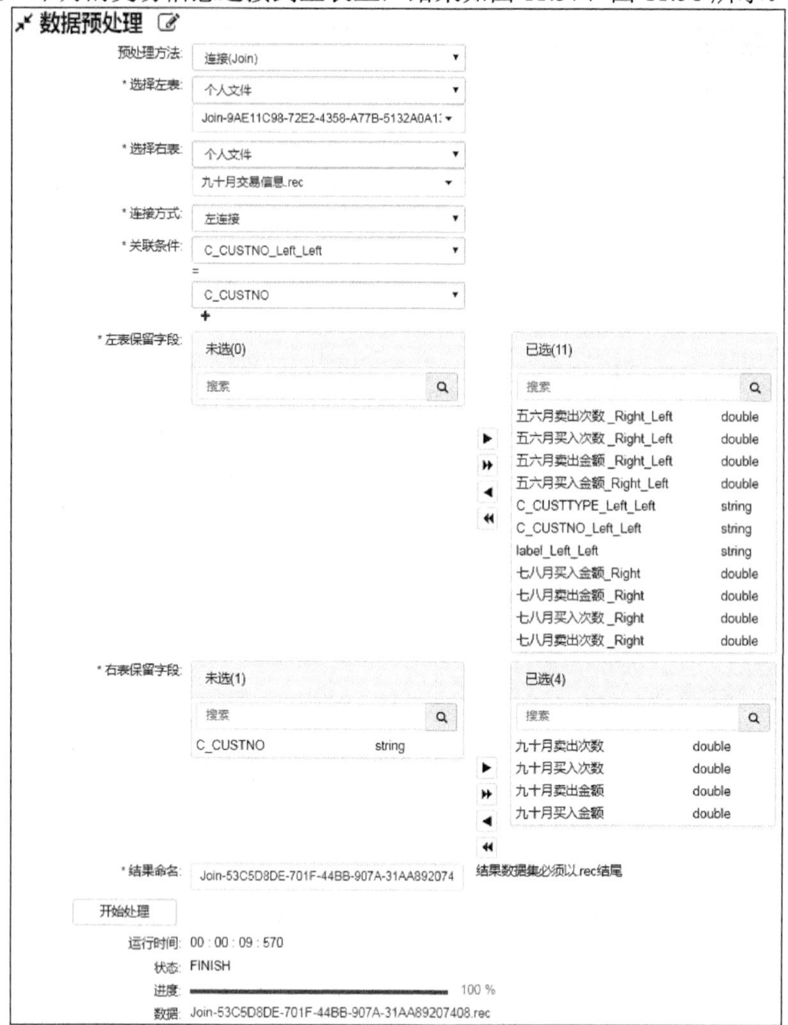

图 11.57　特征工程(十一)

数据集Join-53C5D8DE-701F-44BB-907A-31AA89207408.rec

查看数据 | 切分数据集 | 预处理 | 多维特征分析 | 特征工程 | 图谱计算 | 建模 | 预测评估 | 下载 | 保存 | 导出 | 数据可视化

行数	列数	压缩后大小	文件名
80197	15	1 MB	Join-53C5D8DE-701F-44BB-907A-31AA89207408.rec

列统计信息

列名	类型	非零个数	空值个数	非重复值	ID相似度	最小值	最大值	均值	标准差
七八月卖出次数_Right_Left	double	6714	46137	-	-	0	4547	0.69234	29.98533
七八月买入次数_Right_Left	double	33474	46137	-	-	0	12086	2.99753	67.67461
七八月卖出金额_Right_Left	double	6714	46137	-	-	0	7.650000e+8	8.235499e+4	5.380568e+6
七八月买入金额_Right_Left	double	33474	46137	-	-	0	3.002357e+8	4.794680e+4	2.293145e+6
label_Left_Left_Left	string	-	0	2	2.493859e-5	-	-	-	-
C_CUSTNO_Left_Left_Left	string	-	0	80197	1	-	-	-	-
C_CUSTTYPE_Left_Left_Left	string	-	0	2	2.493859e-5	-	-	-	-
五六月买入金额_Right_Left_Left	double	30230	49496	-	-	0	1.781401e+9	1.691139e+5	1.254505e+7
五六月卖出金额_Right_Left_Left	double	4595	49496	-	-	0	8.800000e+8	1.203835e+5	7.644463e+6
五六月买入次数_Right_Left_Left	double	30230	49496	-	-	0	3984	2.64558	23.39837
五六月卖出次数_Right_Left_Left	double	4595	49496	-	-	0	4268	0.45288	24.95662
九十月买入金额_Right	double	41385	37673	-	-	0	6.620711e+8	5.475619e+4	3.839640e+6
九十月卖出金额_Right	double	9217	37673	-	-	0	2.950000e+8	3.951181e+4	2.004622e+6
九十月买入次数_Right	double	41385	37673	-	-	0	11706	2.69175	57.47441
九十月卖出次数_Right	double	9217	37673	-	-	0	1840	0.54292	9.88975

图 11.58　特征工程(十二)

(8) 多次的连接操作导致列名后带有后缀，使用预处理菜单中的值属性变更方法修改列名。结果数据集命名为“交易信息汇总.rec”，如图 11.59、图 11.60 所示。

数据集Join-53C5D8DE-701F-44BB-907A-31AA89207408.rec

查看数据 切分数据集 预处理 多维特征分析 特征工程 图谱计算 建模 预测评估 下载 保存 导出 数据可视化

行数	列数	压缩后大小	文件名
80197	15	1 MB	Join-53C5D8DE-701F-44BB-907A-31AA89207408.rec

列统计信息

列名	类型	非零个数	空值个数	非重复值	ID相似度	最小值	最大值	均值	标准差
七八月卖出次数 _Right_Left	double	6714	46137	-	-	0	4547	0.69234	29.98533
七八月买入次数 _Right_Left	double	33474	46137	-	-	0	12086	2.99753	67.67461
七八月卖出金额 _Right_Left	double	6714	46137	-	-	0	7.650000e+8	8.235499e+4	5.380568e+6
七八月买入金额_Right_Left	double	33474	46137	-	-	0	3.002357e+8	4.794680e+4	2.293145e+6
label_Left_Left_Left	string	-	0	2	2.493859e-5	-	-	-	-
C_CUSTNO_Left_Left_Left	string	-	0	80197	1	-	-	-	-
C_CUSTTYPE_Left_Left_Left	string	-	0	2	2.493859e-5	-	-	-	-
五六月买入金额_Right_Left_Left	double	30230	49496	-	-	0	1.781401e+9	1.691139e+5	1.254505e+7
五六月卖出金额 _Right_Left_Left	double	4595	49496	-	-	0	8.800000e+8	1.203835e+5	7.644463e+6
五六月买入次数 _Right_Left_Left	double	30230	49496	-	-	0	3984	2.64558	23.39837
五六月卖出次数 _Right_Left_Left	double	4595	49496	-	-	0	4268	0.45288	24.95662
九十月买入金额_Right	double	41385	37673	-	-	0	6.620711e+8	5.475619e+4	3.839640e+6
九十月卖出金额 _Right	double	9217	37673	-	-	0	2.950000e+8	3.951181e+4	2.004622e+6
九十月买入次数 _Right	double	41385	37673	-	-	0	11706	2.69175	57.47441
九十月卖出次数 _Right	double	9217	37673	-	-	0	1840	0.54292	9.88975

图 11.59　特征工程(十三)

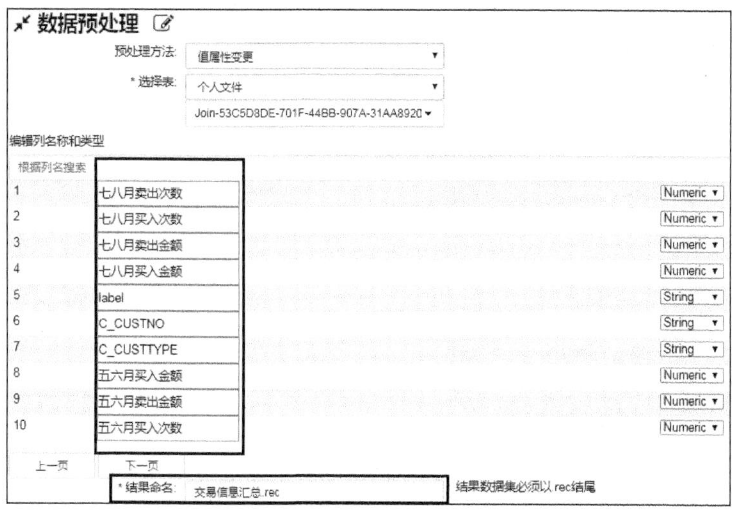

图 11.60　特征工程(十四)

(9) 结果数据集如图 11.61 所示。可以看出交易信息中存在大量空值，用户可能在该时间段内无交易记录，这样的数据无法直接进行建模，所以对其先进行缺失值填充，如图 11.62 所示。

数据集交易信息汇总.rec

查看数据 切分数据集 预处理 多维特征分析 特征工程 图谱计算 建模 预测评估 下载 保存 导出 数据可视化

行数	列数	压缩后大小	文件名
80197	15	1 MB	交易信息汇总.rec

列统计信息

列名	类型	非零个数	空值个数	非重复值	ID相似度	最小值	最大值	均值	标准差
七八月卖出次数	double	6714	46137	-	-	0	4547	0.69234	29.98533
七八月买入次数	double	33474	46137	-	-	0	12086	2.99753	67.67461
七八月卖出金额	double	6714	46137	-	-	0	7.650000e+8	8.235499e+4	5.380568e+6
七八月买入金额	double	33474	46137	-	-	0	3.002357e+8	4.794680e+4	2.293145e+6
label	string	-	0	2	2.493859e-5	-	-	-	-
C_CUSTNO	string	-	0	80197	1	-	-	-	-
C_CUSTTYPE	string	-	0	2	2.493859e-5	-	-	-	-
五六月买入金额	double	30230	49496	-	-	0	1.781401e+9	1.691139e+5	1.254505e+7
五六月卖出金额	double	4595	49496	-	-	0	8.800000e+8	1.203835e+5	7.644463e+6
五六月买入次数	double	30230	49496	-	-	0	3984	2.64558	23.39837
五六月卖出次数	double	4595	49496	-	-	0	4268	0.46288	24.95662
九十月买入金额	double	41385	37673	-	-	0	6.620711e+8	5.475619e+4	3.839640e+6
九十月卖出金额	double	9217	37673	-	-	0	2.950000e+8	3.951181e+4	2.004622e+6
九十月买入次数	double	41385	37673	-	-	0	11706	2.69175	57.47441
九十月卖出次数	double	9217	37673	-	-	0	1840	0.54292	9.88975

图 11.61　特征工程(十五)

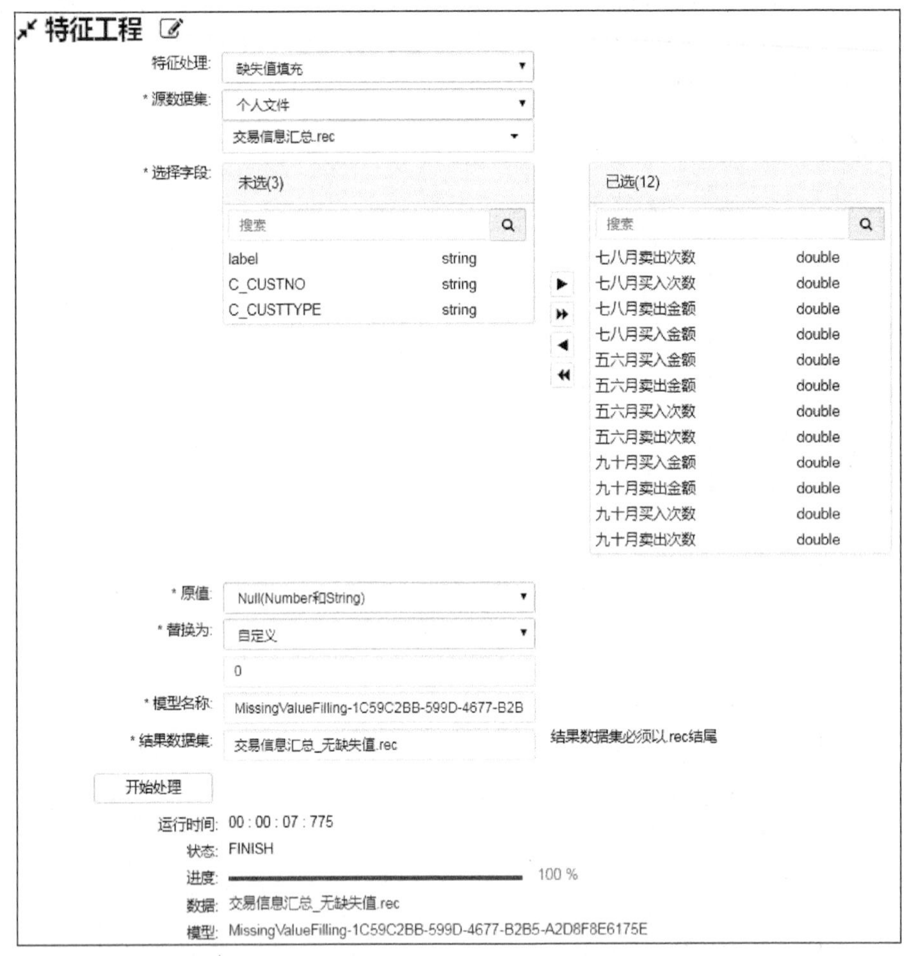

图 11.62 特征工程(十六)

(10)填充后的数据集如图 11.63 所示。

数据集交易信息汇总_无缺失值.rec

查看数据 切分数据集 预处理 多维特征分析 特征工程 图谱计算 建模 预测评估 下载 保存 导出 数据可视化

行数	列数	压缩后大小	文件名
80197	15	1 MB	交易信息汇总_无缺失值.rec

列统计信息

列名	类型	非零个数	空值个数	非重复值	ID相似度	最小值	最大值	均值	标准差
七八月卖出次数	double	6714	0	-	-	0	4547	0.29404	19.54407
七八月买入次数	double	33474	0	-	-	0	12086	1.27307	44.12760
七八月卖出金额	double	6714	0	-	-	0	7.650000e+8	3.497651e+4	3.506687e+6
七八月买入金额	double	33474	0	-	-	0	3.002357e+8	2.036321e+4	1.494602e+6
label	string	-	0	2	2.493859e-5	-	-	-	-
C_CUSTNO	string	-	0	80197	1	-	-	-	-
C_CUSTTYPE	string	-	0	2	2.493859e-5	-	-	-	-
五六月买入金额	double	30230	0	-	-	0	1.781401e+9	6.474016e+4	7.762287e+6
五六月卖出金额	double	4595	0	-	-	0	8.800000e+8	4.608519e+4	4.730129e+6
五六月买入次数	double	30230	0	-	-	0	3984	1.01278	14.53400
五六月卖出次数	double	4595	0	-	-	0	4268	0.17337	15.44268
九十月买入金额	double	41385	0	-	-	0	6.620711e+8	2.903415e+4	2.796062e+6
九十月卖出金额	double	9217	0	-	-	0	2.950000e+8	2.095091e+4	1.459849e+6
九十月买入次数	double	41385	0	-	-	0	11706	1.42729	41.87297
九十月卖出次数	double	9217	0	-	-	0	1840	0.28788	7.20656

图 11.63 特征工程(十七)

(11)客户在不同时间段的交易情况的变化，可以作为判定客户是否会流失的特征。我们使用 SQL 语句提取交易信息变化情况作为特征，如图 11.64 所示。

```
CREATE TABLE 客户流失总表.rec as
SELECT *
,九十月买入金额-五六月买入金额 as 买入金额变化
,九十月买入次数-五六月买入次数 as 买入次数变化
,九十月卖出金额-五六月卖出金额 as 卖出金额变化
,九十月买入金额-五六月买入金额 as 买入金额变化
from 交易信息汇总_无缺失值.rec
```

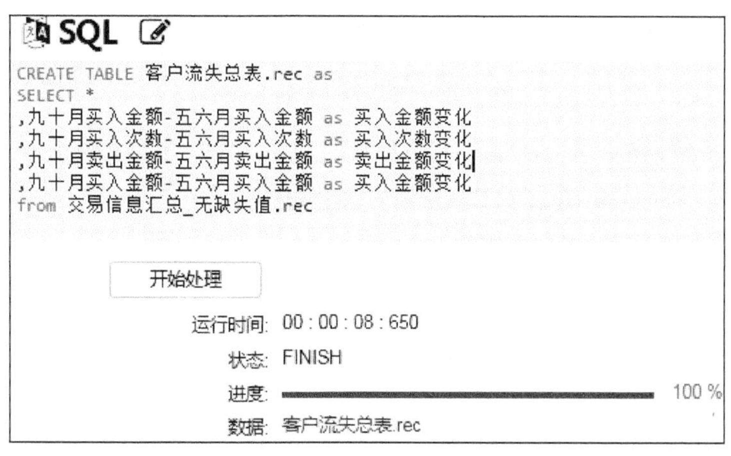

图 11.64　特征工程(十八)

图 11.64 中只提取了九、十月与五、六月的变化情况，请读者尝试提取更多的变化情况作为特征。

(12)最终得到的总表如图 11.65 所示。

数据集客户流失总表.rec

查看数据　切分数据集　预处理　多维特征分析　特征工程　图谱计算　建模　预测评估　下载　保存　导出　数据可视化

行数	列数	压缩后大小	文件名
80197	19	1 MB	客户流失总表.rec

列统计信息

列名	类型	非零个数	空值个数	非重复值	ID相似度	最小值	最大值	均值	标准差
七八月卖出次数	double	6714	0	-	-	0	4547	0.29404	19.54407
七八月买入次数	double	33474	0	-	-	0	12086	1.27307	44.12760
七八月卖出金额	double	6714	0	-	-	0	7.650000e+8	3.497651e+4	3.506687e+6
七八月买入金额	double	33474	0	-	-	0	3.002357e+8	2.036321e+4	1.494602e+6
label	string	-	0	2	2.493859e-5	-	-	-	-
C_CUSTNO	string	-	0	80197	1	-	-	-	-
C_CUSTTYPE	string	-	0	2	2.493859e-5	-	-	-	-
五六月买入金额	double	30230	0	-	-	0	1.781401e+9	6.474016e+4	7.762287e+6
五六月卖出金额	double	4595	0	-	-	0	8.800000e+8	4.608519e+4	4.730129e+6
五六月买入次数	double	30230	0	-	-	0	3984	1.01278	14.53400
五六月卖出次数	double	4595	0	-	-	0	4268	0.17337	15.44268
九十月买入金额	double	41385	0	-	-	0	6.620711e+8	2.903415e+4	2.796062e+6
九十月卖出金额	double	9217	0	-	-	0	2.950000e+8	2.095091e+4	1.459849e+6
九十月买入次数	double	41385	0	-	-	0	11706	1.42729	41.87297
九十月卖出次数	double	9217	0	-	-	0	1840	0.28788	7.20656
买入金额变化	double	42597	0	-	-	-1.780643e+9	6.608628e+8	-3.570600e+4	8.218073e+6
买入次数变化	double	22267	0	-	-	-39	7722	0.41450	27.49188
卖出金额变化	double	11385	0	-	-	-8.300000e+8	2.001915e+8	-2.513428e+4	4.634109e+6
买入金额变化	double	42597	0	-	-	-1.780643e+9	6.608628e+8	-3.570600e+4	8.218073e+6

图 11.65　特征工程(十九)

(13)因为我们要预测客户是否会流失，这是一个分类问题。在建模之前，需要先看看数据的标签列取值是否均衡。使用多维特征分析中的占比分析方法，如图 11.66 所示。

多维特征分析

分析方法: 占比分析

* 选择表: 个人文件

客户流失总表.rec

* groupBy: label

权重列: 请选择　　若选择权重列，则以此列数据作为权重进行加权的占比分析

* 结果命名: Proportion-F6331185-47BA-43AA-A576-CF999E　　结果数据集必须以.rec结尾

开始处理

运行时间: 00 : 00 : 02 : 718

状态: FINISH

进度: 100 %

数据: Proportion-F6331185-47BA-43AA-A576-CF999BEC7D2D.rec

图 11.66　多维特征分析(一)

(14)得到分析结果数据集，对其进行可视化，如图 11.67～图 11.69 所示。

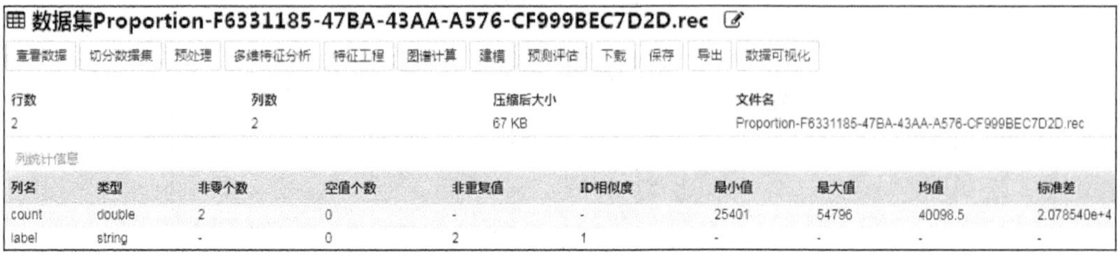

数据集Proportion-F6331185-47BA-43AA-A576-CF999BEC7D2D.rec

查看数据　切分数据集　预处理　多维特征分析　特征工程　图谱计算　建模　预测评估　下载　保存　导出　数据可视化

行数	列数	压缩后大小	文件名
2	2	67 KB	Proportion-F6331185-47BA-43AA-A576-CF999BEC7D2D.rec

列统计信息

列名	类型	非零个数	空值个数	非重复值	ID相似度	最小值	最大值	均值	标准差
count	double	2	0	-	-	25401	54796	40098.5	2.078540e+4
label	string	-	0	2	1	-	-	-	-

图 11.67　多维特征分析(二)

图 11.68　多维特征分析(三)

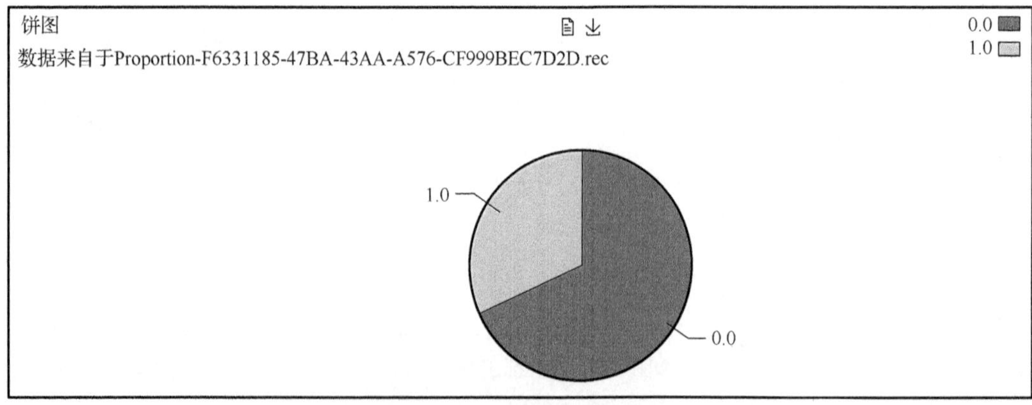

图 11.69　多维特征分析(四)

(15) 可视化结果显示：数据集目标列取值比例大约为 1:2。基于最佳实践，我们不在这个实验中进行数据均衡，数据均衡作为一个可选操作，请读者自行尝试对数据进行均衡后建模。

以上已完成特征工程工作。

3) 建模与评估

下面切分数据集，用广义线性与随机森林算法进行建模并评估。

(1) 对数据进行 8:2 切分，产生训练数据集与测试数据集，如图 11.70～图 11.72 所示。

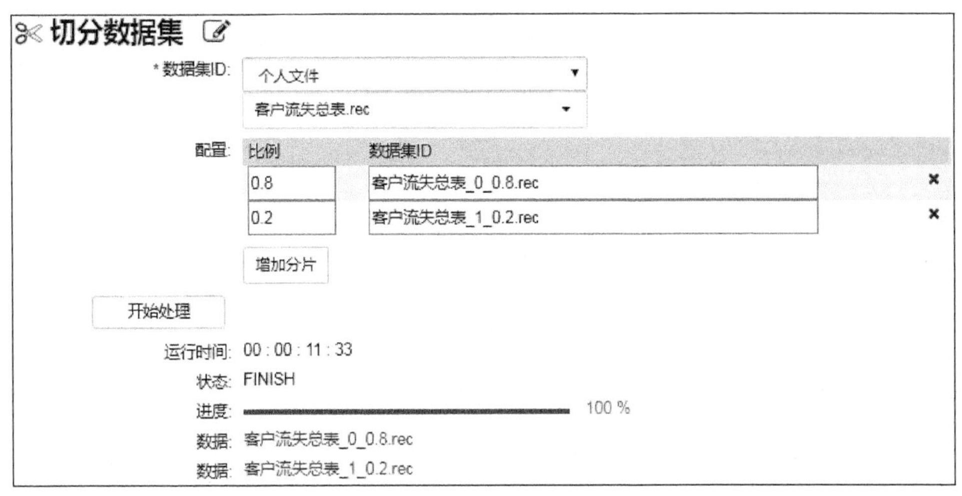

图 11.70　切分数据(一)

数据集客户流失总表_0_0.8.rec

查看数据　切分数据集　预处理　多维特征分析　特征工程　图谱计算　建模　预测评估　下载　保存　导出　数据可视化

行数	列数	压缩后大小	文件名
64120	19	1 MB	客户流失总表_0_0.8.rec

列统计信息

列名	类型	非零个数	空值个数	非重复值	ID相似度	最小值	最大值	均值	标准差
七八月卖出次数	double	5340	0	-	-	0	3144	0.24389	12.45329
七八月买入次数	double	26699	0	-	-	0	12086	1.31574	49.34314
七八月卖出金额	double	5340	0	-	-	0	7.650000e+8	4.152088e+4	3.917011e+6
七八月买入金额	double	26699	0	-	-	0	3.002357e+8	2.300434e+4	1.651829e+6
label	string	-	0	2	3.119152e-5	-	-	-	-
C_CUSTNO	string	-	0	64120	1	-	-	-	-
C_CUSTTYPE	string	-	0	2	3.119152e-5	-	-	-	-
五六月买入金额	double	24014	0	-	-	0	1.781401e+9	6.582600e+4	8.330806e+6
五六月卖出金额	double	3562	0	-	-	0	8.800000e+8	4.527693e+4	4.739490e+6
五六月买入次数	double	24014	0	-	-	0	3764	1.00621	15.35889
五六月卖出次数	double	3562	0	-	-	0	900	0.11887	3.61020
九十月买入金额	double	32901	0	-	-	0	6.620711e+8	3.312333e+4	3.109887e+6
九十月卖出金额	double	6911	0	-	-	0	2.950000e+8	2.210580e+4	1.580185e+6
九十月买入次数	double	32901	0	-	-	0	11480	1.45468	45.92523
九十月卖出次数	double	6911	0	-	-	0	1816	0.27144	7.24820
买入金额变化	double	33881	0	-	-	-1.780643e+9	6.608628e+8	-3.270268e+4	8.867608e+6
买入次数变化	double	17280	0	-	-	-38	7716	0.44847	30.71874
卖出金额变化	double	8632	0	-	-	-8.300000e+8	2.001915e+8	-2.317113e+4	4.604799e+6
买入金额变化	double	33881	0	-	-	-1.780643e+9	6.608628e+8	-3.270268e+4	8.867608e+6

图 11.71　切分数据(二)

数据集客户流失总表_1_0.2.rec

查看数据 切分数据集 预处理 多维特征分析 特征工程 图谱计算 建模 预测评估 下载 保存 导出 数据可视化

行数	列数	压缩后大小	文件名
16077	19	377 KB	客户流失总表_1_0.2.rec

列统计信息

列名	类型	非零个数	空值个数	非重复值	ID相似度	最小值	最大值	均值	标准差
七八月卖出次数	double	1374	0	-	-	0	4547	0.49406	35.87308
七八月买入次数	double	6775	0	-	-	0	31	1.10288	1.71490
七八月卖出金额	double	1374	0	-	-	0	3.000000e+7	8.875556e+3	3.838589e+5
七八月买入金额	double	6775	0	-	-	0	5.216725e+7	9.829544e+3	5.106040e+5
label	string	-	0	2	1.244013e-4	-	-	-	-
C_CUSTNO	string	-	0	16077	1	-	-	-	-
C_CUSTTYPE	string	-	0	2	1.244013e-4	-	-	-	-
五六月买入金额	double	6069	0	-	-	0	6.008058e+8	5.893075e+4	4.873374e+6
五六月卖出金额	double	892	0	-	-	0	5.900000e+8	4.891964e+4	4.692103e+6
五六月买入次数	double	6069	0	-	-	0	19	0.94390	1.51987
五六月卖出次数	double	892	0	-	-	0	4203	0.36499	33.15212
九十月买入金额	double	8320	0	-	-	0	6.773865e+7	1.130494e+4	5.971733e+5
九十月卖出金额	double	1708	0	-	-	0	8.000000e+7	1.420259e+4	7.376249e+5
九十月买入次数	double	8320	0	-	-	0	41	1.25882	1.67717
九十月卖出次数	double	1708	0	-	-	0	829	0.29440	6.62534
买入金额变化	double	8552	0	-	-	-6.007359e+8	3.240306e+7	-4.762580e+4	4.822795e+6
买入次数变化	double	4318	0	-	-	-17	37	0.31492	1.43323
卖出金额变化	double	2116	0	-	-	-5.900000e+8	8.000000e+7	-3.471705e+4	4.740719e+6
买入金额变化	double	8552	0	-	-	-6.007359e+8	3.240306e+7	-4.762580e+4	4.822795e+6

图 11.72　切分数据(三)

(2)使用训练集进行建模，先尝试最简单的线性模型：广义逻辑回归，如图 11.73 所示。

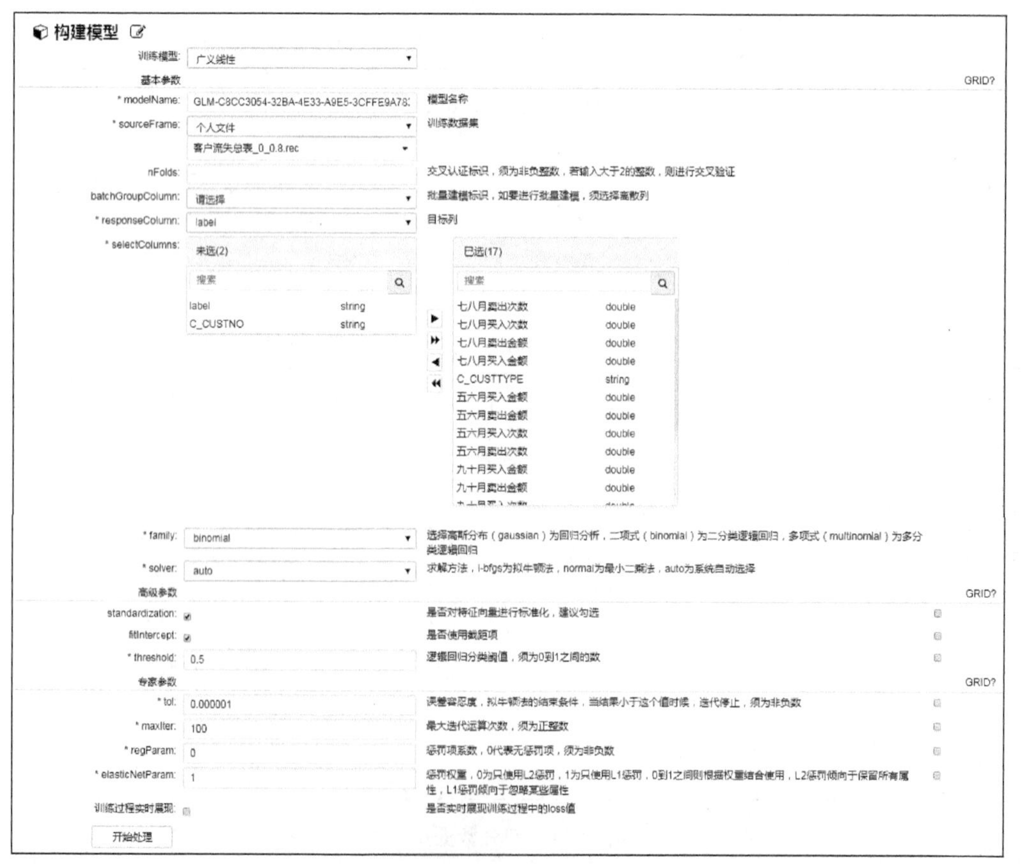

图 11.73　逻辑回归模型(一)

(3) 模型结果如图 11.74、图 11.75 所示。

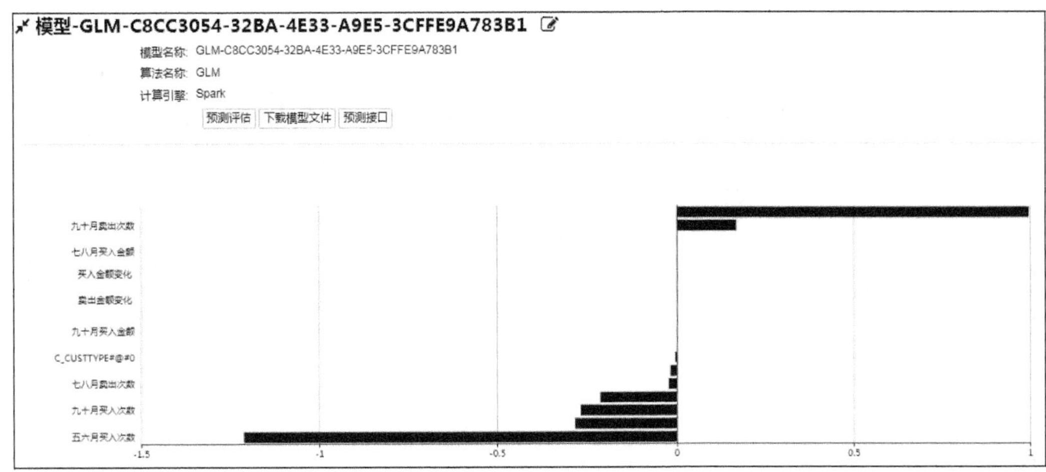

图 11.74　逻辑回归模型（二）

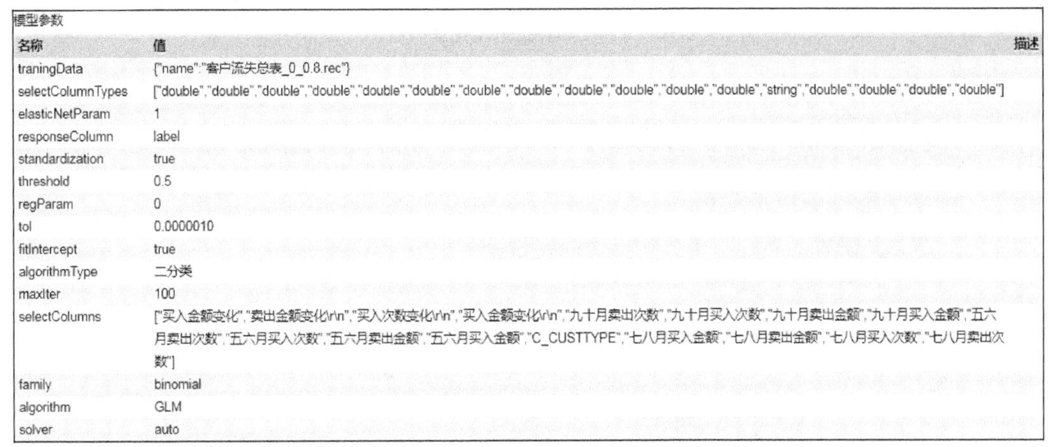

模型参数

名称	值	描述
traningData	{"name":"客户流失总表_0_0.8.rec"}	
selectColumnTypes	["double","double","double","double","double","double","double","double","double","double","double","double","string","double","double","double","double"]	
elasticNetParam	1	
responseColumn	label	
standardization	true	
threshold	0.5	
regParam	0	
tol	0.0000010	
fitIntercept	true	
algorithmType	二分类	
maxIter	100	
selectColumns	["买入金额变化","卖出金额变化\r\n","买入次数变化\r\n","买入金额变化\r\n","九十月卖出次数","九十月买入次数","九十月卖出金额","九十月买入金额","五六月卖出次数","五六月买入次数","五六月卖出金额","五六月买入金额","C_CUSTTYPE","七八月买入金额","七八月卖出金额","七八月买入次数","七八月卖出次数"]	
family	binomial	
algorithm	GLM	
solver	auto	

图 11.75　逻辑回归模型（三）

(4) 使用预测集对模型进行预测评估，如图 11.76 所示。

预测评估

* 模型名称: GLM-C8CC3054-32BA-4E33-A9E5-3CFFE9A

* 待评估数据集: 个人文件

客户流失总表_1_0.2.rec

* 预测评估结果: Predict-135F0DB5-A4EA-40B6-84C0-4D42EDC

* 预测评估结果数据集: PredictFrame-C917FF78-D755-4528-B627-2FD

输出结果: 输出预测目标分类对应的概率值(目前支持线性模型二分类，决策树分类，随机森林分类，朴素贝叶斯分类,多层感知分类器，梯度提升分类树)

开始处理

运行时间: 00 : 00 : 08 : 891

状态: FINISH

进度: 100 %

数据: PredictFrame-C917FF78-D755-4528-B627-2FD0ABDE2A05.rec

评估结果: Predict-135F0DB5-A4EA-40B6-84C0-4D42EDC527BE

图 11.76　逻辑回归模型（四）

(5) 预测结果数据集如图 11.77 所示。

数据集PredictFrame-C917FF78-D755-4528-B627-2FD0ABDE2A05.rec

查看数据 | 切分数据集 | 预处理 | 多维特征分析 | 特征工程 | 图谱计算 | 建模 | 预测评估 | 下载 | 保存 | 导出 | 数据可视化

行数	列数	压缩后大小	文件名
16077	20	378 KB	PredictFrame-C917FF78-D755-4528-B627-2FD0ABDE2A05.rec

列统计信息

列名	类型	非零个数	空值个数	非重复值	ID相似度	最小值	最大值	均值	标准差
prediction	string	-	0	2	1.244013e-4	-	-	-	-
七八月卖出次数	double	1374	0	-	-	0	4547	0.49406	35.87308
七八月买入次数	double	6775	0	-	-	0	31	1.10288	1.71490
七八月卖出金额	double	1374	0	-	-	0	3.000000e+7	8.875556e+3	3.838589e+5
七八月买入金额	double	6775	0	-	-	0	5.216725e+7	9.829544e+3	5.106040e+5
label	string	-	0	2	1.244013e-4	-	-	-	-
C_CUSTNO	string	-	0	16077	1	-	-	-	-
C_CUSTTYPE	string	-	0	2	1.244013e-4	-	-	-	-
五六月买入金额	double	6069	0	-	-	0	6.008058e+8	5.893075e+4	4.873374e+6
五六月卖出金额	double	892	0	-	-	0	5.900000e+8	4.891964e+4	4.692103e+6
五六月买入次数	double	6069	0	-	-	0	19	0.94390	1.51987
五六月卖出次数	double	892	0	-	-	0	4203	0.36499	33.15212
九十月买入金额	double	8320	0	-	-	0	6.773865e+7	1.130494e+4	5.971733e+5
九十月卖出金额	double	1708	0	-	-	0	8.000000e+7	1.420259e+4	7.376249e+5
九十月买入次数	double	8320	0	-	-	0	41	1.25882	1.67717
九十月卖出次数	double	1708	0	-	-	0	829	0.29440	6.62534
买入金额变化	double	8552	0	-	-	-6.007359e+8	3.240306e+7	-4.762580e+4	4.822795e+6
买入次数变化	double	4318	0	-	-	-17	37	0.31492	1.43323
卖出金额变化	double	2116	0	-	-	-5.900000e+8	8.000000e+7	-3.471705e+4	4.740719e+6
买入金额变化	double	8552	0	-	-	-6.007359e+8	3.240306e+7	-4.762580e+4	4.822795e+6

图 11.77　逻辑回归模型(五)

(6)评估结果如图 11.78、图 11.79 所示。

预测评估结果Predict-135F0DB5-A4EA-40B6-84C0-4D42EDC527BE

ModelName: GLM-C8CC3054-32BA-4E33-A9E5-3CFFE9A783B1
weightedFMeasure: 0.7570090064277905
accuracy: 0.7480873297256951
PrdedictionInfo: Predict-135F0DB5-A4EA-40B6-84C0-4D42EDC527BE
weightedPrecision: 0.7999373664765259
weightedRecall: 0.7480873297256951
PrdedictionData: PredictFrame-C917FF78-D755-4528-B627-2FD0ABDE2A05.rec
command: predict

#	0.0	1.0
Recall	0.7058237478489268	0.840746624305004
Precision	0.9066899360093077	0.5658914728682171
FMeasure	0.7937461804848239	0.6764658891196678

Confusion Matrix	实际为0.0	实际为1.0
预测为0.0	7793	802
预测为1.0	3248	4234

图 11.78　逻辑回归模型(六)

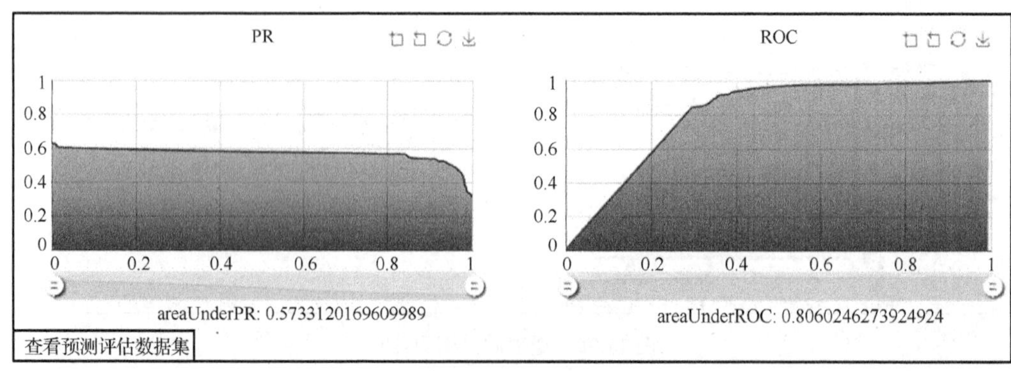

图 11.79　逻辑回归模型(七)

因为要预测客户是否流失，所以更应关注标签为 1 的那部分数据的评价(图 11.78 中的方框位置)。准确率为预测为 1(流失)的客户中，实际为 1 的用户占多少。召回率为实际为 1 的客户中，我们预测为 1 的用户占多少。F 值为准确率和召回率的权衡，也是应该关注的指标。

(7) 简单模型建模完成后，使用复杂的随机森林模型进行第二次建模，如图 11.80 所示。

图 11.80　随机森林建模(一)

(8) 模型结果如图 11.81 所示。

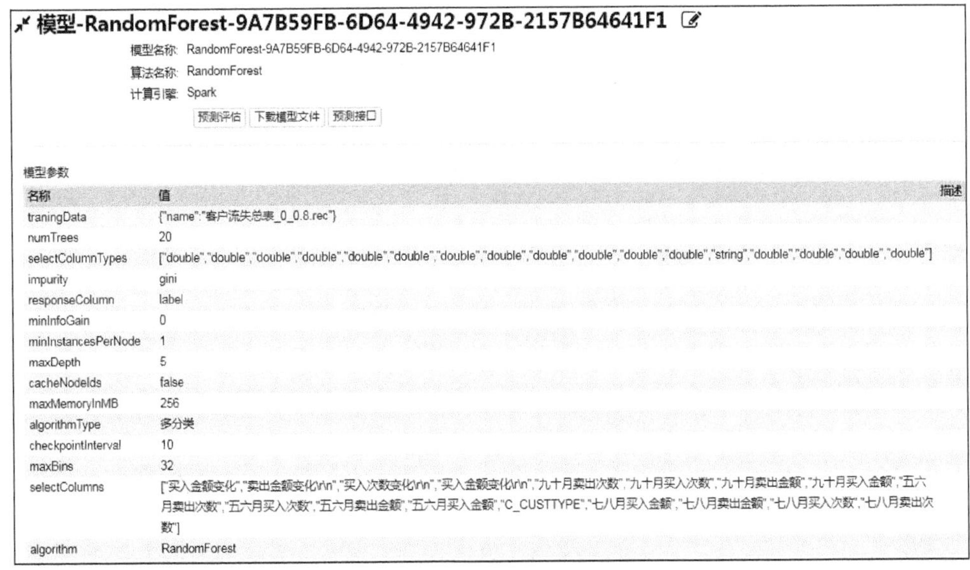

名称	值	描述
traningData	{"name":"客户流失总表_0_0.8.rec"}	
numTrees	20	
selectColumnTypes	["double","double","double","double","double","double","double","double","double","double","double","double","string","double","double","double","double"]	
impurity	gini	
responseColumn	label	
minInfoGain	0	
minInstancesPerNode	1	
maxDepth	5	
cacheNodeIds	false	
maxMemoryInMB	256	
algorithmType	多分类	
checkpointInterval	10	
maxBins	32	
selectColumns	["买入金额变化","卖出金额变化\r\n","买入次数变化\r\n","买入金额变化\r\n","九十月卖出次数","九十月买入次数","九十月卖出金额","九十月买入金额","五六月卖出次数","五六月买入次数","五六月卖出金额","五六月买入金额","C_CUSTTYPE","七八月买入金额","七八月卖出金额","七八月买入次数","七八月卖出次数"]	
algorithm	RandomForest	

图 11.81　随机森林建模(二)

(9) 进行预测评估，如图 11.82 所示。

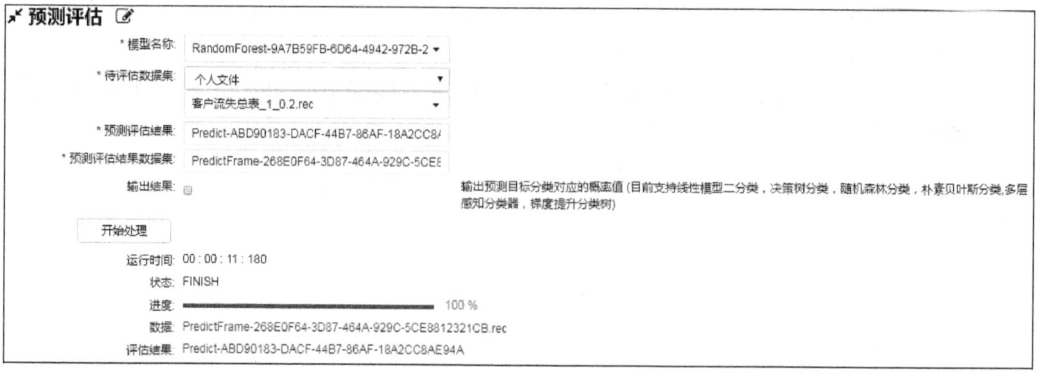

预测评估

* 模型名称: RandomForest-9A7B59FB-6D64-4942-972B-2

* 待评估数据集: 个人文件

客户流失总表_1_0.2.rec

* 预测评估结果: Predict-ABD90183-DACF-44B7-86AF-18A2CC8/

* 预测评估结果数据集: PredictFrame-268E0F64-3D87-464A-929C-5CE{

输出结果: 输出预测目标分类对应的概率值(目前支持线性模型二分类，决策树分类，随机森林分类，朴素贝叶斯分类,多层感知分类器，梯度提升分类树)

开始处理

运行时间: 00 : 00 : 11 : 180

状态: FINISH

进度: 100 %

数据: PredictFrame-268E0F64-3D87-464A-929C-5CE8812321CB.rec

评估结果: Predict-ABD90183-DACF-44B7-86AF-18A2CC8AE94A

图 11.82　随机森林建模(三)

(10) 预测结果数据集如图 11.83 所示。

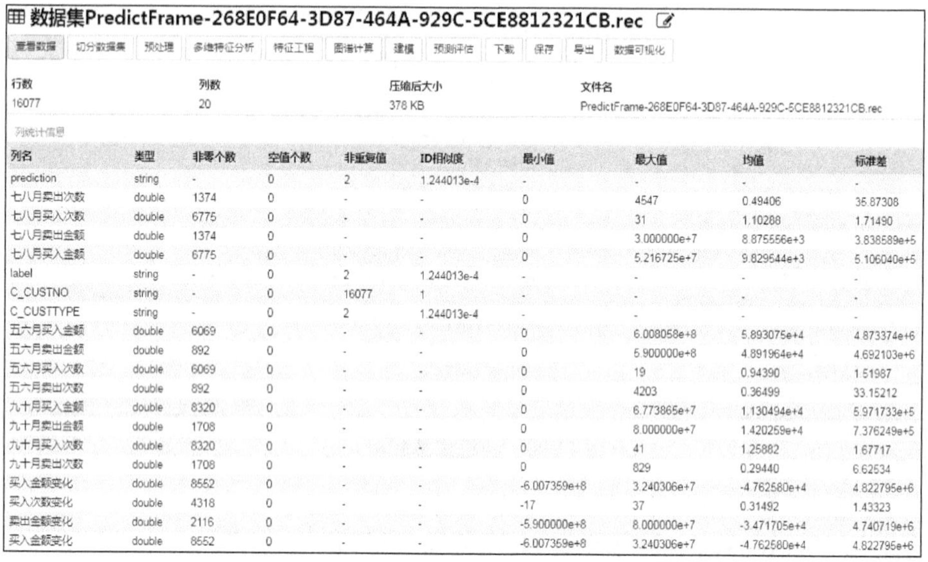

数据集PredictFrame-268E0F64-3D87-464A-929C-5CE8812321CB.rec

查看数据 | 切分数据集 | 预处理 | 多维特征分析 | 特征工程 | 图谱计算 | 建模 | 预测评估 | 下载 | 保存 | 导出 | 数据可视化

行数	列数	压缩后大小	文件名
16077	20	378 KB	PredictFrame-268E0F64-3D87-464A-929C-5CE8812321CB.rec

列统计信息

列名	类型	非零个数	空值个数	非重复值	ID相似度	最小值	最大值	均值	标准差
prediction	string	-	0	2	1.244013e-4	-	-	-	-
七八月卖出次数	double	1374	0	-	-	0	4547	0.49406	35.87308
七八月买入次数	double	6775	0	-	-	0	31	1.10288	1.71490
七八月卖出金额	double	1374	0	-	-	0	3.000000e+7	8.875556e+3	3.838589e+5
七八月买入金额	double	6775	0	-	-	0	5.216725e+7	9.829544e+3	5.106040e+5
label	string	-	0	2	1.244013e-4	-	-	-	-
C_CUSTNO	string	-	0	16077	1	-	-	-	-
C_CUSTTYPE	string	-	0	2	1.244013e-4	-	-	-	-
五六月买入金额	double	6069	0	-	-	0	6.008058e+8	5.893075e+4	4.873374e+6
五六月卖出金额	double	892	0	-	-	0	5.900000e+8	4.891964e+4	4.692103e+6
五六月买入次数	double	6069	0	-	-	0	19	0.94390	1.51987
五六月卖出次数	double	892	0	-	-	0	4203	0.36499	33.15212
九十月买入金额	double	8320	0	-	-	0	6.773865e+7	1.130494e+4	5.971733e+5
九十月卖出金额	double	1708	0	-	-	0	8.000000e+7	1.420259e+4	7.376249e+5
九十月买入次数	double	8320	0	-	-	0	41	1.25882	1.67717
九十月卖出次数	double	1708	0	-	-	0	829	0.29440	6.62534
买入金额变化	double	8552	0	-	-	-6.007359e+8	3.240306e+7	-4.762580e+4	4.822795e+6
买入次数变化	double	4318	0	-	-	-17	37	0.31492	1.43323
卖出金额变化	double	2116	0	-	-	-5.900000e+8	8.000000e+7	-3.471705e+4	4.740719e+6
买入金额变化	double	8552	0	-	-	-6.007359e+8	3.240306e+7	-4.762580e+4	4.822795e+6

图 11.83　随机森林建模(四)

(11) 预测评估结果如图 11.84、图 11.85 所示。

预测评估结果Predict-ABD90183-DACF-44B7-86AF-18A2CC8AE94A

ModelName: RandomForest-9A7B59FB-6D64-4942-972B-2157B64641F1

weightedFMeasure: 0.7608084590880515

accuracy: 0.7519437706039684

PrdedictionInfo: Predict-ABD90183-DACF-44B7-86AF-18A2CC8AE94A

weightedPrecision: 0.8068626678680642

weightedRecall: 0.7519437706039683

PrdedictionData: PredictFrame-268E0F64-3D87-464A-929C-5CE8812321CB.rec

command: predict

#	0.0	1.0
Recall	0.7039217462186396	0.8572279586973789
Precision	0.9153221057590389	0.569074611125758
FMeasure	0.7958222404259675	0.6840437331643163

Confusion Matrix	实际为0.0	实际为1.0
预测为0.0	7772	719
预测为1.0	3269	4317

图 11.84　随机森林建模(五)

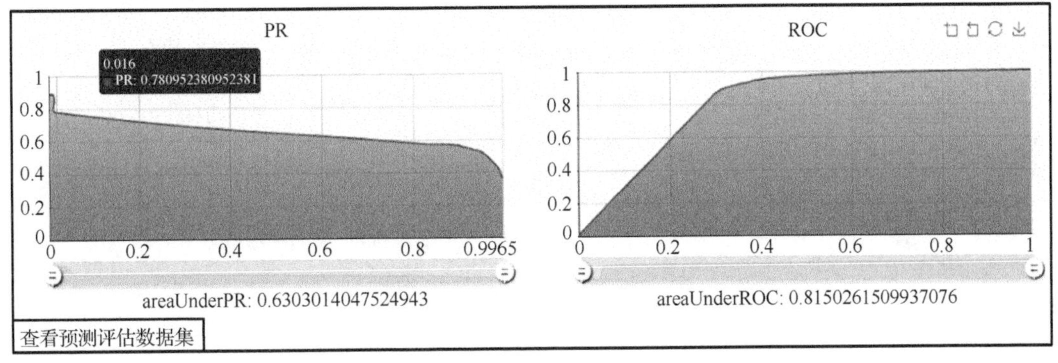

图 11.85　随机森林建模(六)

可以看出指标有了一定程度的提升。

思考题：除了选择其他算法外，还有什么方式可以进一步提升模型效果？请自行尝试。

6. 实验总结

至此，已经完成客户流失预测的案例操作实验。通过学习本实验，应掌握特征构造，线性模型、随机森林模型的原理及操作。

7. 实验思考

(1) 原始数据集中还有许多列未用到，如何用这些列所提供的信息构造出更多有效的特征？

(2) 模型参数如何进一步调优？

(3) 本实验还可以用哪些分类模型？请读者自行尝试。

(4) RFM 模型是衡量客户价值和客户创利能力的重要工具与手段。该模型通过一个客户的近期购买行为、购买的总体频率以及花费三项指标来描述该客户的价值状况。请根据 RFM 模型构造特征预测客户流失。